高职高专规划教材

水污染控制技术

崔 迎 主编

武首香 唐 艳 副主编

化学工业出版社

·北京·

本书的主要内容分为三篇：城镇排水系统及水污染，市政污水处理技术和工业废水处理技术。每篇由"导读"和若干章组成，导读部分主要起到导入主旨和提纲挈领的作用。本教材重点突出高职教学要求的应用性和实用性，在知识点选择上采取力求丰富而着力重点的原则。强调"流程"概念；以城镇水污染控制为目标，包含城镇污水收集系统、市政污水处理系统及工业污水处理系统等全方面内容；按照高职高专教学要求进行编撰，内容更贴近高职学生接受能力，并强调实用性。

　　本书为高职高专院校环境监测与治理技术、环境监测与评价，给水排水工程技术和市政工程技术专业的教材，也可作为相关工程技术人员的参考书及相关企业的培训教材。

图书在版编目（CIP）数据

　　水污染控制技术/崔迎主编. —北京：化学工业
出版社，2015.8（2024.2重印）
　　高职高专规划教材
　　ISBN 978-7-122-24695-0

　　Ⅰ.①水…　Ⅱ.①崔…　Ⅲ.①水污染-污染控制-
高等职业教育-教材　Ⅳ.①X520.6

　　中国版本图书馆 CIP 数据核字（2015）第 167551 号

责任编辑：王文峡　　　　　　　文字编辑：陈　雨
责任校对：吴　静　　　　　　　装帧设计：尹琳琳

出版发行：化学工业出版社（北京市东城区青年湖南街 13 号　邮政编码 100011）
印　　刷：三河市航远印刷有限公司
装　　订：三河市宇新装订厂
787mm×1092mm　1/16　印张20　字数526千字　2024 年 2 月北京第 1 版第 9 次印刷

购书咨询：010-64518888　　　　　　售后服务：010-64518899
网　　址：http://www.cip.com.cn
凡购买本书，如有缺损质量问题，本社销售中心负责调换。

定　　价：45.00 元

前　言

近年来，随着我国城镇化步伐的不断加快，城镇水污染控制正在成为影响和制约我国社会经济发展的重要瓶颈之一。"十二五"期间，我国城镇人口比例已超过 50％即"刘易斯拐点"，大规模的城镇化带来城镇污水处理问题。大量城镇污水厂站亟需具备水污染控制技术方面的人才进行运营管理，为相关职业人才提供了广阔的用武之地，也客观上促进了高职院校相关专业人才培养的需求。

本书以城镇水污染控制为目标，从污水的产生、收集输送、处理乃至再生利用，进行全过程的讲述。由于水污染控制技术的应用领域极其多样，既包括与日常生活密切相关的市政领域，也包括种类庞杂的工业领域。相比于水质复杂的工业废水，市政污水的水质较为稳定，其处理方法也较为系统，因此在市政污水篇章中，按照处理流程的顺序进行逐一的介绍；工业废水的水质情况受行业类别、工业特征等因素影响，不同废水之间水质差异大、处理方法也不相同，因此在工业废水处理篇章中，按照工艺方法类别进行介绍，并适当进行系统归纳。两个部分之间的内容互有补充，因此交叉内容选择在应用更为普遍的领域进行详细介绍：如"活性污泥法"虽然在市政污水篇章中进行介绍，但在工业废水处理中也较常见，而"气浮法"可应用于市政污水深度处理，但主要在工业废水篇章中进行介绍。

本书的主要内容分为三篇，每篇一个主题，分别为"城镇排水系统及水污染"、"市政污水处理技术"和"工业废水处理技术"；每篇由"导读"和若干章组成，导读部分主要起到导入主旨和提纲挈领的作用。

本教材重点突出高职教学要求的应用性和实用性，在知识点选择上采取力求丰富而着力重点的原则，对传统教材的内容进行适当的取舍或内容比例调整。主要特色包括：

（1）强调"流程"概念；

（2）以城镇水污染控制为目标，包含城镇污水收集系统、市政污水处理系统及工业废水处理系统等全方面内容；

（3）按照高职高专教学要求进行编撰，内容更贴近高职学生接受能力，并强调实用性。

本书共分三篇九章，由崔迎主编，其中第一、二章由李秀芳编写，第三章、第四章第五节由高红编写，第四章第一节、第五章由赵倩倩编写，第四章第二节以及各篇导读由崔迎编写，第四章第三节、第九章由唐艳编写，第四章第四节、第八章由翟建编写，第六章、第七章由武首香编写，全书由崔迎、赵倩倩统稿。本书可供大专院校环保类专业、给排水专业和市政专业使用，也可作为相关工程技术人员的参考书及相关企业的培训教材。

由于时间仓促以及编者水平所限，教材中难免存在不足之处，希望读者和广大师生提出宝贵意见。

编　者

2015 年 4 月

目 录

第一篇 城镇排水系统及水污染

第二篇 市政污水处理技术

第三篇 工业废水处理技术

第一篇　城镇排水系统及水污染

 **导读　水资源与水环境**

水是人类社会经济发展的基础自然资源，也是人们生存、生活不可替代的生命源泉。水，不仅孕育了华夏民族，而且还影响了中华文明的产生，并在中华文化的演进历程中演绎出丰姿多彩的面貌，形成了历史悠久、博大精深的中华水文化。在古代，水被看成具有灵性、人性之物；在现代，水被认为具有许多特征，如动感与静感、情感、色彩、力量等。纵观人类几千年的发展史，无论是古代的文明建设，还是现代的社会经济建设，构建人水和谐关系，都是保护生态环境，促进社会全面协调可持续发展的必由之路。

人类对水资源的认识和关注程度是随着水资源的日渐紧缺及生态环境的日渐恶化而不断增加的。狭义的水资源是指自然水体中的特有部分，即由大气降水补给，具有一定数量和在人类现有技术条件下直接被利用，且年复一年有限可循环再生的、水质满足特定行业标准的淡水，它们在数量上等于地表水和地下径流的总和。广义的水资源是指地球上一切正在被利用和可能被利用的水，强调水资源具有被人类利用的潜力。据有关资料显示，地球上水的储藏量约 14 亿立方米，海水量约占 97.3%，淡水量仅占不足 3%，且其中约有 73% 为极地冰山，还有 13.5% 深藏于距地表 800m 以下的难以开发的底层中，与人类关系密切且能利用的淡水量仅占地球总储量的 0.36%。

一、我国水资源现状

（一）总量丰富、人均量少

我国地域辽阔，河流众多，境内有七大水系，长江、黄河、珠江、淮河、海河、辽河与松花江，以及西北地区的一些内陆河流，总长度约有 42 万多千米，其中流域面积在 100km^2 以上的河流有 5000 多条。此外，我国拥有众多的湖泊和冰川，水面面积在 100km^2 以上的湖泊有 130 多个，大小冰川面积约 60000km^2。《2013 年中国水资源公报》显示，2013 年全国水资源总量为 27957.9×10^8 km^3，居世界第 6 位。然而，由于我国人口众多，人均占有水资源量不足 2000m^3，约为世界人均水量的 1/4，列世界第 121 位，是世界人均水资源极少的 13 个贫水国之一。

（二）分布不均、水患频发

我国水资源时空分布不均，水资源总量南多北少，西多东少，见表 I -1。另外，由于我

表 I -1　我国水资源分布情况

分　区	水资源总量占全国百分比/%				
	2009 年	2010 年	2011 年	2012 年	2013 年
南方 4 区	80.5	80.4	78.8	80.9	76.7
北方 6 区	19.5	19.6	21.2	19.1	23.3
东部区	—	—	20.8	—	21.9
西部区	—	—	58.0	—	53.9

国地理位置面向太平洋、背靠欧亚大陆，具有降雨集中的季风气候特点，加上地貌上由西向东倾斜、落差大，导致了我国水资源年内年际分配不均，易发生水患。大部分地区年内连续四个月降水量占全年的70％以上，连续丰水或连续枯水年较为常见。

（三）用水激增、供需失衡

新中国成立以来至20世纪90年代，我国用水总量迅速增长，从1949年的约1000亿立方米增长到1997年的5566亿立方米。之后，一直趋于稳定。至2013年，全国总用水量达到6184.3亿立方米，其中农业用水占63.4％，工业源用水占22.7％，生活源用水占12.1％，见表Ⅰ-2。根据中国工程院数据，全国可利用水资源量，不考虑从西南调水，扣除生态环境用水后约为8000亿～9500亿立方米。2050年全国需水量可能达到7000亿～8000亿立方米，届时将接近可利用水资源的极限。

表Ⅰ-2　全国用水量分布情况　　　　　　　　　　　　　　单位：亿立方米

分　　项	1949年	1997年	2002年	2011年	2012年	2013年
总用水	1031	5566	5497	6107.2	6131.2	6183.4
农业	1001	3920	3736	3743.6	3902.5	3921.5
工业	24	1121	1142	1461.8	1380.7	1406.4
生活	6	525	619	789.9	739.7	750.1
人均	187	450	428	454	454	456

（四）污染严重、利用率低

随着我国经济的快速发展，各类工业废水和生活污水排放量日益增加，水环境污染日趋严重（见图Ⅰ-1），每年由于水污染造成的经济损失约为全年GNP的1.5％～3％。同时，我国用水效率低下，用水浪费的现象普遍存在。全国农业灌溉水的利用系数平均为0.45，生产单位粮食用水是发达国家的两倍多；万元产值用水量在100多立方米（见图Ⅰ-2），是发达国家的5～10倍，工业用水的重复利用率仅为30％～40％，而发达国家为70％～80％。

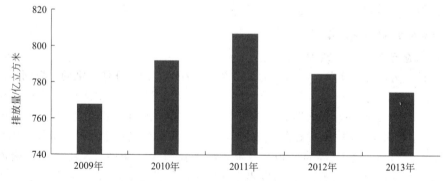

图Ⅰ-1　近年来全国废污水排放情况

（五）治理落后、生态隐患

为了缓解我国水资源危机，提高水资源利用率，近年来我国建设了许多大中型的水利工程，如南水北调工程、三峡工程等，一定程度上实现了水资源的综合利用，但也引发了湖泊萎缩、湿地生态服务功能下降、生物资源衰减、生物多样性受到威胁等一系列的不容忽视的生态环境问题，加剧了生态环境的恶化。

二、城市化与城市水环境

自古以来，人类逐水而居，近水而作。作为人类聚居的城市，其产生、发展更是与水息息相关，水资源的质和量支撑着城市的发展。城市化既是人类社会发展的必然趋势，又是现

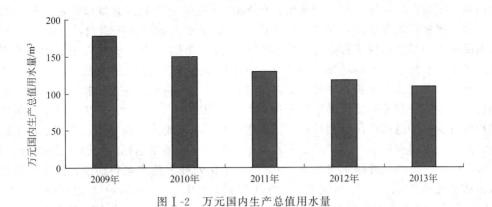

图 I -2　万元国内生产总值用水量

代化水平和人类社会文明程度的重要标志。改革开放以来，我国城镇化进程发展迅速，《2013～2017 年中国市政工程行业深度调研与投资战略规划分析报告前瞻》显示，2010 年中国城镇人口 6.66 亿，占全国总人口的 49.66%，与 2000 年相比，增加 2.07 亿，人口比重上升 13.46 个百分点。而在未来 50 年，中国城镇化速度和规模都将继续增大，预计中国总体城市化率将提高到 76% 以上，大型城市城镇化的比例将会更大。城市化的发展和程度直接和间接影响到涵盖水循环、水资源、水安全、水景观、水生态、水文化等诸多要素在内的城市水环境，严重制约着社会经济的可持续发展。目前，我国城市水环境存在的主要问题表现为以下几个方面。

（一）城市水资源匮乏

目前，我国 660 多个城市中有 400 个城市缺水，其中严重缺水城市达到 130 多个，全国城市正常年份缺水 100 亿立方米，14 个沿海开放城市 9 个严重缺水，北京市人均水资源仅为 124m³（2012 年北京市水资源公报），天津市人均水资源仅为 171m³（2012 年天津市水资源公报）。由于地表水资源供水量不足，北方许多城市不得不强行超采地下水，导致地下水位逐年下降，形成大面积地下水漏斗，引发了局部地面沉降。据统计，全国共有 46 座城市出现地面沉降，上海市地面平均沉降 1.5m，天津市地面最大沉降量已超过 3m。当前，我国城市用水量每年以 5% 以上的速度增长，未来城市缺水问题将会进一步加剧，以天津为例，据预测（以保证率 75% 计算），2020 年天津需水量 56.87 亿立方米，2030 年天津需水量 60.43 亿立方米，未来天津将面临较为严峻的水资源短缺问题。

（二）城市水污染日益严重

城市化进程的加快，城市人口的膨胀，导致城市工业废水和生活污水排放量急剧增加，加之目前城市污废水处理能力有限，以及农药、化肥造成近郊的面源污染，使城市水污染日趋严重。据统计资料显示，目前全国有 36% 的城市河段水质为劣 Ⅴ 类，90% 的城市水污染情况严重，饮用水达不到用水标准的城市有 50%，64% 的主要城市地下水的水质也受到较危急的影响，33% 的城市地下水的水资源是轻度污染。

（三）城市排水系统相对薄弱

我国城市排水系统总体上与城市发展不相协调，普遍存在着设计标准不高的问题。以北京市为例，北京城市排水管网总长度达 3807km，其中雨水管道 1386km，雨污合流管道 756km，污水管道 1665km，北京城近郊区雨水合流管道已形成较完整的排水系统 30 多个，但仍然无法满足城市发展的需要。

目前我国城市排水管道存在着分布稀疏，排水能力差，排水管道老化及堵塞的问题，造成国内各大中城市遭遇暴雨时内涝频出。自 2008 年起，专家对北京城市排水管道内的沉积物的沉积状况进行调查发现：北京市内有近 70% 的雨水管道内有沉积物，其中有 45% 的雨水管道沉积物的厚度达到了管道直径的 15%～45%，个别可达到 60% 以上。大量的沉积物不仅造成了雨水排水管道的堵塞，而且对城市环境及水体都有极大的污染性。

近年来，尽管从数量和处理能力上，我国污水处理厂得到了一定的提升，但仍存在着诸多问题：①地区分布不平衡，城市污水处理厂主要集中于东部，约占 60% 以上，而中部和西部相对较少；②运行负荷率相对低下，大量污水厂未实现满负荷运行，造成了严重的资源浪费，尚未发挥现有污水处理厂的最大效益；③出水不能稳定达标，我国在线运行的城镇污水处理厂中，一级物化处理工艺约占 2%，二级生化处理工艺占主导地位，其主体处理工艺类型包括氧化沟工艺、活性污泥法、A^2/O 工艺、SBR 工艺、A/O 工艺和曝气生物滤池（BAF）工艺，此 6 类工艺覆盖了全国 90% 以上城镇污水处理厂，出水中有机物控制相对比较理想，氮、磷等指标时有波动，特别是寒冷季节等。总体来说，与发达国家相比，我国的城市排水系统相对比较薄弱。

（四）污水处理技术相对落后

我国污水处理的机械化及自动化程度与发达国家相比还是存在着较大的技术差距。长期以来，我国的污水处理技术主要是沿袭了欧美国家近百年来的路线和处理技术，但一些高物耗和高能耗的工艺技术并不适合我国国情。不得不承认，我国现阶段采用的污水处理技术与同期国外的技术水平相比依然还是很落后，还存在效率低、能耗高、维修率高、自动化程度低等缺点。另外，就目前的发展状况来看，由于小城镇污水处理的兴起，我国的城镇污水处理发展的总趋势是数量越来越多，分布越来越广，规模更趋小型化，技术类型和建设、运营、管理模式更趋多样化。小城镇污水处理有其特点，它所处的自然地理环境各不相同，会对设施建设提出特殊的约束条件；当地经济结构、产业结构不同，导致污水水质千差万别。因此，探索和发展适合我国国情的中小城市污水处理工艺，掌握一批在中小城市具有代表性的污染源的治理技术和城市污水处理技术就势在必行。

综上所述，随着我国城市化和城市现代化的快速推进，城市水环境的治理和优化显得非常重要。要想治理好我国的城市水环境，就必须从城市的整体来考虑，将合理规划、水资源有限利用和污水治理等因素相结合，统筹规划、合理布局、精细管理。

第一章　城镇水系统与排水体制

第一节　城镇水系统

城镇水系统从天然水体取水，为人类生活、生产活动供应各种用水，再将各用户使用后排出的废水收集、输送、处理并最终排放回天然水体。与此同时，城镇水系统还承担着将城镇各处的降水顺利导排，防止水涝灾害的任务。城镇水系统是水体自然循环的人工强化，是人类文明进步和城市化聚居的产物，是现代化城市最重要的基础设施之一，其完善程度是城市社会文明、经济发展和现代化水平的重要标志。

一、城镇给水系统

城镇给水系统的功能是利用安全适用、经济合理的工程技术，合理开发、利用水资源，向城镇各用户供水，并保证用户对水质、水量、水压的不同需求。

（一）城镇给水系统的分类

给水系统是保障城镇用水的各项构筑物和输配水管网组成的系统。根据系统性质可有三种不同的分类方法：按水源性质可分为地下水（潜水、承压水、泉水）给水系统和地表水（江河、湖泊、水库、海洋）给水系统，按供水方式可分为重力给水系统、水泵加压给水系统以及混合给水系统，按使用对象可分为生活给水系统、生产给水系统、市政给水系统和消防给水系统。

生活用水是人们在各种生活活动中直接使用的水，主要包含居民生活用水、公共设施用水和工业企业职工生活用水等。其中居民生活用水是指城镇居民家庭生活中饮用、烹饪、洗浴、冲洗等用水，是保障居民身体健康、家庭清洁卫生和生活舒适的重要条件；公共设施用水是指机关、学校、医院、宾馆、车站、商场、公共浴场等公共建筑和场所的用水；在给水系统水量统计中常常将前述两项合并称为综合用水；工业企业职工生活用水是指工业企业区域内从事生产和管理的人员在工作时间内饮用、烹饪、洗浴、冲洗等生活用水。上述三类用水的水质要求大体相同，除冲洗厕所的用水外均应满足国家生活饮用水卫生标准要求。三类用户对水量的要求与人口、用水单位数、生产工艺、生产条件及工作时间安排有关，计算方法应参照《室外给水设计规范》执行。

生产用水是指工业生产过程中为满足生产工艺和产品质量要求的用水，又分为产品用水（水成为产品的一部分）、工艺用水（水作为溶剂、载体等）和辅助用水（冷却、清洗）等。由于工业生产企业千差万别，行业、工艺不同，其对水量、水质、水压的要求也各有不同；如设备冷却用水对浊度要求不高，而电子工业的工业用水、食品工业的产品用水则需要用纯水。确定工业生产用水水质要求时，应深入了解用水情况，熟悉用户的生产工艺过程，以确定其对水量、水质、水压的要求。

市政用水是指城镇道路清洗、绿化灌溉、公共清洁卫生的用水。该类用水对水质没有特殊要求，水量与道路种类、浇洒及绿化面积、气候条件等有关。

消防用水是一旦发生火灾，用于扑灭火灾的用水。消防用水的水质要求不高，但水量一般较大。消防用水的水压要求不尽相同，高压消防系统要求在用水量达到最大且消防水枪位于建筑物最高处时，水枪充实水柱仍不小于10m，低压消防系统要求用水量达到最大时最不利消火栓自由水压不小于 $10 \mathrm{mH_2O}(1 \mathrm{mH_2O} = 9806.65 \mathrm{Pa})$。我国城镇常采用低压消防系统，灭火时由消防车自室外消防栓或消防水池取水加压。

（二）城镇给水系统的组成

为了满足城镇各类用户对水质、水量、水压的要求，城镇给水系统应具有水质良好、水量充沛的水源，安全可靠的取水设施，净水处理设施和完善的输配水管网。

城镇给水系统的常用水源有地下水和地表水。因取水水源不同，城镇给水系统可分为以地表水为水源和以地下水为水源的给水系统两类，其各自组成详见图 1-1、图 1-2。

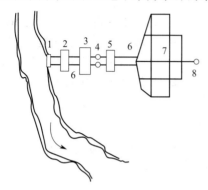

图 1-1　以地表水为水源的城镇给水系统

1—取水构筑物；2—取水泵站；3—水处理构筑物；
4—清水池；5—送水泵站；6—输配水管网；
7—配水管；8—调节构筑物

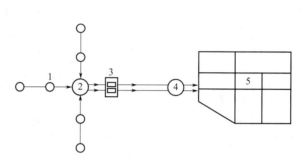

图 1-2　以地下水为水源的城镇给水系统

1—管井群；2—集水井；3—泵站；
4—水塔；5—管网

城镇给水系统大体可分为以下四部分。

1. 水源

城镇给水系统的水源可分为地下水源和地表水源。地下水源包括上层滞水、潜水、承压水、裂隙水、溶岩水和泉水（图 1-3）等；地表水源包括江河水、湖泊水、蓄水库以及海水等。地下水的来源主要是大气降水和地表水的入渗，渗入水量的多寡与降雨量、降雨强度、

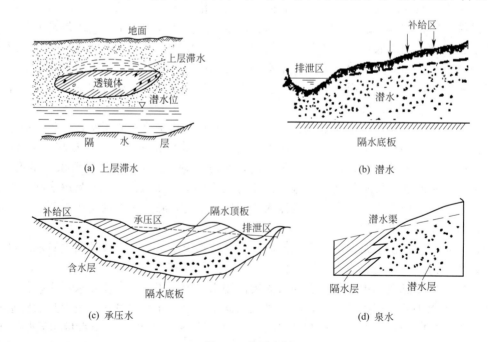

(a) 上层滞水

(b) 潜水

(c) 承压水

(d) 泉水

图 1-3　地下水源

持续时间、地表径流和地层构造有关。地下水中有机污染物相对较少，但矿物质含量较高，硬度高。地表水源资源丰富，水量充沛，但地区时空分布不均衡。另据我国最新环境公报显示，全国各大水系污染状况依然堪忧。

城镇给水水源选择是城镇位置选择的重要条件，水源情况是否良好，往往成为决定新建城市建设和发展的重要因素之一。水源选择应进行深入的调查研究，全面搜集与城市水源有关的水文、气象、地形、地质及水文地质资料，进行水资源勘测和水质分析。城镇给水水源应具有足够供给水量，依据《室外给水设计规范》，选择地下水作为城市供水水源时，应保证取水量小于允许开采量，以防止地下水被开采后引起地下水位持续下降、水质恶化及地面沉降；选择地表水作为城市供水水源时，设计枯水流量年保证率应为 90%～97%。确定城市水源，应调查研究影响水源水质的因素，分析污染物的来源及处理措施。《生活饮用水卫生标准》、《地表水环境质量标准》、《地下水质量标准》等相关法规规定了城镇给水水源的水质和卫生防护要求。

2. 取水构筑物

依据选取的水源不同，取水构筑物可分为地下水取水构筑物和地表水取水构筑物两大类。

（1）地下水取水构筑物 地下水取水构筑物指从地下含水层取集表层渗透水、潜水、承压水和泉水等地下水的构筑物。按其构造不同可分为管井、大口井、辐射井、渗渠（见图1-4～图1-7）等。取水构筑物形式选择应依据含水层埋藏深度、含水层厚度、水文地质特征及施工条件进行技术经济比选确定。

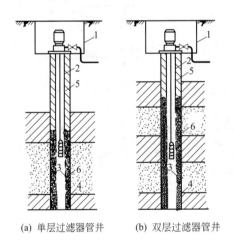

(a) 单层过滤器管井　　(b) 双层过滤器管井

图 1-4　管井结构示意图
1—井室；2—井壁管；3—过滤器；4—沉淀管；
5—黏土封闭；6—规格填砾

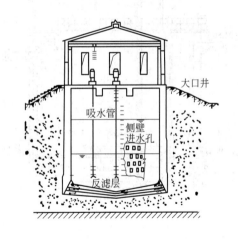

图 1-5　大口井构造示意图

（2）地表水取水构筑物 地表水取水构筑物是从江河湖海等地表水水源取水的构筑物。依据其是否可移动，可分为固定式取水构筑物和移动式取水构筑物两类。

固定式取水构筑物，可广泛应用于江河湖海取水，其供水安全可靠，维护管理方便。根据构造不同又可分为岸边式（图1-8）、河床式（图1-9）、斗槽式和潜水式。河岸边坡较陡、主流近岸的江河常采用岸边式；而岸坡平缓、深水线远离河岸的江河多采用河床式；含砂量大、冰凌严重的河流可采用斗槽式；潜水式取水构筑物则多用于取水量不大的情况下，直接利用潜水泵自岸边取水。

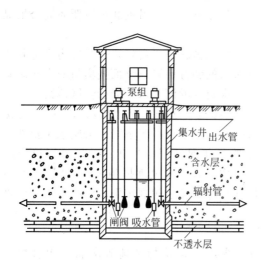

图 1-6　辐射井构造示意图

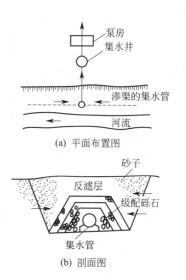

图 1-7　渗渠示意图

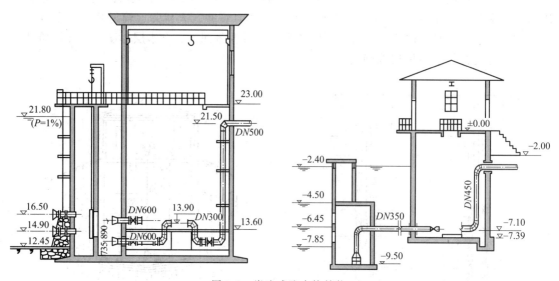

图 1-8　岸边式取水构筑物

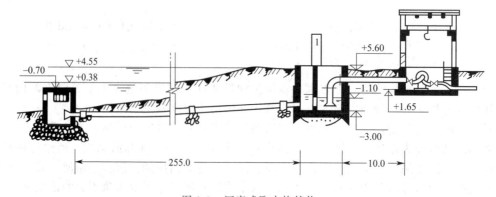

图 1-9　河床式取水构筑物

当河流水位变化较大，为方便构筑物随水位升降，可设置移动式取水构筑物，依据构造可分为浮船式（图1-10）和缆车式（图1-11）两种。

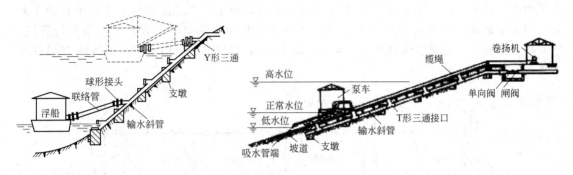

图1-10 浮船式取水构筑物   图1-11 缆车式取水构筑物

3. 净水系统

取自任何水源的水，都会不同程度地含有各种各样的杂质。净水系统是采用物理、化学、生物等方法将取水系统送来的水进行净化处理，以满足用户水质需求的一系列设备和构筑物。

因水源水质的差异，净水系统的处理工艺和组成也各不相同。通常依据水源不同，将净水系统分为地下水净水系统和地表水净水系统两大类。

（1）地下水净水系统 地下水源受其形成、埋藏和补给条件的影响，往往具有水质澄清、水温稳定、矿化度和硬度较高的特点。以地下水为水源时，净水系统的常规处理对象是水中可能存在的病原微生物，因此对水质优良的地下水，净水系统只需进行消毒处理就可以达到饮用水水质要求，其处理流程如图1-12所示。对一些含有特殊有害物质的地下水，如含铁、含锰地下水，净水系统则需进行除铁、除锰等处理。

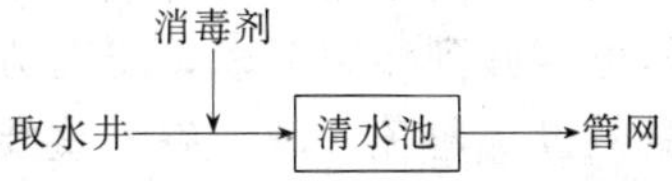

图1-12 地下水常规处理流程

（2）地表水净水系统 地表水源受地面各种因素的影响，体现出如浑浊度大、水温变化幅度大、有机物和细菌含量高、矿化度和硬度较低等特点。以地表水为源的城市净水系统，其常规处理的主要去除对象是水中悬浮物质、胶体物质和病原微生物，所需的技术包括混凝、沉淀、过滤、消毒，图1-13给出了典型的以地表水为水源的常规净水工艺流程。

图1-13 地表水常规处理流程

4. 给水管网

给水管网的任务是将水源水送至水处理构筑物，并将净水厂处理达标符合用户需求的水输送、分配给城镇各用水点。对该系统的总体要求是，供给用户所需的水量，保证配水管网足够的水压，保证不间断供水。这一任务是通过输水管渠、配水管网、泵站及水量调节设施（清水池和水塔）等共同工作完成的。

（1）输水管渠 输水管渠包含浑水渠（管）和清水输水管。浑水渠（管）的任务是将水源水输送到净水厂；清水输水管的任务是将净水厂清水池的成品水输送到配水管网，或者是由管网专线向某大用户输水。输水管渠与配水管网的主要区别在于输水管不沿线供水。输水管道常用管材有铸铁管、钢管、钢筋混凝土管和塑料管；输水渠多用砖、砂、石、混凝土砌筑，为防止水质污染，输水渠一般仅用于输送水源水。由于输水管一旦发生事故，将对其供水范围内的所有用户产生影响，《室外给水设计规范》要求给水系统的输水干管不宜少于两条，并保证事故水量为设计水量的70%。工程上，长距离输水管一般敷设两条平行管线，同时在平行管线上设置连通管和切换阀门（图1-14），以保证事故用水时水量达到70%设计水量。

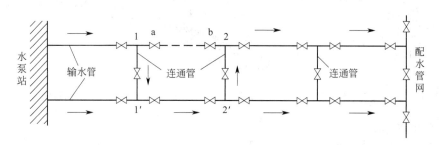

图 1-14　输水管上的连通管和切换阀门

　　输水管输送的流量一般较大，输送距离较长，与河流、高地、交通路线交叉较多，因而往往施工条件差，工程量巨大。在现代化城市建设和发展中，远距离输水工程越来越普遍，对输水管的规划和设计应给予高度重视。输水管定线与布置中应依据城市建设规划进行，并尽可能做到线路最短，土石方工程量最小，施工维护方便，少占或不占农田，管线走向沿道路敷设，避免穿越河谷、重要铁路、地质不良地段和易被洪水淹没的地区，线路选择应充分利用地形，优先考虑重力输水。

　　（2）配水管网　配水管网是指分布在整个供水区域内的配水管道网络。配水管网负责将来自于输水管末端或储水设施内的水量分配输送到整个供水区域，保证用户就近接管用水。配水管网由主干管、干管、支管、连接管、分配管等构成。配水管网上还需要安装消火栓、阀门（闸阀、排气阀、泄水阀、安全阀等）和检测仪表（压力表、流量计、水质监测仪表）等附属设施，以保证消防供水及生产调度、故障处理、维护管理等需要。

　　配水干管定线应遵循如下原则：沿供水主要流向方向布置几条平行干管，干管间用连接管连通，干管沿道路敷设并避免敷设于重要道路下方。配水管网的布置形式应依据地形、城市规划、用户分布确定，常采用树状网和环状网两种形式。

　　树状网如图1-15所示，管网布置呈树状向供水区延伸，管径随所供给用水的减少而逐渐变小。这种布置形式管线总长度较短，构造简单，投资较省。但管网中任何一段管线损坏或检修时，该管线之后管段均要断水，所以供水可靠性差。另外，位于树状网末端的管线用水量较小，水流缓慢，容易发生水质腐败。因此，树状网常用于用水安全性要求不高的小城镇供水，或者是给水管网分期建设时，建设初期先使用树状网，待城镇发展后再连成环状管网。

　　环状网如图1-16所示，配水管网成环布置，当任一管段损坏时，可以通过阀门控制该区域进行检修操作，其他区域仍能保证正常供水，从而缩小了断水面积，提高了供水安全性。环状管网不存在系统末端水质不佳的隐患，还可以大大减轻水锤作用产生的危害。但环状网的管线比树状网长，建设投资明显高于树状网。按照《室外给水设计规范》，城镇配水管网宜设计成环状，当允许间断供水时，可设计成树状，但应考虑将来连成环状网的可能。

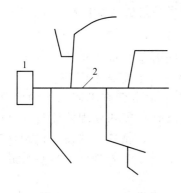

图 1-15　树状给水管网
1—送水泵站；2—配水管网

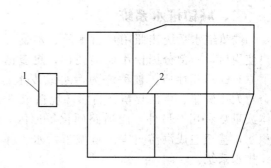

图 1-16　环状给水管网
1—水源；2—管网

（3）泵站　泵站是给水管网中的加压设施，一般由多台水泵并联组成。输配水过程中，需要克服水流与管壁的摩擦阻力、供水点与用水点的地形高差以及用户的管道系统与设备的阻力，当无法依靠重力势能完成供水任务时，就必须通过水泵对水流升压，使水流有足够的能量。

给水管网中的泵站常有抽取原水的一级泵站（又称取水泵站）、输送净水的二级泵站（又称送水泵站）和设于管网中的三级泵站（又称增压泵站）。一级泵站常与取水构筑物共同建设。二级泵站常设于净水厂内，将清水加压后送入输水管和配水管网。三级泵站负责对远离水厂或地形较高的供水区域进行加压，以满足这些区域供水水压要求。

（4）水量调蓄构筑物　为了调节供水和用水的流量差，给水管网中常设有水池、水塔这样的水量调蓄构筑物。设于净水厂内的清水池是水处理系统和给水管网的衔接点，其功能包括储备消防用水量、水厂自用水量以及调节一级泵站和二级泵站流量差值。水塔除了可在高峰用水时向管网补水外还有稳压作用。

（三）　城镇给水系统的功能

城镇给水系统负责供给城镇各用户的用水，应同时满足用户水质、水量、水压需求。

1. 水量保障

给水系统应向各用水点及时可靠地提供满足用户需求的用水量。为此，需保证取水水源水量充足，取水构筑物设置合理可靠，输配水管网设计、敷设安全，调节构筑物容积确定科学。

2. 水质保障

给水系统应满足用户对水质的要求，不同用户对水质要求存在差异。城镇给水系统的供水水质应采用《生活饮用水卫生标准》的水质要求。因此，净水厂应选择安全合理的处理工艺，保证净水厂产水水质达标；调蓄构筑物避免水质污染，《室外给水设计规范》要求清水池、调节水池、水塔应保证水的流动，水池周围 10m 以内不得有污水管道和污染物；输配水管材应符合《生活饮用水输配水设置及防护材料的安全性评价标准》的规定，输配水管道敷设中应做好水质防护等。另外，为了保证净水厂安全运行，城镇给水水源水质也应符合相关要求。

3. 水压保障

给水系统应向用户提供符合标准的供水压力。城镇给水系统的供水压力与城镇总体规划、地形、建筑高度等有关。建筑高度与给水系统服务水头的关系大致为：一层建筑 10m，二层 12m，以后每层增加 4m。城镇给水系统水压由水塔和水泵保障，应合理确定水塔安装高度和水泵扬程。另外输配水管网的阻力损失和城镇地形高差也是影响水压的重要因素。

二、城镇排水系统

城镇给水系统按照用户对水质、水量、水压的不同需求，将合格的成品水送给各用户使用后，一部分因使用而消耗掉，更多的水在使用过程中受到不同程度的污染，改变了原有的理化性质，被称之为污水或废水。这些污废水常常含有不同来源的污染物质，会对人体健康、生活环境及自然环境造成危害，需要及时收集和处理才能排放回自然水体或重复利用。另外，因道路硬化等原因，降水（雨、雪、霜）会致使城镇地区的地面积水，甚至造成洪涝灾害。将城市污水、降水有组织地排除与处理的工程设施就称为城镇排水系统。

排水系统是收集、输送、处理、排放污水的一系列工程设施的组合，主要由管道系统、污水处理系统和污水排放系统共同组成。城镇排水系统接纳对象不同时，其系统构成稍有差别。

（一）城镇污水排除系统

城镇污水包括排入城镇污水管道系统的生活污水和工业废水。城镇污水排除系统的组成部分如图 1-17 所示。

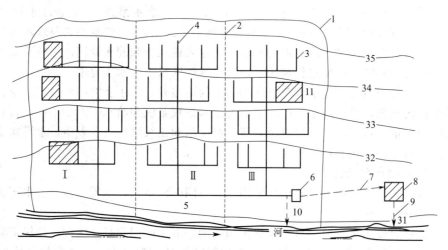

图 1-17　城镇污水排除系统组成

1—城市边界；2—排水流域分界线；3—污水支管；4—污水干管；5—污水主干管；6—污水泵站；
7—压力输水管；8—污水厂；9—出水口；10—事故出水口；11—工厂
Ⅰ、Ⅱ、Ⅲ为排水流域，其余数字为等高线标注

1. 室内排水系统

室内排水系统的作用是收集生活污水，并将其排送至室外的小区污水管道中。建筑内的各种卫生设备既是人们用水的容器，也是承受污水的容器，在给水系统中用水设备是系统的最末端，但对于排水系统而言则是系统的起点。水经这些卫生设备使用后，被收集到排水栓，并依次进入存水弯、横支管、立管、横干管、出户管，经室外检查井与室外排水管网相衔接。见图 1-18。

2. 室外排水管道系统

室外排水管道系统是分布于地面以下将建筑物排出的污水输送至泵站、污水厂或水体的管道，可分为小区污水管道系统（图 1-19）和街道污水管道系统两部分。其中小区污水管道系统是指敷设于小区内，连接建筑物出户管的污水管道系统，小区污水排入城市排水系统

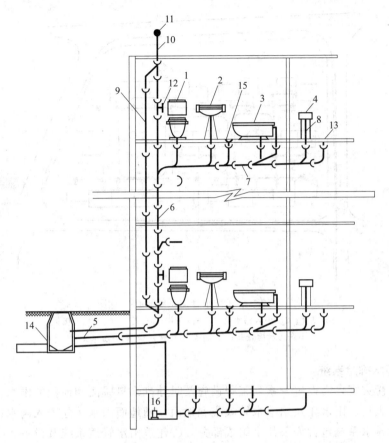

图 1-18　室内排水管道系统

1—坐便器；2—洗脸盆；3—浴盆；4—厨洗盆；5—出户管；6—立管；7—横支
管；8—器具排水管；9—通气立管；10—伸顶通气管；11—通气帽；12—立管检
查口；13—清扫口；14—检查井；15—地漏；16—污水提升泵

时，水质应符合相应水质标准，排出口的数量和位置需经城市市政部门同意；街道污水管道系统敷设在街道下，用以排除居住小区管道流来的污水。为方便维护管理，室外排水管道系统常常还包含检查井、跌水井、冲洗井、倒虹管等附属构筑物。

　　3. 污水泵站及压力管道

　　污水大多依靠重力自流排放，但因地形等条件限制，无法实现重力自流排放时，则需要设置提升泵站。压送从泵站出来的污水至高地自流管道或至污水厂的承压管道称为压力管道。

　　4. 污水处理系统

　　为了去除污水中的各类污染物，减轻环境污染而设置的一系列污水、污泥处理构筑物及其附属构筑物，一般都集中于污水处理厂内。污水厂一般应设置于城市河流的下游，并与居民区或公共建筑有足够的卫生防护距离。

　　5. 污水排放系统

　　城镇污水经收集、输送、处理后，最终还要回归水体或者重复利用。污水排入水体的渠道和出口称为出水口，它是城市污水排放系统的终点。污水排放系统的中途，在某些易于发生故障的部位（如总泵站前）需设置辅助性出水渠，一旦发生故障，上游污水可经此处直接排入水体，这类构筑物称为事故排出口。

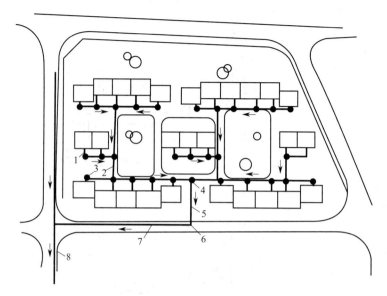

图 1-19   小区排水管道系统平面示意图

1—出户管；2—小区污水管；3—检查井；4—控制井；5—连接管；

6—小区污水检查井；7—小区污水管；8—城市污水支管

（二）雨水排除系统

为防止水涝灾害，需设置一系列工程设施及时导排来自屋面和地面的雨水。屋面的雨水常通过檐沟、天沟、雨水斗及雨落水管收集到地面，随地面雨水一起进入雨水口，经雨水管道排除。雨水排水系统包含如下几个组成部分：①建筑雨水管道系统及设备；②居住小区或厂区雨水管渠系统；③街道雨水管渠系统；④排洪沟；⑤出水口。

雨水一般就近排放水体，无需净化处理。但近些年也有研究指出，初期雨水中往往会带有部分污染物，破坏水环境，在很多工业区，这种现象则更为明显，因而在污染严重的地区，还是提倡将雨水统一收集处理后再排入水体。在地势平坦、区域较大的城市或河流洪水位较高，雨水自流排放有困难的情况下，设置雨水泵站排水。

（三）工业废水排除系统

在工业企业中，用管道将厂区内各车间及其他排水对象所排出的不同性质的废水收集起来，送至废水回收利用和处理构筑物，处理后的废水可再利用或排出厂外，这称为工业废水排除系统。工业废水排出厂外需满足相应排放标准，排入市政污水管网应符合《污水排入城市下水道水质标准》，排放水体应符合行业、当地或国家排放标准中的直排要求。工业废水排除系统的组成为：①车间内部管道系统及排水设备；②厂区管道系统及排水设备；③污水泵站和压力管道；④污水处理站（厂）；⑤出水口（渠）。

工业排水系统往往包含厂区工业废水、生活污水、雨水等多种排除对象，排水系统通常考虑清污分流，单管单排，以防止不同水质的污废水混合后致使污水处理构筑物运行维护不便。

三、城镇水环境

水是城市人类生活和生产活动中最基本的物质条件之一，城镇的工业生产、人民生活、农业灌溉、水产养殖、交通航运、旅游等各项事业的发展，都必须建立在合理开发、利用、保护水资源的基础之上。城镇水系是流域水系的重要组成部分，参与并影响整个流域水系的水文循环；为满足城镇生活和生产等需要，人们从天然水体取水、净化、使用，用过的水又排回天然水体，从而为城市水系增添了人工循环的步骤。因此，城市水环境系统是由水文循环（自然循环）系统和水资源利用系统（人工循环系统）共同组成的（图1-20）。

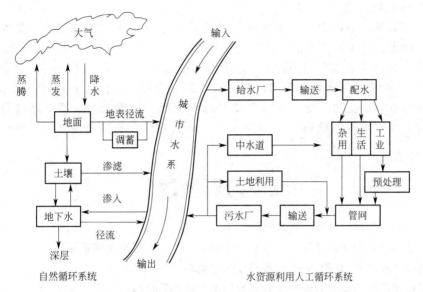

图 1-20 城市水环境系统

城镇水环境担负着为城镇提供水源、物资人流运输、流域洪水调节、郊县农业灌溉、生态建设、观赏旅游、城镇小气候改善、补给地下水源、污水最终受纳体等多项功能。这些功能相互联系、相互促进、相互影响。某些功能（如生态和景观）满足了，则其他功能也可以更好发挥，而某些功能（如污水受纳体）的过分利用，则会导致其他功能的集体丧失。水污染导致水环境系统功能不断衰退，表现出城镇水环境系统的失调。城镇水环境是自然和人工的复合生态系统，受到城镇活动的干扰和影响，恢复城镇水环境的正常功能应从改善人工水循环着手。见图1-21。

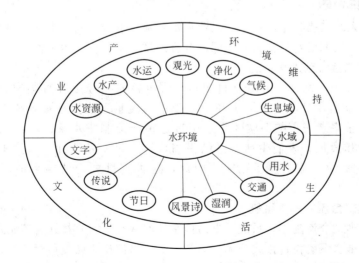

图 1-21 城镇水环境的功能

城镇水环境系统出现的各类问题，最集中的表现是水资源短缺和水环境污染。水资源短缺，是水自然循环的水量不能满足人类生活、生产的需要，是水的人工循环中的"量"的问题。水环境污染，是在水的人工循环中，人类的生活、生产活动向天然水体排放的污染物超过了天然水体的承载能力，造成水环境功能丧失，这是水的人工循环中的"质"的问题。

在水的人工循环中，城镇给水系统与城镇排水系统是人类向自然界"借水"和"还水"的两个程序，为了保证水的人工循环是一个良性循环，就必须做到"好借好还"。城镇给水应尽可能少"借水"，开采量不应超出水资源的补给量；使用上要对水"物尽其用"，以减少污水量和污水处理费用；在用水之后，应对水进行再生处理，使水质达到自然界自净能力所能承受的程度。否则只使用而不处理，累积的大量污染物将超过水环境的容量，就会导致水资源危机和水污染现象，从而破坏水的良性循环，不利于城市的可持续发展。

【复习思考题】

1. 根据用户使用水的目的，通常将给水系统分为哪几类？
2. 根据废水的性质和来源不同，废水可分为哪些类型？并用实例说明。
3. 城镇给水系统的组成有哪些？各部分的主要功能是什么？
4. 城镇排水系统的组成有哪些？各部分的主要功能是什么？
5. 什么是水的人工循环？

第二节　城镇排水体制

城镇排水系统接纳的排水对象常常既含有生活污水、工业废水，还包含雨水。以上三类污水可采用同一个排水管网系统来排除，也可以采用两个或两个以上各自独立的管渠系统来排除。污水的这种不同排除方式称为排水系统的体制（简称排水体制）。排水体制一般分为合流制与分流制。

一、合流制系统

合流制排水系统是指将生活污水、工业废水和雨水混合在同一个管渠内收集、输送的排水系统。根据所收集的污水最终去向不同，合流制排水系统可分为三种。

（一）直排式合流制排水系统

排水管道就近排向水体，分若干排出口，混合污水未经处理直接排放至水体。早期工业不发达，人口不多时，生活污水和工业废水的流量不大，排水系统大多采用这种排水方式。国内外很多老城市的旧城区都采用过这种合流制排水系统。但随着现代城镇及工业企业的建设和发展，人们生活水平的提高，污水量不断增加，这类未经处理的混合污水直接导致了受纳水体的严重污染。因此，这种直排式合流制目前不宜采用。见图1-22。

（二）截流式合流制排水系统

这是针对直排式合流制排水系统严重污染水体的缺点，对直排式合流制进行改造后的一种排水体制。该排水系统在直排式合流制的基础上，沿河岸边敷设截污干管，截污干管上设置溢流井，截污干管下游建设污水处理厂。晴天和初降雨时，所有污水都排入污水厂进行处理，处理后的水再排入水体或再利用。随着降雨量的增加，雨水径流量随之增加，当混合污水的流量超出截污干管的输水能力后，将会有部分污水经溢流井直接溢流进入水体。截流式合流制排水系统比之直排式合流制，更利于水环境保护，但因为雨天时还是有一部分混合污水未经处理直接排入水体，仍然会对水体产生污染。国内外老城区的直排式合流制进行改造时通常采用这种方式。见图1-23。

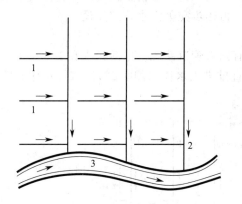

图1-22　直排式合流制排水系统

1—合流支管；2—合流干管；3—河流

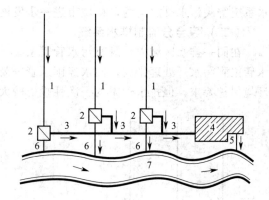

图1-23　截流式合流制排水系统

1—合流干管；2—溢流井；3—截留主干管；

4—污水厂；5—出水口；6—溢流管；7—河流

（三）完全合流制排水系统

生活污水、工业废水和雨水集中于一条管渠内收集输送到污水处理厂，处理达标后排入水体的排水系统形式。该排水体制卫生条件好，利于保护城市水环境，在街道下管线综合容易解决，但工程量大，初期投资大，污水厂规模大且运行管理不便。目前国内较少采用。见图1-24。

二、分流制系统

分流制是指采用不同的管渠将生活污水、工业废水、雨水分别收集、输送的排水系统形式。排除生活污水、工业废水的系统称为污水排水系统；排除雨水的系统称为雨水排水系统。根据雨水排除方式不同，又可分为下列三种情况。

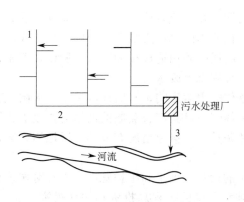

图1-24　完全合流制排水系统

1—合流干管；2—合流总干管；

3—出水口

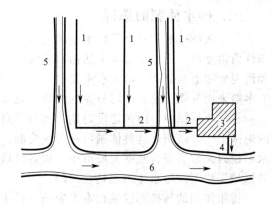

图1-25　不完全分流制排水系统

1—污水干管；2—污水主干管；3—污水厂；

4—出水口；5—明渠或小河；6—河流

（一）不完全分流制排水系统

只有污水排除系统，没有完整的雨水排水系统的排水体制称为不完全分流制（图1-25）。生活污水和工业废水由污水排除系统排至污水厂处理后排放或再利用，雨水经天然地面、道路边沟、水渠或部分雨水管渠等排泄。在城镇建设初期，为节省初期投资，可先建设污水排水系统解决污水排放问题，待城市进一步发展后，再逐步完善雨水管道建设。

（二）完全分流制排水系统

在同一排水区域内，既有污水管道系统，又有雨水管道系统。生活污水和工业废水经污水管渠到污水厂处理排放，雨水经雨水管渠就近直排进入水体（图1-26）。该排水体制符合环境保护要求，但排水管渠的一次性投资较大。

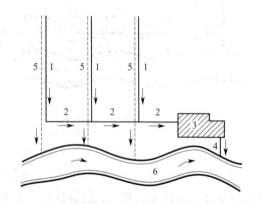

图 1-26 完全分流制排水系统
1—污水干管；2—污水主干管；3—污水厂；
4—出水口；5—雨水干管；6—河流

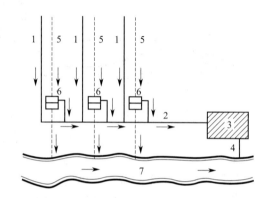

图 1-27 半分流制排水系统
1—污水干管；2—截流干管；3—污水厂；
4—出水口；5—雨水干管；6—跳跃井；7—河流

（三）半分流制排水系统

半分流制排水系统既有污水排除系统也有完善的雨水排除系统，与前述完全分流制排水系统的不同在于，半分流制的雨水截流干管上设置了溢流井或雨水跳跃井，可以把初期降雨引入污水管道并送到污水厂一并处理和利用。这种系统能更好地保护环境，但工程费用较大，目前使用不多。见图1-27。

三、排水体制的选择

合理选择排水体制，是排水系统设计的重要问题。在工业企业中，由于工业废水的成分和性质很复杂，不但不宜与生活污水相混合，而且彼此之间也不宜混合，否则容易导致污水和污泥处理更为复杂，给废水重复利用和有用物质的回收利用造成很大困难。所以，工业企业多数采用分质分流、清污分流的几种管道系统来分别排除废水。

在一个城镇中，因为建设时期、地形等自然条件等因素影响，有的地区采用合流制、有的地区采用分流制，这种体制可称为混合制。这种体制在已具有合流制的城镇需要改扩建排水系统时常常出现。某些大城市中，因各区域自然条件以及修建情况有差异，因地制宜地在各区域采用不同排水体制也是合理的。

排水体制的选择不仅从根本上影响着排水系统的设计、施工和维护管理，而且对城镇和小区的规划和环境保护影响深远，同时也影响着排水系统的工程总投资和初期投资。通常，排水体制的选择，必须符合城镇建设规划，在满足环境保护的前提下，根据当地的具体条件，通过技术经济比较决定。

从城镇规划方面来看，合流制仅有一条管渠系统，地下建筑相互间的矛盾较少，占地少，施工方便，但这种体制不利于城镇的分期发展。分流制管线多，地下建筑的竖向规划矛盾大，占地多，施工复杂，但便于城镇分期发展。

从环境保护的角度来看，直排式合流制不符合卫生要求，新建的城镇和小区已不再采用。完全合流制卫生条件好，利于环境保护，但工程量大，初期投资大，而且污水厂运行管理不便，目前采用较少。在老城市改造中，常采用截流式合流制，以充分利用现有排水设施，比直排式减小了对环境的污染，但因为部分混合污水未经处理直接排入水体，仍然存在环境污染问题。分流制卫生条件较好，利于环境保护，符合城镇卫生要求，是城镇排水系统发展的方向。不完全分流制初期投资少，利于城镇排水管网的分期建设，在新建城镇可考虑这种体制。半分流制卫生条件好，但管渠数量多，投资费用高。

从投资方面来看，排水管网建设费用一般是排水工程总投资的 $60\% \sim 80\%$，排水体制的选择对投资影响很大。合流制只敷设一套管渠系统，管道总投资较分流制低 $20\% \sim 40\%$，但泵站和污水厂投资较分流制高。从总投资来看，完全合流制比分流制要高。不完全分流制因初期只建设污水管网，可节省初期投资费用，又可缩短工期，能快速发挥工程效益。

从维护管理方面来看，合流制管渠在晴天时污水只是部分流，流速低，易沉淀淤积；雨天时，管内沉淀物易被暴雨冲走，因此，合流制管渠系统的维护管理费用可以降低。但就污水厂而言，晴天和雨天流入污水厂的水质、水量变化较大，增加了污水厂运行管理的复杂性。分流制排水系统可以保证管渠内流速相对稳定，不致发生沉淀，且进入污水厂的水质水量变化小，污水厂管理运行更容易控制。

总之，排水系统体制的选择，应根据城镇和企业总体规划、当地降雨情况、排放标准、原有排水设施、地形、气象、水文等条件，在满足环境保护要求的前提下，全面规划，通过技术经济比较，综合考虑确定。

【复习思考题】

1. 什么是排水体制？排水体制常用的类型有哪些？
2. 应如何选择排水体制？

第三节 城镇排水管网系统及主要构筑物

一、排水管渠构成

排水管渠系统承担着污（废）水的收集、输送或压力调节及水量调节的任务。排水管渠系统一般由污水收集设施、排水管道、水量调节构筑物、提升泵站、废水输水管（渠）和排放口等几个部分共同组成。

（一）污水收集设施及室内排水管道

污水收集设施是收集住宅及建筑物内废水的各种卫生设备，既是人们用水的容器，也是承受污水的容器，又是污水排水系统起点设备。污水经卫生设备收集进入室内排水管道（存水弯、横支管、立管、横干管、出户管）再流入室外居住区污水管道系统。每一个出户管与室外管道系统相接处设置检查井，供检修、清通管道之用，如图 1-28 所示。雨水的收集是通过设在屋面的雨水斗或地面的雨水口将雨水收集进雨水管道。

（二）排水管道

分布于排水区域内的排水管道，将收集到的污水、雨水、废水输送到处理地点或排放口，以便集中处理或排放，可分为居住区管道系统和街道管道系统。

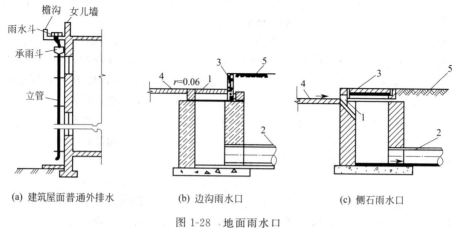

(a) 建筑屋面普通外排水　　　(b) 边沟雨水口　　　(c) 侧石雨水口

图 1-28　地面雨水口

1—雨水进口；2—连接管；3—侧石；4—道路；5—人行道

1. 居住区管道系统

居住区管道系统敷设于居住小区内，连接各类建筑物污（废）水出户管和雨水口，分为小区支管和小区干管。小区支管布置在居住组团内与接户管连接，一般敷设在组团内道路下。小区干管接纳居住组团内小区支管流来的废水和雨水，一般布置在小区道路或市政道路下。

2. 街道管道系统

街道管道系统敷设在街道下，用以排除居住小区管道收集来的废水和雨水，由支管、干管、主干管等组成。一般依照地形由高至低布置成树状管网。

（三）排水管道上的附属构筑物

为保证及时有效地收集、输送、排除城市污水及天然降雨，保证排水系统正常的工作，在排水系统上除设置管渠以外，还需要在管渠上设置一些必要的构筑物。排水管道上常设置有雨水口、检查井、跌水井、溢流井、水封井、换气井、倒虹管、防潮门等附属构筑物。

（四）排水调节池

排水调节池是拥有一定容积的污水、废水和雨水储存设施。用于调节排水管道流量和处理水量的差值。借助水量调节池可以降低下游高峰排水量，从而减小输水管渠或污水处理设施的设计规模，降低工程造价。水量调节池还可作为事故排放池，储存系统检修或事故时的排水量，以降低对环境的污染。工业废水排水系统中，因各车间排水水质不同，且随时间变化，不利于废水处理过程的安全运行，设置调节池可以起到均和水质水量的作用。

（五）提升泵站及压力管道

排水一般采用无压重力流，管道沿一定坡度敷设，但随着管网长度递增，下游管道的埋深可能较大，另外因地形等条件限制，有些情况下需要将污水或雨水由低处向高处提升，此时需设置排水泵站。依据泵站所处位置可分为中途泵站、终点泵站，依据输送对象可分为污水泵站、雨水泵站、合流泵站、污泥泵站等。从泵站出来，压送污水（雨水）到高地自流管道的承压管道称为压力管道。

（六）污水输水管渠

长距离输送污水的管道或渠道称为污水输水管渠。为保护环境，污水处理设施往往建设在离市区较远的郊外，排放口也应选在远离城市的水体下游，这些情况下，均需要进行长距离输送污水。

（七）出水口及事故排出口

排水管道的最末端是污水排放口，与接纳污水的水体连接。为保证排水口稳定，或为了保证污水能尽快与接纳水体混合稀释，需要合理设置排放口。事故排放口是指排水系统发生故障时，把污水临时排放到天然水体或事故池的设施，通常设置在易于发生故障的构筑物（如总泵站）之前。

二、排水管渠水力参数

（一）排水管渠水力计算依据

排水管道中，污（废）水借助管道两端的水面高差从高向低流动，大多数排水管道符合重力流特征。污（废）水中往往含有一定数量的有机物和无机物，是气、液、固三相流，但总的来说，污（废）水中的水分含量一般占99%以上，工程中可假定排水管网的水流符合液体流动规律。水流在排水管道中流动，呈现流量、流速不均匀特征，但工程上为了简化计算，常将排水管道内的水流状态近似为均匀流，实践证明，上述工程假定是适用的。

按照水力学原理，污（废）水水力计算按照明渠均匀流公式进行。

流量公式：
$$Q = Av \tag{1.1}$$

流速公式：
$$v = C\sqrt{RI} \tag{1.2}$$

谢才公式：
$$C = \frac{1}{n}R^{1/6} \tag{1.3}$$

联立上述三式可知：
$$Q = A\frac{1}{n}R^{1/6}\sqrt{RI} = \frac{1}{n}AR^{2/3}I^{1/2} \tag{1.4}$$

式中　Q——流量，m^3/s；

　　　A——过水断面面积，m^2；

　　　v——流速，m/s；

　　　R——水力半径（过水断面面积与湿周之比），m；

　　　I——水力坡度；

　　　C——谢才系数。

对圆管非满流，过水断面面积 A 和水力半径 R 不仅与管径 D 有关，还与水流充满度 h/D 有关。因此，式（1.4）可写为：

$$Q = \frac{1}{n}A(D, h/D)R^{2/3}(D, h/D)I^{1/2} \tag{1.5}$$

式（1.5）表明在圆管非满流状态下，排水管道的过水能力 Q 与管径 D、坡度 I、管道粗糙度 n、水深 h、流速 v 五个参数相关，任意已知其中三个可求知另外三个。

（二）排水管渠的设计流量

排水管渠设计流量是按照排水来源不同分别计算的。污水流量按照进入市政污水管渠的总污水量计算，雨水流量则根据当地暴雨强度、汇水面积及地面径流系数确定。

1. 污水管渠流量

进入市政排水管网的污水往往包含生活污水和生产废水，其中生活污水流量可按照式（1.6）计算。

$$Q = K_z\sum\frac{q_iN_i}{24\times3600} \tag{1.6}$$

式中　Q——污水流量，L/s；

　　　q_i——各排水区域内平均日生活污水量标准，L/(cap·d)；

N_i——各排水区域在设计使用年限终期所服务的人口数，cap；

K_z——污水变化系数，该值是指设计年限内，最高日最高时污水量与平均日平均时污水量的比值。

进入污水管渠内的污水量是时刻变化的，污水管网设计时应以最高日最高时污水排放量作为计算依据。影响污水量变化的因素很多，工程设计阶段往往很难实测 K_z 值，依据《室外排水设计规范》，污水总变化系数可按照如下经验公式计算确定：

$$K_z = \frac{2.7}{Q_d^{0.11}} \tag{1.7}$$

式中　Q_d——平均日污水流量，L/s。

总变化系数 K_z 在 1.3～2.3 变化，当 $Q_d \geqslant 1000L/s$ 时，K_z 取 1.3，当 $Q_d \leqslant 5L/s$ 时，K_z 取 2.3。

进入市政排水管渠的工业废水量应根据工业企业生产总值和废水定额计算确定，具体计算方法可参考相关行业标准。城市污水设计总流量一般可采取直接求和的方法进行，即将进入市政管渠的所有污水量叠加，作为污水管渠设计的依据。

2. 雨水管渠流量

降落在地面或屋面的雨水在沿地面流行过程中，一部分被地面上的植被、洼地、土壤所截留，一部分沿地面坡度汇流并进入雨水管渠。雨水管渠的设计流量是按照进入管渠的雨水量确定的。设计中采用式(1.8)计算。

$$Q = \psi q F \tag{1.8}$$

式中　Q——雨水量，L/s；

ψ——径流系数；

q——暴雨强度，L/(s·hm^2)；

F——汇水面积，hm^2。

（三）排水管渠水力计算参数

排水管渠可通过的流量与流速和过水断面面积有关，而流速则是管道坡度、管壁粗糙度和水力半径的函数。为保证排水管渠的安全运行，《室外排水设计规范》对上述水力计算参数进行控制，在排水管道设计计算时应予遵循。

1. 设计充满度

在设计流量下，污（废）水或雨水在管道中的水深 h 与管道直径 D 的比值（h/D）称为设计充满度，它表示污（废）水或雨水在管道中的充满程度，如图 1-29 所示。

当 $h/D = 1$ 时称为满流；$h/D < 1$ 时称为不满流。《室外排水设计规范》规定，污水管道按不满流进行设计，其最大设计充满度的规定如表 1-1 所示。

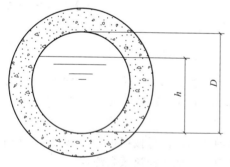

图 1-29　管道充满度示意图

表 1-1　污水管道最大设计充满度

管径或渠高/mm	最大设计充满度	管径或渠高/mm	最大设计充满度
200～300	0.55	500～900	0.70
350～450	0.65	≥1000	0.75

污水管网按照非满流设计的原因有三个方面。

① 污水流量时刻在变化，很难精确计算，而且雨水可能通过检查井盖上的孔口流入，

地下水也可能通过管道接口渗入污水管道。因此，有必要预留一部分管道断面，为未预见水量的介入留出空间，避免污水溢出妨碍环境卫生，同时使渗入的地下水能够顺利流泄。

② 污水中有机污染物在管道内沉积形成污泥，在微生物作用下可能分解析出一些有害气体（如 CH_4、NH_3 和 H_2S），故需留出适当的空间，以利管道的通风，及时排除有害气体及易爆气体。

③ 便于管道的清通和养护管理。在雨水管道设计时，考虑到雨水较污水清洁，对水体及环境污染较小，而且暴雨径流量大，而相应较高设计重现期的暴雨强度的降雨历时一般不会很长，为减少工程投资，暴雨时允许地面短时间积水。因此，《室外排水设计规范》规定，雨水管渠的充满度按满流来设计，即 $h/D=1$。明渠则应有 0.2m 的超高，街道边沟应有不小于 0.03m 的超高。

2. 设计流速

设计流速是指排水管渠在设计充满度条件下，排泄设计流量时的平均流速。设计流速过小，水流流动缓慢，其中的悬浮物则易于沉淀淤积；反之，污水流速过高，可能会对管壁产生冲刷，甚至损坏管道使其寿命降低。为了防止管道内产生沉淀淤积或管壁遭受冲刷，《室外排水设计规范》规定了污水、雨水管道的最小设计流速和最大设计流速。排水管道的设计流速应在最小设计流速和最大设计流速范围内。

最小设计流速是保证管道内不致发生沉淀淤积的流速。污水管道在设计充满度下的最小设计流速为 0.6m/s。含有金属、矿物固体或重油杂质的生产污水管道，其最小设计流速宜适当加大，其值应根据经验或经过调查研究综合考虑确定。考虑到降雨时，地面的泥砂容易随雨水径流进入雨水管道，为避免这些泥砂在管渠内沉淀下来而堵塞管道，雨水管渠的最小设计流速应大于污水管道，满流时管道内最小设计流速为 0.75m/s。明渠易于清淤疏通，其设计最小流速一般为 0.4m/s。

最大设计流速是保证管道不被冲刷损坏的流速。该值与管道材料有关，通常金属管道的最大设计流速为 10m/s，非金属管道的最大设计流速为 5m/s，明渠根据其内壁建筑材料的耐冲刷性质不同，其最大设计流速宜按表 1-2 的规定取值。

表 1-2　明渠最大设计流速

明渠类别	最大设计流速/(m/s)	明渠类别	最大设计流速/(m/s)
粗砂或低塑性粉质黏土	0.8	干砌块石	2.0
粉质黏土	1.0	浆砌块石或浆砌砖	3.0
黏土	1.2	石灰岩和中砂岩	4.0
草皮护面	1.6	混凝土	4.0

3. 最小设计坡度

排水管渠一般为重力均匀流，水力坡度等于水面坡度，即管底坡度。由式（1.2）可知，排水管道设计坡度与设计流速的平方成正比，相应于最小设计流速的坡度就是最小设计坡度，即是保证管道不发生沉淀淤积时的坡度。

在排水管道系统设计时，通常使管道敷设坡度与地面坡度一致，以尽可能减小排水管道埋深，从而降低管道系统的造价。但相应于管道敷设坡度的流速应等于或大于最小设计流速，这在地势平坦地区或管道逆坡敷设时尤为重要。为此，应规定污水管道的最小设计坡度，只要其敷设坡度不小于最小设计坡度，则管道内就不会产生沉淀淤积。

由水力学公式还可知，管道设计坡度与水力半径成反比，而水力半径与管径和充满度有关。因此，在给定设计充满度条件下，管径越大，相应的最小设计坡度则越小，只需规定最小管径的最小设计坡度即可。我国《室外排水设计规范》关于最小坡度的规定详见表1-3。

表 1-3 最小管径与相应的最小设计坡度

管 道 类 别	最小管径/mm	相应最小设计坡度
污水管	300	塑料管 0.002,其他管 0.003
雨水管和合流管	300	塑料管 0.002,其他管 0.003
雨水口连接管	200	0.01
压力输泥管	150	—
重力输泥管	200	0.01

4. 最小管径

一般在排水管道系统的上游部分,排水设计流量很小,若根据设计流量计算,则管径会很小,极易堵塞。根据排水管道养护经验,管径 150mm 的支管堵塞概率可能达到管径为 200mm 的支管的 2 倍以上,由此可见管径过小会增加管道清通次数,并给用户带来不便。此外,采用较大的管径则可选用较小的设计坡度,从而使管道埋深减小,降低工程造价。因此,为了养护工作的方便,常规定一个允许的最小管径。我国《室外排水设计规范》对排水管道最小管径的规定见表 1-3。

5. 管道埋设深度

管道的埋设深度是影响排水管道系统投资的重要因素,是排水管道设计的重要参数。实际工程中,管材、管径、现场地质条件和埋设深度是管道施工造价的四个决定性因素,合理确定管道埋设深度可有效降低管道建设投资。管道埋设深度通常可用覆土厚度和埋深两种参数表达。覆土厚度是指管道外壁顶部到地面的距离,也称为管顶埋深;埋深一般指管道内壁底部到地面的距离(图 1-30)。

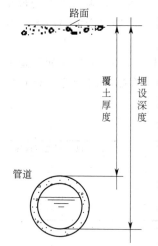

图 1-30 管道埋深与覆土厚度

为保证管道不受外力和冰冻的影响和破坏,管道的覆土厚度不应小于一定的最小限值,即最小覆土厚度。排水管道的最小覆土厚度应满足如下三个因素的要求。

(1)防止冰冻膨胀而损坏管道 冬季土壤冰冻膨胀可能损坏管道基础,从而损坏管道。《室外排水设计规范》规定:一般情况下,排水管道宜埋设在冰冻线以下。当工程所在地或条件相似地区有浅埋经验或采取相应措施时,也可埋设在冰冻线以上,其浅埋数值应根据该地区经验确定。

(2)防止管道因地面荷载而破坏 埋设在地面下的排水管道承受着覆盖其上的土壤静荷载和地面上车辆运行造成的动荷载。为防止管壁在这些动、静荷载作用下破坏,除提高管材强度外,重要的措施就是保证管道有一定的覆土厚度。这一覆土厚度取决于管材强度、地面荷载大小以及荷载的传递方式等因素。《室外排水设计规范》规定,在车行道下,污水管道最小覆土厚度 0.7m,人行道下最小覆土厚度 0.6m。

(3)满足支管衔接要求 在气候温暖的平坦地区,管道的最小覆土厚度往往取决于排水出户管在衔接上的要求。为使住宅和公共建筑的排水顺畅地排入街道排水管道,就必须保证街道排水管道起点的埋深大于或等于街坊(或小区)排水干管终点的埋深,而街坊(或小区)污水支管起点的埋深又必须大于或等于建筑物排水出户管的埋深。从建筑安装技术角度考虑,要使建筑物首层卫生器具内的污水能够顺利排出,其出户管的最小埋深一般采用 0.5~0.7m,所以街坊污水支管起点最小埋深至少应为 0.6~0.7m。

对每一个具体管道而言,需要同时考虑上述三个不同的技术要求,可依据上述技术要求分别得到三个不同的最小埋设深度或最小覆土厚度值。其中的最大值即为该管道的允许最小埋设深度或最小覆土厚度。

排水管道内的水流是依靠重力作用自高而低流动的。随着管道延伸，管道系统的埋深会越来越大。这一点在地形平坦或者管道逆坡敷设时更为明显。管道埋深越大，造价越高，施工周期越长。因此，从技术经济角度和施工方法方面考虑，埋深应有最大限值。管道允许埋设深度的最大值称为最大允许埋深。一般情况下，在干燥土壤条件下，最大埋深不超过 7～8m；在多水、流砂、石灰岩地层中，不超过 5m。当超过最大埋深时，应考虑设置排水泵站，以减小下游管道埋深。

（四）水力计算方法

排水管渠流量确定以后，即可由上游管段开始，在水力计算参数的控制下，进行各管段的水力计算。水力计算中，通常已知排水管渠的设计流量，需要确定各管段直径和敷设坡度。水力计算应保证，在设计流速和设计充满度下，所确定的管道断面尺寸能够排泄设计流量。管道敷设坡度的确定，应充分考虑地形条件，参考地面坡度和保证自净流速的最小坡度确定。一方面使管道坡度尽可能与地面坡度平行，以减小管渠埋深；另一方面也必须保证合理设计流速，使管渠不发生淤积和冲刷。

如水力计算公式 (1.5) 所示，排水管道的过水能力 Q 与管径 D、坡度 I、管道粗糙度 n、水深 h、流速 v 五个参数相关，在具体水力计算中，对每一段管道而言，六个水力参数中只有流量 Q 为已知数，直接采用水力计算的基本公式计算极为复杂。为了简化计算，通常把上述各水力参数之间的水力关系绘制成水力计算图，通过该图，在 Q、h/D、I、v 四个水力参数中已知两个即可查知另外两个。

三、排水管渠上的构筑物

为方便排水管渠检修、清通及维护管理，保障排水系统正常工作，排水系统中常常设有检查井、跌水井、雨水口、溢流井、水封井、冲洗井、倒虹管及出水口等附属构筑物。这些附属构筑物设计是否合理，对排水系统的安全运行影响很大。有些构筑物在排水系统中所需要的数量较多（如每隔约 50m 设置一个检查井），在排水系统的总造价中占有相当的比例。还有一些构筑物的造价较高（如倒虹管），会对排水工程的总造价和运行维护产生较大影响。如何使这些构筑物在排水系统中建造得经济、合理，并能发挥最大的作用，是排水工程设计和施工中的重要课题之一。

（一）检查井

为便于对排水管道系统进行定期检修、清通和连接上、下游管道，必须在管道上设置检查井。据《室外排水设计规范》，检查井的位置，应设在管道交汇处、转弯处、管径或坡度改变处、跌水处以及直线管段上每隔一定距离处。检查井在直线管段的最大间距应根据疏通方法等具体情况确定，一般宜按表 1-4 的规定取值。

表 1-4 检查井最大间距

| 管径或暗渠净高 | 最大间距/m | | 管径或暗渠净高 | 最大间距/m | |
/mm	污水管道	雨水(合流)管道	/mm	污水管道	雨水(合流)管道
200～400	40	50	1100～1500	100	120
500～700	60	70	1600～2000	120	120
800～1000	80	90			

检查井的平面形状一般为圆形，大型管渠的检查井也有矩形和扇形（图 1-31～图 1-33）。按检查井作用不同可有雨水检查井和污水检查井，其基本构造可由基础、井底、井身、井盖和井盖座等部分组成。

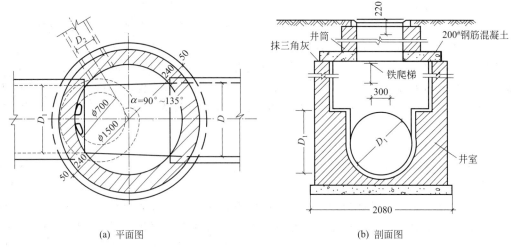

(a) 平面图 (b) 剖面图

图 1-31 圆形污水检查井

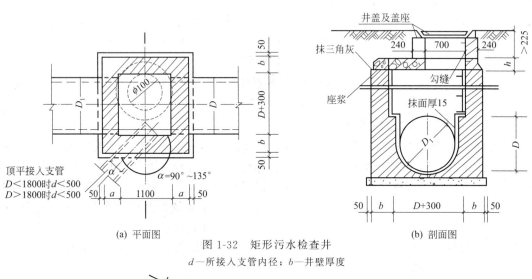

(a) 平面图 (b) 剖面图

图 1-32 矩形污水检查井

d—所接入支管内径；b—井壁厚度

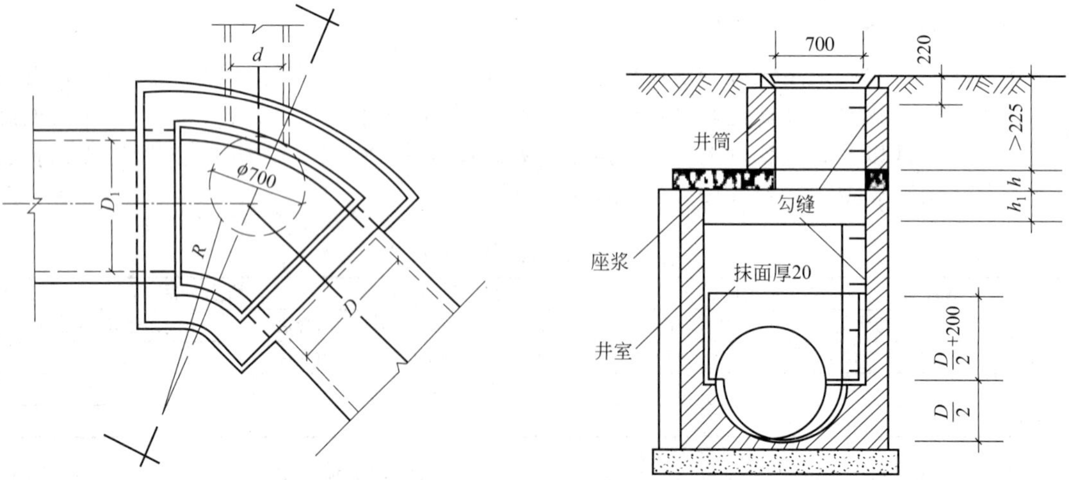

(a) 平面图 (b) 剖面图

图 1-33 扇形雨水检查井

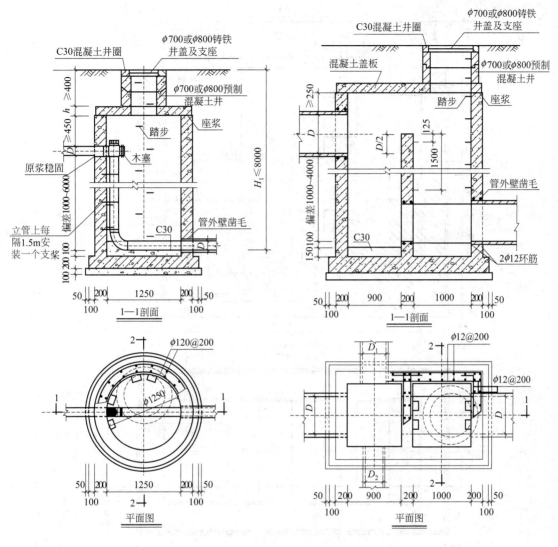

图 1-34　竖管式跌水井　　　　　　图 1-35　溢流堰式跌水井

建造检查井的材料一般是砖、石、混凝土或钢筋混凝土。近年来，出现了钢筋混凝土预制检查井和塑料检查井，目前已在部分工程中得到应用。

（二）跌水井

当检查井内衔接的上下游管渠的管底标高跌落差大于1m时，为消减水流速度，防止管渠冲刷，应在检查井内设置消能措施，这种检查井称为跌水井。

目前常用的跌水井有竖管式、溢流堰式和阶梯式三种（图1-34～图1-36），竖管式常用于直径等于或小于400mm的管道，后两者适用于管径较大的大型管渠。

（三）雨水口

雨水口是雨水管渠或合流管渠上收集雨水的构筑物。地面及道路上的雨水首先进入雨水口，再经过连接管流入排水管道。雨水口设置应能保证迅速有效收集地面雨水，一般设在交叉路口、路侧边沟以及无道路边石的低洼处。雨水口设置数量应结合汇水面积大小、土壤条件、地面坡度及雨水口的泄水能力而定。道路上雨水口的间距一般为25～50m，在低洼和易积水的地段，应根据需要适当增加雨水口的数量。

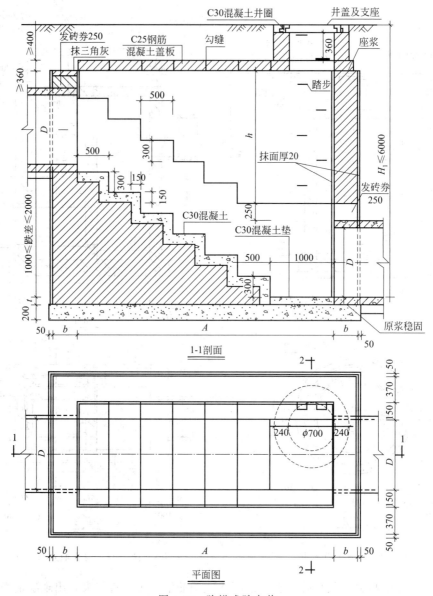

1-1剖面

平面图

图 1-36 阶梯式跌水井

　　雨水口由进水箅、井筒和连接管组成。按进水箅在街道上的设置位置可分为三种形式：边沟雨水口，侧石雨水口，两者相结合的联合式雨水口（图 1-37）。

　　边沟雨水口也称平箅雨水口，进水箅水平放置在道路边沟里，稍低于沟底，适用于道路坡度较小、汇水量较小、有道牙的路面上；侧石雨水口的进水箅垂直嵌入道路边石，适用于有道牙的路面以及箅条间隙容易被树叶等杂物堵塞的地方；联合式雨水口是在道路边沟底和侧边石上都安放进水箅，进水箅呈折角式安放在边沟底和边石侧面的相交处，适用于有道牙的道路以及汇水量较大、且箅条容易堵塞的地方。

　　雨水口的井筒可由砖砌或钢筋混凝土预制，深度一般不宜大于 1m，在北方寒冷地区，为防止冰冻，可根据经验适当加大。雨水口底部根据泥砂量的大小，可做成无沉泥井和有沉泥井两种形式。后者适用于路面较差、地面积秽较多的街道或菜市场等处，以截留雨水所夹带的砂砾等污染物，防止管道堵塞。

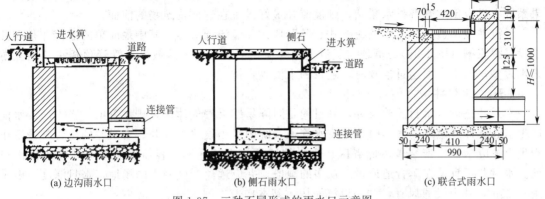

(a) 边沟雨水口   (b) 侧石雨水口   (c) 联合式雨水口

图 1-37　三种不同形式的雨水口示意图

雨水口底部由连接管和街道雨水管相连。连接管最小管径 200mm，坡度 0.01，连接到同一连接管上的雨水口不宜超过 2 个。

（四）溢流井

溢流井是截流式合流制排水系统最重要的构筑物。晴天时，截流式合流制排水系统管道中的污水全部送往污水厂进行处理，雨天时，管道中的混合污水仅有一部分送入污水厂处理，超过截流管道输水能力的那部分混合污水不作处理，直接排放水体。这些直接排入水体的混合污水，要借助设置在合流管道与截留干管交汇处的溢流井溢流排出。因此，溢流井的设置位置应尽可能靠近水体下游，减小排放渠道长度，使混合污水尽快排入水体。此外，最

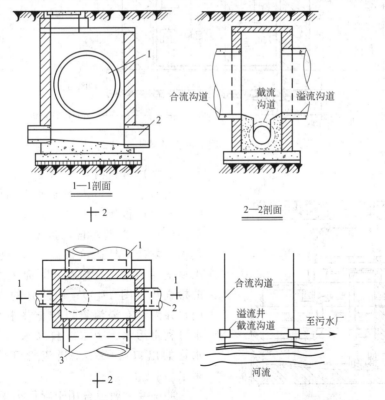

图 1-38　截留槽式溢流井

1—合流管道；2—截留干管；3—溢流管道

好将溢流井设置在高浓度的工业废水进入点的上游，可减轻污染物质对水体的污染程度。如果系统中设有倒虹管及排水泵站，则溢流井最好设置在这些构筑物的前面。

溢流井按构造可分为：截流槽式、跳跃堰式和溢流堰式等。其中最简单的溢流井是在井中设置截流槽（图 1-38），槽顶与截流干管管顶相平，或与上游截流干管管顶相平。当上游来水过多，槽中水面超过槽顶时，超量的水溢入水体。

（五）水封井

水封井是设有水封的检查井，其目的是阻隔易燃易爆气体进入排水管渠。当生产废水能产生引起爆炸或燃烧的气体时，其废水管道系统中必须设置水封井。水封井的位置常设置于产生上述废水的生产装置、储罐区、原料储运地、成品仓库、容器洗涤车间等废水排出口处。水封井不宜设在车行道或行人众多的地段，并应远离产生明火的场地。水封深度一般采用 0.25m，井上设通风管，井底设沉泥槽，基本构造见图 1-39。

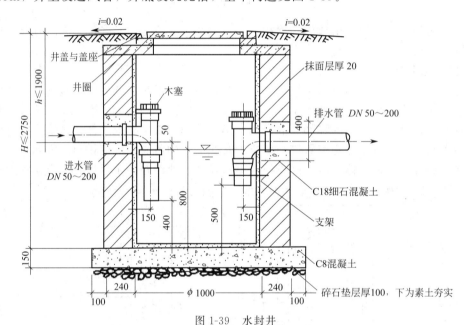

图 1-39　水封井

（六）冲洗井

当污水在管道内的流速不能保证自清时，为防止淤积可设置冲洗井。冲洗井有人工冲洗和自动冲洗两种类型。自动冲洗井一般采用虹吸式，其构造复杂，且造价很高，目前已很少采用。人工冲洗井的构造比较简单，是一个具有一定容积的检查井（图 1-40）。冲洗井的出流管上设有闸门，井内设有溢流管以防止井中水深过大。冲洗水可利用污水、中水或自来水。用自来水时，供水管的出口必须高于溢流管管顶，以免污染自来水。

冲洗井一般适合用于管径小于 400mm 的管道上，冲洗管道的长度一般为 250m 左右。图 1-40 为冲洗井构造示意图。

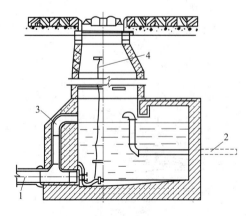

图 1-40　冲洗井

1—出流管；2—供水管；3—溢流管；4—拉阀的绳索

（七）倒虹管和管桥

城市排水管道应尽量避免穿越河道、山涧、洼地、铁路及地下构筑物。如果必须穿越上述障碍物，且无法按照原有坡度埋设，而是以下凹的折线方式从障碍物下通过，这种管道称为倒虹管。

倒虹管由进水井、上行管、下行管、平行管、出水井几部分组成，如图 1-41 所示。倒虹管井应布置在不受洪水淹没处，必要时可考虑排气设施。

确定倒虹管的路线时，应尽可能与障碍物正交通过，以缩短倒虹管的长度，并应符合与该障碍物相交的有关规定。穿越河流时，应选择通过河道的地质条件好的地段、不易被水冲刷地段及埋深小的部位敷设，管顶距离规划河底一般不小于 0.5m。穿越河道的倒虹管，其工作管道一般不宜少于两条，但穿过小河、旱沟和洼地的倒虹管也可单线敷设。通过航运河道时，应与当地航运管理部门协商确定，并设有标志。倒虹管的施工较为复杂，造价较高，应尽量避免使用。

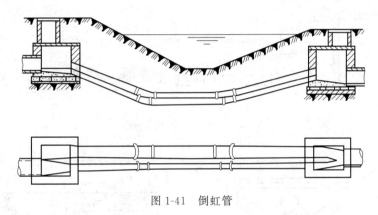

图 1-41 倒虹管

当排水管道穿过谷地时，也可不改变管道的坡度，而采用栈桥或桥梁承托管道，这种构筑物称为管桥。管桥比倒虹管易于施工，检修维护方便，且造价低，但可能影响景观、航运或其他市政设施，其建设应取得城市规划部门的同意。管桥也可作为人行桥，无航运的河道，可考虑采用。管道在上桥和下桥处应设检查井，通过管桥时每隔 40～50m 应设检修口，上游检查井应设有事故出水口。

（八）出水口

排水管渠出水口，是设在排水系统的终点，污水由出水口向水体排放。出水口的位置和形式，应根据出水水质、水体的流量、水位变化幅度、水流方向、下游用水情况、稀释和自净能力、波浪状况、岸边变迁（冲淤）情况和夏季主导风向等因素确定，并要取得当地卫生主管部门和水利、航运管理部门的同意。

图 1-42～图 1-45 分别是淹没式出水口、江心分散式出水口、一字式出水口、八字式出水口示意图。

为使污水与河水较好混合，避免污水沿滩流泄造成环境污染，污水出水口一般采用淹没式，即出水管的管底标高低于水体的常水位。淹没式出水口分为岸边式和河床分散式两种。出水口与河道连接处一般设置护坡或挡土墙，以保护河岸，固定管道出口管的位置，底部要采取防冲加固措施。

四、排水泵站

因地形条件、地质条件、水体水位等因素的限制，无法以重力流方式排水时，排水系统中需要设置排水泵站。地势平坦的城市中，排水管道以一定坡度重力排放，因管道坡度大于

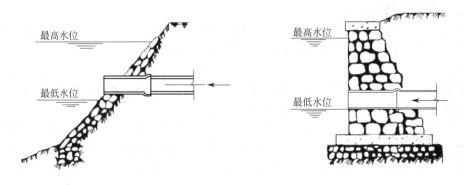

(a) 护坡型淹没式出水口　　　　　　　(b) 挡土墙型淹没式出水口

图 1-42　淹没式出水口

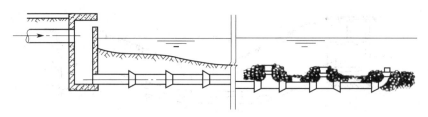

图 1-43　江心分散式出水口

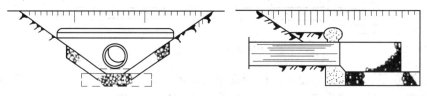

图 1-44　一字式出水口

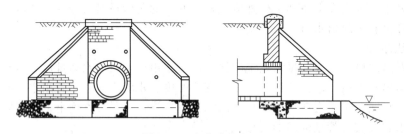

图 1-45　八字式出水口

地形坡度，致使管道埋深愈来愈大，当管道埋深过大时，依然沿既有管道坡度敷设管道则不经济，此时应设置提升泵站提升水位后，再依靠重力流向下游输送。

（一）排水泵站的分类

排水泵站常常依据排水的性质进行分类。

1. 污水泵站

设置于污水管道系统中或污水处理厂内，用来抽升污水的泵站。

2. 雨水泵站

设置于雨水管道系统中或城市低洼地带，用以抽升雨水的泵站。

3. 合流泵站

设置于合流制排水系统中，用以排除河流污水。

4. 污泥泵站

常设置于城市污水处理厂内，用以抽升污泥。

按照排水泵站在排水系统中的位置，又可分为中途泵站、终点泵站；按引水方式可分为自灌式和抽吸式泵站；按泵房形状可分为圆形泵站、矩形泵站、组合型泵站；按集水间和机器间的组合情况，可分为合建式、分建式泵站；按照水泵间与地面的关系，可分为地下式泵站、半地下式泵站；按水泵操控方式，可分为手动泵站、自动泵站和遥控泵站。

（二）排水泵站的组成

排水泵站抽升的是含有杂质的污（废）水，水量随机变化。为此，排水泵站常常包含一系列的构筑物和设备。

1. 格栅

格栅安装在集水池前端，拦截污水、雨水中较大漂浮物及杂质。

2. 集水池

集水池的功能是调节水量，保证水泵能均匀工作。

3. 水泵间

水泵间内安装有水泵和辅助设备，构造形式有多种。

4. 辅助间

为满足泵站运行管理需要，设置的储藏室、修理间、休息室、卫生间等辅助用房。

5. 附设变电所

（三）排水泵站的型式

排水泵站的型式与管渠埋设深度、进水流量及其变化规律、水泵机组台数及型号、地质条件、泵站工作制度等因素有关。排水泵站中，水泵间与集水池可以合建也可以分建。合建式是泵房与集水池之间有不透水的隔墙将它们完全隔开，以改善泵房的操作条件、保护机械设备，如图 1-46 所示。当土质差，地下水位高时，为降低施工难度，降低土建费用，可考虑将机器间抬高的分建式泵站，如图 1-47 所示；水泵抽吸式工作，机器间无渗污和被污水淹没的危险，水泵检修方便，泵房结构处理简单，但吸水管线长，吸水管水头损失大，需引水启动，操作较为麻烦。

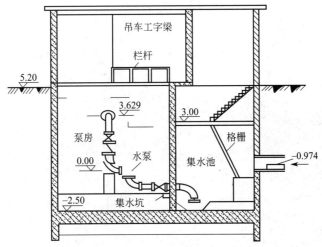

图 1-46　合建式排水泵站

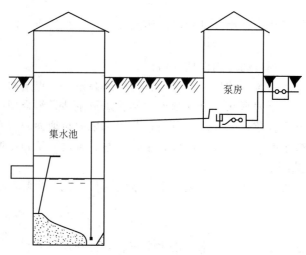

图 1-47   分建式排水泵站

【复习思考题】

1. 排水管渠系统由哪几个部分组成？

2. 排水管渠系统进行水力计算时，有几个水力计算参数？规范对各水力计算参数有哪些基本要求？

3. 排水管渠上常设置哪些附属构筑物？各附属构筑物的功能是什么？

4. 排水管渠中为何要设置检查井？试说明其基本构造及设置位置。

5. 跌水井的作用是什么？常用的跌水井形式有哪些？

6. 雨水口由哪几部分组成？雨水口设置的类型及布置形式有哪些？

7. 溢流井的作用及常用形式各有哪些？

8. 排水泵站如何分类？由哪几部分组成？

第二章　城镇水污染控制

第一节　城镇污水的来源与特征

一、城镇污水来源分类

根据污水来源的不同，城镇污水可以分为生活污水、工业废水和被污染的降水三类。

（一）生活污水

生活污水是人们日常生活所产生的污水，主要来自住宅、机关、学校、医院、车站、码头以及工业企业，是人们洗涤、沐浴、洗衣、冲厕等用水活动所排出的各类污水总称，其中含有人类生活的废料和排泄物。污水的成分及其变化特征与居民的生活状况、生活水平及生活习惯有关。

生活污水中含有大量有机杂质，如蛋白质、动植物脂肪、碳水化合物、尿素和氨氮等，还含有肥皂和合成洗涤剂等，并带有病原微生物和寄生虫卵等，需经污水处理厂处理达标后方可排入水体、灌溉农田或再利用。

（二）工业废水

工业废水是指工业生产过程中产生的废水，来自于生产车间、厂矿等地，依据其污染程度不同可分为生产废水和生产污水。

生产废水是指在使用过程中仅受到轻度污染或水温增高的水，这些水经简单处理即可循环使用或排放水体，如冷却水。而生产污水是指在使用过程中受到较严重污染的水，这类水中有的含大量有机物，有的含有害和有毒物质，有的含合成有机化学物质，有的含放射性物质等，简单处理也无法恢复水质，若不经妥善处理处置，将会对环境产生严重污染，危害人群健康，如石油化工、食品加工、冶金建材等工业生产过程中所排放的污水。

（三）降水

降水是指雨水或雪、雹、霜等的融化水。城镇污水中的降水是指进入城市污水管网或合流管网的那部分降水。

二、市政污水的特征

市政污水一般是指进入市政污水管网的生活污水和工业废水，实际上是一种混合污水。在合流制管网中，市政污水中还包含一部分被污染的初期雨水。依据污水管道收集范围和区域不同，所收集的污水水质有所差异。如果市政管道收集的生活污水比例大于工业废水，则市政污水的水质特征会更多体现出生活污水有机杂质多、易生物降解的特征；反之，如果工业废水所占比例高，则更多体现工业废水的特征。目前已建设运行的市政管网，大多数仍以收集生活污水为主要目的，其水量季节性变化大，外观呈现浑浊、黄绿乃至黑色，带腐臭气味。

市政污水需经过污水处理厂处理后才能排入水体、灌溉农田或再利用。污水处理厂的处理工艺需对比市政污水来水水质、水量特征以及排放标准而定。

三、工业废水的特征

工业废水的特征依据工业类型、生产工艺及用水水质、管理水平的不同，使各类工业废水的成分与性质千差万别。其中的生产废水较为清洁，不经处理或经简单处理即可排放或循环回用。而其中的生产污水则污染严重，必须经严格处理。工业废水往往量大，成分复杂，处理难度大，不易生物降解，危害性大，可呈现出如下与生活污水不同的特征。

① 悬浮物含量高，可达 $100\sim30000\text{mg/L}$；

② 生化需氧量高，可达 $200\sim20000\text{mg/L}$；

③ 酸碱变化大，pH 值可变化 $5\sim11$，甚至低至 2，高至 13；

④ 易燃，可含有低沸点的挥发性液体，如汽油、苯、酒精、石油等易燃污染物，易着火酿成水面火灾；

⑤ 可含有多种有毒有害成分，如酚、氰化物、多环芳烃、油、农药、染料、重金属、放射性物质等。

工业废水来源广泛，不同来源的废水呈现不同的特征。如采矿废水含大量悬浮矿物粉末和浮选剂，金属冶炼废水含重金属离子、呈酸性，焦化废水含酚、氨、硫化物、氰化物、焦油等，石油化工废水含油分和有毒物质，造纸废水含木质素、纤维素、挥发性有机酸，食品加工废水悬浮物含量高、氮磷污染物多，化工废水性质多样、成分复杂等。

【复习思考题】

1. 试述城镇污水的来源有哪些。

2. 简述生活污水有哪些特点。

3. 简述工业废水的主要特征。

第二节　污水中的主要污染物及水质指标

一、污水中的主要污染物及其危害

进入排水系统的各类污水，带有很多污染物质，这些污染物质如果未经有效去除就进入天然水体，很容易致使水环境恶化，水体功能丧失，引发水污染现象。为此，需要研究污水中各类污染物质的分类和性质，有的放矢地选择水质净化工艺，有效去除污水中的各类污染物。按照污染物的污染特征不同，将污水中的污染成分大体分为有机污染物、无机污染物、病原微生物和热污染四类。

（一）有机污染物

生活污水和工业废水中往往带有大量有机污染物，这些有机污染物质中，有的会大量消耗水中的溶解氧，使水体恶化"黑臭"，有的会阻碍水面的透光性，影响植物光合作用，有的是有毒有机物，抑制水体动植物和微生物生长，危害人体健康。

水环境中的有机污染物很多，按其对环境质量的影响和污染危害，可粗略分为两大类：可生物降解有机污染物和难生物降解有机污染物。上述两类有机物的共同特点是都可被氧化成无机物。第一类有机物可被微生物氧化；第二类有机物可被化学氧化或被经驯化、筛选后的微生物氧化。

1. 可生物降解有机物

可生物降解有机物是指污水中容易被微生物降解的有机污染物，如碳水化合物、蛋白质、脂肪等自然生成的有机物。这类有机物性质不稳定，可在有氧或无氧条件下，通过微生物的代谢作用分解为简单的无机物。耗氧有机物是生活污水和部分工业废水中的主要杂质，其生物降解过程会消耗水中的溶解氧，如果消耗量大于水体的复氧量，就会导致水质恶化，故也称耗氧污染物。耗氧污染物是导致水体产生"黑臭"的主要因素之一。

2. 难生物降解有机物

难生物降解有机污染物化学性质稳定，不易被微生物降解，主要包括一些人工合成化合物及纤维素、木质素等植物残体。人工合成化合物包括农药（DDT、有机氯及有机磷等）、酚类化合物、聚氯联苯、芳香族氨基化合物、稠环芳烃（如苯并芘）、高分子合成聚合物（塑料、合成橡胶、人造纤维、合成染料、合成洗涤剂等）。这些物质化学稳定性极强，可在生物体内富集，多数具有很强的"三致"（致癌、致畸、致突变）特性，对水环境和人类有较大毒害作用。以有机氯农药为例，由于它有很强的化学稳定性，在自然环境中的半衰期可达几十年；它是疏水亲油物质，能够为胶体颗粒所吸附并随之在水中扩散，在水生生物体内大量富集，使富集在水生生物体内的浓度达到水体的几千倍甚至几百万倍，然后经食物链进入人体，积累在脂肪含量高的组织中，在达到一定浓度后，即显示出对人体的毒害作用。而聚氯联苯、联苯胺多环芳烃，都是较强的三致物质。

（二）无机污染物

污水中包含的无机污染物可大致分为如下几类。

1. 颗粒状无机杂质

污水中常常带有砂粒、矿渣等无机颗粒物，它们往往和有机颗粒物混在一起统称为悬浮物或悬浮固体，这些悬浮物在污水中以三种状态存在：部分轻于水的悬浮物浮于水面，在水面形成浮渣；部分比水重的悬浮物沉于池底，又称为可沉固体；还有一部分悬浮物密度接近于水，一直悬浮在水中。浮渣可以通过上浮法打捞去除，可沉固体通过沉淀法去除，悬浮颗粒需要过滤等方法去除。这些无机颗粒物污染本身没有直接毒害作用，但影响水体的透明度、流态等物理性质。如使水的色度和浊度增加，影响水体透光性，继而影响水生生物的光合作用，削弱水体自净功能；悬浮固体还可能堵塞鱼鳃，致使鱼类窒息死亡；悬浮固体沉积容易导致管道设备堵塞；悬浮固体还可作为载体，吸附其他污染物质，随水流迁移。

2. 酸碱类污染物

水中的酸碱度以 pH 值反映其含量。生活污水一般呈中性或弱碱性（pH 6～9），工业废水则多种多样，其中不少工业废水会呈强酸性或强碱性。酸性废水对金属及混凝土结构材料有腐蚀作用；碱性废水易产生泡沫，使土壤盐碱化。各种动植物及微生物都有各自适应的 pH 值范围，如果环境（水）的 pH 值超过其适应范围，其生化反应将受抑制，造成危害，严重时导致死亡。

3. 植物营养型无机物

氮、磷是植物的营养物质，对高等植物的生长是宝贵的物质，也是天然水体中藻类的生长基质。在光照等条件适宜的情况下，水中的氮、磷可使藻类过量生长，在随后的藻类死亡和随之而来的异养微生物代谢活动中，水体中的溶解氧很可能被耗尽，造成水体质量恶化和水生态环境结构破坏的现象。

进入水体的氮、磷主要来自生活污水中的人体排泄物、含磷洗涤剂，面源性污染的肥料、农药、动物粪便，工业污水等，是导致湖泊、水库、海湾等水体富营养化的主要物质。

水体的富营养化危害很大，对人体健康和水体功能都有损害。

（1）在水中产生异味　藻类过度繁殖，使水体产生霉味和臭味。藻类死亡分解时，在放线菌等微生物作用下，使水藻发出浓烈的腥臭。

（2）降低水的透明度　过量繁殖的水藻浮在水面，使水质变得浑浊，透明度下降，水体感官性状差。

（3）降低水中溶解氧含量　一方面，藻类形成的浮渣层使阳光难以透射进入水体的深层，致使深层水体的光合作用受到抑制，减少溶解氧的产生；另一方面，藻类死亡后不断向水体底部淤积、腐烂分解，消耗大量溶解氧，情况严重时可使深层水体的溶解氧消耗殆尽。

（4）向水体释放有毒物质　许多藻类能分泌、释放有毒有害物质，不仅危害动物，对人体健康也有影响。如蓝藻产生的藻毒素，可引起消化道炎症。

（5）影响供水水质并增加供水成本　水源水富营养化后，净水处理的难度增加，水处理药剂耗量增大，制水成本增加。同时还会减少产水量、降低供水水质。

（6）影响水体生态　水体富营养化后，原有生态平衡被扰动，引起生物种群数量的波动。如藻类过度繁殖后占据的空间越来越大，使鱼类活动空间变小；又比如藻类种群由以硅藻和绿藻为主变为以蓝藻为主。

污水中的氮可分为有机氮和无机氮，前者是含氮化合物，如蛋白质、多肽、氨基酸和尿素等，后者指氨氮、亚硝酸态氮、硝酸态氮等，其中大部分直接来自污水，小部分来自有机氮在微生物作用下的转化分解。

4. 无机盐类污染物

污水中的无机盐类污染物主要来源于人类生活污水和工矿企业废水，主要有硫酸盐与硫化物、氯化物和氰化物等。此外，还有无机有毒物质，如无机砷化物等。

（1）硫酸盐与硫化物　生活污水中的硫酸盐主要来自人类排泄，工业废水如洗矿、化工、制药、造纸和发酵等工业废水中，可含浓度高达 $1500\sim7500\text{mg/L}$ 的硫酸盐。污水中的硫酸盐用硫酸根 SO_4^{2-} 表示。在缺氧条件下，经硫酸盐还原菌和反硫化菌的作用，SO_4^{2-} 可被脱硫还原为 H_2S。

污水中的硫化物主要来自工业废水（如硫化染料废水、人造纤维废水）和生活污水。硫化物在污水中以 H_2S、HS^- 与 S^{2-} 形式存在。硫化物属于还原性物质，会消耗水中溶解氧，并能与重金属离子发生反应，产生金属硫化物沉淀。

（2）氯化物　生活污水中的氯化物主要来自人类排泄物，每人每日排出的氯化物约为 $5\sim9\text{g}$。工业废水（如漂染工业、制革工业等）以及沿海城市采用海水作为冷却水时，都含有很高的氯化物。氯化物含量高时，对管道及设备有腐蚀作用；如灌溉农田，会引起土壤板结；氯化钠浓度超过 4000mg/L 时，对生物处理的微生物有抑制作用。

（3）非重金属无机有毒物质　非重金属无机有毒物质主要是氰化物与砷。污水中的氰化物主要来自电镀、焦化、高炉煤气、制革、塑料、农药以及化纤等工业废水。氰化物是剧毒物质，人体摄入致死量是 $0.05\sim0.12\text{g}$。

污水中的砷化物主要来自化工、有色冶金、焦化、火力发电、造纸及皮革等工业废水。砷化物在污水中的存在形式有无机砷化物（如亚砷酸盐、砷酸盐）和有机砷（如三甲基砷）。对人体的毒性排序为有机砷＞亚砷酸盐＞砷酸盐。砷中毒会引起中枢神经紊乱、腹痛、肝痛等消化系统障碍，砷还会在人体内积累，属致癌物质之一。

还有一些无机盐类污染物会引起水中硬度改变，这些无机盐污染物对某些水处理方法（如离子交换）的净化效果影响较大。无机盐还会引起水中物质增加，改变水的渗透压，对淡水生物、植物生长产生不良影响。

5. 重金属

重金属指原子序数在 $21\sim83$ 的金属或相对密度大于4的金属。污水中重金属主要有汞、镉、铅、铬、锌、铜、镍、锡等。重金属作为有色金属在人类的生产和生活方面有广泛的应用。这一情况使得在环境中存在着各种各样的重金属污染源。采矿和冶炼是向环境中释放重金属的最主要的污染源。生活污水中的重金属主要来源于人类排泄物，冶金、电镀、陶瓷、玻璃、氯碱、电池、制革、造纸、塑料等工业废水中，也含有大量重金属离子。重金属以离子状态存在时毒性最大，这些离子不能被微生物降解，通常可以通过食物链在动物和人体内富集，产生中毒现象，特别是汞、镉、铅、铬以及它们的化合物。

受重金属污染的水体，其毒性特征是：①重金属离子浓度为 $0.01\sim10\text{mg/L}$，即可产生毒性效应；②微生物不仅不能降解重金属，还可将其转化为有机化合物，使毒性猛增；③重金属被水生生物摄取后会在体内大量积累，经过食物链进入人体，并可通过遗传或母乳传给婴儿；④重金属进入人体后，能与体内的蛋白质及酶等发生化学反应而使其失去活性，并可能在体内某些器官中积累，造成慢性中毒，这种积累的危害，有时需多年才显露出来。因此，我国《污水综合排放标准》、《地面水环境质量标准》、《农田灌溉水质标准》和《渔业水质标准》等，都对重金属离子的浓度作了严格的限制，以便控制水污染，保护水资源。

（1）汞　汞对人体有较严重的毒害作用，可分为无机金属汞与有机汞两类。无机金属汞有升华性能，可从液态、固态直接升华为汞蒸气，可被淀粉类果实、块根吸收并积累，经食物链、呼吸系统或皮肤摄入人体，在血液中循环，积累在肝、肾及脑组织中，酶蛋白的巯基与汞离子结合后，活性受抑制，细胞的正常代谢作用发生障碍。摄入体内的无机汞，可用药物治疗，使汞从泌尿系统排出。

有机汞主要来自有机汞农药以及由无机汞转化而来。摄入人体的无机汞及水体底泥中的无机汞，在厌氧条件下，由于微生物的作用，可转化为有机汞，如甲基汞。进入水体中的有机汞，可被贝类摄入并富集，经食物链进入人体，在肝、肾、脑组织中积累，侵入中枢神经，毒性大大超过无机汞，并极难用药物排出，积累到一定浓度会引发"水俣病"。

（2）镉　镉是典型的富集型毒物。水体中的镉经食物链摄入人体，储存在肝、肾、骨骼中不易排出，镉的慢性中毒会导致肾功能失调，降低机体免疫能力，骨质疏松、软化，以及心血管疾病。镉中毒可引起"骨痛病"，这种病的潜伏期可达 $10\sim30$ 年，发病后难以治疗。

（3）铬　铬在水体中以六价铬和三价铬的形态存在，前者毒性大于后者。人体摄入后，会引起神经系统中毒。

（4）铅　铅也是一种富集型毒物，成年人每日摄入量少于 0.32mg 时，可被排出体外不积累；摄入量为 $0.5\sim0.6\text{mg}$ 时，会有少量积累，但不危及健康；摄入量超过 1.0mg 时，有明显积累。铅离子能与多种酶络合，干扰机体的生理功能，危及神经系统、肾与脑。儿童比成人更容易受铅污染，造成永久性的脑受损。

除此以外，锌、铜、钴、镍、锡、锰、钛、钼、钴等重金属离子，对人体也有一定的毒害作用。

（三）病原微生物

病原微生物的水污染危害历史最久，至今仍是危害人类健康和生命的重要水污染类型。洁净的天然水体中含细菌很少，病原微生物更少。但污水会带给天然水体大量有机物，提供细菌存活的环境，同时带入大量病原菌、寄生虫卵和病毒等。如生活污水、食品工业废水、制革废水、医院污水、垃圾渗滤液、地面径流等会带有肠道病原菌（痢疾菌、伤寒菌、霍乱菌等）、寄生虫卵（蛔虫、蛲虫、钩虫卵等）、炭疽杆菌与病毒（脊髓灰质炎病毒、肝炎病毒、狂犬病病毒、腮腺炎病毒、麻疹病毒等）进入水体，引起各种疾病传播。几个世纪以来，在世界各地都曾发生过，因水污染导致的危险性传染疾病蔓延，如霍乱和伤寒。

病原微生物的特点是：数量大、分布广、存活时间较长、繁殖速度很快、易产生抗药性、很难消灭。传统的二级生化污水处理及加氯消毒后，某些病原微生物、病毒仍能大量存活。传统的混凝、沉淀、过滤、消毒给水处理能够去除 99% 以上，但出水浊度若大于 0.5

度时，仍会伴随有病毒。因此，此类污染物可通过多种途径进入人体，并在人体内生存，一旦条件适合，就会引起人体疾病。

二、热污染

污水的水温，对污水的物理性质、化学性质和生物性质都有直接影响。生活污水的水温变化幅度不大，一般为 10~20℃；但有些工业排出的废水温度较高，如直接冷却水，温度可能超过 60℃。这些高温废水排入水体后，使水体水温升高，水的理化性质发生变化，危害水生动、植物的繁殖与生长，称为水体的热污染。热污染对水体的危害表现在以下几个方面。

（1）降低水中溶解氧含量。水温升高后，水中饱和溶解氧浓度降低，水体中的亏氧量也随之减小，则水体复氧速率减慢；由于水温升高，水生生物的耗氧速率加快，加速了水体中溶解氧的消耗，造成鱼类和水生生物的窒息死亡，水质迅速恶化。

（2）水温升高后，水体中化学反应速率加快（水温每升高 10℃，化学反应速率会加快一倍），从而引发水体物理化学性质，如电导率、溶解度、离子浓度和腐蚀性的变化，对有毒物质而言，水温升高还可增大它们的毒性。

（3）水温升高使水体中的细菌繁殖加速，如果该水体被作为给水水源时，所需投加的混凝剂与消毒剂量将增加，处理成本增高。特别是由于投氯量增加，可能导致有机氯化物更快地转化为有致癌作用的三氯代甲烷（氯仿）。

（4）水温升高会加速藻类的繁殖，从而加快水体的富营养化进程。

（5）水温过高时会干扰鱼类的正常洄游路线和繁殖活动。

城市污水的水温与城市排水管网的体制及工业废水所占比例有关，一般而言，污水生物处理的适宜温度范围为 5~35℃。

三、表征污水水质的常用指标

（一）感官类指标

1. 浊度

浊度是对光传导性能的一种测量，其值可表征污水中胶体和悬浮物的含量。水中的泥土、粉砂、微细有机物、无机物、浮游生物等悬浮物和胶体物都可以使水体变得浑浊而呈现一定浊度。浊度是在外观上判断水是否被污染的主要特征之一。在水质分析中规定，1L 水中含有 1mg SiO_2 所构成的浊度为一个标准浊度单位，简称 1 度。

2. 悬浮物

悬浮物的多少用单位体积中所含悬浮物的质量来表示，单位为 mg/L。测定方法有：把一定量水样在 105~110℃烘箱中烘干至恒重，所得质量即为水样中总固体量（TS）；水样经过滤后，滤液蒸干并在一定温度下烘干后所得的固体质量为胶体和溶解性固体（DS）；水样过滤后留在过滤器上的固体物质，于 103~105℃烘至恒重后得到的物质为悬浮固体（SS）。将悬浮固体在 600℃温度下灼烧，灼烧残渣是非挥发性固体（NVSS），灼烧减量为挥发性固体（VSS）。

3. 色度

水中含有的泥土、有机质、无机矿物质、浮游生物等往往使水呈现出一定的颜色。工业废水中的染料、生物色素、有色悬浮物等也是环境水体着色的主要来源。水的颜色会减弱水的透光性，影响水生生物生长和观赏价值。

水的颜色可分为表色和真色。真色指去除悬浮物后的水的颜色，没有去除悬浮物的水具有的颜色称为表色。水的色度一般指真色，可采用铂钴比色法和稀释倍数法测定。前者以氯铂酸钾与氯化钴配成标准色列,与水样进行目视比色确定水样的色度,并规定每升水含 1mg 钴所具有的颜色单位为 1 个色度单位,称为 1 度;后者将水样用蒸馏水稀释至看不到颜色,以稀释倍数表示水样的色度,单位为倍。也可采用分光光度法测定水样色度,以主波长、色调、明度和饱和度来描述水样的色度。

4. 臭味

水中的污染物分解及与之相关的微生物活动往往产生异臭、异味。臭味也是水美学评价的感官指标之一,其主要测定方法有定性描述法和臭阈值法两种。定性描述法需依靠检验人员自己的嗅觉,对水样在 20℃ 和煮沸两种条件下的气味特征作适当描述,并划分臭强度等级;用无臭水稀释水样,当稀释到刚能闻出臭味时的稀释倍数称为"臭阈值"。因为不同的检验人员对臭的敏感程度不同,检验结果会有差异,故往往选择 5 名以上嗅觉灵敏的检验人员同时检验,取其结果的几何平均值作为代表值。

5. 水温

水温与水的理化性质(如密度、黏度、pH 值、化学反应速率、微生物活动)有密切关联。地下水温度通常为 8~12℃;地表水水温会随季节变化,变化范围为 0~30℃;污水水温随行业、工艺不同有很大差别。水温测定可利用水温计、颠倒温度计、热敏电阻温度计等。

(二) 表征有机污染物含量的水质指标

有机物广泛存在于生活污水和工业废水中,是污水中最主要的污染物质之一,有机物的含量也是衡量水质污染程度的重要指标。又因其来源广泛、种类繁多,难以分别对其定性、定量分析,因而常利用其可被氧化这一主要特征,用氧化过程所消耗的氧量作为有机物总量的综合指标。

1. 生化需氧量

生化需氧量(BOD)是指在有氧条件下,由于微生物的活动,降解有机物所需的溶解氧量,也称生物化学需氧量,常以 BOD 表示,单位为 mg/L 或 kg/m³。生化需氧量(BOD)代表了第一类有机物,即可生物降解有机物的数量。生化需氧量越高,表示水中可降解有机物污染越严重。

可生物降解有机物在有氧条件下,通过碳氧化和硝化氧化两个阶段完成其生物降解过程。碳氧化阶段中,由于异养菌的作用,含碳有机物被氧化为 CO_2 和 H_2O,这一阶段微生物的耗氧量为 O_a;在随后的硝化阶段中,自养菌发挥作用,NH_3 被氧化为 NO_3^-,所消耗的氧量为 O_b。耗氧量 O_a 表示第一阶段生化需氧量,也称总碳化需氧量,用 BOD_u 表示。耗氧量 O_b 表示第二阶段生化需氧量,也称硝化需氧量,用 NOD_u 或硝化 BOD 表示(图 2-1)。

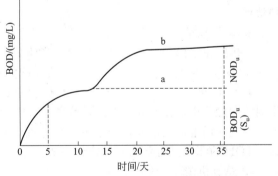

图 2-1 两阶段生化需氧量曲线
曲线 a 表示碳氧化阶段需氧量曲线;
曲线 b 表示氮氧化需氧量曲线

生物降解过程在微生物作用下进行,因而耗氧过程与温度、时间有关。在一定范围内温度越高,微生物活力越强,消耗有机物就越快,需氧量越多;时间越长,微生物降解有机物的数量和深度越大,需氧量越多。一般而言,20℃ 水温条件下,完成上述两个阶段的氧化过程需要 100 天以上,由图 2-1 可以看出,5 天的生化需氧量约占总生化需氧量的 70%~80%;20 天以后的生化过程趋于平缓,因此常用 20 天的生化需氧量 BOD_{20} 作为总生化需氧量 BOD_u。工程应用中，20 天的测定时间太长，目前国内外普遍采用在 20℃ 条件下，培养 5 天的生化需氧量，作为可生物降解有机物的综合浓度指标，以 BOD_5 表示，称为"五日生化需氧量"。

BOD_5 只能相对反映出可生化有机物的数量，各种废水的水质差别很大，其 BOD_5 与 BOD_{20} 相差悬殊，但对同一种废水而言，此值相对固定，如生活污水的 BOD_5 约为 BOD_{20} 的 0.7 倍左右。它在一定程度上亦反映了有机物在一定条件下进行生物氧化的难易程度和时间进程，具有很大的使用价值。

2. 化学需氧量

以 BOD_5 作为有机污染物的综合浓度指标较为准确地反映了污水中可生物降解有机物的含量，但也存在如下缺点：测定时间长，不利于迅速指导生产实践；对难降解有机物含量高的污水，测定结果误差大；某些工业废水不含微生物生长所需的营养物质或者含有抑制微生物生长的有毒有害物质，会影响测定结果。

化学需氧量（COD）是指在酸性条件下，用化学氧化剂将有机物氧化为 CO_2 和 H_2O 所消耗的氧量。COD 值越高，说明污水中有机污染物含量越高，有机污染越严重。目前常用的强氧化剂有重铬酸钾和高锰酸钾。对于污染严重的生活污水和工业废水，常采用重铬酸钾法作为氧化剂，由于重铬酸钾氧化作用很强，所以能较完全地氧化水中大部分有机物和无机性还原物。对于污染物相对较少的地表水、水源水等，常采用高锰酸钾作为氧化剂，称为高锰酸盐指数。

与 BOD_5 相比，COD 能较精确地表示污水中有机物的含量，测定时间短，不受污水水质影响，因而应用广泛；但 COD 无法反映出可生物降解的有机物的含量，直接从卫生学角度说明水被污染的程度；另外，污水中的还原性无机物（如硫化物）被氧化的过程也消耗氧化剂，致使 COD 测定结果存在一定误差。

由此可知，COD 的数值大于 BOD_5，两者的差值在于污水中难降解有机物的含量。差值越大说明污水中难降解有机物越多，生物处理效果越差。如果废水成分相对稳定，COD 与 BOD_5 之间应有一定的比例关系，BOD_5/COD 常被作为污（废）水是否适宜进行生物处理的一个衡量指标，叫可生化性指标。一般认为 BOD_5/COD 大于 0.3 的污水，才适宜采用生物处理。

3. 总耗氧量

有机物主要由碳、氢、氮、硫等元素组成。在高温燃烧条件下，有机物将被完全氧化为 CO_2、H_2O、NO、SO_2，此时所消耗的氧量称为总耗氧量，用 TOD 表示。

TOD 的测定方法是：向氧含量已知的氧气流中注入定量的水样，并将其送入以铂为催化剂的燃烧管中，在 900℃ 高温下燃烧，水样中的有机物因被燃烧而消耗了氧气流中的氧，剩余的氧量用电极测定并自动记录。氧气流中原有氧量减去燃烧后的剩余氧量，即为总耗氧量。TOD 的测定只需要几分钟即可完成。

4. 总有机碳

总有机碳（TOC）也是一种快速测定方法，通过测定水样中的总有机碳量来表示污水中有机物的含量。其测定原理是：向已知氧含量的氧气流中注入定量水样，并将其送入特殊燃烧器中，以铂为催化剂，在 900℃ 高温下燃烧，用红外气体分析仪测定燃烧过程中产生的 CO_2 量，再折算出其中的含碳量，就是污水的总有机碳 TOC 值。为排除无机碳酸盐的干扰，水样应先进行酸化，再通过压缩空气吹脱水中的碳酸盐，之后方可注入燃烧管进行测定。TOC 虽能用有机碳元素来反映有机物的总量，但因排除了其他元素，仍不能直接反映有机物的真正浓度。

水质比较稳定的污水，其 BOD、COD、TOD、TOC 之间有一定的相关关系，数值大小的排序为 $TOD > COD > BOD_{20} > BOD_5 > TOC$。

难降解有机污染物不能用 BOD 来表征，只能用 COD、TOC、TOD 来表征。

（三）表征无机营养物的水质指标

1. 氮指标

污水中含氮化合物有四种：有机氮、氨氮、亚硝酸盐氮与硝酸盐氮。有机氮很不稳定，容易在微生物作用下分解为氨氮。

工程中，几种形态的氮含量均可用来作为衡量氮源污染的水质指标。总氮（TN）表示四种含氮化合物的总量。凯氏氮是有机氮和氨氮含量之和，凯氏氮可以用来判断污水在进行生物法处理时，氮营养是否充分。氨氮是指游离态氨（NH_3）与离子态铵盐（NH_4^+）两者之和。生物处理时，氨氮不仅向微生物提供营养，还对污水的 pH 有缓冲作用。总氮和凯氏氮的差值约等于亚硝酸盐氮和硝酸盐氮。

2. 磷指标

污水中含磷化合物可分为有机磷与无机磷两类。有机磷的存在形式主要有葡萄糖-6-磷酸，2-磷酸甘油酸及磷肌酸等；无机磷都以磷酸盐形式存在，包括正磷酸盐、偏磷酸盐、磷酸氢盐、磷酸二氢盐等。

磷污染程度的表征可用总磷（TP）表示。所有含磷化合物首先转化成正磷酸盐，再测定其含量，其结果即为总磷，以 PO_4^{3-} 表示。

（四）表征微生物污染的水质指标

受病原微生物污染后的水体，微生物激增，其中许多是致病菌、病虫卵和病毒，它们往往与其他细菌和大肠杆菌共存，工程中通常用大肠菌群数、病毒和细菌总数作为病原微生物污染的间接指标。

1. 大肠菌群数与大肠菌群指数

大肠菌群数（大肠菌群值）是指单位体积水样中所含有的大肠菌群的数目，以个/升计。大肠菌群指数则是指查出 1 个大肠菌群所需的最少水量，以毫升（mL）计。可见大肠菌群数与大肠菌群指数互为倒数。

大肠菌群数作为污水被粪便污染程度的卫生指标，一方面是因为大肠菌与病原菌都存在于人类肠道系统内，它们的生活习性及在外界环境中的存活时间都基本相同；另一方面，大肠菌的数量多，且容易培养检验，但病原菌的培养检验十分复杂与困难。故此，常采用大肠菌群数作为卫生指标。大肠菌群的值可表明水样被粪便污染的程度，间接有肠道病原菌（伤寒、痢疾、霍乱等）存在的可能性。

2. 病毒

污水中已被检出的病毒有 100 多种。检出污水中有大肠菌群，可以表明肠道病原菌的存在，但不能表明是否存在病毒和其他病原菌（如炭疽杆菌），因此还需要检验病毒指标。病毒的检验方法目前主要有数量测定法与蚀斑测定法两种。

3. 细菌总数

细菌总数是大肠菌群数、病原菌、病毒及其他细菌数的总和，以每毫升水样中的细菌菌落总数表示。测定时，把一定量水接种于琼脂培养基中，在 37℃ 条件下培养 24h 后，数出生长的细菌菌落数，然后计算出每毫升水中所含的细菌数。

细菌总数愈多，表示病原菌与病毒存在的可能性愈大。但细菌总数不能说明污染的来源，必须结合大肠菌群数来判断水体污染的来源和安全程度。

【复习思考题】

1. 城市污水中可能带有哪些污染物质？
2. 污水中的有机污染物会造成哪些危害？
3. 污水受有机污染物污染的程度可以用哪些指标进行衡量？
4. 污水中带有哪些无机污染物？各自危害是什么？
5. 什么是水体的富营养化？引起富营养化的原因是什么？
6. 衡量污水是否受病原微生物污染的水质指标有什么？

第三节 水污染控制技术概论

水污染是指排入水体的污染物在数量上超过该物质在水体中的本底含量和水体的环境容量，从而导致水的物理、化学及微生物性质发生变化，使水体固有的生态系统和功能受到破坏。

造成水体污染的原因主要有：点源污染与面源污染（或称非点源污染）两类。点源污染来自未经妥善处理的城市污水（生活污水与工业废水）集中排入水体。面源污染来自农田肥料、农药以及城市地面的污染物随雨水径流进入水体以及随大气扩散的有毒有害物质由于重力沉降或降雨过程，进入水体。

水污染控制就是在对原水进行水质分析的基础上，结合尾水出路，采用安全可靠的技术和手段，将水中污染物与水分离，或将其转化为无害化的物质，保护水环境和人体健康。水污染控制技术即是这些分离技术和转化技术的总和。

一、污水处理技术分类

污水处理的技术很多，其分类方法也有多种（表 2-1）。

表 2-1　污水中污染物的分离与转化技术

处理方法		处理对象	所用设备(构筑物)	处理程度
分离处理法	沉淀和沉降	悬浮物	沉淀池、沉砂池	一级处理
	气浮	悬浮物、胶体	气浮池	一级处理
	混凝	胶体	混凝池、沉淀池	一级处理
	隔滤	悬浮物	格栅、筛网、滤池、过滤机	一级处理
	离心分离	悬浮物	离心分离机、水力旋流器	一级处理
	磁分离	磁性杂质	高梯度磁分离器	一级处理
	吹脱或汽提	溶解态易挥发物质	吹脱塔、吹脱池、汽提塔	一级处理
	吸附	溶解物或胶体	固定床、移动床、流动床、滤池	三级处理
	离子交换	离子	滤柱	三级处理
	膜分离	溶解物、悬浮物、胶体	电渗析槽、反渗透器、过滤器	三级处理
	萃取	溶解物	萃取器、分离器	三级处理
转化处理法	中和	酸碱溶解态物质	中和池	一级处理
	化学沉淀	溶解物	反应池、沉淀池	三级处理
	氧化还原	溶解物	反应池、沉淀池	三级处理
	活性污泥法	有机物、氨氮等无机物	曝气池、沉淀池	二级处理
	生物膜法	有机物、氨氮等无机物	生物滤池、生物转盘等	二级处理
	厌氧处理法	(难降解)有机物	消化池、厌氧反应器	二级处理
	生物脱氮	氨氮、(亚)硝酸根离子	好氧反应器、厌氧反应器	深度处理

（一）　按污染物的去除方式分类

1. 分离处理

分离处理是指通过各种外力的作用，使污染物从废水中分离出来的方法。大多数分离过程不改变污染物的化学本性。

污染物在污水中的存在形态多种多样。不同存在形态的污染物，分离方法也各有不同。离子交换法、吸附法、浮选法、电渗析法都可用于去除污水中的离子态污染物；吹脱法、汽提法、吸附法、浮选法、结晶法、冷却法、反渗透法等可用于去除污水中的分子态污染物；混凝法可去除污水中的悬浮胶体态污染物；重力分离、离心分离、阻力截留、筛滤等方法可用于去除污水中的悬浮态污染物质。

2. 转化处理

转化处理是指通过化学、物理化学或生物化学的作用，改变污染物的化学本性，使其转化为无害的物质或可分离的物质，后者再经分离去除。转化处理包含化学转化、生物转化和消毒转化。

酸、碱性废水的中和处理法、去除无机盐类污染物的氧化还原法、电化学法、化学沉淀法等都属于化学转化法；生物处理法属于生物转化法；利用药剂或高温、紫外光、超声波等方法抑制或杀灭水中致病微生物的方法属于消毒转化法。

3. 稀释处理

稀释处理是指通过水体的稀释混合，降低污染物的浓度，达到无害目的的水处理方法。稀释处理包含水体稀释法和废水稀释法两种。前者是指依据受纳水体的环境容量，将小流量废水排入大水量受纳水体，通过混合稀释降低污染物浓度，使之无害化；后者则是指利用低浓度废水或清水稀释高浓度废水，以降低其污染物浓度，便于后续处理。稀释法不改变污染物的总量，是一种消极的处理方法。

（二）　按处理原理分类

1. 物理法

物理处理法是利用物理作用分离污水中呈悬浮状态的固体污染物质。主要方法有筛滤法、沉淀法、上浮法、气浮法、过滤法、反渗透法等。

2. 化学法

化学处理法是利用化学反应的作用，分离回收污水中处于各种形态的污染物质。主要方法有中和、混凝、电解、氧化还原等。化学处理法多用于处理工业废水。

3. 物理化学法

物理化学处理法是利用物理化学反应的作用分离回收污水中的污染物，主要方法有吸附、离子交换萃取、吹脱和膜分离等，物理化学法多用于处理工业废水。

4. 生物法

生物化学处理法是利用微生物的代谢作用，使污水中呈溶解态、胶体态的有机污染物转化为稳定的无害物质。主要方法可分为两大类：一是好氧生物处理法；二是厌氧生物处理法。前者广泛用于处理城市污水及有机性生产废水，又可细分为活性污泥法和生物膜法两种；后者多用于处理高浓度有机污水与污水处理过程中产生的污泥，在城市污水与低浓度有机污水处理中也有一定的应用研究。

（三）　按处理程度分类

现代污水处理技术，按处理程度可划分为一级、二级和三级处理。

1. 一级处理

一级处理又称为物理处理或机械处理，主要去除污水中呈悬浮状态的固体污染物质，物理处理法大部分只能完成一级处理的要求。经过一级处理后的污水，BOD 可去除约 30%，达不到排放标准，必须进行二级处理后方可排放。所以一级处理常作为二级处理的预处理。

2. 二级处理

二级处理即生物处理，主要利用微生物作用去除污水中呈胶体和溶解态的有机污染物质（即 BOD、COD 等），去除率可达 90% 以上，处理后出水 BOD 可达 20～30mg/L，甚至更低，可使有机污染物指标达到排放标准。

3. 三级处理

三级处理是在一级、二级处理后，进一步处理难降解的有机物、磷和氮等能够导致水体富营养化的可溶性无机物等。三级处理主要方法有生物脱氮除磷法、混凝沉淀法、砂滤法、活性炭吸附法、离子交换法和电渗析法等。三级处理是深度处理的同义语，但两者又不完全相同，三级处理常用于二级处理之后。而深度处理则以污水回收、再用为目的，是在一级或二级处理后增加的处理工艺。污水再生利用的范围很广，从工业上的重复利用、水体的补给水源到补给生活用水等。

4. 污泥处理与处置

污泥是污水处理过程中的副产物。城市污水处理产生的污泥含有大量有机物，富有肥分，可以作为农肥使用，但又含有大量细菌、寄生虫卵以及从生产废水中带来的重金属离子等，需要作稳定与无害化处理。污泥处理的主要方法有减量处理（如浓缩法、脱水等），稳定处理（如厌氧消化法、好氧消化法等），综合利用（如消化气利用、污泥农业利用等），最终处置（如干燥焚烧、填地投海、建筑材料等）。

二、污水处理流程

污水中的污染物质多种多样，性质各异，一种水处理方法难以将污水中的所有污染物去除殆尽。工程中，往往需要将几种处理单元联合为一个有机整体，并合理配置其主次关系和前后次序，才能最经济最有效地完成处理任务，达到期望的处理效果。这种由单元处理设施合理配置的整体，叫做污水处理系统或污水处理流程。

污水处理流程组合，应遵循先易后难、先简后繁的原则，如生活污水先去除大块漂浮物和垃圾，再依次去除悬浮固体、胶体物质和溶解性物质；工业废水首先将难降解有机物降解为小分子有机物，将有毒物质先转化为无毒物质，再进行下一步的净化。

（一）城市污水处理流程

城市污水处理以可降解有机污染物为主要去除对象，其处理流程（图 2-2）的核心是生物处理构筑物。

污水经排水管网收集进厂后，先通过格栅除去大颗粒的漂浮或悬浮物质，再进入沉砂池沉淀分离出粗砂、细碎石块、碎屑等大颗粒杂质，随后进入初沉池，水流速度大幅减缓，污水中的大多数悬浮固体在重力沉淀作用下沉淀至池底，继而被刮泥装置收集并排出沉淀池，污水得以净化。至此，污水的一级处理完成。一级处理后的污水仍含大量有机污染物和病原微生物，排入水体仍然会导致较严重的水体污染。因此，一级处理目前仅作为二级处理的预处理工艺过程。

经过一级处理构筑物净化后的污水，进入生物处理构筑物，微生物在合适的温度、营养、溶解氧、pH 等条件下，将污水中的有机污染物氧化分解为无害化的 CO_2 和 H_2O 等，此后进入二沉池进行泥水分离，上清液经消毒去除病原微生物后排入水体，沉淀污泥进入污泥处理工序。污水一、二级处理，去除了污水中绝大部分有机污染物，是目前最典型的城市污水处理流程之一。

考虑到氮、磷等植物营养型污染物对水体的危害，目前的城镇污水厂除进行上述流

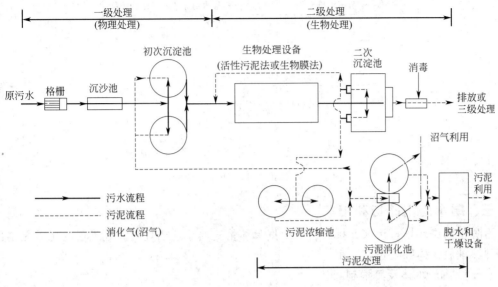

图 2-2 城市污水处理典型流程图

程处理外，往往还要考虑污水的脱氮除磷要求，对二级生物处理进行强化，甚至在二级处理之后，附加化学除磷、混凝沉淀、活性炭吸附等三级处理工艺，以期达到相应的环保要求。

（二）工业废水处理流程

工业废水种类繁多，污染物各异，其废水处理流程随行业性质、产品及原材料、生产工艺的不同而不同，具体处理方法应在认真分析水质水量特点、目标污染物性质、尾水出路等因素后，综合比选确定。图 2-3～图 2-5 列举了几种工业废水的处理流程。

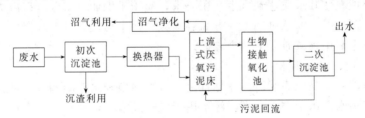

图 2-3 某制药废水处理工艺流程图

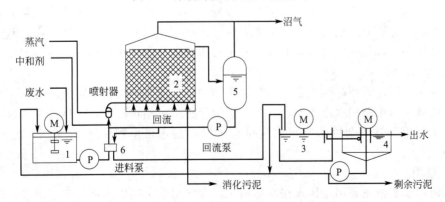

图 2-4 某淀粉加工废水处理工艺流程图
1—调节池；2—厌氧生物滤池；3—曝气池；4—沉淀池；5—调压罐；6—热交换器

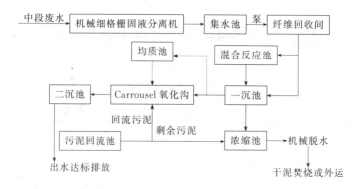

图 2-5　某造纸废水处理工艺流程图

三、尾水的出路与利用

为防止污染环境，污水在排放前应根据具体情况给予适当处理。处理后的尾水最终出路有两种：排放水体和处理后回用。

（一）排放水体及其限制

排放水体是污水的自然归宿，也是最传统的出路。"从河里取水，用过的水再回到河里"是水最简单的社会循环模式。为了保证这个循环是一个良性循环，污水排入水体应以不破坏该水体的原有功能为前提。由于污水排入水体后的稀释、降解过程需要一段时间，所以一般污水排放口均建在取水口的下游，以免污染取水口的水质。水体接纳污水也受到其使用功能的约束。如生活饮用水地表水源、一级保护区的水体严禁排放污水。

（二）污水再生利用

水资源缺乏是全球性问题。为实现水资源合理开发和综合利用，第一条对策即是"多渠道开发水资源"。城市污水是水量稳定、供给可靠的水资源。在传统二级处理的基础上，进一步进行深度处理，使其水质达到再生回用要求，应用于工业、农业、市政等领域。一方面可有效缓解水资源"量"的危机，另一方面还能减少污水排放，缓解水资源"质"的危机。

城市污水再生利用领域有以下几个方面。

1. 农、林、牧、渔业用水

该类用水范围主要是农田灌溉、造林育苗、畜牧养殖和水产养殖业。我国自 20 世纪 50 年代开始将城市污水回用于农田灌溉。污水用于农田灌溉不仅缓解了工农业争水的矛盾，还可以节省大量天然净水用于城市生活饮用和工业用水，有利于经济合理利用水资源。但随着工业的发展，城市污水水质水量发生了很大改变，污染物排放量已超出了水体和土壤的环境容量，导致有毒有害物质通过食物链进入人体。因此，污水回用于农、林、牧、渔业时应严格控制重金属和有毒物质的含量，保证供水水质指标符合相关水质标准。

2. 城市杂用水

这类水主要用于城市绿化、道路清扫、车辆冲洗、建筑施工、消防、冲厕等，不直接与人体皮肤接触。城市杂用水水质要求较低，深度处理工艺相对简单，是目前常用的污水回用途径。污水回用于城市杂用水时水质应符合《城市污水再生利用 城市杂用水水质》标准要求。

3. 工业用水

污水回用于工业主要用途体现在冷却用水、洗涤用水、锅炉用水、工艺用水、产品用水等多个方面。

冷却水用量大，水质要求不高，使用回用水较为广泛。实际应用中应避免循环冷却水发生结垢、腐蚀、微生物附着生长等不良现象。作为冷却水的回用水应去除有机物、N、P等污染物。洗涤用水主要指冲渣、冲灰、除尘、清洗等方面的用水，工艺用水和产品用水是把回用水作为生产原料或介质使用。上述两类用水的水质要求不尽相同，应依据其行业和具体生产工艺要求确定。

4. 地下水回灌

再生水用于地下水回灌的目的是为了补充地下水源缺失，防止地面沉降。考虑到地下水一旦污染，恢复将很困难，地下水回灌应谨慎对待。

5. 城市景观环境用水

景观环境用水是指用于营造城市景观水体和各种水景构筑物的水。其中景观水体包括观赏性景观和娱乐性景观，前者指人体非直接接触的河道、湖泊，后者则设置有娱乐设施，与人体有非全身性直接接触。景观水体往往由再生水组成，或者部分由再生水组成（另一部分由天然水或自来水组成）。水景类用水是指用于人造瀑布、喷泉、娱乐、观赏设施的用水。城市污水再生回用于这些领域的补给时，水质应达到《城市污水再生利用 景观环境用水水质》标准的要求。

6. 补充生态用水

再生水还可以回用于湿地、滩涂和野生动物栖息地，以维持或补充其生态系统用水。

随着科学技术的发展，水质净化手段不断增多，污水再生利用的数量和领域也逐渐扩大。但应保证污水回用时对人体健康、环境质量、生态系统和产品质量不产生不良影响，保证回用水水质符合用户的要求或标准，能被使用者和公众所接受，且有被安全使用的保障。总之，城市污水应作为淡水资源积极利用，但必须十分谨慎，以免造成患害。

【复习思考题】

1. 什么是水污染？
2. 水污染控制技术有哪些分类方法？各自如何进行分类？
3. 试绘图说明城市污水处理工艺流程。
4. 污水处理后尾水出路有哪些？
5. 污水回用途径有哪些？回用中应注意哪些问题？

第四节 水污染控制相关法规与标准

一、水污染控制的重要法规

我国的环境法体系分为宪法、环境保护基本法、国际条约、环境保护单行法、环境保护行政法规、环境保护部分规章、环境保护地方行政规章和其他环境规范性文件八个层次。宪法规定了国家在合理开发、利用自然资源，保护自然资源，改善环境方面的基本权利、义务、方针和政策的基本原则。1989年正式施行的《中华人民共和国环境保护法》是我国的环境保护基本法。几十年来，我国的环境立法工作取得了很大进展，制定了"预防为主、防治结合、污染者出资治理和强化环境管理"的三大环境政策，颁布了一系列环境保护法律法规。

在水环境保护方面，国家颁布了一系列关于水污染控制的法规和政策，如《中华人民共和国海洋环境保护法》、《中华人民共和国水污染防治法》，以及《城市污水处理及污染防治技术政策》、《草浆造纸工业废水污水防治技术政策》、《印染行业废水污染防治技术政策》、

《湖库富营养化防治技术政策》等。

二、水环境质量标准

环境标准是对环境要素所作的统一的、法定的和技术的规定，是环境保护工作中最重要的工具之一，它可以用来规定环境保护技术工作，考核环境保护和污染防治的效果。环境标准具有法律效力，也是环境规划、环境管理、环境评价和城市建设的依据。

我国的环境标准可分为环境质量标准、污染物排放标准、监测方法标准、标准样品标准和基础标准。现已发布的水环境质量标准有《地表水环境质量标准》（GB 3838—2002）、《海水水质标准》（GB 3097—1997）、《地下水质量标准》（GB/T 14848—1993）、《农田灌溉水质标准》（GB 5084—1992）、《渔业水质标准》（GB 11607—1989）等。这些标准详细规定了各类水体中污染物的最高允许含量，以保护环境质量。

（一）地表水环境质量标准

《地表水环境质量标准》（GB 3838—2002）共包含 109 个项目，其中基本项目 24 项，集中生活饮用水地表水源地补充项目 5 项，特定项目 80 项。该标准依据地表水域环境功能和保护目标，将地表水水域划分为五类：

Ⅰ类 主要适用于源头水，国家自然保护区；

Ⅱ类 主要适用于集中式生活饮用水水源地一级保护区、珍贵鱼类保护区、鱼虾产卵场等；

Ⅲ类 主要适用于集中式生活饮用水水源地二级保护区、一般鱼类保护区及游泳区；

Ⅳ类 主要适用于一般工业用水区及人体非直接接触的娱乐用水区；

Ⅴ类 主要适用于农业用水区及一般景观要求水域。

对应地表水上述五类水域功能，将地表水环境质量标准基本项目标准值（见附录1）分为五类，不同功能类别分别执行相应类别的标准值。水域功能类别高的标准值严于水域功能类别低的标准值。同一水域兼有多类使用功能的，执行最高功能类别对应的标准值。

（二）海水水质标准

《海水水质标准》（GB 3097—1997）按照海域的不同使用功能和保护目标，将海水水质分为四类：

第一类 适用于海洋渔业水域，海上自然保护区和珍稀濒危海洋生物保护区；

第二类 适用于水产养殖区，海水浴场，人体直接接触海水的海上运动或娱乐区，以及与人类食用直接相关的工业用水区；

第三类 适用于一般工业用水区，滨海风景旅游区；

第四类 适用于海洋港口水域，海洋开发作业区。

各类海水水质标准见附录2。

三、污染物排放标准

污染物排放标准是确定污水处理程度的依据，也是判断污水处理工艺的出水水质是否达标的判据。我国已颁布的水污染物排放标准有 58 个。其中既有如《污水综合排放标准》（GB 8978—1996）和《城镇污水处理厂污染物排放标准》（GB 18918—2002）的一般性排放标准，也有如《造纸工业水污染物排放标准》（GB 3544—2001）等的行业标准。

（一）污水综合排放标准

《污水综合排放标准》（GB 8978—1996）（见附录3）适用于现有排污单位水污染物的排

放管理，以及建设项目的环境影响评价、建设项目环境保护设施设计、竣工验收及其投产后的排放管理。但对已颁布行业污染物排放标准的排污单位，应执行其行业污染物排放标准，如造纸、纺织染整等行业的企业排污均不再执行《污水综合排放标准》。

按照污水排放去向，《污水综合排放标准》（GB 8978—1996）分年限规定了 69 种水污染物最高允许排放浓度及部分行业最高允许排水量。标准中将排放的污染物按其性质及控制方式分为两类。

第一类污染物是指总汞、烷基汞、总镉、总铬、六价铬、总镍、苯并芘、总铍、总银、总 α 放射性和 β 放射性等毒性大、影响长远的有毒物质。含有此类污染物的废水，不分行业和污水排放方式，也不分受纳水体的功能类别，一律在车间或车间处理设施排放口采样，其最高允许排放浓度必须达到排放要求。

第二类污染物是指 pH 值、色度、悬浮物、BOD、COD、石油类等。此类污染物在排污单位排放口取样，其最高允许排放浓度必须达到标准要求。

《污水综合排放标准》（GB 8978—1996）与《地表水环境质量标准》（GB 3838—2002）和《海水水质标准》（GB 3097—1997）相互关联。排入《地表水环境质量标准》（GB 3838—2002）中Ⅲ类水域和排入《海水水质标准》（GB 3097—1997）二类海域的污水，执行一级标准；排入 GB 3838—2002 中Ⅳ、Ⅴ类水域和排入 GB 3097—1997 三类海域的污水，执行二级标准；排入设置二级污水处理厂的城镇排水系统的污水，执行三级标准；排入未设置二级污水处理厂的城镇排水系统的污水，必须根据排水系统出水受纳水域的功能要求，分别执行一级和二级标准。《地表水环境质量标准》（GB 3838—2002）中Ⅰ、Ⅱ类水域和Ⅲ类水域中划定的保护区，以及《海水水质标准》（GB 3097—1997）中一类海域，禁止新建排污口。

（二）城镇污水处理厂污染物排放标准

为贯彻《中华人民共和国环境保护法》、《中华人民共和国水污染防治法》、《中华人民共和国大气污染防治法》等，促进城镇污水处理厂的建设和管理，加强城镇污水厂污染物的排放控制和污水资源化利用，保障人体健康，维护良好的生态环境，国家制定了《城镇污水处理厂污染物排放标准》（GB 18918—2002）。

该标准根据污染物的来源和性质，将污染物控制项目分为基本控制项目和选择控制项目两类。基本控制项目（见附录 4）主要包括影响水环境和城镇污水处理厂一般处理工艺可以去除的常规污染物，以及一部分一类污染物，共 19 项。选择性控制项目包括对环境有较长期影响或毒性较大的污染物，共计 43 项。基本控制项目必须执行，选择性控制项目由地方环境保护行政主管部门根据污水处理厂接纳的工业污染物的类别和水环境质量要求选择控制。

根据城镇污水处理厂排入地表水域环境功能和保护目标，以及污水处理厂的处理工艺，将基本控制项目的常规污染物标准值分为一级标准、二级标准、三级标准。一级标准又分为A 标准和 B 标准。一类重金属污染物和选择控制项目不分级。

一级标准的 A 标准是城镇污水处理厂出水作为回用水的基本要求。当污水处理厂出水引入稀释能力较小的河湖，作为城镇景观用水和一般回用水等用途时，执行一级标准的 A 标准；当城镇污水处理厂出水排入 GB 3838—2002 地表水Ⅲ类功能水域（划定的饮用水水源保护区和游泳区除外）、GB 3097—1997 海水二类功能水域和湖、库等封闭或半封闭水域时，执行一级标准的 B 标准。当城镇污水处理厂出水排入 GB 3838—2002 地表水Ⅳ、Ⅴ类功能水域或 GB 3097—1997 海水三、四类功能海域时，执行二级标准。

（三）行业污染物排放标准

　　工业生产的门类众多、生产工艺各异，行业差别很大，为了针对特定行业的生产工艺、产污、排污状况和污染控制技术进行管理、评估，我国还发布了多个行业污染物排放标准。如《制革及毛皮加工工业水污染物排放标准》、《锡、锑、汞工业污染物排放标准》、《铁矿采选工业污染物排放标准》、《炼焦化学工业污染物排放标准》、《铁合金工业污染物排放标准》、《柠檬酸工业水污染物排放标准》、《合成氨工业水污染物排放标准》、《麻纺工业水污染物排放标准》、《毛纺工业水污染物排放标准》、《纺织染整工业水污染物排放标准》《钢铁工业水污染物排放标准》、《橡胶制品工业污染物排放标准》、《发酵酒精和白酒工业水污染物排放标准》、《汽车维修业水污染物排放标准》、《磷肥工业水污染物排放标准》、《陶瓷工业污染物排放标准》等。相比综合排放标准，这些行业标准针对性更强，执行中，应坚持行业标准优于综合排放标准的原则。

【复习思考题】

　　1. 简述我国的环境法体系。

　　2.《地表水环境质量标准》（GB 3838—2002）中对地表水域是如何划分的？

　　3.《污水综合排放标准》（GB 8978—1996）中对第一类污染物和第二类污染物是如何划分的？两类污染物的取样位置有何不同？

第二篇　市政污水处理技术

导读　市政污水特征及处理系统构成

随着我国城市化进程的加速，城市规模不断扩大、人口快速增长，城市供水排水量日益增加。近10年来，我国城市生活污水排放量每年以5%的速度递增，至2013年我国污水排放总量达到了695.2亿立方米。与此同时，随着水资源短缺和水污染问题日益突出，城市污水集中处理率也在不断提高。截至2013年年底，全国设市城市、县（不含建制镇）累计建成城镇污水处理厂3513座（见图Ⅱ-1），其中651个设市城市建有污水处理厂，约占设市城市总数的99.1%；共有1341个县城建有污水处理厂，约占县城总数的82.6%。总计全国城镇污水集中处理能力约为1.49亿立方米/天，运行负荷率达到82.6%，累计消减COD 1121万吨/天，消减氨氮总量98.4万吨/天。城市污水集中处理广泛应用于城市水环境保护，是城市污水处理的最后一道防线，直接关系到城市水环境的安全。

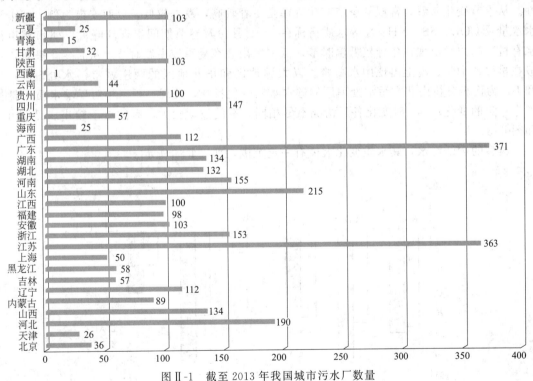

图Ⅱ-1　截至2013年我国城市污水厂数量

一、城市污水的水质特征

（一）城市污水中的主要污染物

城市污水的污染物按物理形态可分为悬浮固体、胶体及溶解性物质；按化学成分可分为无机污染物质和有机污染物质。

无机污染物质包括无直接毒害作用的无机污染物，如砂粒、矿渣、酸、碱、无机盐、氮、磷营养物，以及有直接毒害作用的无机污染物，如氰化物、砷化物、重金属等。

有机污染物质包括易生物降解的有机污染物，如碳水化合物、蛋白质等，以及难于生物降解的有机污染物，如农药、塑料、合成橡胶等。

（二） 城市污水的水质指标

反映城市污水水质的物理性指标主要有水温、色度、悬浮物 SS、氧化还原电位 OPR 等。

反映城市污水水质的化学性指标主要有 pH 值、化学需氧量 COD、生化需氧量 BOD、总有机碳 TOC、总氮 TN、氨氮 NH_3-N、凯氏氮 TKN、总磷 TP 以及非重金属有毒化合物和重金属指标等。

反映城市污水水质的微生物指标主要有细菌总数、大肠菌群数以及病毒等。

（三） 城市污水的水质

城市污水的水质与人们的生活习惯、气候条件、生活污水与工业废水所占比例以及所采用的排水体制等有关。例如沿海发达城市和南方城市用水量较大，污水浓度较低；北方城市特别是西部地区用水量较少，相对浓度较高；工业比重大的城市，城市污水浓度相对较高。

城市污水厂因城市经济发展水平、收水范围等不同，各个城市污水处理厂水质水量具有较大的差异，但总体来说，城市污水处理厂水质水量具有明显的季节变化特性和时变化特性。从季节变化来看，常规的季节变化规律是冬春较高，夏季较低，以西安市为例，城市污水水量及 COD、SS、NH_3-N 等水质指标在 7～9 月份及春节期间出现高峰；广州市城市污水有机物高浓度出现在冬春较低温时节，低浓度出现在夏季较高温时节。从时变化来看，一般在早晨、中午、晚上出现用水高峰。以太湖地区和华北地区的两座城市污水处理厂（A和 B）为代表分析南北方污水处理厂的进水水质变化特征，发现：雨季相对旱季水质水量都产生一定的变化；24h 时变化各厂情况不尽相同，有的波动较大，有的波动较小。见图Ⅱ-2和图Ⅱ-3。

典型的生活污水，其水质变化大体有一定范围，如表Ⅱ-1 所示。

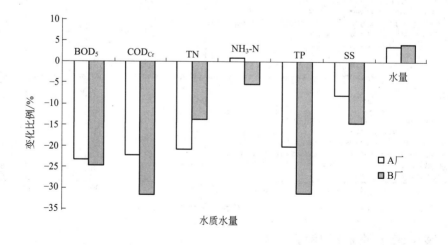

图Ⅱ-2　雨季相对旱季水质水量的变化

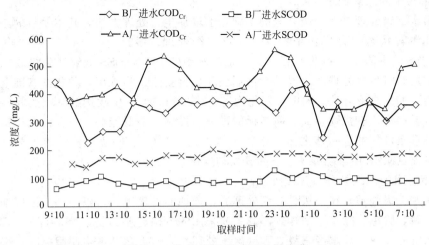

图Ⅱ-3　进水 COD 和 SCOD 的变化

表Ⅱ-1　典型的生活污水水质示例

指标	浓度/(mg/L)			指标	浓度/(mg/L)		
	高	中	低		高	中	低
固体 TS	1200	720	350	可生物降解部分	750	300	200
溶解性总固体	850	500	250	溶解性	375	150	100
非挥发性	525	300	145	悬浮性	375	150	100
挥发性	325	200	105	总氮	85	40	20
悬浮物 SS	350	220	100	有机氮	35	15	8
非挥发性	75	55	20	游离氨	50	25	12
挥发性	275	165	80	亚硝酸盐氮	0	0	0
可沉降物	20	10	5	硝酸盐氮	0	0	0
生化需氧量 BOD	400	200	100	总磷	15	8	4
溶解性	200	100	50	有机磷	5	3	1
悬浮物	200	100	50	无机磷	10	5	3
总有机碳 TOC	290	160	80	氯化物(Cl⁻)	200	100	60
化学需氧量 COD	1000	400	250	碱度 CaCO₃	200	100	50
溶解性	400	150	100	油脂	150	100	50
悬浮物	600	250	150				

注：该表摘自《给水排水设计手册》。

二、城市污水的处理方法及典型处理工艺流程

城市污水处理的基本目的是选用经济、高效、易于控制的技术与手段，将污水中所含有的各种污染物质分离去除、回收利用，或将其转化为无害物质，使污水得到净化。城市污水处理的主要任务是去除污水中的悬浮物、有机物，以及氮、磷等无机营养物。按照处理程度划分，可分为一级处理、二级处理和三级处理。

1. 城市污水的一级处理

一级处理主要去除污水中呈悬浮状态的固体污染物质，如树叶、塑料袋、砂粒等，物理处理法大部分只能完成一级处理的要求。经过一级处理后的污水，SS 一般可去除 40%～55%，BOD₅ 一般可去除 30% 左右。城市污水一级处理的主要构筑物有格栅、沉砂池和初沉池，其中格栅的作用是去除污水中的大块漂浮物，一般设在污水处理厂污水泵站之前；沉砂池的作用是去除相对密度较大的无机颗粒，一般设在初沉池前，或泵站、倒虹管前；初沉池的作用主要是去除污水中的可沉悬浮物。经一级处理的污水一般达不到排放要求，不宜直接排放。

2. 城市污水的二级处理

城市污水二级处理是在一级处理的基础之上增加生化处理方法，其主要目的是去除污水中的胶体和溶解状态的有机污染物质。经过二级处理，城市污水 BOD_5 的去除率可达到 90% 以上，SS 的去除率达到 90% 以上，一般出水中的 BOD_5、SS 能够达到排放标准。二级处理主要采用好氧生物处理法，以活性污泥法和生物膜法最为常用，并在此基础上演变成多种工艺类型，如完全混合法、SBR、氧化沟工艺、生物滤池、生物接触氧化法等。随着污水排水标准日益严格，有机物、氮、磷指标的进一步控制，降低能耗、减少污泥产量、减少占地及改善管理条件等的进一步要求，生物脱氮工艺（A-O）、同步脱氮除磷工艺（A-A-O）、膜生物反应器（MBR）等多种工艺不断开发与应用。

3. 城市污水的三级处理（深度处理）

城市污水三级处理是在一级、二级处理后，增加的处理单元，以进一步处理难降解的有机物、氮、磷，脱色、除臭、消毒等，其主要采用的方法包括过滤、混凝沉淀、膜分离等。为了缓解水资源短缺，污水经三级处理（深度处理）后，需达到再生回用标准，用于城市杂用、工业用水、景观环境、农业灌溉等。由于污水成分的复杂性及再生水回用用途不同，三级处理（深度处理）的工艺千差万别，可以是上述方法的一种也可以多种方法的组合应用。

4. 城市污水处理副产物污泥的处理

在污水处理过程中，会产生大量污泥。城市二级处理厂的污泥产量约占处理水量的 0.3%～0.5%（以含水率为 97% 计）。污泥中含有有害、有毒物质以及有用物质，为了使污水处理厂能够正常运行，确保污水处理效果，使有害、有毒物质得到妥善处理或利用，使容易腐化发臭的有机物得到稳定处理，使有用物质能够得到综合利用，需要对污泥进行处理与处置。污泥处理最常用的方案是生污泥→浓缩→消化→脱水→最终处置（干化、焚烧、堆肥、建材等），并应根据污泥的性质、数量、投资、运行费用等条件，综合调整选择。污泥处理主要采用的构筑物及设备包括污泥浓缩池、板框压滤机、厌氧消化池、离心脱水机、污泥焚烧炉等。

第三章 市政污水一级处理

由市政排水管网收集的污水进入污水处理厂，经格栅处理后，汇入集水池，由水泵提升到一定高度，依次经过沉砂池、初沉池完成一级处理，实现悬浮状态的固体污染物质的去除。

第一节 集水池与格栅

一、集水池与提升泵

集水池的作用是汇集、储存和均衡废水的水质水量。污水在进入主要污水处理系统前，都要设置一个有一定容积的集水池，将污水储存起来并使其均质均量，以保证污水处理设备和设施的正常运行。

污水处理厂在运行工艺流程中一般采用重力流的方法通过各个构筑物和设备。但由于厂区地形和地质的限制。必须在前处理处加提升泵站将污水提到某一高度后才能按重力流方法运行。污水提升泵站的作用就是将上游来的污水提升至后续处理单元所要求的高度，使其实现重力流。提升泵站一般由水泵、集水池和泵房组成。

污水泵站集水池的形式有圆形、半圆形和矩形等多种形式，上口宜采用敞开式，周围加栏杆或短墙，上加顶棚，设梁勾或滑车，以满足吊泥或栅渣的要求。

集水池的容积与进入泵站的流量变化情况、水泵的型号、工作台数及其工作制度、泵站操作性质、启动时间等有关。在满足安装格栅和吸水管的要求，保证水泵工作时的水力条件能够及时将流入的污水抽走的前提下，集水池应尽量小些。

泵站内的水泵多种多样，一般以离心泵为主。按照安装方式分为干式泵和潜污泵，干式泵又有立式泵和卧式泵，潜污泵有可在污水中安装和干式安装两种类型。泵的类型主要取决于污水处理厂的规模、要求的扬程、工作介质和控制方式等具体情况。

集水池的布置，应考虑改善水泵吸水的水力条件，减少滞流和涡流，以保证水泵正常运行。布置时应注意以下几点。

（1）泵的吸水管或叶轮应有足够的淹水深度，防止空气吸入或形成涡流时吸入空气。

（2）水泵的吸入喇叭口应与池底保持所要求的距离。

（3）水流应均匀顺畅无漩涡地流近水泵吸水管口，每台水泵进水水流条件基本相同，水流不要突然扩大或改变方向。

（4）集水池进口流速和水泵吸入口处的流速尽可能缓慢。

二、格栅与筛网

格栅是由一组平行的金属栅条制成的框架，斜置在进水渠道上，或泵站集水池的进口处，用以拦截污水中大块的呈悬浮或漂浮状态的污物。在水处理流程中，格栅是一种对后续处理设施具有保护作用的设备，尽管格栅并非废水处理的主体设备，但因其设置在废水处理流程之首或泵站进口处，位属咽喉，相当重要。

（一）格栅

1. 格栅的分类

格栅按栅条的间隙大小，可分为粗格栅（50~100mm）、中格栅（10~40mm）、细格栅

(3～10mm) 三种。按形状又可分为平面格栅与曲面格栅两类。平面格栅与曲面格栅都可以做成粗格栅、中格栅、细格栅。目前，污水处理厂一般采用粗、中两道格栅，甚至采用粗、中、细三道格栅。

（1）平面格栅 平面格栅由栅条与框架组成，基本形式如图 3-1 所示。其中 A 型是栅条布置在框架的外侧，适用于机械清渣或人工清渣；B 型是栅条布置在框架的内侧，在格栅的顶部设有起吊架，可将格栅吊起，进行人工清渣。

① 粗格栅 粗格栅通常倾斜架设在其他处理构筑物（如沉砂池）之前或泵站集水池进口处的渠道中，以防大的漂浮物阻塞构筑物的孔道、闸门和管道或损坏水泵等机械设备。因此，粗格栅起着对废水预处理和保护设备的双重作用。

粗格栅按清渣方式可分为人工清渣和机械清渣两种。为了改善管理人员的工作条件，减轻劳动强度，宜采用机械格栅清污机。

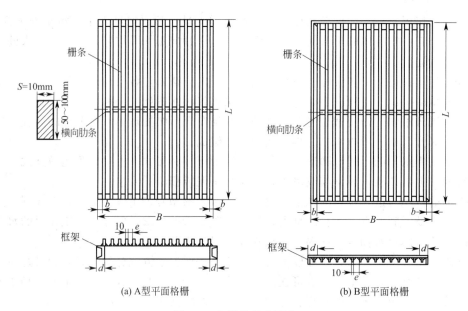

(a) A 型平面格栅   (b) B 型平面格栅

图 3-1 格栅的基本形状

机械清渣格栅适于较大的污水处理厂或当栅渣量大于 $0.2m^3/d$ 时采用，其安装位置基本同人工清渣格栅。根据污水渠道、泵房集水井和提升泵房布置，平面格栅可倾斜布设和垂直布设。目前，机械清渣的方式有多种，常见的有往复式移动耙机械格栅、回转式机械格栅、转鼓式机械格栅和钢丝绳牵引机械格栅等，如图 3-2 所示。为便于维护，机械清渣格栅台组数不宜少于 2 台，每座格栅前后水渠均应设置滑动阀门，以利于清空和检修。如果只安装一座机械清渣格栅，必须设置一座人工清渣格栅备用。

往复式移动耙机械格栅通过设在水面上部的驱动装置将渣耙从格栅的前部或者后部嵌入栅条，往复上下将栅渣从栅条上剥离下来，如图 3-2(b) 所示。

回转式机械格栅是一种可以连续自动清除栅渣的格栅，如图 3-2(a) 所示。它由许多个相同的耙齿机件交错平行组装成一组封闭的耙齿链，在电动机和减速机的驱动下，通过一组槽轮和链条形成连续不断的自下而上的循环运动，达到不断清除栅渣的目的。当耙齿链运转到设备上部及背部时，由于链轮和弯轨的导向作用，可以使平行的耙齿排产生错位，促使粗大固体污物靠自重下落到渣槽内。

转鼓式机械格栅是一种集细格栅除污机、栅渣螺旋提升机和栅渣螺旋压榨机于一体的设备，如图 3-2(c) 所示。格栅片按栅间隙制成鼓形栅筐，处理水从栅筐前段流入，通过格栅过滤，流向栅筐后的渠道，栅渣被截留在栅筐内栅面上，当栅内外的水位差达到一定值时，安装在中心轴上的旋转齿耙回转清污，当清渣齿耙把污物扒至栅筐顶点的位置，通过栅渣自重、水的冲洗及挡渣板的作用，栅渣卸入中间渣槽，再由槽底螺旋输送器提升至上部压榨段压榨脱水后外运。

钢丝绳牵引机械格栅，如图 3-2(d) 所示，依靠钢绳驱动装置放绳，耙斗从最高位置沿导轨下行，撒渣板在自重的作用下随耙斗下降。当撒渣板复位后，耙斗在开闭耙装置（电动推杆）的推动下通过中间钢绳的牵引张开并继续下行直抵格栅底部下限位，待耙齿插入格栅间隙后，钢绳驱动装置收绳，强制耙斗完全闭合后耙斗和斗车沿导轨上行，清除栅渣直至触及撒渣板，在两者相对运动的作用下，栅渣被撒出，经倒渣板落入渣槽，实现清渣。

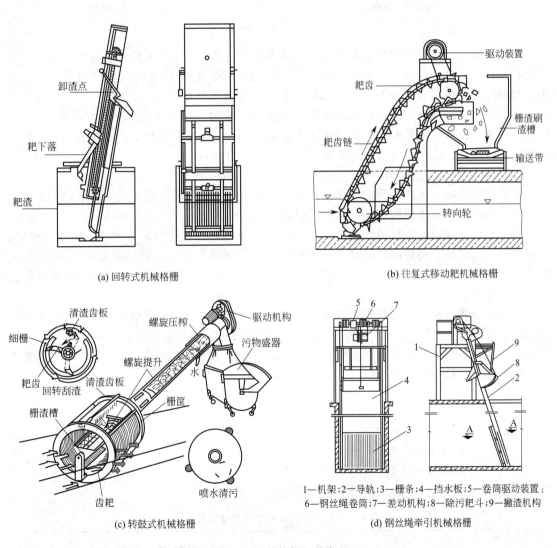

(a) 回转式机械格栅

(b) 往复式移动耙机械格栅

(c) 转鼓式机械格栅

(d) 钢丝绳牵引机械格栅

1—机架；2—导轨；3—栅条；4—挡水板；5—卷筒驱动装置；
6—钢丝绳卷筒；7—差动机构；8—除污耙斗；9—撒渣机构

图 3-2　机械格栅几种类型

② 中、细格栅　中、细格栅位于粗格栅和提升泵站后，其作用、类型、安装与粗格栅基本相同。为防止细格栅堵塞，应有连续清除所截留悬浮固体的装置。

（2）曲面格栅　曲面格栅又可分为固定曲面格栅与旋转鼓筒式格栅两种，如图 3-3 所示，其中图 3-3(a) 为固定曲面格栅，利用渠道水流速度推动除渣桨板；图 3-3(b) 为旋转鼓筒式格栅，污水从鼓筒内向鼓筒外流动，被格除的栅渣，由冲洗水管冲入渣槽（带网眼）排出。

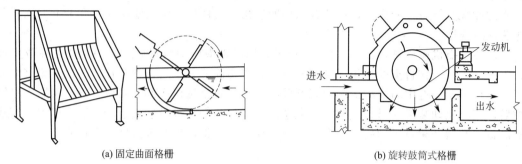

(a) 固定曲面格栅   (b) 旋转鼓筒式格栅

图 3-3 曲面格栅几种类型图

近年来随着污水处理设施的升级改造，特别是膜过滤工艺在污水处理中的广泛应用，对预处理段格栅的过滤精度提出了更高的要求。一种新型的超细格栅问世并得到了广泛的应用。超细格栅是指栅条间距为 0.2～2mm，栅条系列间隔为 0.1mm 的格栅。与传统格栅不同，采用不锈钢滤网，可以连续自动清除水中较小颗粒状的污物（悬浮物和漂浮物）、较小纤维物质和毛发等，有效起到保护后续工序设备正常运转和减轻处理负荷的作用，具有操作简便、运行可靠、维修保养方便、不易堵塞、寿命长等特点。

2. 栅渣的特性与处置

栅渣是被格栅截留的物质的统称。筛渣的数量将随所采用的格栅形式、栅条间隙、排水体制以及地理位置的不同而不同。格栅间隙越小，所收集到的栅渣的数量越多。

对于粗格栅来讲，若格栅间隙大于 12mm，一般截留物包括石块、木块、树枝、树叶、树根、纸屑、塑料、纺织品和某些动物死尸等。对于细格栅来讲，格栅间隙小于 6mm，一般截留物包括微小砂砾、纺织品、纸屑、各种形式塑料制品、剃须刀片、未分解食物、粪便渣滓和油脂等。

栅渣的处置方法有：①收集到容器中并运至垃圾卫生填埋场，将栅渣与城市固体废弃物（垃圾）一同处理；②对于小型废水处理厂，栅渣的处置可以将其埋在厂区内，对于大型废水处理厂，宜采用单独或与污泥一起焚烧的办法；③排至粉碎机或破碎机，在此栅渣被磨碎并返回污水中。每日栅渣产量可用下式计算：

$$W = \frac{Q_{\max} W_1 \times 86400}{K_{\text{总}} \times 1000} \tag{3.1}$$

式中 W_1——栅渣量（m³/10³m³ 污水），取 0.01～0.1，粗格栅用小值，细格栅用大值，中格栅用中值；

     $Q_{\max}$——最大设计流量，m³/s；

     $K_{\text{总}}$——废水流量总变化系数，对生活污水可参考表 3-1。

表 3-1 生活污水流量总变化系数

平均日流量/(L/s)	4	6	10	15	25	40	70	120	200	400	750	1600
$K_{\text{总}}$	2.3	2.2	2.1	2.0	1.89	1.80	1.69	1.59	1.51	1.40	1.30	1.20

3. 格栅的维护管理

(1) 每天要对栅条、栅渣箱和前后水渠等进行清扫，及时清运栅渣，保持格栅畅通。

(2) 检查并调节栅前的流量调节阀门，保持过栅流量的均匀分布。及时利用投入工作的格栅台数将过栅流速控制在所要求的范围内。当发现过栅流速过高时，适当增加投入工作的格栅台数；当发现过栅流速偏低时，适当减少投入工作的格栅台数。

（3）定期检查渠道的沉砂情况　格栅前后渠道内沉积砂，除与流速有关外，还与渠道底部流水面的坡度和粗糙度等因素有关系，应定期检查渠道内的沉砂情况，及时清砂并排除积砂原因。

（4）格栅除污机的维护管理　格栅除污机是污水处理厂内最容易发生故障的设备之一，巡查时应注意有无异常声音，栅条是否变形。出现故障时，应及时查清原因，及时处理，做到定时加油，及时调换，及时调整。

（5）卫生与安全　污水在长途输送中腐化，产生的硫化氢和甲硫醇等恶臭有毒气体会在格栅间大量释放出来。建在室内的格栅间应采取强制通风措施，夏季应保持每小时换气 10 次以上。有些处理厂在上游主干线内采取一些简易的通风或曝气措施，也可以降低格栅间的恶臭程度。以上控制恶臭的措施，既有益于值班人员的身体健康，又能减轻硫化氢对除污设备的腐蚀。

另外，清除的栅渣应及时运走处置，防止腐败产生恶臭，招致蚊蝇。栅渣堆放应经常清洗并消毒。栅渣压榨机排出的压榨液中恶臭物质含量也非常高，应及时用管道导入污水渠道中，严禁明渠导流或地面漫流。

（6）分析测量与记录　应记录每天的栅渣量。根据栅渣量的变化，可以间接判断格栅的拦污效率。当栅渣比历史记录减少时，应分析格栅是否运行正常。

判断拦污效率的另一个间接途径，是经常观察初沉池和浓缩池的浮渣尺寸。这些浮渣中尺寸大于格栅栅距的污物增多时，说明格栅拦污效率不高，应分析过栅流速控制是否合理，清污是否及时。

（二）筛网

筛网的去除效果，可相当于初次沉淀池的作用。

1. 筛网的类型

目前，应用于废水处理或短小纤维回收的筛网主要有两种型式，即振动筛网和水力筛网。振动筛网如图 3-4 所示。污水由渠道流在振动筛网上，在这里进行水和悬浮物的分离，并利用机械振动，将呈倾斜面的振动筛网上截留的纤维等杂质卸到固定筛网上，进一步滤去附在纤维上的水滴。

水力筛网的构造如图 3-5 所示。运动筛网呈截顶圆锥形，中心轴呈水平状态，锥体则呈倾斜方向。废水从圆锥体的小端进入，水流在从小端到大端的流动过程中，纤维状污物被筛网截留，水则从筛网的细小孔中流入集水装置。由于整个筛网呈圆锥体，被截留的污染物沿筛网的倾斜面卸到固定筛上，以进一步滤去水滴。这种筛网的旋转动力依靠进水的水流作为动力，因此在水力筛网的进水端一般不用筛网，而用不透水的材料制成壁面，必要时还可在壁面上设置固定的导水叶片，但需注意不可因此而过多地增加运动筛的重量。另外废水进水管的设置位置与出口的管径亦要适宜，以保证进水有一定的流速射向导水叶片，利用水的冲击力和重力作用产生运动筛网的旋转运动。

设计采用水力筛网时，一般应在废水进水管处保持一定的压力，压力的大小与筛网的大小和废水性质有关。

2. 筛网的运行管理

（1）当废水呈酸性或碱性时，筛网的设备应选用耐酸碱、耐腐蚀材料制作。

（2）在运行过程中要合理控制进水流量，做到进水均匀，并采取措施尽量减小进水口来料对筛面的冲击力，以确保筛网的使用寿命并减小维修量。

（3）筛网尺寸应按需截留的微粒大小选定，最好通过试验确定。

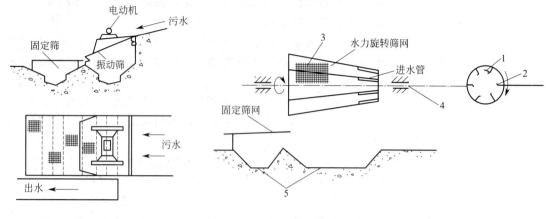

图 3-4 振动筛网示意图

图 3-5 水力筛网构造示意图
1—进水方向；2—导水叶片；3—筛网；4—转动轴；5—水沟

（4）当废水含油类物质时，会堵塞网孔，应进行除油处理。另外还需要定期采用蒸汽或热水对筛网进行冲洗。

【复习思考题】

一、选择题

1. 关于格栅位置的说法，哪一项是正确的。（   ）

A. 泵房集水井的进口处　　　　　　　　　B. 沉砂池出口处

C. 曝气池的进口处　　　　　　　　　　　D. 泵房出口处

2. 中格栅栅距的大小是（   ）mm。

A. 80～100　　　　B. 50～80　　　　C. 10～40　　　　D. 3～10

3. 格栅的过栅流速在最大设计流量时为（   ）m/s。

A. 0.8～1.0　　　　B. 0.6～1.0　　　　C. 0.5～1.0　　　　D. 1.5～2.0

4. 下列说法不正确的是（   ）。

A. 格栅用以阻截水中粗大的漂浮物和悬浮物

B. 格栅的水头损失主要在于自身阻力大

C. 格栅后的渠底应比格栅前的渠底低 10～15cm

D. 格栅倾斜 50°～60°，可增加格栅面积

二、问答题

1. 格栅的作用是什么？

2. 格栅按形状不同分为哪几类？

3. 格栅按栅条间隙不同可分为哪几种？其间隙分别为多少？

三、计算题

1. 已知某城市的最大设计水量 $Q_{\max}=0.2\text{m}^3/\text{s}$，$K_z=1.5$，取 $W_1=0.07\text{m}^3/10^3\text{m}^3$，计算格栅的栅渣量。

2. 已知某城市的最大设计水量 $Q_{\max}=0.3\text{m}^3/\text{s}$，$K_z=1.45$，栅前水深 0.45m，过栅流速取 $v=0.9\text{m/s}$，用中格栅，栅条间隙 $e=0.02\text{m}$，取栅条宽度 $S=0.01\text{m}$，进水渠宽 $B_1=0.65\text{m}$，计算格栅栅槽的宽度。

第二节　沉　砂　池

一、污水中的砂粒及其去除

沉砂池是采用物理法将砂粒从污水中沉淀分离出来的一个预处理单元，其作用是从污水中分离出相对密度大于 2.65 且粒径为 0.2mm 以上的颗粒物质，主要包括无机性的砂粒、砾石和少量密度较大的有机性颗粒如果核皮、种子等。沉砂池一般设置在提升设备和处理设施之前，以保护水泵和管道免受磨损，防止后续污水处理构筑物的堵塞和污泥处理构筑物容积的缩小，同时可以减少活性污泥中无机物成分，提高活性污泥的活性。

沉砂池的工作原理是以重力分离为基础，即将进入沉砂池的污水流速控制在只能使密度大的无机颗粒下沉，而有机悬浮颗粒则随水流带走。

常见的沉砂池有平流沉砂池、竖流沉砂池、曝气沉砂池和旋流沉砂池等型式，其中应用较多的是平流沉砂池、曝气沉砂池和旋流沉砂池。

在工程设计中，可参考下列设计原则与主要参数。

（1）城市污水厂一般均应设置沉砂池，工业废水是否要设置沉砂池，应根据水质情况而定。城市污水厂的沉砂池的个数或分格数应不少于 2，并按并联运行原则考虑。

（2）设计流量应按分期建设考虑：当污水自流进入时，应按每期的最大设计流量计算；当污水为提升进入时，应按每期工作水泵的最大组合流量计算；在合流制处理系统中，应按降雨时的设计流量计算。

（3）沉砂池去除的砂粒相对密度为 2.65、粒径为 0.2mm 以上。

（4）城市污水的沉砂量可按每 $10^6 m^3$ 污水沉砂 $30m^3$ 计算，其含水率约 60%，容重约 $1500kg/m^3$。

（5）储砂斗的容积应按 2 日沉砂量计算，储砂斗壁的倾角不应小于 55°。排砂管直径不应小于 200mm。

（6）沉砂池的超高不宜小于 0.3m。

二、平流沉砂池

平流沉砂池是最常用的一种型式，它的截留效果好，工作稳定，构造亦较简单。图 3-6 所示的是平流沉砂池的一种。池的上部，实际是一个加宽了的明渠，两端设有闸门以控制水流。在池的底部设置 1~2 个储砂斗，下接排砂管。

在工程设计中，可参考下列设计参数：

（1）污水在池内的最大流速为 0.3m/s，最小流速为 0.15m/s；

（2）最大流量时，污水在池内的停留时间不少于 30s，一般为 30~60s；

（3）有效水深应不大于 1.2m，一般采用 0.25~1.0m，池宽不小于 0.6m；

（4）池底坡度一般为 0.01~0.02，当设置除砂设备时，可根据除砂设备的要求，考虑池底形状。

平流沉砂池的运行操作主要是控制污水在池中的水平流速 v 和水力停留时间 t。水平流速一般控制在 0.15~0.30m/s，具体取决于污水中砂的粒径大小。污水中砂的粒径大，则可增加水平流速，反之则应减小 v 才能使砂粒充分沉淀下来。控制要点是，当流量变化时首先应调整溢流堰高度来改变有效水深；而后考虑改变运行池数。

水力停留时间一般控制在 30~60s，水力停留时间影响沉砂效率，如停留时间太短，则在某一水平流速本应沉淀下来的砂粒也会随水流走，反之，有机物将沉淀下来。

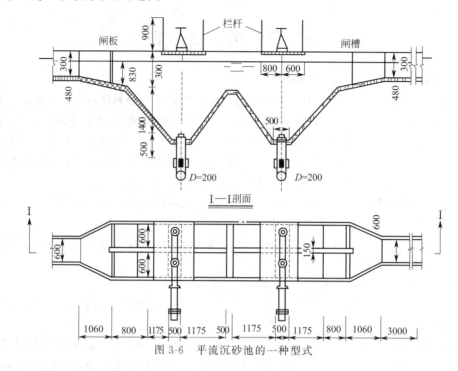

图 3-6　平流沉砂池的一种型式

三、曝气沉砂池

普通沉砂池截留的沉砂中夹杂一些有机物，影响截留效果。采用曝气沉砂池可在一定程度上克服此缺点。曝气沉砂池底设有曝气装置和集砂斗，由于曝气的作用，水流在池内呈螺旋状前进，使颗粒处于旋流状态，且互相摩擦，使表面有机物擦掉，获得较纯净的砂粒。

曝气沉砂池具有下述特点：①沉砂中含有机物的量低于 5%；②由于池中设有曝气设备，它还具有预曝气、脱臭、防止污水厌氧分解、除泡作用以及加速污水中油类的分离等作用。这些特点对后续的沉淀、曝气、污泥消化池的正常运行以及沉砂的干燥脱水提供了有利条件。

（一）曝气沉砂池的构造及工作原理

曝气沉砂池的常见构造如图 3-7 所示。

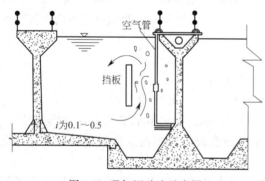

图 3-7　曝气沉砂池示意图

曝气沉砂池是一个长方形渠道，沿渠道壁一侧的整个长度上，距离池底 60～90cm 处设置曝气装置，在池底设置沉砂斗，池底有 i 为 0.1～0.5 的坡度，以保证砂粒滑入砂槽。为了使曝气能起到池内回流作用，在必要时可在设置曝气装置的一侧装设挡板。

污水在池中存在着两种运动形式，其一为水平流动，同时，由于在池的一侧有曝气作用，因而在池的横断面上产生旋转运动，整个池内水流产生螺旋状前进的流动形式。旋转速度在过水断面的中心处最小，而在池的周边则为最大。

由于曝气以及水流的螺旋旋转作用，污水中悬浮颗粒相互碰撞、摩擦、并受到气泡上升时的冲刷作用，使附在砂粒上的有机污染物得以去除，沉于池底的砂粒较为纯净。有机物含量只有 5% 左右的砂粒，长期搁置也不至于腐化。

曝气沉砂池的设计参数如下。

（1）水平流速一般取 0.08～0.12m/s。

（2）污水在池内的停留时间为 4～6min；当雨天最大流量时为 1～3min。如作为预曝气，停留时间为 10～30min。

（3）池的有效水深为 2～3m，池宽与池深比为 1～1.5，池的长宽比可达 5，当池长宽比大于 5 时，应考虑设置横向挡板。

（4）曝气沉砂池多采用穿孔管曝气，孔径为 2.5～6.0mm，距池底约 0.6～0.9m，并应有调节阀门。

（5）供气量可参照表 3-2。

曝气沉砂池的形状应尽可能不产生偏流和死角，在砂槽上方宜安装纵向挡板，进出口布置挡板，应防止产生短流。

表 3-2　单位池长所需空气量

曝气管水下浸没深度/m	最小空气量/[m³/(m·h)]	最大空气量/[m³/(m·h)]
1.5	12.5～15.0	30
2.0	11.0～14.5	29
2.5	10.5～14.0	28
3.0	10.5～14.0	28
4.0	10.0～13.5	25

（二）曝气沉砂池的运行操作要点

曝气沉砂池的运行过程中要注意控制好污水在池中的旋流速度和旋转圈数。旋流速度与砂粒粒径相关，粒径越小，需要的旋流速度越大，旋流速度也不能太大，否则沉下的砂粒会重新泛起。旋流速度与沉砂池的几何尺寸、扩散器的安装位置和曝气强度等因素有关。旋转圈数则与除砂效率有关，旋转圈数越多，除砂效率越高。要去除直径为 0.2mm 的砂粒需要维持 0.3m/s 旋转速度，在池中至少旋转 3 圈。在运行中可通过调整曝气强度，改变旋流速度和旋转圈数，保证稳定的除砂效率。当进入沉砂池的污水量增大时，水平流速也将加快，此时应增大曝气强度。

曝气沉砂池在运行过程中要及时排砂除渣。沉砂量取决于进水水质，运行人员应摸索总结运行中砂量的变化规律，及时排砂。排砂间隙过长会堵塞排砂管、砂泵，堵卡刮砂机械；如排砂间隙太短又会使排砂量增大，含水率高，增加后续处置的难度。沉砂池上的浮渣也应定期清除。另外，运行过程中如发现异常情况（如曝气变弱），应停车排空检查。特别是振动式扩散器的运行情况，应检查是否有浮渣缠绕或堵塞。清理完毕重新投运，先通气或进水（防止砂粒进入扩散器）。

四、旋流沉砂池

（一）旋流沉砂池的构造

旋流沉砂池是利用机械力控制水流流态与流速，加速砂粒的沉淀并使水流带走有机物的沉砂装置。

沉砂池由流入口、流出口、沉砂区、砂斗、驱动装置以及排砂系统组成，如图 3-8 所示。污水由流入口切线方向流入沉砂区，利用电动机及传动装置带动转盘和斜叶片，在沉砂池中形成旋流。由于污水中的砂粒在离心力作用下，被甩向池壁，掉入砂斗，而有机物随出水旋流带出池外。根据砂粒粒径大小调整适宜转速，可达到很好的沉砂效果。沉砂可采用压缩空气提升管或排砂泵等方式清除，再经过砂水分离器达到清洁排砂标准。目前国际上广泛应用的旋流沉砂池主要有钟式沉砂池和比尔沉砂池两大类。

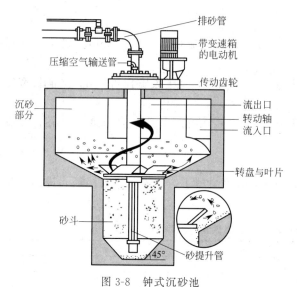

图 3-8　钟式沉砂池

旋流沉砂池进水管最大流速为 0.3m/s，池内最大流速为 0.1m/s，最小流速为 0.02m/s；按最高时流量设计时，水力停留时间不应小于 30s，设计水力表面负荷为 $150 \sim 200 m^3/(m^2 \cdot h)$，有效水深为 $1.0 \sim 2.0 m$，池径与池深比以 $2.0 \sim 2.5$ 为宜。

（二）排砂与洗砂

旋流沉砂池多采用真空启动的顶置砂泵排砂，其提升高度不受限制，但一般需使用超强耐磨性能的镍硬合金砂泵以防止砂粒磨损，同时也需要特别注意系统真空度。典型旋流沉砂池通常采用气提的排砂方式，主要是通过自下而上吹入压缩空气，使污水、砂、空气形成混合体且降低了密度，从而实现砂水混合液的提升。气提排砂具有系统可靠、耐用的优点，但其提砂高度一般较低，给工程管道布置带来一定的困难。

污水处理厂常采用螺旋式砂水分离器，主要由无轴螺旋、衬条、U 形槽、水箱、导流板和驱动装置等组成。其工作原理是：当砂水混合液从混合器的一端顶部输入水箱，混合液中较大的如砂粒等将积于 U 形槽底部，在螺旋的推动下，砂粒沿斜置的 U 形槽底提升，离开液面后继续推移一段距离，在砂粒充分脱水后经排砂口斜置砂桶，而与砂分离后的水则从溢流口排出并送往厂内进水池。见图 3-9。

图 3-9　砂水分离器实物图

（三）运行管理

（1）旋流沉砂池分选区不存在斜坡，易出现砂粒堆积甚至腐化，需要定期放空冲洗。

（2）旋流沉砂池中的砂粒运动和水流运动的方向相反，所以叶轮的转速必须控制适当，转速太大会卷起砂粒随水流流动，转速太小又无法实现砂粒与有机物的分离。

（3）旋流沉砂池系统排砂管道易堵塞，应根据沉砂情况及时疏通，可以采用空气进行冲洗，也可以用自来水冲洗。

【复习思考题】

问答题

1. 平流沉砂池有何优缺点？对其不足有何解决办法？

2. 设置沉砂池的目的和作用是什么？曝气沉砂池的工作原理与平流沉砂池有何区别？

3. 曝气沉砂池在运行操作时主要控制什么参数？

4. 旋流沉砂池由哪几部分构成？

5. 平流式沉砂池在运行过程中需注意什么问题？

第三节　沉　淀　池

一、沉淀理论

沉淀是使水中悬浮物质（主要是可沉固体）在重力作用下下沉，从而与水分离，使水质得到澄清。这种方法简单易行，分离效果良好，是水处理的重要工艺，在每一种水处理过程中几乎都不可缺少。在各种水处理系统中，沉淀的作用有所不同，大致如下。

（1）用于废水的预处理　沉砂池是典型的例子。沉砂池是用于去除污水中的易沉物（如砂粒）。

（2）用于污水进入生物处理构筑物前的初步处理（初次沉淀池）　用初次沉淀池可较经济地去除悬浮有机物，以减轻后续生物处理构筑物的有机负荷。

（3）用于生物处理后的固液分离（二次沉淀池），主要用来分离生物处理工艺中产生的生物膜、活性污泥等，使处理后的水得以澄清。

（4）用于污泥处理阶段的污泥浓缩　污泥浓缩池是将来自初沉池及二沉池的污泥进一步浓缩，以减小体积，降低后续构筑物的尺寸及处理费用等。

（一）沉淀的类型

根据水中悬浮颗粒的浓度、性质及其凝聚性能的不同，沉淀通常可以分成四种不同的类型。

1. 自由沉淀

自由沉淀发生在水中悬浮固体浓度不高，沉淀过程悬浮固体之间互不干扰，颗粒各自单独进行沉淀，颗粒的沉淀轨迹呈直线。整个沉淀过程中，颗粒的物理性质，如形状、大小及密度等不发生变化。这种颗粒在沉砂池中的沉淀是自由沉淀。

2. 絮凝沉淀

絮凝沉淀的悬浮颗粒浓度不高，但沉淀过程中悬浮颗粒之间有互相絮凝作用，颗粒因互相聚集增大而加快沉降。沉淀过程中，颗粒的质量、形状和沉速是变化的。经过化学混凝的水中颗粒的沉淀即属于絮凝沉淀。

3. 拥挤沉淀（或成层沉淀）

水中悬浮颗粒的浓度比较高，在沉淀过程中，产生颗粒互相干扰的现象，在清水与浑水之间形成明显的交界面，并逐渐向下移动，因此又称为成层沉淀。活性污泥法后的二次沉淀池以及污泥浓缩池中的初期情况均属于这种沉淀。

4. 压缩沉淀

压缩沉淀发生在高浓度悬浮颗粒的沉降过程中，由于悬浮颗粒浓度很高，颗粒相互之间已挤集成团块结构，互相接触，互相支撑，下层颗粒间的水在上层颗粒的重力作用下被挤出，使污泥得到浓缩。二沉池污泥斗中的浓缩过程以及浓缩池中污泥的浓缩过程存在压缩沉淀。

（二）自由沉淀及其理论基础

1. 沉速公式

为了说明影响颗粒沉淀的主要因素，以单体球形颗粒的自由沉淀为例加以说明。颗粒在重力、浮力以及水的阻力的作用下，当达到平衡时以匀速下沉，对于层流状态（通常把雷诺数 $Re < 2$ 的颗粒沉降状态称为层流状态）直径为 d 的球形颗粒，其沉降速度可用斯托克斯公式表示。

$$u = \frac{g(\rho_s - \rho)d^2}{18\mu} \tag{3.2}$$

式中　u——颗粒沉降速度，m/s；

　　ρ_s、ρ——分别为颗粒、水的密度，g/cm³；

　　　g——重力加速度，m/s²；

　　　d——与颗粒等体积的圆球直径，cm；

　　　μ——水的动力黏滞系数，与水温有关，g/(cm·s)。

由式(3.2)可见，颗粒与水的密度是影响颗粒分离的一个主要因素。若 $\rho_s - \rho > 0$，表示颗粒下沉，则 u 为下沉速度；若 $\rho_s - \rho = 0$，表示颗粒既不下沉也不上浮，颗粒处于悬浮状态；若 $\rho_s - \rho < 0$，u 为负值，表示颗粒比水轻，从而上浮，此时 u 为上浮速度。

此外，d 与 μ 对沉速也有重要影响，特别是 d，增大 d 或降低 u，均有助于提高沉降速度。

2. 沉淀池分离效果分析

为了分析沉淀的普遍规律及其分离效果，Haen 和 Camp 提出了一种理想沉淀池的模式。理想沉淀池由四部分组成，即流入区、沉降区、流出区及污泥区，如图 3-10 所示。对于理想沉淀池，作出如下假定：

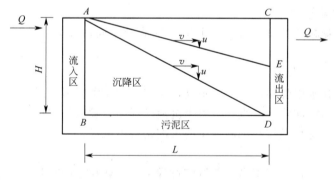

图 3-10　理想沉淀池示意图

（1）沉淀区过水断面上各点的水流速度均相同，水平流速为 v；

（2）悬浮颗粒在沉淀区等速下沉，下沉速度为 u；

（3）在沉淀池的进口区域，水流中的悬浮颗粒均匀分布在整个过水断面上；

（4）颗粒一经沉到池底，即认为已被去除。

根据上述假定，悬浮颗粒在沉淀池内的运动轨迹是一条倾斜的直线。

设 u_0 为某一指定颗粒的沉降速度，又称 u_0 为指定颗粒的最小沉降速度，它的含义是：在给定的沉降时间 t 内，位于进水口水面上的这种颗粒正好沉到池底。当颗粒的沉降速度 $u \geq u_0$ 时，可沉于池底部（如 AD 线）；当沉速 $u < u_0$ 时，不能一概而论，其中一部分靠近

水面，可被水带出（如 AE 线），而另一部分因接近池底，而能沉于池底。

在理想沉淀池中，可得到下列各项关系式：

$$L = \frac{vH}{u_0} \tag{3.3}$$

$$t = \frac{L}{v} = \frac{H}{u_0} \tag{3.4}$$

$$V = Qt = HBL \tag{3.5}$$

$$q_0 = \frac{Q}{A} = u_0 \tag{3.6}$$

式中　L——池长；

H——沉降区有效水深；

B——池宽；

v——污水的平均流速，即颗粒的水平分速；

u_0——沉降速度；

V——沉淀池容积；

t——污水在沉淀池内停留时间；

Q——进水流量；

A——沉降区平面面积。

通常称沉淀池进水流量与沉淀池平面面积的比值为沉淀池表面负荷，又称过流率，用符号 q_0 表示，它与 u_0 在数值上是相同的，但它们的物理概念不同：u_0 的单位是 m/h；q_0 的单位是 $m^3/(m^2 \cdot h)$。可见，只要确定颗粒的最小沉速 u_0，就可以求得理想沉淀池的过流率或表面负荷。

此外，理想沉淀池的沉淀效率与池的水面面积 A 有关，与池深 H 无关，即与池的体积 V 无关。

（三）沉淀池类型

沉淀池是分离悬浮物的一种常用处理构筑物。用于生物处理法中做预处理的称为初次沉淀池（简称初沉池）。对于一般的城市污水，初次沉淀池可以去除约 30％的 BOD_5 与 55％的悬浮物。设置在生物处理构筑物后的称为二次沉淀池（简称二沉池），是生物处理工艺中的一个组成部分。

沉淀池常按水流方向分为平流式、竖流式及辐流式三种类型。图 3-11 为三种类型的沉淀池示意图。

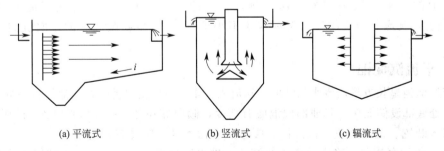

(a) 平流式　　　　　　　(b) 竖流式　　　　　　　(c) 辐流式

图 3-11　沉淀池示意图

各种型式沉淀池的特点及适用条件见表 3-3。

表 3-3 各种沉淀池的特点及适用条件

池型	优点	缺点	适用条件
平流式	①对冲击负荷和温度变化的适应能力较强 ②施工简单,造价低	采用多斗排泥时,每个泥斗需要单独设排泥管各自排泥,操作工作量大,采用机械排泥时,机件设备和驱动件均浸于水中,易锈蚀	①适用地下水位高及地质条件差的地区 ②适用于大、中、小型处理厂
竖流式	①排泥方便,管理简单 ②占地面积小	①池子深度大,施工困难 ②造价较高 ③对冲击负荷和温度变化的适应能力较差 ④池径不宜过大,否则布水不匀	适用于中、小型污水处理厂,给水厂多不采用
辐流式	①多为机械排泥,运行较好,管理较简单 ②排泥设备已定型,运行效果好	①水流不易均匀,沉淀效果较差 ②机械排泥设备复杂,对施工质量要求较高	①适用于地下水位较高地区 ②适用于大、中型水处理厂

(四) 沉淀池的一般设计原则及参数

1. 设计流量

污水处理厂的原水来自城市下水道或工厂,水量变化较大。当污水是自流进入沉淀池时,应按每星期最大流量作为设计流量;当污水是通过泵提升而进入沉淀池时,则应按水泵工作期间最大组合流量作为设计流量。

2. 沉淀池的数目

沉淀池的数目应不少于两座,并应考虑其中一座发生故障时,全部流量能够通过另一座沉淀池的可能性。

3. 沉淀池的经验设计参数

沉淀池设计的主要依据是经过沉淀池处理后所应达到的水质要求,需确定的设计参数有:污水应达到的沉淀效率;悬浮颗粒的最小沉速;表面负荷;沉淀时间以及水在池内的平均流速等。这些参数一般通过沉淀试验取得。

4. 沉淀池的几何尺寸

沉淀池超高不少于 0.3m,缓冲层采用 0.3~0.5m,储泥斗与斜壁倾角,方斗不宜小于 60°,圆斗不宜小于 55°,排泥管直径不小于 200mm。

5. 储泥斗的容积

一般按不大于 2 日的污泥量计算。对于二次沉淀池,按储泥时间不超过 2h 计算。

6. 排泥部分

沉淀池的污泥一般采用静水压力排泥法。静水压力数值为:初次沉淀池应不小于 1.5m;活性污泥曝气池后的二次沉淀池应不小于 0.9m;生物膜法后的二次沉淀池应不小于 1.2m。

二、平流沉淀池

平流沉淀池呈长方形,废水从池的一端流入,水平方向流过池子,从池的另一端流出;在池的进口处底部设储泥斗,其他部位池底有坡度,倾向储泥斗。平流沉淀池结构如图 3-12 所示,由流入装置、流出装置、沉淀区、缓冲层、污泥区及排泥装置组成。

为使入流污水均匀、稳定地进入沉淀池,进水区应有流入装置。流入装置由设有侧向或槽底潜孔的配水槽挡流板组成,起均匀布水作用。挡流板入水深不小于 0.25m,水面以上部分为 0.15~0.2m,距流入槽 0.5m。常见几种流入装置见图 3-13。

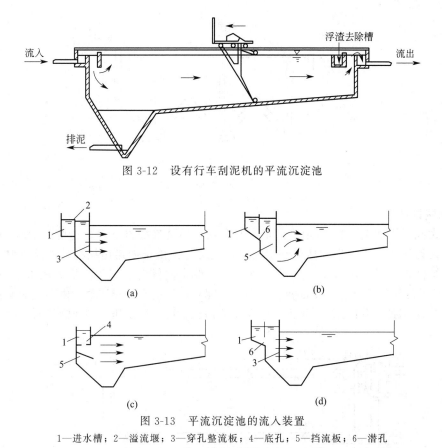

图 3-12　设有行车刮泥机的平流沉淀池

图 3-13　平流沉淀池的流入装置

1—进水槽；2—溢流堰；3—穿孔整流板；4—底孔；5—挡流板；6—潜孔

平流沉淀池的出水装置见图 3-14。流出装置由流出槽与挡板组成，流出槽设自由溢流堰，溢流堰严格水平，既可保证水流均匀，又可控制沉淀池水位。锯齿形堰应用最普遍，水面宜位于齿高的 1/2 处，溢流堰最大负荷不宜大于 2.9L/(m·s)（初次沉淀池）或 1.7L/(m·s)（二次沉淀池）。为了减小负荷、改善出水水质，溢流堰可采用多槽沿程布置，如需阻拦浮渣随水流走，流出堰可用潜孔出流。

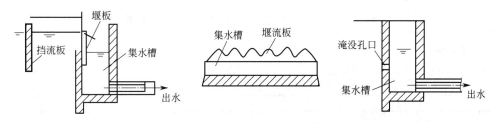

图 3-14　平流沉淀池的出水装置

缓冲层的作用是避免已沉污水被水流搅起以及缓解冲击负荷。污泥区起储存、浓缩和排泥的作用。排泥装置与方法一般有以下几种。

1. 静水压方法

利用池内的静水压，将污泥排出池外，为了使池底污泥能划入污泥斗，池底应有 i 为 0.01～0.02 的坡度，可以采用带刮泥机的单斗排泥或多斗排泥，多斗式平流沉淀池可以不设置机械刮泥设备，每个储泥斗单独设置排泥管，各自独立排泥，互不干扰，保证污泥的浓度，多斗式平流沉淀池如图 3-15 所示。

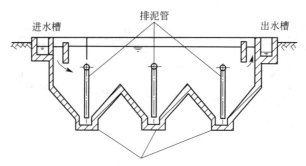

图 3-15 多斗式平流沉淀池

2. 机械排泥法

链带式刮泥机如图 3-16 所示。链带装有刮板，沿池底缓慢移动，速度约 1m/min，把尘泥缓缓推入污泥斗，当链带刮板沾到水面时，又可将浮渣推向流出挡板处的浮渣槽。链带式的缺点是机件长期浸于污水中，易被腐蚀，且难维修。行走小车刮泥机如图 3-13 所示，小车沿池壁顶的导轨往返行走，使刮板将尘泥刮入泥斗，浮渣刮入浮渣槽。由于整套刮泥机都在水面上，不易腐蚀，易于维修。被刮入污泥斗的污泥，可用静水压力法或螺旋泵排出池外。

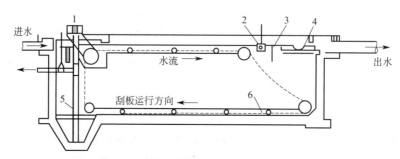

图 3-16 设有链带式刮泥机的平流沉淀池

1—电机；2—浮渣槽；3—挡渣板；4—出水堰；5—排泥管；6—链条刮泥机

沉淀池的表面水力负荷是其设计运行关键参数之一，决定了沉淀池的表面积，通过试验取得的表面负荷参见表 3-4。

表 3-4　城市污水沉淀池设计数据及产生的污泥量

沉淀池类型		沉淀时间/h	表面水力负荷 /[m³/(m²·h)]	污泥量 /[g/(人·d)]	污泥含水量/%
初次沉淀池		1.0~2.0	1.5~3.0	14~27	95~97
二次沉淀池	生物膜法	1.5~2.5	1.0~2.0	7~19	96~98
	活性污泥法	1.5~2.5	1.0~1.5	10~21	99.2~99.6

三、辐流沉淀池

辐流沉淀池是一种大型沉淀池，池径可达 100m，池周水深 1.5~3.0m。有中心进水与周边进水两种型式，如图 3-17 所示。辐流沉淀池呈圆形或正方形，可用作初次沉淀池或二次沉淀池。

沉淀于辐流沉淀池底的污泥一般采用刮泥机刮除。刮泥机由刮泥板和桁架组成，刮泥板固定在桁架底部，桁架绕池中心缓慢转动，将沉于池底的污泥推入池中心处的泥斗中，污泥在泥斗中可利用静水压力排出，亦可用污泥泵抽吸。对辐流式沉淀而言，目前常用的刮泥机械有中心传动式刮泥机和吸泥机以及周边传动式的刮泥机与吸泥机等。为了刮泥机的排泥要求，辐流沉淀池的池底坡度平缓，常取 i 为 0.05。

周边进水辐流沉淀池的入流区在构造上有两个特点：①进水槽断面较大，而槽底的孔口较小，布水时的水头损失集中在孔口上，故布水比较均匀；②进水挡板的下沿深入水面下约 2/3 深度处，距进水孔口有一段较长的距离，这有助于进一步把水流均匀地分布在整个入流区的过水断面上，而且废水进入沉淀区的流速要小得多，有利于悬浮颗粒的沉淀。池子的出水槽长度约为进水槽的 1/3 左右，池中水流的速度，从低到高。但生产实践表明，这种型式的池子并没有取得预想的效果。

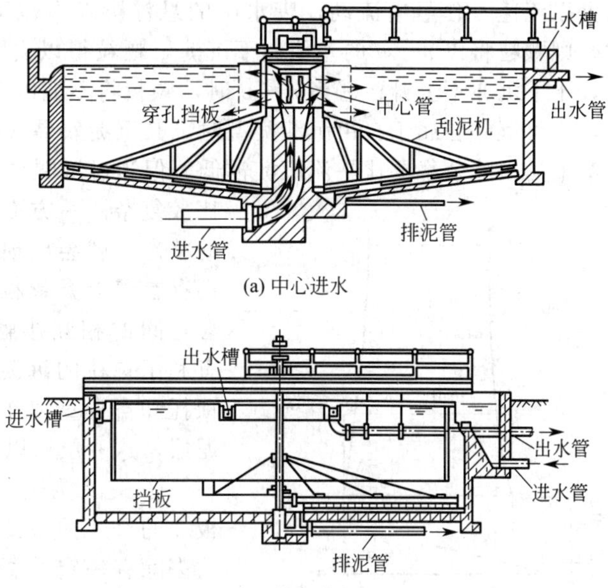

(a) 中心进水

(b) 周边进水

图 3-17　辐流沉淀池

四、竖流沉淀池

竖流沉淀池多为圆形，亦有呈方形或多角形的，直径或池边长一般不大于 8m，通常为 4~7m，也有超过 10m 的。竖流沉淀池的直径（或正方形的一边）与有效水深之比一般不大于 3。污水从设在池中央的中心管进入，从中心管的下端经过反射板后均匀缓慢地分布在池的横断面上，由于出水口设置在池面或池墙四周，故水的流向基本由下向上；出水区采用自由堰或三角堰；污泥储积在底部的污泥斗，为了降低池的总高度，污泥区可采用多只污泥斗的方式。竖流沉淀池结构如图 3-18 所示。

竖流沉淀池的工作原理与前两种沉淀池的工作原理不同。在竖流沉淀池中，污水是从下

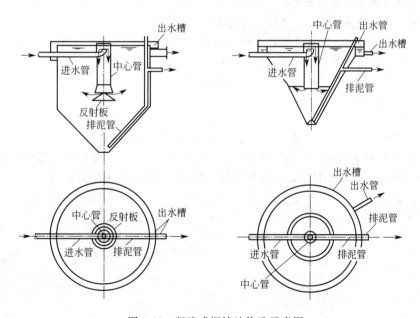

图 3-18　竖流式沉淀池构造示意图

向上以流速 v 作竖向流动，废水中的悬浮颗粒有以下三种运动状态：①当颗粒沉速 $u>v$ 时，则颗粒将以 $u-v$ 的差值向下沉淀，颗粒得以去除；②当 $u=v$ 时，则颗粒处于悬浮状态，不下沉亦不上升；③当 $u<v$ 时，颗粒将不能沉淀下来，而会随上升水流带走。由此可知，当可沉颗粒属于自由沉淀类型时，其沉淀效果（在相同的表面水力负荷条件下）在竖流沉淀池的去除效率要比平流沉淀池低。但当可沉颗粒属于絮凝沉淀类型时，则发生的情况就比较复杂。一方面，由于在池中的流动存在着各自相反的状态，就会出现上升着的颗粒与下降着的颗粒，同时还存在着上升颗粒与上升颗粒之间、下降颗粒与下降颗粒之间的相互接触、碰撞，致使颗粒的直径逐渐增大，有利于颗粒的沉淀；另一方面，絮凝颗粒在上升水流的顶托和自身重力作用下，会在沉淀区内形成一个絮凝污泥层，这一层可以网捕拦截污水中的待沉颗粒。

图 3-19 为竖流沉淀池的中心管 1、喇叭口 2 及反射板 3 的尺寸关系图。污水在中心管内的流速对悬浮颗粒的去除有一定的影响。当中心管底部不设反射板时，其流速不应大于 30mm/s，如设置反射板，流速可取 100mm/s。在反射板的阻挡下，水流由垂直向下变成向反射板四周分布。水从中心管喇叭口与反射板间流出的速度一般不大于 20mm/s，水流自反射板四周流出后均匀地分布于整个池中，并以上升流速 v 缓慢地由下而上流动，可沉颗粒向下沉至污泥区，经过澄清后的上清液从设置在池壁顶端的堰口溢出，通过出水槽流出池外。

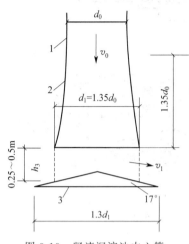

图 3-19　竖流沉淀池中心管、喇叭口及反射板的结构尺寸关系图
1—中心管；2—喇叭口；3—反射板

【复习思考题】

1. 沉淀可分为哪几种基本类型？
2. 沉淀在污水处理系统中的主要作用是什么？
3. 在污水处理过程中，沉淀法适用于哪些场合？
4. 试归纳辐流沉淀池的构造特点及工作过程。
5. 试分析球形颗粒在静水自由沉降中的基本规律。
6. 影响沉淀的因素有哪些？
7. 什么叫表面负荷？
8. 初次沉淀池设于哪个工艺前？二次沉淀池设于哪个工艺后合理？
9. 导致沉淀池 SS 去除率降低的原因是什么？提高沉淀池沉淀效果的有效途径有哪些？
10. 沉淀池的入口布置关键要注意布水均匀，如果不均匀会产生什么后果？

第四章　市政污水二级处理

经一级处理后的城市污水去除了大部分悬浮物，污水中含有的胶体和溶解性有机物需要经过二级处理进行去除。目前城市污水处理厂的二级处理主要采用生物处理方法，主要分为活性污泥法和生物膜法两大类。活性污泥法依靠悬浮生长的微生物进行生物降解；生物膜法依靠附着生长在载体上的微生物膜进行生物降解，两者均具有良好的处理效果。

第一节　污水生物处理技术基础

一、生物处理方法概述

污水生物处理（biological treatment of wastewater）是利用微生物的生命活动过程对废水中的污染物进行转移和转化，从而使废水得到净化的方法，是一种有效去除污水中的有机物和营养物质的处理技术。生物处理技术利用微生物特别是细菌，在专门设计的生化反应器中，将废水中的污染物转化为微生物细胞以及简单的无机物。与物理化学方法相比，废水生物处理技术具有很多特点：由于污染物的生化转化过程不需要高温高压，在温和的条件下经过酶催化即可高效并相对彻底的完成，因此处理费用低廉；对废水水质的适用范围广；废水生物处理法不投加药剂，可以避免对水质造成二次污染。另外，生物处理效果良好，不仅去除了有机物、无机营养物、有毒物质等，还能去除臭味，提高透明度，降低色度等。目前，污水生物处理技术已成为现代污水处理中应用最广泛的方法之一。

二、主要微生物及微生物生态系统

（一）主要微生物类群

自然界中很多微生物具有氧化分解有机物的能力，污水生物处理技术即是利用微生物的这一特点来去除废水中溶解及胶体性的有机污染物质。生物处理后出水水质的好坏与微生物的种类、数量及其活性有关。污水生物处理构筑物中主要微生物种类如下。

1. 原核微生物

原核微生物主要包括细菌、放线菌、立克次体、衣原体、支原体、黏细菌、鞘细菌等，它们没有真核微生物所具有的核仁、核膜和细胞器，是一类具有原始细胞核的单细胞生物。在活性污泥中最常见的微生物是细菌，放线菌则是在某些活性污泥中可见的另一种典型的原核微生物。

（1）细菌　细菌是污水生物处理构筑物中数量最多的微生物，具有四种基本形态（图 4-1）：球状、杆状、螺旋状和丝状，分别称为球菌、杆菌、螺旋菌和丝状菌。

根据分裂后的排列方式，球菌可分为单球菌、双球菌、链球菌等，杆菌可分为单杆菌、双杆菌和链杆菌；根据螺旋菌的弯曲程度，可将其分为螺旋菌和弧菌；丝状菌呈长束或丝状体，当其出现在污水生物处理中时，会与微生物絮凝体混在一起，起到支撑絮体、增强絮体结构的作用，但数量过多时又使絮体的沉降性能变差。

细菌主要由细胞壁、细胞膜、细胞质、核质体等部分构成，有的细菌还有荚膜、鞭毛、纤毛等特殊结构。细胞壁包围在菌体最外层，坚韧而富有弹性，具有维持细胞外形、保护细胞等作用；细胞膜是紧贴在细胞壁内侧的一层柔软、富有弹性的半透膜，具有控制细胞内外物质的运送、交换等功能；细胞质是细胞膜内除核物质以外的无色黏稠胶体，其中含有核糖

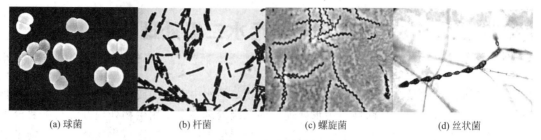

| (a) 球菌 | (b) 杆菌 | (c) 螺旋菌 | (d) 丝状菌 |

图 4-1　细菌的形态

体、储藏颗粒及其他内含物；核质体又称拟核，是无核膜结构的原始细胞核。荚膜是某些细菌分泌于细胞壁表面的一层黏液状物质，可以作为细胞外碳源和能源的储藏物质；某些细菌体表还具有鞭毛结构，主要用于辅助细菌运动，纤细、易脱落。

微生物降解污染物的过程通常是氧化还原反应，存在电子转移过程。污水生物处理中电子供体通常为有机物、氨、硫化物、氢等，电子受体通常为氧、硝酸盐、亚硝酸盐、硫酸盐等。从电子供体和电子受体的角度可以将细菌做如下分类。

① 从电子供体分类

a. 异养型细菌：以有机化合物作为电子供体和细胞合成的碳源的细菌称为异养型细菌，简称异养菌。异养菌在污水处理系统中占主导地位。

b. 自养型细菌：以无机化合物作为电子供体，以 CO_2 作为碳源的细菌称为化学自养细菌，简称自养菌。生物处理中最重要的自养菌是利用氨氮和亚硝酸盐氮的细菌，起到硝化作用，称为硝化细菌。

② 从电子受体分类

a. 专性好氧细菌：只利用氧作为电子受体的细菌称为专性好氧细菌。硝化细菌是生物处理中最重要的专性好氧细菌，在没有分子氧化的状态下，硝化过程不能发生。

b. 专性厌氧细菌：只在没有分子氧的情况下才能发挥作用的细菌。

c. 兼性细菌：在有氧条件下，利用氧作为电子受体；在没有氧的条件下，利用其他电子受体，这类细菌称为兼性细菌。在生物处理中，兼性菌往往是占主要地位的。污水处理中一类非常重要的兼性菌是反硝化细菌，它们以有机物为电子供体，以硝酸盐和亚硝酸盐为电子受体，将硝酸盐和亚硝酸盐还原为氮气。特别地，在污水处理中，将这种没有分子氧存在，而将硝酸盐和亚硝酸盐作为电子供体的状态称为"缺氧"环境，以与通常所称的好氧、厌氧环境区分。

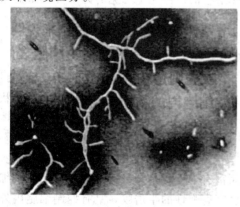

图 4-2　放线菌

（2）放线菌　放线菌在自然界中分布广泛，是一类具有分枝状菌丝体的原核生物(图 4-2)。放线菌细胞的结构与细菌相似，都具备细胞壁、细胞膜、细胞质、拟核等基本结构。个别种类的放线菌也具有细菌鞭毛样的丝状体，但一般没有荚膜、菌毛等特殊结构。放线菌典型的代表属有链霉菌属、诺卡菌属及放线菌属等。

链霉菌属的种类和变种很多，现已知的有1000 多种。它们具有发育良好的菌丝体，无隔膜，长短不一，多核。根据菌丝体的形态及功能的不同，可分为营养菌丝、气生菌丝和孢子丝三类。不同形态的孢子丝再分生出各种形态的孢子，这是链霉菌属分类识别的主要依据之一。

诺卡菌属具有长菌丝，在培养基上形成典型的菌丝体，剧烈弯曲如树根状或不弯曲，菌丝体间具有横隔膜。诺卡菌属在污水生物处理中可见。

2. 真核微生物

真核微生物的细胞核具有核仁和核膜，能进行有丝分裂，主要包括真菌、原生动物和后生动物。

（1）真菌　真菌种类繁多、形态各异，包括霉菌、酵母菌及大型真菌（蕈菌）等。其中霉菌和酵母菌对有机物的分解能力很强，在污水的生物处理中有重要作用。

酵母菌［图4-3(a)］是单细胞真菌，其形态有卵圆形、圆形及圆柱形。酵母菌既可以进行无性繁殖，也可以形成子囊孢子进行有性繁殖。菌落较厚，表面光滑、湿润、颜色多为乳白色，也可见红色或黑色。酵母菌可用于处理含难降解有机污染物的污水。

霉菌［图4-3(b)］在自然界分布广泛，是丝状真菌的统称。其菌体由菌丝构成，许多菌丝交织在一起构成菌丝体。霉菌的繁殖能力很强，可以产生各样的孢子繁殖，也可通过菌丝的片段进行繁殖。霉菌的菌落大而疏松，比放线菌和细菌大数倍，易挑起。

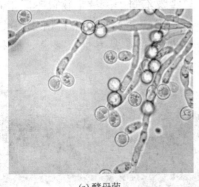

(a) 酵母菌　　　　　　　　　　　(b) 霉菌

图 4-3　酵母菌和霉菌

（2）原生动物　原生动物是结构最简单的单细胞真核动物，形态多样，在光学显微镜下可见。原生动物以细菌、真菌、腐烂物或有机物为食，能进行营养、呼吸、排泄等生理活动，是一个完整的有机体。根据运动方式不同，原生动物可以分为鞭毛虫类、肉足虫类、纤毛虫类和吸管虫类，在污水生物处理过程中有重要作用。

鞭毛虫在活性污泥初期或生物处理效果不佳时会大量出现，可以作为污水生物处理的指示生物。某些肉足虫类喜欢在有机质比较丰富的水中生活，一般在活性污泥培养中期出现。纤毛虫是原生动物中最高级的一类，又可分为游泳型、固着型和匍匐型。游泳型纤毛虫的典型代表有草履虫、斜管虫等；匍匐型纤毛虫表面有触毛，使虫体在污泥表面爬行；固着型纤毛虫的常见代表是钟虫类，可以固着在活性污泥上，吸收、消化污水中的有机物及细菌。吸管虫以吸管做捕食细胞器，多生活在有机污水中。见图4-4。

（3）后生动物　污水生物处理系统中常见的后生动物有轮虫、线虫、寡毛类动物等，可通过光学显微镜观察。

轮虫（图4-5）是一类小型多细胞动物，虫体一般由头部、躯干部和尾部组成。头部有纤毛环，通过纤毛环摆动形成的水流，使游离细菌、有机颗粒等进入口部，所以轮虫的头部有摄食功能。躯干部在头部下方，这部分长且宽。尾部呈柄状，末端常有分叉的足。在污水生物处理系统出水水质较好时常有轮虫出现，所以轮虫可以作为污水生物处理效果好的指示

 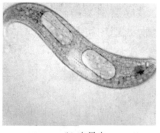  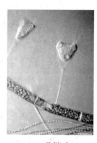

(a) 鞭毛虫　　　　　　　(b) 肉足虫　　　　　　　(c) 纤毛虫　　　　　　　(d) 吸管虫

图 4-4　原生动物的多种形态

生物。线虫也是污水生物处理中常见的微生物，是一种假体腔动物，又称圆虫。其虫体呈长线状，以细菌、轮虫及其他线虫作为食料。

3. 古细菌

古细菌（图 4-6）多生活在极端的生态环境中，也称古菌、古生菌。它们既具有原核细胞的某些特征，也有真核细胞的特征，同时还具有某些既不同于原核生物也不同于真核生物的特征，是一类很特殊的微生物。古细菌包括三类：产甲烷菌、极端嗜盐菌和嗜酸嗜热菌。其中产甲烷菌是污水生物处理系统中非常重要的一类微生物，是专性厌氧菌，能利用 CO_2 使 H_2 氧化，生成甲烷，同时释放能量。

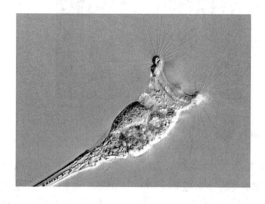

图 4-5　轮虫

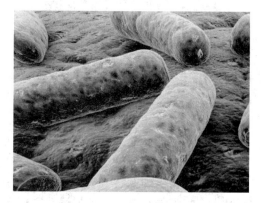

图 4-6　古细菌

（二）微生物生态系统

生态系统是指在一定空间内相互作用、相互制约的生物与环境构成的统一整体。每一个生物处理过程都会形成一个独特的生态系统，污水生物处理也不例外。了解污水生物处理中的微生物生态系统，搞清重要微生物种群在污水生物处理过程中的作用对水处理研究具有指导性意义。

在污水生物处理中，曝气塘、活性污泥系统等好氧处理系统具有相似的微生物生态系统。其中混合培养的、主要起氧化有机物作用的细菌和其他较高级的水生微生物，形成了一个具有不同营养水平的完整的生态系统。活性污泥系统中由于不断的人工充氧和污泥回流，使曝气池不适于某些水生生物生存，特别是比轮虫和线虫更大型的种群和长生命周期的微生物。活性污泥反应器中主要的微生物种群是细菌、原生动物和某些后生动物，其他种群如剑水蚤属，甚至某些双翅目的幼虫偶尔可见。

微生物生态系统中的生长规律是以其中存在的食物链关系来体现的。当污水中的溶解性有机物质较多时，以溶解性有机物为食的细菌数量最多，为优势种；当细菌的数量逐渐增加并达到一定程度后，以细菌为食的原生动物开始出现并且增加；之后出现后生动物，以细菌及原生动物为食。

三、微生物的生长规律

微生物生长规律通常通过细胞在单位时间内数目或细胞总质量的增加，即群体生长来进行考察。微生物的生长规律可由生长曲线（图 4-7）来反映，表明微生物在不同培养环境下的生长情况。以纯菌种的生长规律为例说明，按生长速率不同，微生物的生长过程可以分成四个时期，分别为适应期、对数生长期、稳定生长期和衰亡期。

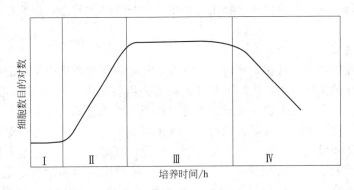

图 4-7　微生物生长曲线

Ⅰ—适应期；Ⅱ—对数生长期；Ⅲ—稳定生长期；Ⅳ—衰亡期

（一）适应期

适应期又称迟缓期、延迟期，是微生物细胞刚进入新环境的时期。微生物接种到新鲜培养基而处于一个新的生长环境，需要对新环境逐渐适应，因此在一段时间内并不马上分裂，活细胞的数量维持恒定，或因不适应新环境，微生物数量可能有所减少。但此时细胞体积最大，微生物并不是处于完全静止的状态。这一时期的微生物对不良环境条件的抵抗力较弱，如化学物质、热等。产生适应期的原因，通常认为是微生物接种到一个新的环境，暂时缺乏足够的能量和必需的生长因子，老化或未充分活化及接种时造成的损伤等。依据菌种特性、菌龄、接种量及接种前后细菌所处环境差异的大小等因素，适应期的长短也有所不同，一般在几分钟至几小时之间不等。

（二）对数生长期

对数生长期也称指数生长期。微生物细胞经过上一时期的适应之后，进入对数生长期，开始以最大且是基本恒定的速率生长和繁殖，数量呈对数增加。而且细胞内各成分按比例有规律的增加，此时期内的细菌生长是平衡生长，细胞增加的数量与培养时间几乎呈直线关系。对数生长期微生物的代谢物质积累丰富、活性高且稳定，大量消耗基质。

（三）稳定生长期

稳定生长期简称稳定期，又称减速增长期。随着限制性基质的消耗，营养物质的减少，代谢产物的增加及 pH 变化等，环境条件逐渐不利于微生物的生长。微生物的繁殖数量下降，死亡数量上升，导致细菌的增长速率逐步降低直至趋于零，即结束了对数期，进入了所谓稳定生长期。稳定生长期的活细胞数最高并且基本维持稳定，这一时期内细菌的活动能力降低。在污水处理系统中，这一时期的菌胶团细菌间容易相互黏结，开始形成生物絮体，具有良好的沉降性能。

（四） 衰亡期

衰亡期也称为内源呼吸期。营养物质消耗殆尽，细胞靠内源呼吸代谢来维持自身生存。且随着有毒代谢产物的大量积累，微生物死亡速率逐步增加，活细胞数量逐渐减少，进入衰亡期。这个时期内微生物代谢活性降低，细胞形态衰退，许多细胞甚至出现自溶。此时生物絮体的吸附能力较高，污泥的活性较低。

如前所述，在污水生物处理构筑物中，微生物构成一个生态系统。因此，除了每一种微生物都具有的自身的生长规律外，这一生态系统内的各微生物种群间还存在着递变规律。

四、废水生物处理中的重要过程

尽管废水生物处理构筑物中微生物生态系统的种群和性质复杂，但其中存在着共性的基本过程。

（一） 细胞生长

废水生物处理的根本原理就是将污水中存在的污染物作为微生物生长的碳源与能源，供给微生物生长。在微生物的生长代谢过程中，将污染物转化为二氧化碳或其他无毒性物质，达到去除污染物的目的。微生物生长需要碳源、能源、无机营养物等要素，在氧化污水中污染物质的过程中，微生物获取所需的能量。异养菌将有机污染物分解为代谢途径中的中间产物，这些中间产物随后用于细胞合成。生物合成过程需要能量，这些能量大部分由一种叫做三磷酸腺苷的物质供给。三磷酸腺苷简写为 ATP，是细胞生命活动所需能量的直接来源。它的数量影响微生物的数量，而污水中污染物的性质与数量又影响三磷酸腺苷的数量。因此，微生物的生长是受污水中污染物的性质、数量及环境影响的。

（二） 细胞维持、内源代谢、溶胞及死亡

细胞活动的维持需要供给能量，如细胞的游动、渗透调节、伸缩泡的运动及某些真核生物内的胞质流动等都需要能量的支持来实现。如果不能供给足够的能量，细胞过程就会停止，细胞出现瓦解及死亡。当外部能量供给充足时，部分能量会用于维持细胞的生存，其他的能量则被用于新细胞的合成。随着外部能量的减少，供给新细胞合成的能量也减少，多数甚至全部能量都将用于维持细胞的生存，细胞的增长率逐渐降低。当外部供给能量少于细胞生存所必需的能量时，细胞内部的能源会发生降解来满足自身的生存，即内源代谢。内源代谢的物质种类因微生物种类及其生长条件的不同而不同。当内部能源被消耗完毕时，细胞会出现休眠或死亡，死亡是影响活性微生物量的重要因素之一。死细胞是会溶解的，形成细胞残留物，不会原封不动。另外，细胞体内存在一种叫做自溶素的物质，是一种细胞壁水解酶，一旦微生物细胞内自溶素活性失调，就会发生溶胞现象。

（三） 高分子有机物的水解

在污水生物处理中，因为细菌只能够吸收和降解小分子有机物，所有高分子有机物都要经过转化变为小分子有机物后才能进入细胞为细菌所用。大分子有机物向小分子有机物的转化过程是通过胞外酶的水解作用完成的。水解反应是污水生物处理系统中非常重要的过程，除了可将大分子有机污染物转化为小分子有机物供给微生物生存外，它的另一关键作用是分解掉溶胞后释放的细胞组分，防止这些成分的积累。

（四） 氨化、硝化、反硝化及厌氧氨氧化

污水生物脱氮的基本过程首先是有机氮化合物在氨化菌作用下，分解转化为氨氮，叫做"氨化反应"。

$$RCH_2NHCOOH + O_2 \longrightarrow NH_3 + CO_2 \uparrow + RCOOH$$

氨化菌是异养菌，有好氧菌、也有兼性菌和厌氧菌。因为有机物中的氮不能直接被硝化

细菌氧化，只有将有机氮转化为氨氮后，才能被硝化细菌氧化，所以氨化是污水脱氮处理中非常重要的一个过程。

硝化是在有氧条件下通过硝化细菌将氨氮转化为硝酸氮的过程。硝化过程由自养微生物完成，分为两步：首先，氨氧化菌利用氧将氨氮转化为亚硝酸氮；然后，亚硝酸盐氧化菌利用氧将亚硝酸氮转化为硝酸氮。

硝化过程：

$$NH_4^+ + 1.5O_2 \longrightarrow NO_2^- + H_2O + 2H^+$$
$$NO_2^- + 0.5O_2 \longrightarrow NO_3^-$$

总反应：

$$NH_4^+ + 2O_2 \longrightarrow NO_3^- + H_2O + 2H^+$$

氨氧化菌和亚硝酸盐氧化菌均为化能自养菌，统称硝化细菌，属革兰染色阴性、不生芽孢的短杆菌及球菌，以 CO_2 做碳源，通过无机物的氧化获取能量。硝化的最佳温度在纯培养中为 $25 \sim 35℃$，最佳 pH 偏碱性。

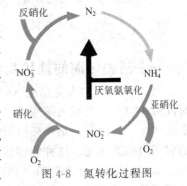

图 4-8　氮转化过程图

在缺氧条件下，反硝化细菌将硝酸氮转化为氮气逸出水面释放到大气，参与自然界氮的循环，即为反硝化作用。反硝化细菌属于异养兼性厌氧菌，包括变形杆菌、假单胞杆菌、小球菌等。在有氧气存在时，利用 O_2 呼吸降解有机物，无 O_2 时利用 NO_2^-、NO_3^- 作为电子受体。

厌氧氨氧化是生物脱氮中氮转化（图 4-8）的另一个过程，是近年来污水处理中的研究热点之一。所谓厌氧氨氧化，是指在厌氧条件下，以亚硝酸盐为电子受体，把氨氮直接氧化成氮气的生物脱氮过程。厌氧氨氧化的反应机理可以用下述生化反应方程式表示：

$$NH_4^+ + 2O_2 \longrightarrow NO_3^- + H_2O + 2H^+$$
$$NH_4^+ + NO_2^- \longrightarrow N_2 + 2H_2O$$

与传统生物脱氮处理相比，厌氧氨氧化具有需氧量低和无需添加有机碳源等优点。

（五）　生物除磷

在污水生物处理系统中起到生物除磷作用的是一类特殊细菌，称为聚磷菌（PAOs）。聚磷菌对磷的去除包括两个阶段。首先是厌氧条件下释放磷的过程。聚磷菌在厌氧条件下生长受到抑制，因此分解体内的多聚磷酸盐产生 ATP，利用 ATP 以主动运输方式吸收产酸菌提供的三类基质进入细胞内合成 PHB（聚-β-羟丁酸，一种存在于细菌细胞质内的碳源类储藏物），与此同时释放出 PO_4^{3-} 于环境中。随后是磷的吸收过程，聚磷菌在好氧条件下，分解机体内的 PHB 和外源基质，产生质子驱动力将体外的 PO_4^{3-} 输送到体内合成 ATP 和核酸，并大量吸收污水中的 PO_4^{3-} 合成多聚磷酸盐，作为细胞储存物。通过这些过程，将磷从污水中分离。

【复习思考题】

一、填空题

1. 按是否需要供给氧气，可将污水生物处理技术分为（　　）和（　　）两大类。

2. 污水生物处理是利用（　　）过程对废水中的污染物进行转移和转化作用，从而使废水得到净化。

3. （　　　）是污水生物处理构筑物中数量最多的微生物，属于原核生物。

4. 衰亡期也称为（　　　）。营养物质消耗殆尽，细胞靠（　　　）来维持自身生存。

5. 氨化是指（　　　）。

二、简答题

1. 好氧分解和厌氧分解有什么区别？

2. 试简单说明下列各生物脱氮过程

（1）氨化作用

（2）硝化作用

（3）反硝化作用

3. 影响生物处理的主要因素有哪些？

三、问答题

1. 微生物的基本生长规律是怎样的？

2. 简要说明污水生物处理中的重要过程有哪些。

第二节　活性污泥法

一、活性污泥的性状及组成

1912年，英国人克拉克（Clark）和盖奇（Gage）在玻璃瓶内放入污水，并向污水中长时间通入空气，发现玻璃瓶内"长出"了一种颜色为褐、形似污泥的物质，同时瓶中的污水变得洁净了；而且在那些瓶壁附着污泥没有洗净的瓶子中进行污水曝气实验，污水能在更短的时间内得到净化。这种能够自己生长并净化污水的特殊"污泥"，后被称为"活性污泥"（activated sludge）。2年后（1914年），活性污泥走出实验室实现工业应用，在英国曼彻斯特建成了世界上第一座活性污泥污水处理厂，并很快在欧洲及其他地区迅速得到推广。我国在20世纪20年代的上海就建有活性污泥法污水处理厂。此后，活性污泥法不断发展、完善，成为污水处理中应用最为广泛的技术。

（一）活性污泥的性状

城市污水处理中的活性污泥一般呈现褐色、土黄色或铁红色，并带有泥土腥味。一般的活性污泥外形不规则，呈絮体结构，所以又称之为"生物絮体"；絮体的尺寸通常为 $0.02 \sim 0.2mm$；具有丰富的比表面积（$20 \sim 100cm^2/mL$），可以吸附污染物；密度在 $1.002 \sim 1.006g/mL$，略大于水的密度，因而在水中静置时，可以在重力作用下沉降，正是通过这一特性才能经济有效地把活性污泥和处理后的污水分开，并持续使用。

（二）活性污泥的组成

取自活性污泥法污水处理系统的污泥含水率达到99%以上，也就意味着，真正的固体成分仅占很少的一部分，不足1%。活性污泥中的固体成分可以分为四个部分，如图4-9所示。

图4-9的上半部分代表了与微生物相关的两个组成部分，下半部分则代表了与污水相关的两个部分。

（1）活性微生物 Ma　这是活性污泥发挥净化污水功能的关键所在，由具有活性的多种细菌等微生物组成。

（2）微生物代谢残留物 Me　微生物在内源代谢、自身氧化过程中未被降解的残留物。

（3）污水带入的惰性有机物 Mi　由活性污泥所处理的污水中带入的颗粒或胶体性有机物被活性污泥吸附，易生物降解成分被微生物利用降解，而难以被微生物降解的惰性成分则保留在活性污泥中。

（4）污水带入的无机物质 Mii　由污水中带入的无机颗粒性物质被活性污泥吸附而成为活性污泥的一部分。

可见，活性污泥中仅有活性微生物这一部分具有净化污水的功能，微生物在活性污泥中的比例大小决定了活性污泥"活性"的高低，这一比例与原水水质、工艺运行等因素有关。

图 4-9　活性污泥的组成示意图

二、活性污泥中的微生物

微生物是活性污泥发挥作用的主要部分，尽管它只是活性污泥不足 1% 的固体成分中的一部分，却与其他组分一起构成了一个丰富而复杂的微观生态系统。

在显微镜下，可以观察这个微观世界的组成：细菌类，是活性污泥微生物中的主要部分；此外，真菌类、原生动物、后生动物等也会出现在活性污泥中。

（一）细菌

活性污泥系统中，已经检测判明的细菌种属包括产碱杆菌属、芽孢杆菌属、黄杆菌属、动胶杆菌属、假单胞菌属、丛毛单胞菌属、大肠埃希氏杆菌属、气杆菌属、微球菌属、棒状杆菌属、诺卡氏菌属、八叠球菌属、螺菌属等。

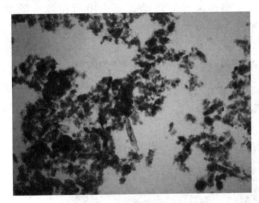

图 4-10　菌胶团的显微镜照片

细菌是活性污泥微生物的主体，而单个细菌细胞非常微小（0.5~1.0μm），要把这样微小的细菌和水进行分离是非常困难的。幸运的是，细菌在适当的生长条件下会聚集成絮体状或凝胶状，称细菌的这种生长状态为"菌胶团"。这是由于一部分细菌具备特殊的功能，能形成黏液性胞外物质，细菌通过黏液物质黏结在一起，呈团块状生长，就形成了菌胶团，如图 4-10 所示。

菌胶团是污水处理中细菌的主要存在形式，具有非常重要的意义。细菌在菌胶团保护下，可防止被原生动物等捕食者吞食，而且细菌聚集为菌胶团形式，提高了沉降性能，可以通过重力沉降的方法很方便地在排放前从生物处理出水中去除微生物细胞。

（二）真菌

真菌虽然能够和细菌竞争有机基质，但在正常情况下，活性污泥中的真菌竞争不过细菌，它们通常不能构成微生物群的重要组分；但在一些特殊情况下，如污水的 pH 异常或溶解氧供给不足时，真菌能够繁殖并影响活性污泥的性能，是引发所谓"污泥膨胀"现象的重要原因。

（三）原生动物

污水处理中出现的原生动物包括鞭毛类、纤毛类、肉足类等，其中钟虫（图 4-11）、累枝虫、楯纤虫、变形虫等比较常见。原生动物在活性污泥系统中起到非常重要的作用。

一是作为指示性生物。因为原生动物个体较大，可通过显微镜进行观察，在活性污泥系统运行初期，处理效果欠佳，可看到的原生动物以肉足虫类、鞭毛虫类为主，还有游泳型纤毛虫类，而当活性污泥成熟、处理效果良好时，可观察到的原生动物以带柄固着型的纤毛虫为主。

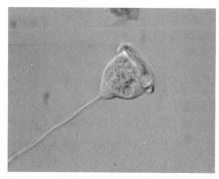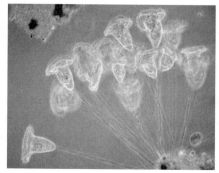

图 4-11 钟虫

二是作为细菌的捕食者。原生动物主要吞食胶体性有机物和游离细菌，适量的原生动物可以有效地控制活性污泥的产量，进一步净化水质，提高出水的悬浮物去除效果。

（四）后生动物

污水处理中常见的后生动物主要是轮虫、线虫和寡毛类（图 4-12～图 4-14），相比于原生动物，它们不是活性污泥系统的常客。当处理水质非常优异时，即处理水中有机物去除率高、含量低的情况下轮虫出现；当线虫大量出现时，往往反映污水净化效果较差。

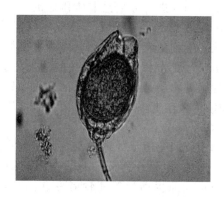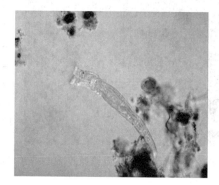

图 4-12 轮虫

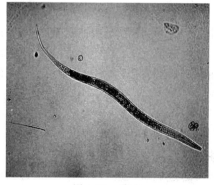

图 4-13 线虫

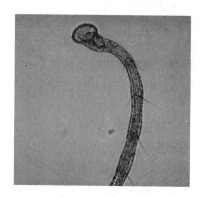

图 4-14 寡毛类

三、活性污泥法处理过程

（一）活性污泥法的基本流程

活性污泥法发展至今已有 100 多年的历史，其基本工艺流程如图 4-15 所示。污水经过初次沉淀池等前处理环节后，与二沉池回流的活性污泥同时进入曝气池，在曝气设备的供氧搅拌作用下，污水与活性污泥进行充分混合接触，形成混合液。在好氧条件下，污水中的有机污染物被活性污泥微生物分解而得到稳定；混合液随后在二沉池中进行重力沉淀、泥水分离；二沉池出水达到相应的排放标准可排入环境中，或根据要求进行进一步处理。二沉池沉淀的污泥一部分回流到曝气池首端以维持曝气池内的生物量，另一部分以剩余污泥形式从系统中排出。

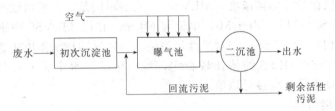

图 4-15　活性污泥法基本流程

（二）活性污泥法的工艺原理

活性污泥对有机物的去除主要包括两个方面。

1. 初期吸附作用

初期吸附：在很多活性污泥系统里，当污水与活性污泥接触后很短的时间（3～5min）内就出现了很高的有机物去除率。初期吸附去除过程一般在 30min 内完成，污水的 BOD 去除率可达到 70%。

活性污泥以生物絮体形式存在，具有较大的比表面积（20～100cm^2/mL），且菌胶团表面具有多糖类黏液层。因此，污水中颗粒性和胶体性物质在与活性污泥接触后，会很快被其絮凝和吸附到污泥中，储存在微生物细胞的表面，表现为水中有机物的快速去除，但絮凝和吸附的有机物还需要经过一段时间才能被微生物真正降解去除。

显然，活性污泥初期吸附作用的大小与污水水质和污泥的性能有关。一般来说，当污水中悬浮性和胶体性有机物含量较高时，初期吸附的去除率就较高；而活性污泥的吸附能力则与其生长状态有关，老化的污泥吸附性能较差。

2. 微生物的代谢作用

颗粒性和胶体性有机物是不能被细菌直接利用的，初期吸附到细菌胞外的颗粒性有机物会在酶的作用下分解为能进入细胞内部的小分子有机物，这一过程通常称为"水解"。

活性污泥微生物中以有机物为碳源的异养菌是主要部分，异养菌将一部分有机物氧化为 CO_2 和水，从中获得能量，并把这些能量用于将另一部分有机物合成为新的细胞物质。在微生物学中，把前一个过程称为分解代谢，把后一个过程称为合成代谢。因此，有机物被微生物降解的过程可以理解为：一部分有机物被微生物利用氧为氧化剂进行氧化分解，这意味着，在传统活性污泥法中，有机物的去除需要同时提供氧气；另一部分有机物则形成了新的细胞物质，意味着活性污泥的增殖。

（三）活性污泥性能评价指标

一定数量且具有良好的吸附氧化有机物能力的活性污泥是系统稳定高效运行的关键。同时，活性污泥应具有良好的沉淀性能，易于固液分离，才能获得良好的出水水质。发生"污泥膨胀"时，丝状菌大量繁殖，具有一定的絮凝网捕作用，但絮体难以沉降，出水水质较差；而处于老化状态的活性污泥，尽管沉降性能较好，但生化活性不高。因此，对活性污泥性状的评价需要结合多方面进行考察。常用评价活性污泥性能的参数有：污泥浓度、污泥沉降比、污泥指数等。

1. 污泥浓度指标

（1）混合液悬浮固体浓度（MLSS）　又称混合液污泥浓度，它表示的是在单位体积混合液内所含有的活性污泥固体物质的总质量，即 $MLSS = Ma + Me + Mi + Mii$，并不只包括活性微生物浓度。MLSS 的单位为 mg/L，也可用 g/L、g/m^3 或 kg/m^3。曝气池内须维持相对稳定的污泥浓度，才能保持较好的处理效果和系统稳定性，一般的活性污泥曝气池中控制 MLSS 为 3～5g/L。

（2）混合液挥发性悬浮固体浓度（MLVSS）　它表示的是混合液活性污泥中有机固体物质的浓度，即 $MLVSS = Ma + Me + Mi$，单位与 MLSS 相同。MLVSS 中不包括活性污泥中的无机成分，因此相对于 MLSS，它对活性污泥微生物浓度的指示作用更直接。

一般来说，MLVSS/MLSS 的值比较稳定，城市生活污水中该值一般在 0.75～0.85。以生活污水为主的城市污水也接近该值。

2. 污泥沉降性能指标

（1）污泥沉降比（SV_{30}）　它表示的是曝气池混合液静置沉淀 30min，沉淀污泥体积占混合液总体积的百分数（%）。

$$SV_{30} = \frac{曝气池混合液静置 30min 后沉淀污泥层体积}{原混合液体积} \times 100\% \tag{4.1}$$

从定义可知，SV_{30} 值越小，污泥沉降性能就越好，反之沉降性能就差。对同一装置的污泥而言，正常情况下污泥结构是相对稳定的，污泥浓度越高 SV_{30} 值也越大，因此污泥沉降比既与污泥沉降性能有关，又与污泥浓度有关，但相关性比较复杂。

SV_{30} 测定方便、快速，能相对地反映出系统工艺运行状态、污泥结构、沉淀性能等，可用于控制排泥量和及时发现初期的污泥膨胀。

城市污水处理厂 SV_{30} 一般在 15%～30%，工业废水处理厂的 SV_{30} 相对要高。

（2）污泥体积指数（SVI）　简称污泥指数，它表示的是曝气池混合液经 30min 静置沉淀后，相应的 1g 干污泥所占的容积（以 mL 计），即 SVI＝混合液 30min 静沉后污泥容积（mL）/污泥干重（g）

$$SVI(mL/g) = \frac{SV_{30}(\%) \times 10}{MLSS(g/L)} \tag{4.2}$$

污泥指数反映活性污泥的松散程度和凝聚、沉降性能。污泥指数过低，说明泥粒细小、紧密，无机物多，缺乏活性和吸附能力；指数过高，说明污泥将要膨胀，或已膨胀，污泥不易沉淀，影响对污水的处理效果。对一般城市污水，在正常情况下，污泥指数一般控制在50～150mL/g 为宜。对有机物含量高的废水，污泥指数可能远超过上述数值。

【例 4.1】　如果曝气池的污泥沉降比 SV_{30} 为 25%，混合液污泥浓度为 3000mg/L，求污泥体积指数 SVI？

解：
$$SVI = \frac{SV_{30}(\%) \times 10}{MLSS(g/L)} = \frac{25 \times 10}{3} = 83.33 mL/g$$

（四）活性污泥系统设计运行参数

1. 污泥负荷（N_s）

它表示的是单位质量的活性污泥在单位时间内所去除的污染物的量（一般以 BOD_5 表示）。污泥负荷在微生物代谢方面的含义就是 F/M 的比值，单位为 $kgBOD_5/(kgMLSS \cdot d)$，其以进水有机物为基础进行计算，相应公式为：

$$N_s = \frac{F}{M} = \frac{QS}{VX} \tag{4.3}$$

式中　Q——污水流量，m^3/d；

　　　S——进水有机物（BOD）浓度，mg/L；

　　　V——曝气池的体积，m^3；

　　　X——曝气池污泥浓度（MLSS），mg/L。

污泥负荷是活性污泥系统运行的主要参数之一，污泥增长阶段不同，污泥负荷亦不同，净化效果也有较大的差异。一般来说，污泥负荷在 $0.3 \sim 0.5 kgBOD/(kgMLSS \cdot d)$，有机物（BOD）去除率可达到 90% 以上。当污泥负荷较大时，运行经验表明易出现丝状菌性污泥膨胀。

2. 污泥龄（SRT）

污泥龄表示的是活性污泥在整体系统的平均停留时间，用 SRT 表示。活性污泥系统正常运行的重要条件之一是必须保持曝气池内具有稳定的污泥量。系统运行过程中，曝气池内微生物降解过程会不断进行，曝气池内的污泥量也会不断增加，所以需要及时排泥以保证曝气池内的污泥量和活性。

以图 4-16 所示活性污泥系统，其污泥龄的计算方法如下：

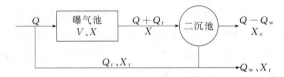

图 4-16　有污泥回流并在二沉池底部排出剩余污泥的活性污泥系统流程图

$$SRT = \frac{VX}{(Q - Q_w)X_e + Q_w X_r} \tag{4.4}$$

式中　V——曝气池有效容积，m^3；

　　　X——曝气池混合液污泥浓度（MLSS），g/L；

Q，Q_w——分别为进水和剩余污泥的流量，m^3/d；

　　　X_e——出水悬浮固体浓度，g/L；

　　　X_r——回流污泥浓度，g/L。

由于 X_e 很小，近似接近于 0，所以上式可以简化为：

$$SRT = \frac{VX}{Q_w X_r} \tag{4.5}$$

由式(4.5)可见，如果排放的剩余污泥量少，会导致系统的泥龄过长，容易造成系统能耗升高，二沉池出水的悬浮物含量升高，出水水质变差；如果排泥过量，会导致系统泥龄过短，活性污泥吸附的有机物来不及氧化，二沉池出水中有机物含量增大，出水水质也会变差。

控制污泥龄可以实现对活性污泥系统微生物种类的选择，这是因为不同种类的微生物世代时间不同。一般来说，对有机污染物分解起主要作用的微生物世代时间都小于 3 天，只要合理控制污泥龄，可以实现这些微生物能在活性污泥系统中生存并得以繁殖，用于处理污水。硝化菌的世代期一般为 5 天，因此要在活性污泥系统中培养出硝化杆菌，必须控制 SRT 至少大于 5 天。

3. 污泥回流比 R

它表示的是回流污泥的流量与进水流量的比值，一般用百分数表示。

对于图 4-16 所示系统，考虑进水所携带的污泥量、污泥在曝气池内增长量较小，可忽略不计，在稳定的状况下，进入曝气池的污泥量等于从曝气池流出进入二沉池的污泥量，则：

$$Q_r X_r = (Q + Q_r) X$$

$$R = \frac{Q_r}{Q} = \frac{X}{X_r - X}$$
(4.6)

式中 R——污泥回流比；

Q_r——回流污泥流量，m^3/h。

四、活性污泥法的运行方式与工艺

活性污泥法在 100 多年的发展过程中，在反应时间、曝气方式、有机负荷、反应池型、进水方式等方面进行了不同的探索与尝试，演变出不同的工艺类型。其中有些工艺曾经或现在仍是污水处理常见工艺，而有些工艺已经很少被采用。人们对于高效、稳定、经济的活性污泥系统的探索还在进行中。

（一）传统活性污泥法

传统活性污泥处理法，又被称为普通活性污泥法，是最早出现的活性污泥处理工艺，后期活性污泥处理工艺均以此为基础演变而成。

传统活性污泥法的工艺流程如图 4-15 所示，经初沉池处理过的污水与二沉池回流的污泥一并进入长条形的曝气池，沿途一般由底部均匀布设的曝气装置鼓风曝气提供溶解氧，推流前行。经处理的污水由曝气池另一端排出，进入二沉池进行泥水分离。出水进入后续处理单元，出泥一部分以剩余污泥形式排放，另一部分回流至曝气池。

1. 工艺主要特点

污水中的有机物经历了由吸附到微生物代谢的完整过程；活性污泥中微生物经历一个对数增长→减速增长→内源呼吸的完整的生长周期。

传统活性污泥法适于处理水质相对稳定的污水。由于曝气池内有机物存在着浓度梯度（即曝气池内污水浓度从池首至池尾逐渐下降），污水降解反应的推动力较大，因此对有机物具有较高的净化效率，一般去除效率可达到 90％以上。

2. 运行中主要存在的问题

（1）冲击负荷适应性较低 污水在池中推流前行，由池首端进入的污水和回流污泥与池内原有混合液混合性较差，进水水质改变将对活性污泥产生影响，因此该工艺的运行效果易受进水水质、水量变化的影响。

（2）有机污染物浓度沿池长逐渐降低，需氧速度也是逐渐降低的，而供氧往往是均匀分布的（图 4-17），因此，池首端有机物浓度高，耗氧速度大，导致池首端和前段混合液中的溶解氧质量浓度较低，出现缺氧，影响处理效果；而池末端有机物浓度低，耗氧速率小，导致池末端出现富氧，产生过剩浪费。

（3）为了避免池首端的缺氧甚至厌

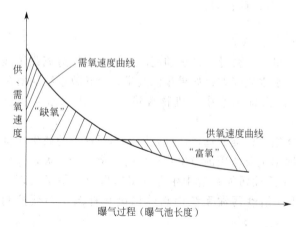

图 4-17 传统推流式曝气池中供氧速率和需氧速率曲线

氧，进水有机物负荷不宜过高，即曝气池的容积负荷率应相对低，因此曝气池容积大，占地面积大，基建费用高。

（二）渐减曝气法

为了解决传统活性污泥法中供氧和需氧的差异，采用沿池长分段逐渐降低曝气，即池首端供氧量大，池末端供氧量小的方式，称为渐减曝气法（图 4-18）。该法通过调节池内每段曝气设备的数量实现差异供氧，而总供氧量与传统活性污泥法相比有所减少，通入池内的空气得到了有效利用，节省了能耗。

（三）阶段曝气法

采取沿池长分段进水以解决传统活性污泥法中供氧和需氧的差异，称为阶段曝气法，又被称为多点进水活性污泥法或逐步负荷活性污泥法。该法适用于大型曝气池及浓度较高的废水，曝气池内一般设置 3 条或更多的廊道，各廊道内设置相应的进水点。

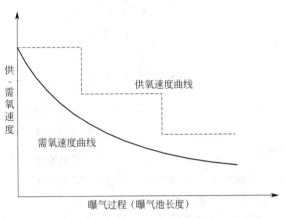

图 4-18　渐减曝气活性污泥法的曝气过程

工艺流程及供、需氧量关系如图 4-19、图 4-20 所示，主要特点如下。

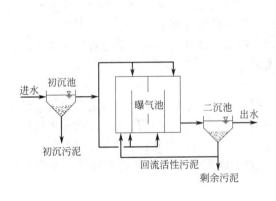

图 4-19　阶段曝气法流程示意图

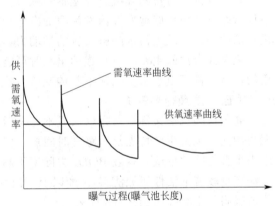

图 4-20　阶段曝气法供、需氧量关系

（1）污水由多点进入池中，能平衡曝气池内有机污染物负荷和需氧率，提高了曝气池抗水质、水量的冲击负荷能力；同时微生物在有机物比较均匀的条件下，能充分发挥氧化分解的能力。

（2）污泥浓度沿池长变化，一般第一个进水点后，污泥浓度高达 5000～9000mg/L，后面随着进水的逐渐增加而减小，从而使池前段污泥浓度高于平均浓度，后段低于平均浓度。曝气池出流混合液浓度降低，可以减轻二沉池的负荷，利于二沉池运行。

（3）工艺运行灵活性较强，能根据需要改变进水点的水量，也可以只向后面廊道进水，形成吸附再生系统。

（四）完全混合法

在分段进水的基础上进一步增设进水点，使进水和回流污泥与池内原有混合液实现充分混合，即污水与回流污泥进入曝气池后，立即与池内的混合液充分混合，称为完全混合法。此时，池内的混合液可以看成是已经处理完有待进一步进行泥水分离的处理水（图 4-21），此工艺主要特点如下。

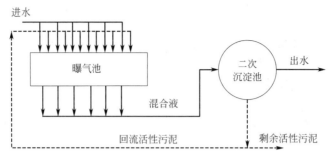

图 4-21   完全混合活性污泥法处理系统

（1）抗冲击负荷能力强   因入流废水能够很快与池内原有混合液充分混合，入流废水水质、水量产生较大变化时，骤然增加的负荷能够被已完全混合的池液所分担，对池中活性污泥的影响将降到极小的程度，因此该工艺具有较强的抗冲击负荷能力，适用于工业废水的处理，特别是浓度较高的工业废水的处理。

（2）解决了供氧与需氧差异   因曝气池内混合液已充分混合，各点水质基本相同，各点有机物浓度和活性污泥浓度基本一致，所以曝气池内各部位需氧量均匀，减少了动力消耗。

（3）污水在曝气池内分布均匀，各部分的水质相同，基质浓度和污泥浓度（F/M）基本一致，各部分有机物降解工况基本一致，因此有可能通过调节 F/M，将整个工况控制在最佳状态，从而更好地发挥活性污泥的净化功能。但同时也存在着因各部分 F/M 一致，有机物浓度一致，缺乏污水降解反应的推动力，导致易出现污泥膨胀。

完全混合法的主要缺点是连续出水时可能产生短流，并在出水水质稳定性以及在目前常用的负荷条件下出水水质往往不及传统活性污泥法。

（五）高负荷曝气法

高负荷曝气法又称短时曝气法或不完全活性污泥法，其系统和曝气池构造与传统活性污泥法相同。工艺主要特点是：曝气时间短，仅为 1.5～3.0h；污泥负荷高；去除有机物以吸附为主且去除效果低，一般 BOD_5 去除率不超过 70%～75%，COD_{Cr} 去除率为 40%～70%；污泥产量较普通活性污泥法多 40% 以上；出水一般不能直接排放，其后常接低负荷曝气法构成吸附 - 生物降解工艺（AB 法）。

（六）延时曝气法

延时曝气法又称完全氧化法，其曝气池流型与完全混合法相同，区别在于曝气时间长，一般多在 24h 以上，曝气池内活性污泥处于内源呼吸期。工艺主要特点是：剩余污泥少且稳定，微生物在去除有机物的同时，也氧化自身合成的细胞物质，因此具备污水处理和污泥好氧处理的双重作用；处理出水稳定性高，污泥氧化较彻底，故不需设置污泥厌氧消化装置；对水质、水量变化的适应能力强，可以不设初次沉淀池；池容大，基建费以及运行费用较高，占地面积较大。

延时曝气法适用于处理出水水质要求较高且不适合设置污泥处理单元的小型城镇污水和工业废水。

（七）深层曝气法

为了节省占地面积、降低能耗，以地下深井或地面高塔作为曝气池的高效活性污泥系统，采用加深曝气池深度的方法，称为深层曝气法。一般做成地面高塔时，直径在 5～30m，塔高 10～30m；做成地下深井时，直径在 1～6m，井深 30～100m；当水深进一步增加，达到 150～300m，直径在 1.0～6.0m，又被称为超深层曝气法。

1. 主要特点

（1）占地面积减少 一般深层曝气池采用地下深井形式，大大节约了占地面积，并且处理功能不受季节的影响。

（2）降低了能耗 由于水深增加，水压加大，促进了氧的传递，提高了混合液中饱和DO（溶解氧）的浓度，有利于有机物的降解。

（3）适用于高浓度废水处理 由于供氧能力较大，深井内能保留大量活性高的微生物，因而能处理未经前处理的高浓度废水。

（4）剩余污泥少 由于溶解氧浓度高，微生物活性大，因而产生的剩余污泥量少。

（5）污泥易分离、脱水性能好 由于微生物的活性高，沉淀池的固液分离效率和脱水工段的效率都高。

2. 工艺组成

深层曝气池主要由升流管和降流管两大部分构成。原污水和回流污泥的混合液沿降流管和升流管循环流动，在降流管中注入空气作为生物氧化的氧源，在升流管中注入空气作为扬升污水的动力源，同时也兼作生物氧化的补充氧源以及吹脱生化废气（N_2 和 CO_2）的曝气源（图 4-22）。

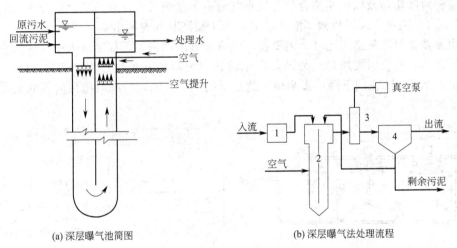

(a) 深层曝气池简图 　　　　　(b) 深层曝气法处理流程

图 4-22 深层曝气法处理流程

1—沉砂池；2—深井曝气池；3—脱气塔；4—二沉池

经处理后的污水进行二沉池之前，需要先脱除微气泡，以防止对沉淀的干扰，常采用的脱除方法有真空脱气法、机械脱气法、空气脱气法等。处理后的污水也可以直接进入气浮池，省略二沉池。

（八）浅层曝气法

浅层曝气法的原理是基于气泡在刚刚形成与破碎的瞬间，吸氧率最高，与其在液体中的移动高度无关，又被称为"殷卡曝气法"。通常将曝气装置置于曝气池一侧，放置于距水面约 0.6～0.8m 的深度，低压风机供氧，一般风机的风压约 1000mmHg（1mmHg = 133.322Pa）即可满足要求。常用的曝气装置多为由穿孔管组成的曝气栅，池中间设置纵向隔板，以利液流循环。该法采用低压鼓风机供氧，充氧能力可达 1.8～2.6kgO₂/（kW·h），有利于节约能耗。但在运行过程中，应注意曝气栅管易出现堵塞。

（九）纯氧曝气法

利用纯氧替代传统活性污泥法中空气曝气，称为纯氧曝气或富氧曝气法。纯氧中的氧含量在 90％～95％，空气中氧含量为 21％，因此纯氧曝气系统中氧分压比空气高 4.4～4.7 倍，显著提高了氧转移率和氧利用率。

1. 工艺优点

（1）溶解氧浓度可达到 6～10mg/L，故生物量负荷高，保证了能够快速适应有机负荷的变化，同时污泥中的丝状菌得到了抑制，形成密实的絮体颗粒，具有很好的沉降性和浓缩性，SVI 仅为空气活性污泥的 1/2～1/3。

（2）在高纯氧条件下，生物处于高度的内源呼吸期，大大减少了产泥量，可以减少高达 25％的剩余污泥。

（3）氧的转移速率和利用率高，纯氧曝气氧利用率达到了 90％，处理效率高，能耗低。

（4）处理相同污水停留时间仅为空气曝气的 1/4～1/3，因此池容也相应较小。

（5）纯氧曝气系统的噪声远低于鼓风曝气系统，基本上不存在挥发性有机化合物（VOC）的气体逸散，减轻了废气的二次污染。

2. 常用形式

纯氧曝气池主要有三种常用形式：①加盖表面曝气叶轮式纯氧曝气池（图 4-23），一般分为 3～4 段，每段设一台表曝机，每段流态均为完全混合；②联合曝气式纯氧曝气池，是一种加盖密封叶轮与鼓风机相结合的纯氧曝气池；③超微气泡纯氧曝气池，分为敞开式和密封式（图 4-24）两种，采用超微气泡扩散器是为了提高氧气的利用率。

采用加盖密封纯氧曝气池时，需要特别注意装置的严密性，如果进水中混入大量易挥发的烃类化合物，容易引发爆炸。另外，由于活性污泥降解有机物过程中产生 CO_2，溶解于水中会引起水体 pH 值的下降，影响微生物正常的新陈代谢，特别对硝化菌影响显著，使脱氮效率受到影响。

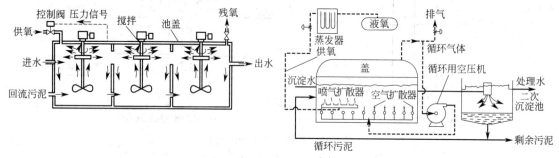

图 4-23　加盖表面曝气叶轮式纯氧曝气池　　　　图 4-24　加盖超微气泡纯氧曝气池

（十）吸附再生法

吸附再生法出现于 20 世纪 40 年代的美国，又被称为接触稳定法。该法利用活性污泥降解有机物分为初期吸附和微生物代谢两个过程，将反应停留在吸附阶段，依靠微生物的吸附絮凝作用，实现污水中有机物去除，同时通过再生单元恢复回流污泥活性。从池型上主要包括吸附池和再生池，两者可以合建也可以分建（图 4-25）。

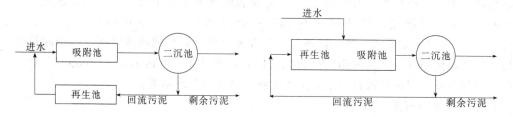

图 4-25　吸附再生活性污泥系统

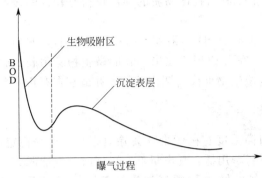

图 4-26 污水与活性污泥混合后 BOD 的变化

吸附再生法的开创主要是基于史密斯实验研究：污水与活性污泥接触后，活性污泥利用吸附絮凝作用将污水中的颗粒物吸附（30min），这时表现为 BOD_5 急剧下降；随后微生物利用胞外水解酶将吸附的非溶解性有机物水解为溶解性小分子，其中有一部分有机物又会进入污水中使 BOD_5 有所上升。随着反应的进一步进行，微生物利用分解代谢能力将有机物彻底氧化分解，BOD_5 缓慢下降（图 4-26）。该法即充分利用活性污泥的吸附絮凝作用，设置吸附池，使污水停留时间为 30~60min，回流污泥进入再生池进行已吸附有机物的氧化分解，达到活性恢复，其主要特点具体如下。

（1）池容相对小　由于污水与活性污泥接触时间短，吸附池容积较小；进入再生池的是已经排除剩余污泥的回流污泥，因此再生池的池容也不大。总体来说，吸附池和再生池的容积之和仍然低于传统活性污泥法。

（2）具有一定的抗冲击负荷能力　当进水水质、水量有较大变化，吸附池污泥受到破坏时，再生池可提供回流污泥进行补充。

（3）可不设初沉池。

（4）适用于颗粒物性有机物含量较高的污水处理。

（5）由于吸附絮凝是一个物理过程，不是活性污泥净化的根本原因，以及吸附接触时间短，该法对有机物降解和氨氮的硝化效果低于传统活性污泥法。

（十一）吸附-生物降解工艺（AB 法）

吸附-生物降解工艺简称 AB 工艺，是 20 世纪 70 年代中期由德国亚琛工业大学宾克（Bohnke）教授研究开发的一种新型两段生物处理工艺，80 年代中期引入我国，在青岛、广州、深圳等地城市污水处理厂有工程应用，在啤酒生产废水、洁霉素生产废水等工业废水处理中也有着良好的去除效果，其工艺流程如图 4-27 所示。

AB 法的工作原理及构思主要是利用微生物种群的特性，使不同的生物群在不同的环境中生长繁殖，通过生物化学的共同作用净化污水。该法中 A、B 段有各自独立的污泥回流系统，拥有各自独立的微生物种群，其中 A 段由吸附池和中间沉淀池组成，B 段由曝气池和二沉池组成。

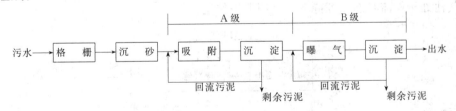

图 4-27 AB 法工艺流程简图

1. 工艺特征

（1）A 段为 AB 工艺的核心段，充当着"微生物选择器"的作用，其污泥负荷率高达 2~6kgBOD_5/(kgMLSS·d)，污水停留时间只有 30~60min，污泥龄短，仅为 0.3~0.5d，池内溶解氧浓度为 0.2~0.7mg/L。因此，真核生物无法生存，只有某些世代周期短的原核细菌才能适应生存并繁殖。A 段对水质、水量、pH 值和有毒物质的冲击负荷有较好的缓冲作用。

(2) B 段可在较低的污泥负荷下 [一般为 $0.15kgBOD_5/(kgMLSS \cdot d)$] 运行，水力停留时间为 $2\sim5h$，污泥龄较长，一般为 $15\sim20d$。在 B 段曝气池中生长的微生物除菌胶团微生物外，还有相当数量的高级真核微生物，这些微生物世代周期比较长，并适宜在有机物含量比较低的情况下生产和繁殖。

2. 工艺优缺点

(1) 优点　不需建初沉池，基建投资少；对高浓度有机污染物去除效率高；出水稳定，耐冲击负荷能力强；有一定的脱氮除磷效果；运行费用低，耗电量低，可回收沼气能源。

(2) 缺点　由于 A 段在超高有机负荷下工作，使 A 段曝气池运行于厌氧工况下，如果控制不好，很容易产生硫化氢等恶臭气体，影响附近的环境卫生；污泥产率高，特别是 A 段产泥量大且剩余污泥中的有机物含量高，这给污泥的最终稳定化处置带来了较大压力。

(十二)　序批式活性污泥法

序批式活性污泥法又称为间歇式活性污泥法（SBR 法），20 世纪 70 年代初在美国提出，到了 80 年代后期，随着各种新型不堵塞曝气器、新型浮动式出水堰（滗水器、撇水器）和自动控制监测的硬件设备和软件技术的开发，使得 SBR 工艺获得重大进展，实现了运行管理的自动化。目前 SBR 法已广泛应用于我国城市生活污水和工业废水处理，如石家庄高新区污水处理厂、北京航天城污水处理厂、密云县污水处理厂一期、深圳市盐田污水处理厂、昆明市第三污水处理厂、天津经济技术开发区污水处理厂均采用 SBR 及其变形工艺处理城市生活污水；畜禽废水、染料废水、青霉素废水、漆包线厂废水等工业废水处理采用 SBR 工艺也获得了理想的应用效果。

1. 工艺流程

污水经过预处理单元后进入间歇曝气池处理后出水（图 4-28），间歇曝气池集有机物降解与混合液沉淀于一体，为该系统的核心单元。该池在不同的时间完成不同的操作，一个 SBR 运行周期分别完成进水、反应、沉淀、出水、待机（闲置）5 个工序（图 4-29）。其中进水工序接续待机阶段，主要进行污水进水，间歇曝气池水位上升；反应工序为 SBR 工艺最主要的工序，污水注入达到预定高度后即开始进行反应（曝气或搅拌等），利用池内的活性污泥进行有机物的去除，也可以根据出水要求进行调整，实现脱氮除磷等；沉淀工序实现泥水分离，此时停止曝气或搅拌，一般静置沉淀时间为 $1.5\sim2.0h$；出水工序主要进行沉淀后上清液的排放，此时曝气池内保留一部分活性污泥，作为种泥；待机工序为处理水排放后，曝气池处于停滞状态，等待下一个周期操作运行。

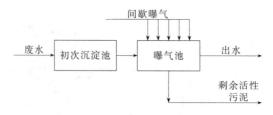

图 4-28　SBR 法处理系统工艺流程

2. 工艺特点

(1) 主要优点

① SBR 为间歇式活性污泥工艺，曝气池内混合液流态属于完全混合式，有机物降解是

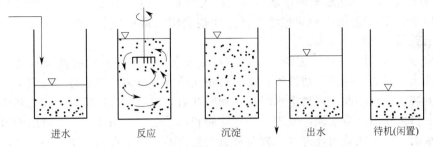

图 4-29　SBR 法间歇式曝气池运行操作 5 个工序示意图

一个时间上的推流状态。

② 工艺简单，不需调节池和二沉池等构筑物，也不需污泥回流设备，节省土建和运行管理费用。

③ 反应推动力大，处理效率高：SBR 反应器中底物浓度和微生物浓度的变化在时间上是一个理想的推流过程，底物浓度梯度大，使生化反应推动力增大，处理效率提高。

④ 固液分离效果好：反应器中的混合液沉淀时不受进、出水流的干扰，可避免短流和异重流的出现，是理想的静止沉淀，固液分离效果好。

⑤ 可灵活选择不同的运行方式，可达到良好的脱氮除磷效果。

⑥ 在一个周期内，反应器的溶解氧浓度不断变化，有效抑制了污泥膨胀的发生。

⑦ 进水时污水注满后再进行反应，因此反应器具有水质、水量调节功能。

（2）主要缺点

① 连续进水时，对单元 SBR 反应器需要较大的调节池。

② 对于多个 SBR 反应器，其进水和排水的阀门自动切换频繁。

③ 无法达到大型污水处理项目之连续进水、出水的要求。

④ 设备的闲置率较高。

⑤ 污水提升水头损失较大。

⑥ 如果需要后处理，则需要较大容积的调节池。

3. 主要设备仪表

SBR 法中比较重要的设备仪表主要有曝气装置、滗水器、自动控制系统。

（1）曝气装置　目前，SBR 常用曝气装置主要有微孔曝气器和射流曝气器。近年来，在射流曝气器基础上发展起来的两用曝气器既能进行异相射流又能进行同相射流，在 SBR 系统具有良好的应用效果。它主要由风机、水泵和喷嘴组成。曝气时，水泵和风机同时工作，随后空气在两用喷嘴的混合室充分混合，然后释放微小气泡，而在厌氧阶段，只开动水泵而关闭风机，此时只有水从喷嘴喷出，只起搅拌作用。

（2）滗水器　SBR 法周期排水，池中水位是变化的，所需的排水装置（滗水器）不仅要保证排水时不会搅动池内水层，使排出时清液始终位于最上层，又要防止浮渣进入。滗水器有很多种类，从传动形式上可分为机械式、自动式和组合式；从运行方式上可分为虹吸式、浮筒式、套筒式和旋转式；从堰口形式上分为直堰式和弧堰式等。下面介绍几种常用的滗水器。

① 旋转式滗水器　旋转式滗水器的特征是以机械力传动，堰口随方向导杆一起旋转运动，使堰口随着液面下降而将水排出反应器。设有挡渣装置，可以防止浮渣随出水外排。

② 套筒式滗水器　套筒式滗水器通过下降管中内外套筒上下伸缩，撇水堰槽上下移动，将表层澄清水撇入滗水器，再经下降管汇入水平管，最后从出水管排出。

③ 虹吸式滗水器　该形式的滗水器是由澳大利亚 AAT 公司在 20 世纪 80 年代中期开发并开始应用于 SBR 工艺的一种新式滗水器。在整个滗水器系统中，唯一的运动部件是一个小直径的电磁阀，无转动部件。

④ 浮筒式滗水器　一种不需动力驱动的排水设备，用于各种间歇性排水系统中上清液的收集和排出，实现漂浮物、清液和污泥三相物质的高效分离。其运行状态完全受控于池外配套管路上装设的自动阀。需要滗水时，自动阀开启，滗水装置在重力、浮力和流动压力的综合作用下自发开启，清水流入软管，经自动阀和池外配套管路流至池外排水沟（渠、井）；不需要滗水时，自动阀关闭，滗水装置在重力和浮力的作用下自发关闭，停止排水。

⑤ 泵式滗水器　这是一个固定潜水式滗水器，由一个带缓冲器和阀门的潜水泵组成，通过潜水泵向外排水。位于泵吸入口的缓冲器可以防止沉淀污泥的外排。

⑥ 膜式滗水器　这是一个潜水固定式滗水器，在已经过流量校核的穿孔集水管内设置有一组特殊的橡胶膜。这个装置实际上是一个大型的组合式水力阀，通过压缩空气源进行自动的开闭，从而实现对排水的控制。曝气时混合液不会进入滗水器。

⑦ 可调节柔性管式滗水器　可调节柔性管式滗水器通过柔性波纹管将 T 形排水系统与收水系统相连，收水系统由浮筒及进水头组成，由于浮筒的浮力，使滗水器的进水头可随水面的变化而变化，可保证排水时水面上浮渣不会进入排水管内。开始排水时，打开闸门，浮动进水头开始排水，停止排水时，闸门关闭，滗水器不工作时，闸门处于常闭状。

各种滗水器的优缺点见表 4-1。

表 4-1　各种滗水器的优缺点

类　　型	优　　点	缺　　点
旋转式滗水器	运行可靠，滗水负荷及深度大，易自控	机械结构复杂，造价高，部件易磨损，设计精度要求较高
套筒式滗水器	滗水负荷大，深度较大	结构相对复杂，造价较高，套管有发生卡阻而不能正常工作的可能
虹吸式滗水器	结构简单，运行可靠，造价低，运行费用低	滗水深度较低且不易调整，设计精度要求高
浮筒式滗水器	运行时无动力消耗，使用方便，维护工作量大	滗水过程中对水量调节困难，滗水器能力受限制
泵吸式滗水器	结构简单，由于采用泵作为动力，不受后续构筑物高层影响	取水口集中，局部流速过高
膜式滗水器	结构简单，控制方便	可调节性差，对膜材料要求过高

（3）自动控制系统　SBR 的自动控制主要是以时间为基本参数，控制过程中所需要的指令信息及反馈信息均利用各种水质、水量监测仪器仪表获得。SBR 自动控制的硬件设施包括计算机控制系统和仪器仪表系统。其中计算机控制系统主要有 PLC 和 DCS 两种，国内常采用 PLC 控制系统，它是自动控制系统的核心；仪器仪表系统主要包括 DO、TOC、pH 计等在线分析仪。

4. SBR 的发展及主要的改进工艺

目前 SBR 在其基础上发展和衍生出许多新的变形工艺，其中工业化的主要有间歇式循环延时曝气活性污泥法（ICEAS）、循环式活性污泥系统（CAST/CASS/CASP）、间歇排水延时曝气法（IDEA）、需氧-间歇曝气法（DAT-IAT）、单体池系统（UNITANK）、改良式间歇活性污泥法（MSBR）、厌氧间歇活性污泥法（ASBR），此外还有二级 SBR 系统、三级 SBR 系统以及膜法 SBR 工艺等。

（1）间歇式循环延时曝气活性污泥法　间歇式循环延时曝气活性污泥法（ICAES）兴起于 20 世纪 80 年代的澳大利亚，其基本单元包括一般处于缺氧状态的预反应区和进行曝气反应的主反应区，一般主反应区池容占反应器总池容的 85%～90%。该工艺采用连续进水、间歇排水的运行方式，无明显的反应阶段和闲置阶段，工艺原理如图 4-30 所示，其主要特点为：一是为了减少进水带来的扰动，一般池子为长方形，使出水类似于平流沉淀池；二是由于连续进水使传统 SBR 的理想推流性能减弱，设置选择区（预反应区），以控制污泥膨胀的发生；三是因连续进水不用切换进水阀门，控制简单，可适用于较大型的污水厂。

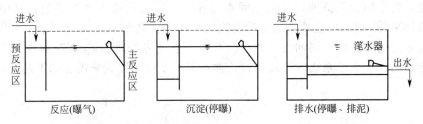

图 4-30 ICEAS 工艺原理图

（2）循环式活性污泥法 循环式活性污泥法（CASS）工艺于 20 世纪 70 年代开始得到研究，近几年来在全世界得到了广泛的应用，其工艺流程如图 4-31 所示。与 ICEAS 相比，CASS 工艺将预反应器容积缩小，优先设置了生物选择器。通常 CASS 分为 3 个反应区：生物选择器、缺氧区、好氧区，比例一般为 1：50：30。

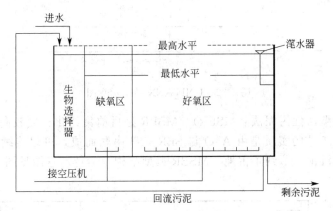

图 4-31 CASS 工艺原理

设置在 CASS 前端的生物选择器通常在厌氧或兼氧条件下运行，主要目的是防止污泥膨胀、促进磷的进一步释放和强化反硝化。设置预反应区和采取回流污泥有利于絮凝细菌生长，提高了污泥活性，有效地抑制丝状细菌的生长和繁殖。沉淀阶段不进水的设计，保证了污泥沉降无水力干扰，提高了泥水分离效果。

（3）间歇排水延时曝气法（IDEA） 与 CASS 相比，IDEA 中预反应池与主反应池分建，成为独立单元，部分剩余污泥回流进入预反应池。IDEA 一般在反应池中部进水，采用连续进水、间歇曝气、周期排水的运行方式。该工艺在充分保持 CASS 工艺优点的基础上，进一步提高了处理效果。

（4）需氧-间歇曝气法（DAT-IAT） DAT-IAT 工艺主体处理构筑物由需氧池 DAT 和间歇曝气池 IAT 组成。DAT 池连续进水，连续曝气，其出水进入 IAT 池，在 IAT 池形成曝气、沉淀、滗水和排泥程序。由于在 DAT 池进水，在 IAT 池中进行排水，整个系统的稳定性得到提高，且调节性得到增强。与 CASS 和 ICEAS 工艺的预反应区相比，DAT 的功能更加灵活与完备，能够保持较长的污泥龄和较高的污泥浓度，并且具有较强的抗有机物和毒物冲击的能力。DAT-IAT 同时具备了 SBR 工艺和传统活性污泥法的优点，与其他工艺相比系统稳定性、系统灵活性、池容利用率、设备利用率更高。

（5）单体池系统（UNITANK）UNITANK 系统于 20 世纪 90 年代由比利时的 SEGH-ERS 公司开发，采用固定出水堰排水，实现了连续进出水，克服了传统 SBR 法不能连续进出水且需要使用价格昂贵的滗水器的缺点。UNITANK 工艺的主体是一个被间隔成数个单元的反应池，典型的为三格池，三池之间水力连通，每池均设有曝气系统。其中 B 池作为反应池，始终曝气，A、C 池两个边池设有固定出水堰，既可以作为反应池也可以作为沉淀池。该系统采用连续进水、周期交替的运行方式，通过将经典的 SBR 时间推流与连续系统的空间推流相结合保证了系统的连续运行，弥补了单个反应器完全混合的不足。见图 4-32。

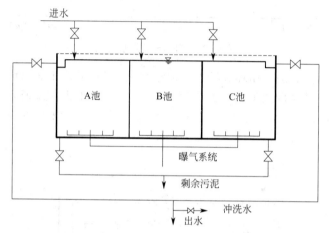

图 4-32 UNITANK 结构示意图

（6）改良式间歇活性污泥法（MSBR）MSBR 是目前集约化程度较高的一体化 SBR 处理新工艺。MSBR 工艺的实质是由 A²O 与 SBR 工艺串联而成，可以连续进水，连续出水，省去了初沉池和二沉池，节约了占地。MSBR 典型结构及运行示意图见图 4-33。

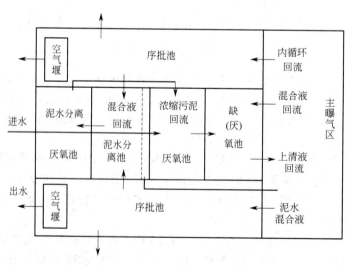

图 4-33 MSBR 工艺原理图

MSBR 系统从连续运行的厌氧池进水，依次经过缺氧池、好氧池，提高了系统的脱氮除磷效果，同时也进一步提高了设备的利用率和系统的抗冲击负荷能力。单池多格的设计，节省了多池工艺所需要的更多的连接管、泵和阀门，降低了运行成本。

（7）厌氧间歇活性污泥法（ASBR）　ASBR 是一种新型高效厌氧生物反应器，以序批间歇运行操作为主要特征。该工艺运行操作周期一般为进水、反应、沉淀和排水 4 个阶段，具有较广的温度适用性，对高浓度、低浓度及特种有机废水均具有较好的处理效果。

（十三）氧化沟

20 世纪 50 年代由荷兰卫生工程研究所研制成功的氧化沟工艺，是一种首尾相连的循环性曝气沟渠，又名连续循环曝气池，目前在全世界范围内得到了广泛的应用。我国于 20 世纪 80 年代引进和研究了该项技术，现已应用于城市污水以及石油废水、化工废水、造纸废水、制革废水、印染废水等工业废水处理中。

1. 氧化沟工艺原理及构成

（1）工艺原理　氧化沟工艺是一种利用循环式混合曝气沟渠进行污水处理的技术，一般不设初沉池且连续进出水、延时曝气。其曝气池呈封闭的环形沟渠形，池体较狭长，曝气装置常采用表面曝气器。污水和活性污泥的混合液通过曝气装置特定的定位布置而产生曝气和推动，在闭合渠道内作不停的循环流动，污泥在推流作用下呈悬浮状态，与污水充分混合、接触，最后通过二沉池或固液分离器进行泥水分离，使污水得到净化。

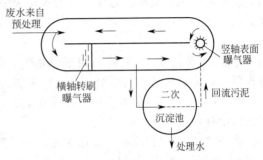

图 4-34　氧化沟处理系统

由于系统所产生的活性污泥在污水曝气净化的同时得到稳定，不需专门设置污泥消化池，简化了处理设施。见图 4-34。

（2）系统构成　氧化沟系统的基本构成包括氧化沟池体、曝气装置、进出水装置、导流和混合装置及附属构筑物。

① 氧化沟池体　一般为环形，平面常为圆形或者椭圆形，池体四壁一般由钢筋混凝土建造，也可采用混凝土或石材作为护坡。池内水深依据采用的曝气装置而定，一般为 2.5～8m。

② 曝气装置　常用机械曝气机、射流曝气机、导管式曝气机以及混合曝气系统，起到供氧、推动水流循环运动、防止活性污泥沉淀以及促使混合液混合充分的作用。

③ 进出水装置　主要包括进水口、回流污泥口和出水调节堰等。进水口和回流污泥进入点应该在曝气器的上游，促使进水及回流污泥与沟内原有混合液混合充分；出水口应在曝气器的下游，且尽可能远离进水口和污泥回流口，避免短流发生。

④ 导流和混合装置　主要包括导流墙和导流板。一般在弯道处设置导流墙以减小水头损失，防止产生弯道停滞区和避免过度冲刷；在曝气转刷上下游设置导流板以提高氧转移速率。

⑤ 附属构筑物　主要包括二沉池、刮泥机和污泥回流泵房等。

2. 氧化沟工艺技术特点

（1）主要优点

① 具备了推流式和完全混合式的双重特点，具有较强的调节能力和克服短流能力　混合液在氧化沟内循环流动，一般要经过多次循环，从流态上属于完全混合式，但在一个循环周期内又具备了推流式的特征。同时，污水在氧化沟内停留时间较长，进入沟内的污水能够被沟内原有的大量混合液稀释、混合，体现了较强的缓冲能力和抗冲击负荷能力。

② 具有明显的溶解氧浓度梯度，具备一定的脱氮能力　混合液经过曝气设备被强烈充氧，溶解氧浓度较高，随着循环流动的进行，溶解氧浓度逐步下降，到下游时溶解氧浓度已

很小，呈现缺氧状态，因此形成了明显的溶解氧浓度梯度，产生硝化-反硝化条件，具备了一定的脱氮能力。

③ 能耗相对较小　由于氧化沟中的曝气装置主要集中布置在沟内几处，非沿沟长均匀分布，因此氧化沟相比于比其他活性污泥系统能够实现以较低的整体功率密度来维持液体流动、固体悬浮和充氧，能量消耗低。

④ 构造多样、运行灵活　由于氧化沟的曝气池呈封闭的沟渠形，而沟渠一般形状和构造比较多样，可以呈圆形或椭圆形，也可以是单沟系统或多沟系统。另外，氧化沟还可以自由改变出水堰的高度实现曝气机曝气强度的灵活调节，达到不同的充氧效果。

⑤ 工艺流程简单、构筑物较少，管理方便　氧化沟一般不需要设置初沉池和污泥消化池，工艺流程相对简单。另外，虽然氧化沟采用的水力停留时间较长，但总占地面积并未增大，相反还可缩小。

（2）主要缺点

① 占地面积大　氧化沟采用延时曝气，负荷较低，因此曝气池的池容大，所需相关设备投资大，应用时易受到场地、设备等限制。

② 污泥易沉积　由于氧化沟常采用表面曝气，沟内曝气不均匀，部分区域混合液流速缓慢易出现污泥沉降。

③ 易产生浮泥和漂泥　氧化沟内形成了硝化-反硝化环境，在沟内发生硝化反应的有机物易在二沉池内发生反硝化反应，产生污泥上浮。另外，由于氧化沟的负荷低、泥龄长，污泥老化，老化的污泥絮体易被曝气打碎，在二沉池内形成漂泥。

3. 氧化沟工艺应用型式

氧化沟工艺因优良的处理能力、运行维护简单，得到了较大的发展，目前已形成氧化沟与沉淀池分建式或合建式共两种组合形式，交替式、半交替式、连续式共三种工作模式，形成了如卡鲁塞尔氧化沟在内的共计20多种型式。

（1）交替工作式氧化沟　交替工作式氧化沟是指按照时间顺序调整一沟或多沟的曝气和沉淀过程，特点是曝气、沉淀交替进行操作，不设二沉池，不需污泥回流装置，基本类型主要有4种：A型、D型、T型和VR型。

① A型氧化沟　适用于水量较小、间歇运行的污水处理过程。该型式为单沟运行系统，即在一个沟渠内交替完成进水、曝气、沉淀和排水四个过程。见图4-35。

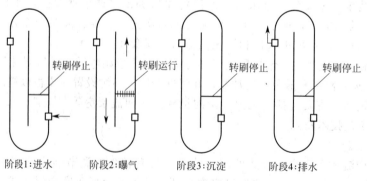

图 4-35　A型氧化沟工作示意图

② D型氧化沟　为双沟交替运行系统，出水稳定，不需设置污泥回流装置。一般由池容完全相同的两个氧化沟组成，串联运行，交替进行曝气和沉淀。通常一个工作周期分为四个阶段，运行8h。见图4-36。

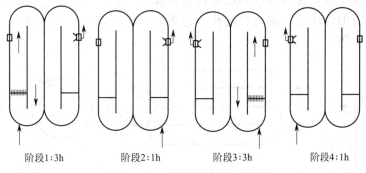

图 4-36 D 型氧化沟工作示意图

③ T 型氧化沟 为三沟交替运行系统，出水稳定，具有有机物去除及硝化脱氮的功能，不设二沉池和污泥回流装置，运行周期一般为 8h，可以按照六个或八个阶段进行。一般由三个池容完全相同的氧化沟连通组成，各池交替进水，两侧池出水，中间池始终曝气，两侧池交替曝气和沉淀。见图 4-37。

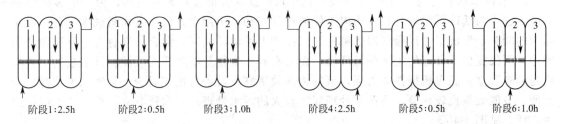

图 4-37 6 阶段 T 型氧化沟工作示意图

④ VR 型氧化沟 为单沟交替运行系统，不需要设置二沉池和污泥回流装置，一般一个工作周期为 8h，分为四个阶段。该型式将一个氧化沟分成容积基本相同的两部分，沟内一般设置两个单向活拍门和两道出水堰，通过定时改变曝气转刷的旋转方向实现沟内水流方向改变，使两部分氧化沟交替进行曝气和沉淀操作。该工艺操作简单，机械设备少，出水稳定，转刷的实际利用率可达到 75%。见图 4-38。

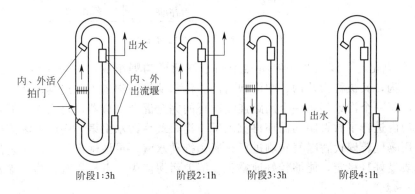

图 4-38 VR 型氧化沟工作示意图

（2）半交替工作式氧化沟 半交替工作式氧化沟兼具交替式和连续式氧化沟的特点，设有单独的二沉池，能够实现曝气和沉淀完全分离。DE 型氧化沟是最典型的代表。该型式由两个容积相同的氧化沟相互连通组成，串联运行，交替进出水，二沉池与氧化沟分建，有独立的污泥回流系统。该系统内曝气转刷可进行双速运行，高速时曝气充氧，低速时推动水流，不充氧。运行时两沟内转刷交替进行高速和低速运转，使两沟交替处于缺氧和好氧状态，实现脱氮。见图 4-39。

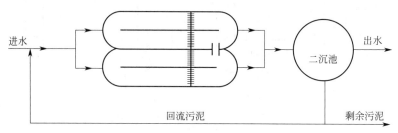

图 4-39 DE 型氧化沟工作示意图

（3）连续工作分建式氧化沟　该类型氧化沟的特点是氧化沟只作为曝气池使用，设有独立的沉淀池和污泥回流系统，且进出水流向一般不变。卡鲁塞尔氧化沟和奥贝尔氧化沟是其中比较典型的代表。

① 卡鲁塞尔氧化沟　由 1967 年荷兰的 DHV 技术咨询公司研制成功，为一个多沟串联系统，进水与活性污泥混合后在沟内不停的循环流动，采用立式低速表面机械曝气器，设于每沟的端头，形成了靠近曝气器下游的好氧区和上游的缺氧区，混合液交替进行好氧和缺氧操作，不仅提供了良好的生物脱氮环境，而且有利于生物絮凝和污泥沉淀。该工艺的主要特点是倒伞形立式表曝机搅拌能力强，氧的传递效率高，设备数量相对少，管理和维护都比较方便，节能效果比较显著，适用于处理规模较大的污水处理厂，在所有氧化沟工艺中应用最为广泛。见图 4-40。

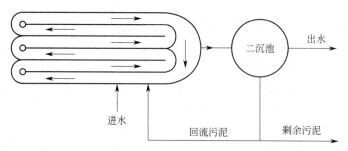

图 4-40　卡鲁塞尔氧化沟流程

② 奥贝尔氧化沟　该工艺一般由三个同心椭圆形沟渠组成，由外向内依此为第一沟、第二沟、第三沟，又被称为外沟、中沟和内沟。污水从第一沟进入并连续地从一个沟渠进入下一个沟渠，每一个沟渠都是一个闭路连续循环的完全混合反应器，每沟中的混合液在排出之前均在该沟内进行了数百圈的循环再流入下一沟，最后污水由第三沟即内沟流出进入二沉池。如果采用曝气转碟代替曝气转刷进行充氧和推动水流，灵活性更强。该工艺的总能耗较小，出水水质良好且稳定，能够较好地避免二沉池污泥流失，有利用有机物去除及控制污泥膨胀。见图 4-41。

五、曝气设备与控制

充足的溶解氧是好氧微生物生存和发挥作用的必要条件。活性污泥法通过曝气设备实现供氧及促使微生物、有机物、氧三相充分接触，使活性污泥处于悬浮状态。因此，对于活性污泥处理工艺而言，曝气设备的特点及性能决定着系统整体处理能力和运行费用。

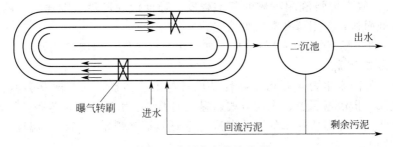

图 4-41　奥贝尔氧化沟流程

（一）曝气原理与方法

1. 曝气原理

曝气是实现空气与水强烈接触的方式之一，其目的在于将空气中的氧尽可能溶解于水中，同时释放水中挥发性和不需要的气体。在此过程中，空气中的氧从气相转移或传递到废水（液相）中，这既是一个氧在气液两相之间的扩散过程，也是一个传质过程，可用双膜理论解释这一传质过程。

双膜理论的模型如图 4-42 所示。

双膜理论认为，在气液界面存在着两层膜（即气膜和液膜），这两层膜使气体分子从一相进入另一相时产生了阻力。采用搅拌等方式，无论强度如何，均不能消除气膜和液膜，但可以减小液膜的厚度。对于难溶于水的物质来说，分子扩散的阻力大于对流扩散，传质的阻力主要集中在气膜和液膜上。在废水处理中，氧进行传递时，在气膜中存在着氧分压梯度，而液膜中存在着氧的浓度梯度，由此形成了氧转移的推动力。这个推动力就可以认为主要是界面上的饱和溶解氧浓度值与液相主体中的溶解氧浓度值之差。由于氧是一种难溶性气体，溶解度很小，当氧气分子从气相向液相传递时，其阻力主要集中于液膜上。

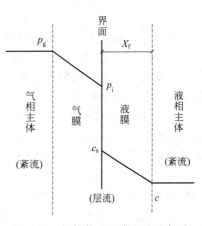

图 4-42　气体传递双膜理论示意图

按照双膜理论的观点（图 4-42），在气膜中，氧分子的传递动力很小，气相主体与界面之间的氧分压差值（$p_g - p_i$）很低，可以认为 $p_g = p_i$。气液界面处气相氧分压为 p_g，液相溶解氧浓度为 c_s（此时界面处的溶解氧浓度 c_s 为氧分压 p_g 时的溶解氧饱和浓度值）。

以 $K_{La} = K_L \dfrac{A}{V}$ 表示氧分子的总传质系数（单位为 h^{-1}），氧传递速率可用下式表示：

$$\frac{dc}{dt} = K_{La}(c_s - c) \tag{4.7}$$

K_{La} 表示曝气过程中氧的总传递性，当传递过程阻力大时，K_{La} 值低，反之则 K_{La} 高。$\dfrac{1}{K_{La}}$ 为 K_{La} 的倒数，单位为 h，表示曝气池中溶解氧浓度从 c 提高到 c_s 所需时间。当 K_{La} 值低时，$\dfrac{1}{K_{La}}$ 值高，表示混合液内溶解氧浓度从 c 提高到 c_s 所需时间长，说明氧传递速率慢；反之，则传递速率快，所需时间短。

提高氧传递速率（即提高 dc/dt 值），可以通过以下两个方面实现。

① 提高 K_{La} 值 加强液相主体的紊动程度，降低液膜厚度，加速气、液界面的更新，增大气、液接触面积，采用微孔曝气方式等。

② 提高 c_s 值 提高气相中的氧分压，如采用纯氧曝气、深层曝气等。

2. 氧传质影响因素

影响氧转移的因素主要包括污水特性及设备与工艺因素，如扩散器类型、扩散器开孔率、扩散器埋深、扩散器布置、水流方式、曝气池类型、水质、水温等条件。

（1）污水特性对氧传质速率的影响因素 主要包括常规水质指标（温度、盐度、浊度、pH 等）以及典型污染物。

① 温度 温度是影响氧传质的重要因素之一。根据双膜理论，氧分子通过液膜是氧转移过程的控制步骤。水温直接影响水的黏滞性和表面张力，水温升高，水的黏滞性降低，扩散系数提高，液膜厚度随之降低，氧转移系数 K_{La} 值增高；反之 K_{La} 值降低，一般以下式来修正水温对 K_{La} 值的影响：

$$K_{La(T)} = K_{La(20)} \theta^{(T-20)} \tag{4.8}$$

式中 $K_{La(T)}$ ——水温为 T（℃）时的氧转移系数，h^{-1}；

$\quad\quad K_{La(20)}$ ——水温为 20℃ 时的氧转移系数，h^{-1}；

$\quad\quad T$ ——水温，℃；

$\quad\quad \theta$ ——温度系数。

但另一方面，水温对饱和溶解氧 c_s 也产生影响。c_s 随温度上升而降低，从而氧转移的推动力（$c_s - c$）降低，氧转移速率降低。故温度对氧传质的影响，需要综合考虑上述两种相反的效应。通常认为温度变化引起的饱和溶解氧变化对氧转移速率起着决定性作用，较低的水温有利于氧的转移。

② 盐度 普遍存在于生活污水和工业废水中的无机盐会影响溶液的离子强度、液体的表面张力等，从而对气液传质过程产生影响，尤其当溶液中同时存在表面活性剂时，无机盐通过疏水作用和静电作用两方面影响表面活性剂的性质，从而对传质效果产生极大的影响。美国和德国的曝气器清水充氧性能测定标准考查了盐度对氧转移系数的影响，提出了修正的经验公式，在实际应用中能够在一定范围内修正盐度的影响。

③ 浊度 浊度反映了水体中悬浮固体的含量。众多学者采用硅藻土、高岭土两种常用物质模拟浊度对氧转移的影响，结果显示：硅藻土对氧转移的影响分为气泡区和表面复氧区，在气泡区硅藻土的加入降低了氧转移速率，而在表面复氧区则提高了氧转移速率。在实际应用中，由于水体中悬浮固体种类的多样性，其对氧传质过程的影响需要具体根据其物性进行分析。

④ pH pH 改变引起水体主要存在的物质变化，大量研究发现，K_{La} 和氧转移速率随着 pH 值的增加呈现先降低后增加的趋势，在中性条件时达到最小值，并随着水体溶解氧浓度的提高，氧转移速率受 pH 的影响变小。有研究者认为，产生上述现象的原因主要是水中的酸碱离子对液膜厚度产生影响，在中性条件下，液膜厚度最大。

⑤ 典型污染物 生活污水和工业废水中的一些典型污染物对曝气系统的氧传质具有显著影响，如表面活性剂、油脂等。

在污水处理中或多或少存在着广泛应用于日常生活用品和工业生产中的表面活性剂，并因其特殊的性质能够改变液相的物理化学性质、气液相间传质和气泡的流体力学行为，从而对氧传递产生影响。表面活性剂对氧传递的影响表现在两个方面：表面活性剂能够抑制界面湍流，在气液界面产生一层附加的薄膜，阻碍表面运动。但同时表面活性剂会减小气泡尺寸，提高气泡表面黏度和弹性，促进氧传质。故需综合考虑两种影响。

污水中的油脂来源广泛，种类繁多，日常生活中主要表现为动植物油，工业生产中主要表现为矿物油，其性质也具有较大的差异，对不同水体氧传质产生不同的影响。

（2）曝气工艺与设备对氧传质速率的影响因素　c_s-c 值大小影响着氧传质速率，c_s 值越大，氧传质速率越大，反之越小；混合液中氧浓度（c）越低，氧传质速率越大。其中 c_s 除了受到污水杂质及水温的影响外，自然受到氧分压或气压的影响，气压降低，c_s 也随之降低，反之则提高；提高气相中的氧分压，如采用纯氧曝气、深层曝气等会提高氧传质速率。

总体来说，氧传递速率与气泡大小、液体的紊流程度和气泡与液体的接触时间有关。气泡大小可通过选择扩散器来控制。一般气泡尺寸越小，则气泡与液体的接触面积越大，利于氧的传递；但同时气泡小不利于紊流，对氧的转移产生不利的影响。

3. 曝气方法

污水处理中的曝气主要有鼓风曝气和机械曝气两种基本方法。近年来，又在此基础上演变出了许多新的曝气方法，如潜水搅拌曝气法、射流曝气法等。

（1）鼓风曝气　将由空压机（纯氧机）送出的压缩空气（氧气）通过一系列的管道系统送到安装在曝气池池底的空气扩散装置（曝气装置），空气（氧气）由空气扩散装置（曝气装置）以微小气泡的形式逸出，并在混合液中扩散，使气泡中的氧转移到混合液中（图 4-43）。目前，我国大中型污水厂主要采用鼓风曝气法。

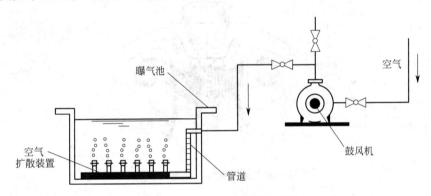

图 4-43　鼓风曝气系统示意图

（2）机械曝气　主要指表面曝气，即利用安装在水面上、下的叶轮高速转动，剧烈地搅动水面，产生水跃，使液面与空气接触的表面不断更新，使空气中的氧转移到混合液中（图 4-44）。根据曝气设备安装方式不同，主要分为垂直提升型及水平推流型。机械曝气因维护管理方便、能耗相对小，在我国小型污水处理厂应用较多。

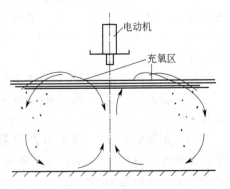

图 4-44　机械曝气充氧示意图

（3）射流曝气法　水流由潜水泵吸入，在泵的高压和文丘里管的作用下形成高速水流进入吸气室，由于使吸气室形成负压，空气在大气压的作用下通过吸气管进入吸气室，与水在混气室混合，水流将空气剪切成无数微小气泡，由射流喷嘴喷入水中。射流曝气利用了水力剪切和气泡扩散双重作用，具有良好的充氧能力，结构简单，运转灵活，维修方便。见图 4-45。

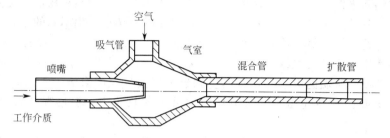

图 4-45　射流曝气器典型结构示意图（自吸供氧）

（4）潜水搅拌曝气法　外部空气风机通过输气管道将空气从曝气机下部输入曝气机叶轮内，气体从上部扩散口排出。同时，潜水电机带动叶轮强烈搅拌使水从下部以强烈对流的形式进入曝气机内。高速喷出的小气泡在喷出瞬间被高速旋转的剪切叶片破碎，切割撕裂成无数极细小的气泡，与水充分混合。该法具有曝气性能良好，动力效果较高，能耗低，工艺适应性好等特点。见图 4-46。

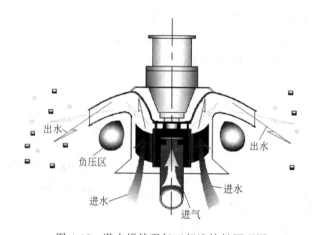

图 4-46　潜水搅拌曝气三相流接触原理图

（二）曝气设备

污水处理中的曝气设备随着污水处理技术的深入研究和广泛应用而逐渐发展变化，一种曝气设备至少包含一浮体、多组的曝气装置以及控制器。一个良好的曝气设备在性能上应具备以下几点：结构简单、曝气均匀、能耗小、性能稳定、噪声及其他公害小、价格低廉以及耐腐蚀性强等。

反映曝气设备性能的主要技术指标如下。

（1）动力效率 E_p　每消耗 1kW·h 电能所能转移到混合液中的氧量，单位为 $kgO_2/(kW·h)$。

（2）充氧能力 E_L　主要有两种表示方式：第一种是标准条件下单位容积的氧转移速率，单位为 $mgO_2/(L·h)$；第二种为标准条件下的氧转移效率，即单位时间转移到混合液中的氧量，单位为 kgO_2/h。

（3）氧利用效率 E_A　转移到混合液中的氧量占总供氧量的百分比（%）。因机械曝气无法计算总供氧量，因此无法计算氧利用效率。

依据曝气方法不同，曝气设备主要分为鼓风曝气设备、机械曝气设备、潜水搅拌曝气设备、射流曝气设备。

1. 鼓风曝气设备

鼓风曝气设备系统由进风空气过滤器、鼓风机、空气扩散器以及一系列连通的管道组成。鼓风机供应一定风量的空气，在类型上主要有罗茨风机、回转式风机、离心式风机、水环式风机等。进风空气过滤器用以净化进入曝气系统的空气，防止堵塞。扩散器是整个鼓风曝气系统的关键部件，其作用在于将空气分散成不同尺寸的气泡。鼓风曝气系统根据分散气泡的不同，可分为微气泡、小气泡、中气泡、大气泡及水力剪切等类型。

(1) 微气泡扩散器　这类扩散器的主要性能特点是产生气泡微小，直径一般在 $100\mu m$ 左右，气、液接触面积大，氧转移效率可达到 30%，氧利用率较高，其主要缺点是气压损失大，容易堵塞，因此需要设置除尘器以净化进入的空气。

微气泡扩散器从制作材质上看，主要有两种类型。一种是多孔性空气扩散器，主要由多孔性材料如陶粒、刚玉、粗瓷等掺以适当的如酚醛树脂一类的黏合剂，在高温下烧结而成。从形式上可以制成扩散板、扩散管、扩散罩等。另一种是膜片式扩散器，主要由柔性橡胶膜制成，可以制成管式、圆盘式（图 4-47）等性状，膜片上均匀开有微孔，鼓风时，空气进入膜片与底座之间，使膜片微微鼓起，孔眼张开，空气从孔眼逸出，进入水中。停止供气，压力消失，在膜片的弹性作用下，孔眼自动闭合，并且由于水压的作用，膜片压实在底座上。曝气池的混合液不能倒流，孔眼不会堵塞。一般来说，多孔性空气扩散器比较容易堵塞，应用时中应该注意进入曝气系统空气的净化，而膜片式扩散器相对较好。

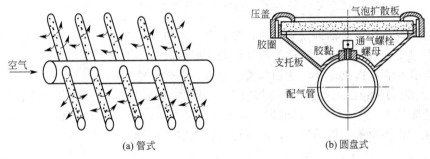

(a) 管式　　　　(b) 圆盘式

图 4-47　膜片式扩散器

(2) 小气泡扩散器　这类扩散器一般采用多孔性材料如陶瓷、砂砾等制成，从形式上主要有扩散板、扩散管等，形成分散气泡直径可小于 1.5mm，氧利用效率一般在 10%～30%［图 4-48(a)］。

(3) 中气泡扩散器　这类扩散器常采用穿孔管［图 4-48(b)］，由管径 25～50mm 的钢管或塑料管制成，在管壁两侧向下相隔 45°角开有 2～3mm 的孔眼，孔眼间距 50～100mm。该类扩散器构造简单，不易堵塞，阻力小，但氧利用效率较低，仅为 6%～15%。

(4) 大气泡扩散器　这类扩散器常采用直径 15mm 的竖管直接曝气，气泡直径大，氧利用效率仅为 4%～8%，氧利用率和动力效率均较低，目前已很少采用［图 4-48(c)］。

(5) 水力剪切空气扩散器　这类扩散器利用装置本身的构造特征产生的水力剪切作用，在空气从装置吹出之前，将大气泡剪切成小气泡，从形式上分主要有倒盘式空气扩散装置、固定螺旋空气扩散装置等。

总体来说，通过空气扩散器分散形成的气泡越大，氧的传递效率越低，但不易出现堵塞且维护管理方便；反之，分散形成的气泡越小，氧的传递效率越高，但易出现设备堵塞，对空气净化要求越高。应用时应根据实际工程情况全面考虑合理选择。

2. 机械曝气设备

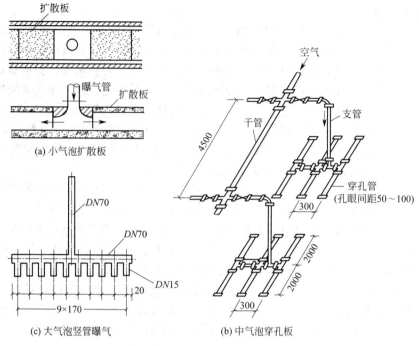

图 4-48 不同粒径气泡扩散设备

机械曝气设备按传动轴的安装方向，分为水平推流型曝气设备和垂直提升式曝气设备。

(1) 垂直提升式曝气设备 这类曝气设备主要由叶轮、电机减速机、叶轮升降装置、联轴器、电动机等装置构成，其转动轴与液面垂直，曝气叶轮的淹没深度一般在 10～100mm，叶轮转速为 20～100r/min，常用的类型有倒伞形叶轮表面曝气机、泵形叶轮表面曝气机及平板形叶轮曝气机（图 4-49）。其共同特点是动力效率和充氧效率均较高，提升率高，径向推流能力强，机构简单，传动平稳，运行可靠，调节灵活等。

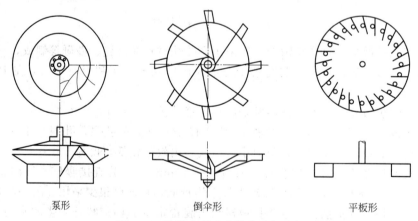

图 4-49 几种典型垂直提升曝气设备

(2) 水平推流型曝气设备 这类曝气设备主要由电机、调速装置、主轴、转刷或转盘组成（图 4-50），其转动轴与液面平行，转刷淹没深度一般为其直径的 1/3～1/4，转速为 50～70r/min，主要用于氧化沟工艺。其主要特点是结构简单，维护方便，充氧较快，动力消耗较小。但此类曝气设备主要是针对氧化沟工艺定性设计，应用范围有限，另外相对于其他曝气机，水体的湍流程度不够，进入水体的气泡体积较大且设备体积庞大。

目前，美国、荷兰等国家的多家公司具有几十年的表面曝气机制造历史，国内也有十几家生产厂商，综合各种工程应用的能耗指标，表面曝气机通过提高电机转速可以实现充氧量增加，但随着能耗的增加，充氧效率却出现下降，因此导致在一定范围内表面曝气机的应用受到了限制。

3. 射流曝气器

20 世纪 40 年代，美国陶氏（DOW）化学公司采用压力供气射流曝气处理含酚废水，五六十年代国外相继采用射流曝气

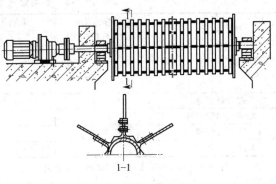

图 4-50　转刷曝气器

处理污水。我国在 70 年代开始了射流曝气器处理污水的应用研究。几十年间，射流曝气器在充氧机理、参数、优化设计、测试、局部改进、新结构研发等领域取得了较大的发展。

目前，射流曝气器分为多种不同的类型。

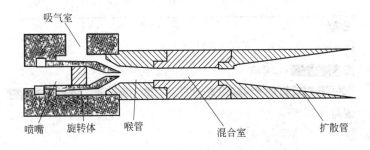

图 4-51　装有旋转体的射流器示意图

（1）依据喷射方式不同，分为连续喷射型、旋流喷射型和脉冲喷射型。

① 连续喷射型　液体射流是连续的，目前大部分射流曝气器采用此方式。

② 旋流喷射型　液体射流是旋转的，可增加液气接触面，促使液体较快破碎分散成液滴，提高传递效率（图 4-51）。

③ 脉冲喷射型　液体射流是不连续的。

（2）根据供气方式不同，分为强制供气和自吸供气。

① 强制供气　由鼓风机向射流器提供空气，特点是：供给空气量控制方便，射流器安装位置比较自由且数量多，但因为一般淹没在水中，安装与维护不方便（图 4-52）。

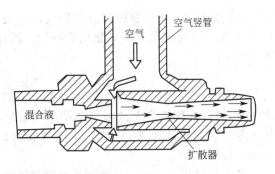

图 4-52　强制供氧射流曝气器结构示意图

② 自吸供气　由射流器喷嘴喷出的高速射流使吸气室内形成负压，将空气吸入，特点是：不需鼓风设备，所需射流器少（图 4-45）。

总之，各种曝气设备各有特点，用途和使用范围各不相同，因此使用时应根据工程实际需要和成本合理选择，表 4-2 列出了各类曝气设备性能资料。

表 4-2 各类曝气设备的性能资料

曝气设备		氧转移速率 /[mgO₂/(L·h)]	氧利用效率 /%	动力效率/[kgO₂/(kW·h)]	
				标准条件	现场
扩散空气系统	小气泡	40~60	10~30	1.2~2.0	0.7~1.4
	中气泡	20~30	6~15	1.0~1.6	0.6~1.0
	大气泡	10~20	4~8	0.6~1.2	0.3~0.9
射流曝气器		40~120	10~25	1.2~2.4	0.7~1.4
低速表面曝气器		10~90		1.2~2.4	0.7~1.3
转刷曝气器				1.2~2.4	0.7~1.3
高速浮动曝气器				1.2~2.4	0.7~1.3

注：1. 标准条件是指用清水做曝气试验，水温为 20℃，大气压力为 1.013×10⁵Pa，采用脱氧剂使开始试验的清水溶解氧降为 0。

2. 现场试验用污水，水温为 15℃，海拔 150m，$\alpha=0.85$，$\beta=0.9$。

（三）曝气的运行控制

污水处理厂日常运行经费支出主要为电费，据统计，电费支出约为污水处理厂年运行经费的 40%~50%，其电力消耗典型分布如图 4-53 所示，可以看出，活性污泥系统曝气耗电为污水处理厂能耗的关键环节。

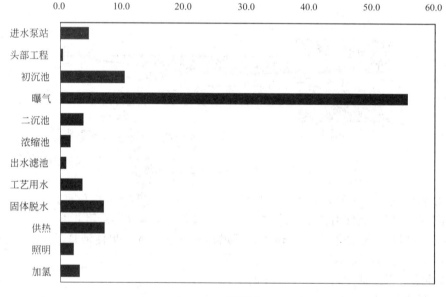

图 4-53 污水处理厂能耗比例图

同时，曝气是维持曝气池内溶解氧（DO）的直接手段，曝气量的控制及曝气设备的正常操作十分重要。曝气系统操作不当易引起污泥上浮、污泥腐化及增加能耗等问题。因此，曝气系统的运行控制对污水处理系统具有显著意义。

1. 活性污泥系统中溶解氧的调节

一般活性污泥系统好氧曝气池溶解氧浓度控制在 2~3mg/L，溶解氧浓度过低，抑制了菌胶团细菌胞外多聚物的产生，易导致污泥解体，同时会使吞噬游离细菌的微生物数量减少；溶解氧浓度过大，易将污泥絮粒打碎，污泥老化。在脱氮除磷工艺中，一般缺氧池 DO 控制在 0.5mg/L 以下，厌氧池 DO 控制在 0.2mg/L 以下。

在鼓风曝气系统中，可控制进气量的大小来调节溶解氧的高低。一般曝气池溶解氧浓度出现长期偏低主要有两种原因：一是活性污泥负荷过高，可适当增加曝气池中活性污泥的浓度；二是供氧设施功率过小，可采用氧转移效率高的微孔曝气器或增加机械搅拌设备。

在机械曝气系统中，可控制机械曝气设备功率及数量实现溶解氧浓度调节。

2. 曝气设备的操作与维护

（1）鼓风曝气系统

① 罗茨鼓风机操作及维护　罗茨鼓风机是低压容积式鼓风机，工作过程中要保证润滑，注意选用合适的润滑油并进行及时更换；运转状态时要注意排气压力、电机电流值在铭牌规定值以下，转向须与转向标牌所示方向一致；皮带传动的风机需要注意皮带的松紧度必须恰当。机组的日常维护与故障排除见表4-3、表4-4。

表 4-3　罗茨鼓风机的日常维护

项　目　　维护内容	每次开机	每天检查	每月维护
检查油箱内的油位	√	√	
检查轴段油封的泄漏	√	√	
清洗油箱内部并换油			√
检查皮带或联轴器	√		√
检查压力表的显示	√		√
检查安全阀的系数	√		√
检查供电电源	√	√	
取出管路中的异物	√		√
检查连接管道	√		
检查阀门的开启状况	√		
检查电机及转向	√		
检查电压和电流	√	√	
测试振动与噪声	√	√	
测试外壳温度	√	√	
检查循环冷却水	√	√	
齿轮与轴承精度			√
进口过滤消声器	√		√

表 4-4　罗茨鼓风机的故障与排除

故障现象	发生原因	排除方法
风量不足	1. 叶轮与机体磨损而引起间隙增大	1. 更换磨损零件
	2. 配合间隙有所变动	2. 按要求调整
	3. 系统有泄漏	3. 检查后排除
	4. 传动皮带打滑，鼓风机转速下降	4. 更换或调整皮带
电动机过载	1. 系统压力变化	
	a. 进口过滤网堵塞或其他原因造成阻力增高，形成负压而进气不畅	a. 检查后排除
	b. 出口系统压力增加	b. 检查阀门、管道等
	2. 零部件配合不正常引起	
	a. 静动件发生摩擦	a. 调整间隙
	b. 齿轮损坏	b. 更换
	c. 轴承损坏	c. 更换
温度过高	1. 系统超载，负荷增大	1. 检查后排除
	2. 进口气体温度增高	2. 检查后排除
	3. 静动件发生摩擦	3. 调整间隙
	4. 轴承损坏	4. 更换
	5. 齿轮啮合不正常或损坏	5. 检查后调整更换
	6. 润滑油不足或过多	6. 调整油位
	7. 油质欠佳或弱化	7. 更换
	8. 冷却水断路或水量不足	8. 修复

续表

故障现象	发生原因	排除方法
叶轮与叶轮之间发生摩擦、碰撞	1. 齿面磨损,因而齿隙增大,导致叶轮之间间隙变化	1. 磨损超过公差配合后给予更换
	2. 齿轮毂键与叶轮键松动	2. 更换平衡
	3. 主从动轴弯曲超限	3. 校直或换轴
	4. 机体内混入杂质,或由于介质形成结垢	4. 清除杂质与结垢
	5. 轴承磨损,游隙增大	5. 更换轴承
	6. 超限额定压力运行	6. 检查原因后排除
	7. 齿轮毂与齿轮圈定位销超载后发生位移	7. 调整后再铰孔重配
叶轮与机壳径向发生摩擦、碰撞	1. 滚动轴承磨损,游隙增大	1. 更换轴承
	2. 主从动轴弯曲超限	2. 校直或更换轴
	3. 超限额定压力运行	3. 检查原因后排除
	4. 间隙超差	4. 维修后再装配
叶轮与墙板之间轴向发生摩擦	1. 叶轮与墙板端面附着杂质或介质结垢	1. 清除杂质和结垢
	2. 滚动轴承磨损,游隙增大	2. 更换轴承
	3. 新机定位套没装好,间隙超差	3. 维修后再装配
振动与噪声超限	1. 风机、电机同轴承超限	1. 校正同轴度
	2. 转子平衡被破坏(介质结垢)	2. 清洗后平衡
	3. 轴承磨损或损坏	3. 更换
	4. 齿轮磨损或损坏	4. 更换(一付二件)
	5. 地脚螺栓或其他紧固松动	5. 检查后紧固
齿轮损坏	1. 超负荷运行或承受不正常的冲击	1. 更换(注意侧隙)
	2. 润滑油量过少或油质不佳	2. 更换
	3. 带压直接启动,带压停机	3. 安装三通泄压阀
轴承损坏	1. 润滑油、润油质量不佳或供油不足	1. 更换
	2. 长期超负荷运行	2. 更换
	3. 轴承油封漏油	3. 更换油封与轴承

② 离心式鼓风机操作及维护

a. 开车前的检查　离心风机首次开机前应全面检查机组的气路、油路、电路和控制系统是否达到了设计和使用要求。主要检查内容包括检查进气系统、消音器、伸缩节和空气过滤器的清洁度和安装是否正确;检查油箱是否清洁、油路是否畅通、油位、油泵及油温;检查滤油芯、放空阀、止回阀的安装、功能是否正确;检查扩压器控制系统、进口导叶控制系统的功能和控制是否正确;检查冷却器的冷却效果等。

b. 试运转　离心风机正式启动前需进行试运转,以检查开/停顺序和电缆连接是否正确。试运转时恒温器、恒压器和各种安全检测装置已通过实验,启动风机前必须进行手动盘车检查。试运转过程中主要检查和调整的项目包括:放空阀开、闭时间;止回阀的功能;压力管路中的升压功能;润滑油的压力和温度;冷却器工作情况;风扇电机的开停情况;油温;扩压器叶片受动调整实验情况;进口导叶受动调整实验情况;安全检测装置、恒温器及紧急停车装置的实验情况;正常启动和停车顺序实验情况;电机过载保护实验情况;漏油情况;接线。

c. 机组启动　打开放空阀或旁通阀;使扩压器和进口导叶处于最小位置;给油冷却器供水(风冷时开启冷却扇);启动辅助油泵;辅助油泵油压正常后,启动机组主电机;主油泵产生足够油压后,停辅助油泵;使导叶微开(15°);机组达到额定转速确认各轴承温升,各部分振动都符合规定;进口导叶全开时,慢慢关闭放空阀或旁通阀;放空阀关闭后,扩压器或进口导叶进入正常动作,启动程序完成,机组投入负荷运行。

d. 正常停车程序　打开放空阀;进口导叶关至最小位置;开辅助油泵。机组主电机停车;机组停车后,油泵至少连续运行20min;油泵停止工作后,停冷却器冷却水。

e. 运行检查　鼓风机运行过程中应检查项目包括:油位不得低于最低油位线;油温;

油压；油冷却器供水压力和进水温度；鼓风机排气压力、进气压力；鼓风机排气温度、进气温度；进气过滤器压差；振动；功率消耗。

f. 机组维护 首次开车后 200h 应换油；首次开车后 500h 应做油样分析；经常检查油箱的油位、轴承的油温、油压是否保持正常值；定期检查油过滤器；经常检查空气过滤器的阻力变化；经常注意并定期测听机组运行和轴承的振动。

g. 常见故障及处理 离心机常见故障为喘振，即当离心机进风流量低于一定值时，由于鼓风机产生的压力突然低于出口背压致使后面管路中的空气倒流，弥补了流量的不足，恢复工作。把倒流的空气压出来，压力再度下降，后面管路中的空气又倒流回流，不断重复上述现象，机组及气体管路产生低频高振幅压力脉冲，并发出很大声响，机组剧烈振荡。引起喘振的原因主要包括总压力管压力过高、进气温度过高及鼓风机转速降低或机械故障。消除喘振的方法主要有开启放气或旁通阀、限制进口导叶的调整、限制进气流量、调速及降低气流的系统阻力。

③ 膜片式微孔曝气器调试检验方法 管道：池底支干管采用钢管（或塑料管），规格由设计气量大小决定，每个分叉点以 50mm 外螺纹短管与通气螺杆连接。

微孔曝气器均匀布置于曝气池底部，一般曝气器的表面距池底为 250mm 或配气管和中心线距池 100mm，对于推流式曝气池大多采用渐减曝气方式，可分为 50％、27％、23％ 三段布置。这种布置方式能使系统进一步达到优化运行。

安装曝气器时，全池内的曝气器的表面高差不应超过 30mm。

安装完成后，必须进行清水调平，通气检查，如有曝气器出现漏气应及时拧紧或更换，合格后方可放水运行。

（2）转刷曝气机操作及维护

① 由于转刷曝气机一般都为连续运转，因此要保持其变速箱及轴承的良好润滑，两端轴承要一季度加注润滑脂一次，变速箱至少要每半年打开观察一次，检查齿轮的齿面有无点蚀等痕迹。

② 应及时紧固及更换可能出现松动、位移的刷片。

六、活性污泥系统构筑物

（一）曝气池

曝气池是活性污泥法的关键构筑物，是一个承接微生物与污水相互作用的反应器，曝气池按照水力学流态的不同分为推流式曝气池、完全混合式曝气池、封闭环流式反应池以及序批式反应池。

1. 推流式曝气池

推流式曝气池呈矩形，废水从一端进入，另一端流出，采用隔墙把池子隔成若干个折流廊道。曝气池的数目随污水处理量和水流流量而定，在结构上可分成若干个单元，每个单元包括几个池子，每个池子常有一至多个廊道。一般推流式曝气池的池长可达 100m，长宽比为 5～10，池宽和有效水深之比为 1～2，有效水深通常为 4～6m。该池进水方式不限，为了曝气池的有效水深，出水都采用溢流堰。

根据横断面上的水流情况，推流式曝气池又可分为平移推流式和旋转推流式。

（1）平移推流式曝气池 该池扩散器满铺池底，池中的水流只沿池长方向流动，如图 4-54 所示，其横断面宽深比可以高一些。

（2）旋转推流式曝气池 该池的扩散器安装于横断面的一侧，由于气泡形成的密度差，池水产生旋流。池中的水除沿池长方向流动外，还有侧向旋流，形成了旋转推流，见图 4-55。

旋转推流式曝气池根据扩散器竖直高度上位置的不同，又可分为底层曝气、中层曝气和浅层曝气，如图 4-56 所示。

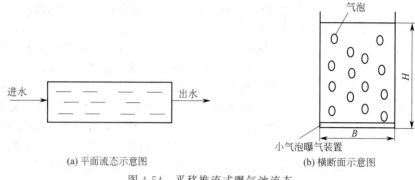

(a) 平面流态示意图　　　　　　(b) 横断面示意图

图 4-54　平移推流式曝气池流态

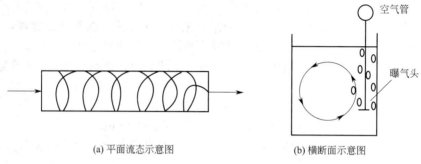

(a) 平面流态示意图　　　　　　(b) 横断面示意图

图 4-55　旋转推流式曝气池流态

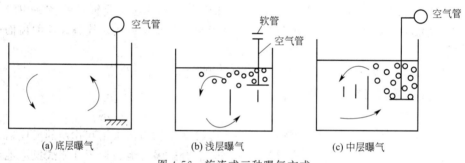

(a) 底层曝气　　　　(b) 浅层曝气　　　　(c) 中层曝气

图 4-56　旋流式三种曝气方式

① 底层曝气　扩散装置安装在池底或离池底 20～30cm 层面处。池深决定于鼓风机能提供的风压，以目前的产品规格来看，有效水深通常为 3～4.5m。气泡上升的高度较大，气液接触时间也长，氧的转移率相应得到提高。

② 浅层曝气　扩散装置在水面以下 0.3～0.9m 处，通常采用 1.2MPa 以下风压的鼓风机，以罗茨鼓风机最常用。池内有效水深一般为 3～4m，比较适合于中小型污水处理厂。

③ 中层曝气　近年发展起来的新布置方法，一般扩散装置位于池深中部，与底层曝气相比，在相同的鼓风条件和处理效果时，池深一般可加大到 7～8m。中层曝气器也可设在池的中央，形成两个侧流。

2. 完全混合式曝气池

完全混合式曝气池的池形可以为圆形，也可以是方形或矩形。曝气设备可以是表面曝气机也可以是鼓风曝气设备，一般表面曝气机最为常用，置于池的表层中心。污水一进入曝气池，在曝气搅拌条件下立即与全池混合，使水质均匀。按照是否与沉淀池分建或合建，完全混合式曝气池分为分建式和合建式，且因分建时曝气池调节控制方便，曝气池与二沉池互不干扰，回流比确定，应用较多。见图 4-57。

3. 封闭环流式反应池

氧化沟工艺采用的环形沟渠为封闭环流式反应池的典型代表。该反应池集合了推流式和完全混合式的两种流态的特点，污水进入反应池后，在曝气设备的作用下快速、均匀地与反应器中混合液混合并循环流动。一般循环流动流速为 0.25～0.35m/s，完成一个循环所需时间为 5～15min，因污水在反应器内停留时

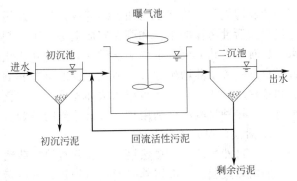

图 4-57　完全混合曝气池工艺流程

间通常为 10～24h，所以污水在池内可经过 40～300 次循环后流出，从而使进水被数十倍甚至数百倍循环稀释，提高了反应器的缓冲能力，见图 4-34。

4. 序批式反应池

序批式反应池指 SBR 工艺的反应池。该反应池集"注水-反应-排水"于一体，在流态上属于完全混合，在有机物降解方面属于时间上的推流，见图 4-29。

（二）二沉池

1. 二沉池的工艺原理

二沉池一般设在生化池的后面，深度处理或排放之前，其作用是将活性污泥与处理水分离，并将沉泥加以浓缩。二沉池的基本功能与初沉池是基本一致的，因此，第三章第三节介绍的几种沉淀池都可以作为二沉池。斜板沉淀池也可以作为二沉池，只是应用有一定的限制，相对比较少。需要注意的是，由于二沉池所分离的污泥重量轻，容易产生异重流，因此二沉池的最大水平流速或上升流速及溢流堰的负荷都应低于初沉池，且二沉池具有浓缩作用，泥区的容积较大，沉淀的时间较长，水力负荷比初沉池要小。初沉池常采用刮泥机刮泥，然后从池底集中排出；而二沉池通常采用刮泥机从池底大范围排泥。

2. 二沉池运行管理的注意事项

（1）经常检查并调整二沉池的配水设备，确保进入各池的混合液流量均匀。

（2）经常检查积渣斗的积渣情况并及时排除；经常用水冲洗浮渣斗，注意浮渣刮板与浮渣斗挡板配合是否得当，并及时调整和修复。

（3）经常检查并调整出水堰口的平整度，避免出水不均匀和短流现象的发生，及时清除挂在堰板上的浮渣和挂在出水堰口生物膜和藻类。

（4）巡检时仔细观察出水的感官指标，如污泥界面的高低变化、悬浮污泥的多少，是否有污泥上浮现象，发现异常现象应采取相应措施解决，以免影响出水水质。

（5）巡检时注意辨听刮泥、刮渣、排泥设备是否有异常声音，同时检查其是否有部件松动，并及时调整或检修。

（6）由于二沉池埋深较大，当地下水位较高而需要将二沉池放空时，为防止出现漂池现象，需要事先确认地下水位，必要时可先降低地下水位再排空。

（7）按规定对二沉池常规检测项目进行及时的分析化验。

七、活性污泥系统的运行管理

（一）活性污泥的培养与驯化

所谓活性污泥的培养，就是为活性污泥的微生物提供一定的生长繁殖条件（如营养物质、溶解氧、适宜的温度和酸碱度等），经过一段时间后，产生活性污泥并在数量上逐渐增长，最后达到处理废水所需的污泥浓度。其培养方法主要包括自然培菌法和接种培菌法。

活性污泥的驯化就是为使已培养成熟的活性污泥逐步具有处理特定工业废水的能力的转化过程。活性污泥的培养和驯化实质上是不可分割的，在培养过程中投加的营养料和少量废水，也对微生物起到一定的驯化作用，同时在驯化过程中，微生物数量也会增加，因此驯化过程也是一种培养增殖过程。活性污泥的培养和驯化方法，通常分为异步培驯法、同步培驯法和接种培驯法。其中异步培驯法即先培养后驯化；同步培驯法即培养和驯化同时进行或交替进行；接种培驯法即利用种泥进行适当的培驯。

1. 活性污泥的培养方法

（1）自然培菌法　自然培菌，又称直接培菌法，即利用废水中原有的少量微生物，逐步繁殖的培养过程。一般培养时间相对较长，城市污水和一些营养成分较全、毒性小的工业废水，如食品厂、肉类加工厂废水，可以采用此种培养方法。自然培菌又可分为间歇培菌和连续培菌两种方法。

① 间歇培菌　将曝气池注满废水，进行闷曝（即只曝气而不进废水），数天后停止曝气，静置沉淀一段时间（一般为1h），然后排出池内约1/5的上层废水，并注入相同量的新鲜污水。如此反复进行闷曝、静沉和进水三个过程，并逐步增加进水量，减少闷曝时间。一般春秋季节，2～3周可初步培养出污泥。当曝气池混合液污泥浓度达到1000mg/L左右时，可进行连续进水和曝气。由于培养初期污泥浓度较低，沉淀池内积累的污泥也较少，回流量也要小一些，后期随着污泥量的增多，回流污泥量也要相应增加。当污泥浓度达到工艺所需的浓度后，即可开始正常运行，按工艺要求进行控制。

② 连续培菌　先将曝气池进满废水，然后停止进水，闷曝0.5～1d后可连续进水，连续曝气。进水量从小到大逐渐增加，连续运行一段时间（与间歇法差不多），就会有活性污泥出现并逐渐增多。曝气池污泥量达到工艺所需的浓度时，按工艺要求进行控制。

由于自然培菌法是用废水直接培养活性污泥，其培菌过程也是微生物逐步适应废水性质并得到驯化的过程，属于同步培驯法。

（2）接种培菌法　接种培菌，即利用种泥或种污泥来加快活性污泥培养，是常用的活性污泥培菌方法，适用于大部分工业废水处理厂，具备条件的城市处理厂也常采用此种方法。接种培菌法常用的主要有以下两种。

① 浓缩污泥接种培菌　采用附近污水处理厂或相似工业废水处理的浓缩污泥作为菌种（种泥或种污泥）进行培养。培养城市污水或营养较全、毒性低的工业废水处理系统的活性污泥，可直接在所要处理的废水中加入种泥进行曝气，直至污泥变为棕黄色，此时连续进污水（进水量应逐渐增加），并将沉淀池投入运行，让污泥在系统内循环。为了加快培养进程，可在培养过程中投加未发酵过的大粪水或其他营养物。活性污泥浓度达到工艺要求值即完成了培菌过程。从经济上讲，种泥的量应尽可能少，一般情况下控制稀释后混合液污泥浓度在0.5g/L以上。

有毒工业废水进行培菌时，可先向曝气池引入河水，也可用自来水（需先曝气一段时间以脱去其中的余氯），然后投入种污泥和未经发酵的大粪水进行曝气，直至污泥呈棕黄色后停止曝气，让污泥沉降并排掉一部分上清液，再次补充一定量的大粪水继续曝气，待污泥量明显增加后，逐步提高废水流量。在培菌的后期，污泥中微生物已能较好地适应工业废水水质。

② 干污泥接种培菌　"干污泥"通常是指经过脱水机脱水后的泥饼，含水率约为70%～80%。接种污泥要先用刚脱水不久的新鲜泥饼，投加至曝气池前需加少量水并捣成泥浆，一般投加量为池容积的2%～5%。其接种培菌的过程与浓缩污泥培菌法基本相同。此法适用于边远地区和取种污泥运输距离较远的情况。

需要注意的是：干污泥中可能含有一定浓度的化学药剂（用于污泥调理），如药剂含量过高、毒性较大，则不宜用作培菌的种泥。鉴定污泥能否作为接种用，可将少量泥块捣碎后放入小容器（如烧杯或塑料桶）内加水曝气，经过一段时间后如果泥色能转黄，就可用于接种。

　　2. 活性污泥的驯化

　　在工业废水处理系统的培菌阶段后期，将生活污水和外加营养量逐渐减少、工业废水比例逐渐增加，最后全部受纳工业废水，这个过程称为驯化。

　　在污泥驯化过程中，污泥中的微生物发生着两个变化：一是能利用该废水中有机污染物的微生物数量逐渐增长，不能利用的则逐渐死亡、淘汰；二是能适应该废水的微生物，在废水有机物的诱发下，产生能分解利用该物质的诱导酶。

　　在驯化时，需注意使工业废水比例逐渐增大，生活污水比例逐渐减小。每变化一次配比时，必须保持数天，待运行稳定后（指污泥浓度未减小，处理效果亦正常），才可再次变动配比，直到驯化结束。

（二）活性污泥系统运行状况检测

　　活性污泥系统正常运行后，为了保持良好的处理效果，需要对活性污泥系统的运行状况定期进行检测，以分析运行效果及时进行调整。目前，国内污水处理厂主要采用水质指标与活性污泥指标作为运行管理的主要控制参数，其主要检测的项目如下。

　　(1) 反映处理效果的项目　进出水总 BOD、总 COD、溶解性 BOD、溶解性 COD、总 SS、溶解性 SS、有毒物质（视水质情况而定）。

　　(2) 反映污泥状态的项目　曝气池混合液的各种指标，即污泥沉降比（SV_{30}）、MLSS、MLVSS、SVI、溶解氧、微生物相等。

　　(3) 反映污泥营养和环境条件的项目　氮（总氮、氨氮）、磷（总磷、溶解性磷、颗粒性磷）、pH、水温等。

　　一般污泥沉降比 SV_{30} 和溶解氧 DO 每 2～4h 测定一次，至少每班测定一次，以便能够及时调节回流污泥量和曝气量。微生物相最好每班观察一次，以及时预测活性污泥异常现象。其余各项指标每周一次或每月一次进行检查，污水处理厂污水、污泥处理检测项目、监测频率如表 4-5 所示。

表 4-5　污水处理检测项目

序号	项目	周期	序号	项目	周期
1	pH	每日一次	21	蛔虫卵	每周一次
2	SS		22	烷基苯磺酸钠	
3	BOD_5		23	醛类	每月一次
4	COD		24	氰化物	
5	MLSS		25	硫化物	
6	MLVSS		26	氟化物	
7	SV	每 2～4h 一次	27	油类	
8	DO		28	苯胺	
9	氯化物	每周一次	29	挥发酚	每半年一次
10	氨氮		30	氢化物	
11	硝酸盐氮		31	铜及其化合物	
12	亚硝酸盐氮		32	锌及其化合物	
13	总氮		33	铅及其化合物	
14	有机氮		34	汞及其化合物	
15	磷酸盐		35	六价铬	
16	总固体		36	总铬	
17	溶解性固体		37	总镍	
18	总有机碳		38	总镉	
19	细菌总数		39	总砷	
20	大肠杆菌		40	有机磷	

除溶解氧水样外，其余污水水样的采集方式均采用混合取样方式，采样容器一般为硼硅玻璃瓶或聚乙烯瓶。

此外，每天需要记录进水量、回流污泥量、剩余污泥量、剩余污泥的排放规律、曝气设备的工作情况、空气量和电耗等；定期检测剩余污泥（或回流污泥）浓度。上述检测项目如有条件，应尽可能进行自动检测和自动控制。目前，污水处理厂有些指标已经采用在线仪表随时监测，如水温、pH、溶解氧DO等，由于各个污水处理厂自动化程度不同，能够在线监测的项目也不同。

（三）活性污泥系统的异常现象及控制措施

活性污泥运行过程中有时会出现异常情况，特别是工业废水占较大比例的城市污水或完全工业废水处理时，由于水质成分复杂，水量波动大，常会对活性污泥造成冲击，影响处理效果，污泥流失，出水水质恶化。下面将几种主要异常问题及其控制措施进行简要介绍。

1. 污泥膨胀

在污水处理系统中，正常的活性污泥沉降性能良好，污泥沉降比（SV_{30}）在30%左右，污泥指数（SVI）一般为50～150mL/g。当污泥出现结构松散、质量变轻、沉淀性能变差、SVI达到200mL/g以上时，就被称为污泥膨胀。活性污泥膨胀可以分为两种：由污泥中丝状菌大量繁殖导致的丝状菌性膨胀以及并无大量丝状菌存在的非丝状菌性膨胀。

污泥膨胀是活性污泥处理系统最常见也最难解决的异常问题之一。据统计，欧洲各国约有50%、美国约有60%的活性污泥法城市污水处理厂每年都发生污泥膨胀；工业废水处理厂的情况则更为严重。在我国几乎所有的城市污水及工业废水处理厂每年都存在不同程度的丝状菌引起的污泥膨胀问题。

（1）污泥膨胀的产生原因　正常的活性污泥中都含有一定丝状菌，它是形成活性污泥絮体的骨架材料，一般比表面积较大，丝体较长，当大量繁殖时，可在污泥絮体中交织成网状使其架空，从而大大恶化污泥的凝聚、沉降、压缩性能，形成污泥丝状菌性膨胀。其形成的原因如下。

① 营养元素不足或比例不协调　废水氮、磷相对不足时，会导致丝硫菌、贝氏硫细菌、浮游分枝球衣菌等丝状菌大量增殖；同时多项研究显示，当碳、氮、磷比例过高或过低时，都会产生极其严重的污泥膨胀。

② 溶解性碳水化合物含量高　一般溶解性碳水化合物可以作为浮游球衣菌的碳源和营养源，其含量高可使浮游球衣菌快速生长繁殖，导致污泥膨胀；此外，这类化合物易被转化为高黏性多糖类物质并覆盖在菌胶团表面，产生结合水性污泥膨胀。

③ pH　活性污泥正常运行时，曝气池混合液中pH值应为6.5～8.5，如pH值太低（pH≤5），则丝状真菌（酵母菌、霉菌）会获得优先生长繁殖。

④ 污泥负荷　大量调查与研究发现，适宜的活性污泥负荷为0.3～0.5kgBOD/（kgMLSS·d），在高负荷条件下微生物降解有机物消耗大量氧气，造成溶解氧相对不足，抑制了好氧细菌的生长，有利于丝状菌的增殖；低负荷条件下供活性污泥微生物生长增殖的营养总量不足，丝状菌因衰减速率慢，在竞争中处于优势。有研究显示，污泥负荷为0.5～1.5kgBOD/（kgMLSS·d）易发生污泥膨胀，尤以1.0kgBOD/（kgMLSS·d）最严重。但需要注意的是，影响污泥丝状菌性膨胀的最主要因素是水质而不是污泥负荷，因此对于给定污水，污泥负荷对污泥丝状菌性膨胀的影响情况需要具体分析。

⑤ 低溶解氧　溶解氧对污泥丝状菌性膨胀的影响与污泥负荷类似，但一般在低溶解氧条件下，丝状菌较好氧性菌胶团更易接触和获得氧气，易在竞争中优先生长繁殖。

此外，水温低、污泥龄过长、有机物浓度梯度小以及工艺类型等也会引起污泥丝状菌性膨胀。

污泥的非丝状菌性膨胀与丝状菌性膨胀类似，主要发生在污水水温较低而污泥负荷较高的情况，主要产生结合水性污泥膨胀。

（2）污泥膨胀的控制措施　在运行中，如发生污泥膨胀，应分析引起膨胀的原因并采用如下抑制措施。

① 由缺氧、水温高等引起污泥膨胀，可加大曝气强度或降低进水量，使需氧量减小等。

② 由污泥负荷率过高等引起污泥膨胀，可适当增加污泥回流比，提高 MLSS，必要时可以停止进水，"闷曝"一段时间。例如濮阳市污水处理厂每年冬天都会发生轻度的非丝状菌膨胀，采取适当增加回流比的方法，提高曝气池内的污泥浓度，将 MLSS 控制在 3000mg/L 以上，在低污泥负荷运行下，将 SV_{30} 控制在 60% 以下，SVI 控制在 130～200mL/g，有效地控制了污泥膨胀，保证了出水水质的达标排放。

③ 由营养元素不足或比例不协调等引起污泥膨胀，可适当投加氮化合物和磷化合物。

④ 由 pH 值低引起污泥膨胀，可投加石灰等调节，或对进水采取预曝气措施。

另外，可以在生化池中投加絮凝剂，如铁盐混凝剂、有机高分子絮凝剂等，增加活性污泥的凝聚性能，但要控制好投加量，以免破坏微生物的活性；也可以向生化池中投加黏泥、消化泥等，提高活性污泥的沉淀性能和密实性；还可以向生化池中投加杀菌剂，投加量应由小到大，并随时观察生物相和测定 SVI 值，当发现 SVI 值低于最大允许值时或观察丝状菌已溶解时，应立即停止投加。

2. 污泥解体

处理水质浑浊，污泥絮凝体微细化，处理效果变坏，并不断有小颗粒污泥随出水带出等现象称为污泥解体。导致这种异常现象的主要原因及控制措施如下。

（1）运行不当　有机负荷长时间偏低，进水浓度、水量长时间偏低，导致污泥胶体基质解体；过度曝气，例如曝气叶轮转速过高，导致絮粒细碎化，DO 值偏高，引起污泥老化解体。

主要解决措施：从进水水质和运行条件两方面同时进行控制，在运行中，注意控制曝气量和曝气时间，经常测定池内的 DO，及时进水以满足微生物对营养的要求，若进水浓度太低，则要投加营养物质补充营养，如投加葡萄糖或投加经过滤的浓粪便水等，条件不具备时可采用间歇曝气。

（2）污泥中毒　进水中含有有毒物质或有机物含量突然升高造成活性污泥代谢功能丧失，失去净化活性和絮凝活性。当确认是此种情况，需查明来水情况，应考虑是新的工业废水混入或是工业废水异常变化，并针对来水进行局部处理。

3. 污泥上浮（反硝化）

曝气池内污泥龄过长，硝化程度较高，进水中的氨氮或有机氮被大量转化成了 NO_3^--N，进入二沉池，在低 DO 条件下，发生反硝化而被转化成 N_2 附于污泥上，使其密度降低而上浮。

主要解决措施：增加污泥回流量，减少活性污泥在二沉池的停留时间；及时排出剩余污泥，缩短污泥龄，降低污泥硝化程度，同时改善污泥排泥设备，及时排除二沉池末端池底的淤泥；如果是 A/O 或 A^2/O 等能够实现脱氮的工艺，应加强曝气池缺氧段的脱氮能力，及时提高硝化液内回流比，加大硝化液回流量，减小进入二沉池的 NO_3^--N 浓度等。

广东某镇污水处理厂运行过程中出现二沉池池面有大块浮泥，出水 SS 高达 185mg/L 的现象，该厂采用减小曝气池曝气量，加大污泥回流量和排泥量等措施，有效地控制了污泥上浮问题。

4. 污泥腐化

当二沉池底部出现长时间积泥时，这些污泥就会发酵而产生 CO_2 和 H_2，或腐化产生 CH_4、H_2S 附着在污泥上，使污泥自身密度降低而上浮。在这种情况下，污泥由于长期淤积而失去活性，因此，上浮污泥的颜色呈黑色，有恶臭并伴有气泡逸出。需要注意的是，此时并不是全部污泥上浮，只有沉积在死角长期滞留的污泥才腐化上浮。

主要解决措施：安设浮渣清除设备，尽量控制污泥外溢；加大二沉池池底坡度或改进池底刮泥设备，不使污泥滞留于池底；消除二沉池的死角地区。

需要注意的是，造成污泥上浮的因素有很多，像污泥膨胀、污泥解体都会造成污泥上浮，另外当进水中含有大量的表面活性物质或油脂类化合物、含盐量过高等，都会影响污泥的活性，造成污泥解体而上浮。

5. 泡沫问题

（1）泡沫分类

① 启动泡沫　在活性污泥工艺运行的初期，污水中的表面活性剂在活性污泥的净化功能尚未形成时，这些物质在曝气的作用下形成了泡沫，但随着活性污泥的成熟，表面活性剂逐渐被降解，泡沫会逐渐消失。但如果污水中含有大量的表面活性剂或其他起泡物质，这个问题会持续存在。

② 反硝化泡沫　当二沉池发生局部反硝化，产生氮气等气体从而裹挟着污泥上浮，出现泡沫现象。

③ 生物泡沫　由于丝状微生物的增长，与气泡、絮体颗粒物形成稳定的泡沫。

（2）解决措施

① 对于启动泡沫或由于表面活性剂及其他起泡物质引起的泡沫，通常采用水力消泡或投加消泡剂（如机油、煤油等）。

② 对于反硝化泡沫，主要应控制工艺，解决反硝化污泥上浮问题出现。

③ 对于生物泡沫，除了采取水力消泡、投加消泡剂的方法外，还可以采取投加杀生剂、降低污泥龄等方法抑制丝状菌的生长。

【复习思考题】

一、填空题

1. 活性污泥的固体物质组成主要包括（　　　　）、（　　　　）、（　　　　）和（　　　　）。

2. 正常运行的城市污水处理厂一般 SV_{30} 控制在（　　　　　　　　　　）范围内，SVI 控制在（　　　　　　　　）范围内。

3. 活性污泥降解污染物的过程包括（　　　　　　　　）和（　　　　　　　　）。

4. 曝气设备的作用是（　　　　　　　　）和（　　　　　　　　）。

5. 常用风机按结构形式可分为（　　　　）、（　　　　）、（　　　　）和（　　　）等。

6. SBR 工艺基本操作流程由（　　）、（　　）、（　　）、（　　）和（　　）五个过程组成。

7. 接种培菌法主要有（　　　　）和（　　　　）两种。

二、简答题

1. 简述传统活性污泥法、吸附再生活性污泥法及完全混合活性污泥法各有什么特点。

2. 简述影响氧转移效果的因素。

3. 什么是活性污泥的沉降比？它是如何测定的？

三、计算题

1. 以活性污泥法处理某生活污水，进水 BOD 为 $c_0 = 250\text{mg/L}$，水量 $Q_i = 2 \times 10^4 \text{m}^3/\text{d}$，曝气池的污泥负荷 $L_w = 0.15\text{kgBOD}/(\text{kgMLSS} \cdot \text{d})$，且 MLSS 浓度为 4000mg/L，求在此运行条件下，曝气池的有效容积为多少？

2. 某污水处理厂处理水量为 5000m³/d，BOD_5 为 240mg/L 和 SS 为 200mg/L 的废水。（1）假定在初沉池中 SS 和 BOD_5 的去除率分别为 60% 和 30%，初沉池中不发生生化反应，初沉池污泥含固率为 6%，试计算每日初沉污泥的产量；（2）假设曝气池对 BOD_5 的去除率为 90%，$a = 0.6\text{kgVSS}/(\text{kgBOD}_5 \cdot \text{d})$，$b = 0.08\text{d}^{-1}$；MLSS = 4000mg/L，曝气池容积 $V = 1250\text{m}^3$，求污泥龄。

3. 某污水处理厂处理水量为 10000m³/d，进水 BOD_5 为 250mg/L，SS 为 200mg/L。假定在平流初沉池中 SS 和 BOD_5 的去除率分别为 60% 和 30%，设两个初沉池，一用一备，初沉池中不发生生化反应，初沉池表面负荷为 $2.0\text{m}^3/(\text{m}^2 \cdot \text{h})$；曝气池污泥负荷为 0.35kgBOD/(kgMLSS·d)，MLSS 为 4000mg/L。

（1）设初沉池长宽比为 5:1，长深比为 10:1，求初沉污泥的尺寸。

（2）设初沉污泥含固率为 5%，求初沉污泥产量。

（3）求曝气池容积。

四、问答题

1. 活性污泥处理系统有效运行的基本条件是什么？

2. 活性污泥运行操作中常见的异常情况有哪些？可采取的解决措施是什么？

第三节 生物脱氮除磷技术

城市污水经传统的二级处理以后，虽然绝大部分悬浮固体和有机物被去除了，但还残留氮、磷等化合物。含有大量植物性营养元素氮、磷的污水排入环境，引发浮游生物的过度繁殖，造成水体的富营养化，其危害性是相当严重的。如藻类的过量繁殖可引起水质恶化进而导致湖泊退化；另外氨氮的耗氧特性会使水体的溶解氧降低，从而导致鱼类死亡和水体黑臭。因此，有效降低废水中氮、磷的含量已成为现代废水处理技术的重要内容。

污水脱氮除磷技术发展的重大成就是生物脱氮除磷技术的发展，以及生物处理和化学处理的有机结合。虽然某些化学或物理化学的方法可以有效地去除废水中的氮和磷，但是一般化学法或物理化学法运行操作复杂，费用高，无法利用原有的废水处理构筑物来改建污水处理系统。废水生物脱氮除磷技术由于其显著优越性并能与化学处理进行有机的结合，从而取得了飞速的发展，在现代城市污水厂得到了广泛的应用。

一、氮磷循环

（一）氮循环

自然界中的氮循环如图 4-58 所示，包括固氮、氨化、硝化、反硝化等过程。在城镇污水中含氮化合物有四种形式：有机氮、氨氮、亚硝酸盐氮和硝酸盐氮。有机氮和氨氮合起来称为凯氏氮，四种含氮化合物的总量

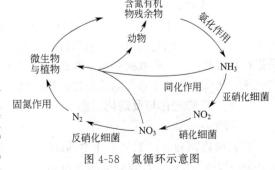

图 4-58 氮循环示意图

称为总氮（TN）。城镇污水中的含氮化合物大部分是以氨氮形态存在的，而亚硝酸盐氮和硝酸盐氮的含量较少。

1. 氨化作用

微生物分解有机氮化合物产生氨的过程称为氨化反应。很多细菌、真菌和放线菌都能分解蛋白质及其含氮衍生物，其中分解能力强、并释放出氨的微生物称为氨化微生物。在氨化微生物的作用下，有机氮化合物可以在好氧或厌氧条件下分解、转化为氨态氮。

2. 硝化反应

硝化反应分两步进行，首先在氨氧化菌的作用下，将氨态氮转化为亚硝酸盐氮。然后，亚硝酸盐氮在亚硝酸盐氧化菌的作用下，进一步转化为硝酸盐氮。

3. 反硝化反应

硝酸盐氮（$NO_3^- \text{-}N$）和亚硝酸盐氮（$NO_2^- \text{-}N$）在反硝化菌作用下，被还原为气态氮的过程称为反硝化。反硝化过程分为两步进行，第一步由硝酸盐氮转化为亚硝酸盐氮，第二步由亚硝酸盐氮转化为氮气。

4. 同化作用

生物处理过程中，污水中的一部分氮（氨氮或有机氮）被同化成微生物细胞的组成成分，并以剩余活性污泥的形式得以从污水中去除的过程，称为同化作用。当进水氨氮浓度较低时，同化作用可能成为脱氮的主要途径。

（二）磷循环

污水中磷的存在形式主要有正磷酸盐（PO_4^{3-}、HPO_4^{2-}、$H_2PO_4^-$）、聚合磷酸盐（$P_2O_7^{4-}$、$P_3O_{10}^{5-}$）和有机磷三种形式，后两种形式约占进水总磷量的70%。在缺氧条件下，一类被称为聚磷菌的微生物会将细胞内的磷释放掉，而在好氧条件下，又能够过量地（在数量上超过其正常的生理需求）从外部环境摄取磷。因此，在反应器中按顺序创造适宜的条件，利用这类微生物超量摄取磷的特性，将磷以聚合的形态储藏在菌体内，形成高磷污泥，排出系统外，可有效地去除污水中的磷。

1. 聚磷菌的厌氧释磷

在厌氧条件下（$DO \approx 0$），聚磷菌体内的ATP进行水解，释放出PO_4^{3-}和能量，形成ADP。

2. 聚磷菌的好氧吸磷

在好氧条件下，聚磷菌进行有氧呼吸，不断地从外部摄取有机物，由于氧化分解作用不断地放出能量，能量为ADP（二磷酸腺苷）所获得，并结合H_3PO_4合成ATP（三磷酸腺苷），同时以聚磷的形式存储超出生长所需求的磷量，从而实现将磷从液相中去除，完成对磷的过量摄取。

二、生物脱氮工艺

污水生物处理中氮的转化包括氨化、硝化和反硝化等过程。硝化-反硝化是目前最为常用的生物脱氮工艺。硝化是指在好氧条件，将氨氮氧化为亚硝酸盐氮和硝酸盐氮的过程；反硝化是指在缺氧条件下，将亚硝酸盐氮和硝酸盐氮还原成气态氮N_2的过程。废水生物脱氮就是在硝化细菌和反硝化细菌参与的反应过程中，将氨氮最终转化为氮气而将其从废水中去除。

（一）生物硝化与反硝化过程

1. 硝化反应

在氨氧化菌和亚硝酸盐氧化菌的作用下，将氨态氮转化为亚硝酸盐氮（$NO_2^- \text{-}N$）和硝酸盐氮（$NO_3^- \text{-}N$）的过程称为硝化反应。

（1）硝化过程的生化反应　硝化作用实际上是由种类非常有限的自养微生物（统称硝化细菌）完成的，主要包括氨氧化菌和亚硝酸盐氧化菌，它们均为专性好氧菌，在氧化过程中均以氧作为最终电子受体。

硝化过程分两步：氨氮首先由氨氧化菌氧化为亚硝酸盐氮，继而亚硝酸盐氮再由亚硝酸盐氧化菌氧化为硝酸盐氮。从生物化学角度看，硝化过程并非仅仅上述的两个过程，它涉及多种酶和多种中间产物，并伴随着复杂的电子（能量）传递。

硝化过程的两步反应可用下式表示：

$$2NH_4^+ + 3O_2 \longrightarrow 2NO_2^- + 2H_2O + 4H^+$$

$$NO_2^- + 0.5O_2 \longrightarrow NO_3^-$$

总反应式：

$$NH_4^+ + 2O_2 \longrightarrow NO_3^- + H_2O + 2H^+$$

（2）硝化反应的影响因素　硝化细菌一般生长慢，对环境条件变化敏感，温度、溶解氧、泥龄、碱度和 pH 值、C/N 比、有毒物质等都会对它产生影响。

① 温度　生物硝化可以在 4～45℃ 的范围内进行，最佳温度大约是 30℃。温度不但影响硝化细菌的比增长速率，而且影响硝化菌的活性。在 5～30℃ 范围内，随着温度增高，硝化反应速率增加；温度超过 35℃，硝化反应速率降低；当温度低于 15℃，硝化速率显著降低；而当温度低于 4℃ 时，硝化菌的活性基本停止。

② 溶解氧（DO）　硝化细菌为专性好氧菌，DO 浓度影响着硝化反应速率和硝化细菌的生长速率，为了满足正常的硝化反应，在活性污泥系统中，DO 的浓度要大于 2mg/L，一般应为 2～3mg/L；生物膜系统 DO 则应大于 3mg/L。当 DO 低于 0.5mg/L 时，硝化过程将受到限制。

③ 泥龄　硝化细菌世代时间长，比增长速率要比生物处理中的异养型微生物的比增长速率小一个数量级。对于活性污泥系统来说，如果污泥龄较短，排放的剩余污泥量大，将使硝化细菌来不及大量繁殖。若欲达到良好的硝化效果，就需要延长泥龄。泥龄应取硝化菌最小世代时间两倍以上，而且在低温条件下应适当延长污泥龄。

④ 碱度和 pH 值　硝化反应中每氧化 1g 氨态氮（以 N 计）要消耗碱度 7.14g（以 CaCO$_3$ 计），因此如果污水中没有足够的碱度，随着硝化的进行，pH 值会急剧下降；而硝化细菌对 pH 非常敏感，氨氧化菌和亚硝酸盐氧化菌分别在 7.9～8.2 和 7.2～7.6 时活性最强，pH 值超出这个范围，其活性就会显著下降。在实际生物处理构筑物中，硝化反应的适宜 pH 范围要相对宽一些。如果碱度不足，氨氧化不能彻底完成；如果突然降低 pH 值，硝化反应速率将骤降，当 pH 值升高后，硝化反应速率又会很快恢复。

⑤ C/N 比　尽管硝化细菌几乎存在于所有的污水生物处理过程中，但是一般情况下，其含量很小。除了上述温度、pH、泥龄等影响因素以外，导致硝化细菌在好氧生物处理的微生物中所占的比例较低的因素还有 C/N 比。可生物降解含碳物质与含氮物质浓度之比，是影响生物硝化速率的重要因素。因为产率不同，活性污泥系统中异养菌与硝化菌竞争底物和溶解氧，导致硝化菌的生长受到抑制。一般认为处理系统的 BOD 负荷小于 0.15BOD$_5$/(gMLSS·d) 时，处理系统的硝化反应才能正常进行。

⑥ 有毒物质　某些重金属、络合离子和有毒有机物对硝化细菌有毒害作用。游离氨和亚硝酸也会对硝化反应产生抑制作用。污水处理厂污泥消化池上清液回流到生物处理系统也将使硝化速率减小约 20%。

2. 反硝化反应

（1）反硝化反应原理　在缺氧条件下，NO$_2^-$-N 和 NO$_3^-$-N 在反硝化菌的作用下被还原为氮气的过程称为反硝化反应。

反硝化是在缺氧（不存在分子态溶解氧）条件下，由一群异养型微生物完成的生物化学过程。参与这一生化反应的主要微生物是反硝化细菌，属兼性菌，在自然界中几乎无处不在。这类细菌在有氧存在的条件下，利用氧进行呼吸，氧化分解有机物。在不存在分子氧，但存在硝氮和亚硝氮时，以硝氮和亚硝氮作为电子受体进行反硝化反应。这些反硝化菌在反硝化过程中利用各种有机底物（包括碳水化合物、有机酸类、醇类、烷烃类、苯酸盐类和其他苯衍生物）作为电子供体，逐步还原 $NO_3^- $-N 至 N_2。

硝酸盐的反硝化还原过程基本可以表示为：

$$NO_3^- \xrightarrow{\text{硝酸盐还原酶}} NO_2^- \xrightarrow{\text{亚硝酸盐还原酶}} NO \xrightarrow{\text{氧化氮还原酶}} N_2O \xrightarrow{\text{氧化亚氮还原酶}} N_2$$

包括生物合成的反硝化过程可以用如下反应式表示：

$$NO_2^- + 0.67CH_3OH + 0.53H_2CO_3 \longrightarrow 0.04C_5H_7NO_2 + 0.48N_2 + 1.23H_2O + HCO_3^-$$
$$NO_3^- + 1.08CH_3OH + 0.24H_2CO_3 \longrightarrow 0.056C_5H_7NO_2 + 0.47N_2 + 1.68H_2O + HCO_3^-$$

反硝化过程中的 NO_x-N 是通过反硝化菌的同化作用（合成代谢）和异化作用（分解代谢）来实现去除的。同化作用将 NO_x-N 被还原成 NH_3-N，用作微生物细胞的合成，氮成为细胞质成分；异化作用将 NO_x-N 被还原成 NO、N_2O 和 N_2 等气体，主要是 N_2。异化作用去除的氮约占总去除量的 70%～75%。

（2）反硝化反应的影响因素

① 温度　反硝化的适宜温度为 15～40℃，低于 15℃，反硝化速率下降。温度对反硝化速率的影响与反硝化设备的类型（微生物悬浮生长型或固着型）、硝酸盐负荷率等因素有关。硝酸盐负荷较低时，温度对反硝化反应速率的影响较小。

② 溶解氧（DO）　反硝化菌属于异养兼性微生物，在有 O_2 的条件下发生好氧呼吸，在无 O_2 的条件下，利用 NO_3^--N 和 NO_2^--N 进行无氧呼吸，即反硝化反应。溶解氧的存在会抑制反硝化过程。溶解氧对反硝化过程的抑制主要是因为氧会与硝酸盐竞争电子供体，同时分子态氧也会抑制硝酸盐还原酶的合成及其活性。在悬浮性活性污泥法中，溶解氧应该保持在 0.5mg/L 以下；而在附着生长系统中，由于生物膜对氧的传递阻力较大，可以允许相对较高的溶解氧浓度。

③ 碱度和 pH 值　反硝化过程最适宜的 pH 值为 7.0～7.5，不适宜的 pH 影响反硝化菌的增殖和酶的活性。反硝化过程会产生碱度，这有助于把 pH 维持在所需的范围内，并补充在硝化过程中消耗的一部分碱度。

④ 碳源类型　有机物作为反硝化菌的碳源和电子供体，其类型也对反硝化速率有很大影响。反硝化碳源可分为三类：第一类是易于生物降解的溶解性有机物，如甲醇、乙酸、挥发性有机物和糖蜜等，是反硝化菌最易利用的碳源类型；第二类是慢速生物降解的有机物，如淀粉、蛋白质等；第三类是用内源代谢产物作为反硝化碳源。以后二者为反硝化碳源的，一般反硝化速率远远低于甲醇作为碳源时的反硝化速率，且反硝化池所需容积大。

⑤ C/N 比　理论上将 1g 硝酸盐氮还原为氮气需要碳源有机物（以 BOD_5 表示）2.86g。如果用实际污水作为碳源，因为其中只有一部分快速可生物降解的 BOD 可以作为反硝化的碳源，所以 C/N 的需求要高一些。一般认为，当反硝化反应器进水 BOD_5/TKN＞4～6 时，可认为碳源充足。在城市污水中，有时 C/N 比需求达到 8。

⑥ 有毒物质　反硝化菌对有毒物质的敏感性比硝化菌低得多，与一般好氧异养菌相同。

（二）组合生物脱氮工艺

传统生物脱氮工艺的基本原理是在二级生物处理过程中，先将有机氮转化为氨氮，再通过氨氧化菌和亚硝酸盐氧化菌的作用将氨氮转化为亚硝态氮和硝态氮，最终通过反硝化作用将硝态氮转化为氮气,至此完成脱氮过程。

1. 三段生物脱氮工艺

该工艺是将有机物氧化、硝化及反硝化段独立开来,每一部分都有其自己的沉淀池和各自独立的污泥回流系统,使除碳、硝化和反硝化在各自的反应器中进行,并分别控制在适宜的条件下运行,处理效率高。工艺流程如图4-59所示。

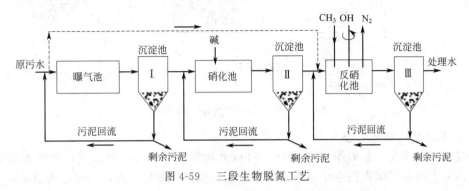

图 4-59 三段生物脱氮工艺

由于反硝化段设置在有机物氧化和硝化段之后,主要靠内源呼吸产生的碳源进行反硝化,效率很低,所以必须在反硝化段外加碳源来保证高效稳定的反硝化反应。随着对硝化反应机理认识的加深,将有机物氧化和硝化合并成一个系统以简化工艺,从而形成两段生物脱氮工艺(图4-60),各段同样有各自的沉淀及污泥回流系统。在反硝化段仍需要外加碳源来维持反硝化的顺利进行。

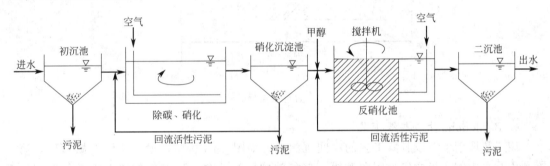

图 4-60 补充外加碳源的两段生物脱氮工艺

2. 缺氧/好氧(A/O)脱氮工艺

A/O工艺将反硝化段设置在系统的前面,因此又称为前置式反硝化生物脱氮工艺,是目前应用最为广泛的一种脱氮工艺,如图4-61所示。该工艺通过内循环将大量硝酸盐回流到缺氧池中,利用进水中的有机碳作为反硝化的碳源,在缺氧池内进行反硝化脱氮。

通过调整工艺流程,A/O脱氮工艺充分利用原污水中的碳源,从而减少了外加碳源的费用,而且利用硝酸盐作为电子受体处理进水中有机污染物,不仅可以节省后续曝气量,而且反硝化菌对碳源的利用更广泛,甚至包括难降解有机物。另外,反硝化反应产生的碱度也补充了硝化池50%左右的碱消耗。A/O脱氮工艺还可以有效控制系统的污泥膨胀。该工艺流程简单,因而基建费用及运行费用较低,对现有设施的改造比较容易,脱氮效率一般在70%左右。但由于该工艺的最终出水来自于硝化池,出水中含有一定浓度的硝酸盐,不但限制了脱氮效率的提高,而且在反硝化作用下易使沉淀池发生污泥上浮的现象。

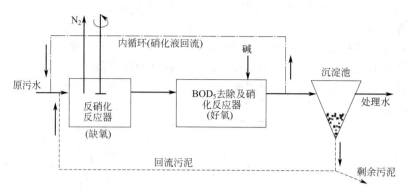

图 4-61　缺氧-好氧（A/O）脱氮工艺

3. 后置缺氧反硝化工艺

后置缺氧反硝化工艺如图 4-62 所示，可以外加碳源，也可以在没有外来碳源情况下利用活性污泥的内源呼吸提供电子供体还原硝酸盐。反硝化速率一般认为仅是前置缺氧反硝化速率的 1/3～1/8，因此需要较长的停留时间才能取得一定的反硝化效率。必要时应在后缺氧区补充碳源，碳源除了来自甲醇、乙酸等普通化学品外，污水处理厂的原污水及含有机碳的工业废水等也可以考虑，只是要注意投加适当的量，以免增加出水的有机物浓度。

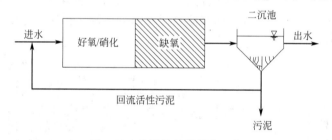

图 4-62　后置缺氧反硝化工艺

4. Bardenpho 生物脱氮工艺

该工艺取消了三段脱氮工艺的中间沉淀池，如图 4-63 所示，设立了两个缺氧段，第一段利用原水中的有机物作为碳源和第一好氧池中回流的含有硝态氮的混合液进行反硝化反应。经第一段处理，脱氮已大部分完成。为进一步提高脱氮效率，废水进入第二段反硝化反应器，利用内源呼吸碳源进行反硝化。最后的曝气池用于净化残留的有机物，吹脱污水中的氮气，提高污泥的沉降性能，防止在二沉池发生污泥上浮现象。这一工艺比三段脱氮工艺减少了投资和运行费用。

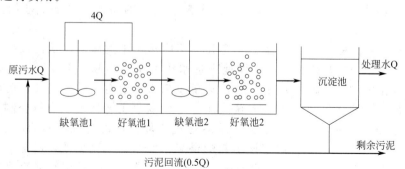

图 4-63　Bardenpho 生物脱氮工艺

5. 间歇式（SBR）脱氮工艺

SBR 工艺通过自动化控制技术，可以使得有机物氧化反应、硝化反应和反硝化反应在同一个反应器中实现。SBR 工艺通过运行时间上的改变，在曝气阶段完成 COD 分解和硝化反应，在停止曝气的缺氧阶段进行反硝化脱氮，在闲置期还能进行内源反硝化，达到了良好的脱氮效果。

（三）新型生物脱氮工艺

传统的生物脱氮工艺主要依靠调整工艺流程来缓解硝化菌反应环境和反硝化菌反应环境之间存在的矛盾。如果硝化反应阶段在前，则需要外加电子供体，例如甲醇等物质，增加了运行费用；如果硝化反应阶段在后，则需要将硝化出水回流，需要提高回流比以获得更高的去除率并且容易在沉淀池产生污泥上浮。这个矛盾在处理氨氮浓度较低的市政废水中尚不明显，但在处理垃圾渗滤液、畜牧废水等高浓度氨氮废水时，极大地限制了系统脱氮效率。近年来通过理论研究和实践创新，一些新型生物脱氮技术如同步硝化反硝化（SND）脱氮工艺、短程硝化反硝化脱氮工艺、厌氧氨氧化工艺等逐步得到关注和应用。

1. 同步硝化反硝化（SND）脱氮工艺

传统生物脱氮需要经历先硝化而后再反硝化两个过程，因此生物脱氮过程需要在两个隔离的反应器中进行，或者在时间或空间上能形成交替缺氧和好氧环境的同一反应器中进行，存在工艺流程长、占地面积大、基建投资高、抗冲击能力弱、需要外加碱度维持系统酸碱平衡等问题。近年来发展的同步硝化反硝化（simultaneous Nitrification and denitrification，SND）工艺则能较好地解决上述一些问题，是一种具有广泛应用前景和开发价值的生物脱氮新工艺。SND 工艺可以在同一反应器内同时进行硝化和反硝化反应，并且具有曝气量减少、降低能耗、无需酸碱中和、缩短反应时间等优点。

2. 短程硝化反硝化脱氮工艺

一般认为，氨向亚硝酸盐转化是硝化过程的速率控制步骤，但在研究过程中人们发现了亚硝酸盐积累的现象。生物脱氮需经过硝化和反硝化两个阶段，如果将 NO_2^- 作为反硝化反应的电子受体就实现了短程硝化反硝化（partical nitrification-denitrification）过程，该过程节省了进一步氧化亚硝酸的曝气动力费用，并且节省了反硝化过程中所需的部分碳源。

近年来短程硝化反硝化技术的研究与应用多集中于处理高浓度氨氮废水，这是因为较高的游离氨浓度会抑制亚硝酸盐氧化菌的生长。另外，较低的溶解氧浓度（DO<0.5mg/L）下也可实现短程硝化，因为氨氧化菌对溶氧的亲和力强于亚硝酸盐氧化菌。比较普遍的观点认为，短程硝化反应对温度要求比较苛刻，一般在较高温度下更易于淘汰亚硝氮氧化菌，实现亚硝氮积累。近年来的一些研究发现，在常温、低温（11.8～5℃）条件下也可实现较稳定的短程硝化过程。

3. 厌氧氨氧化（ANAMMOX）脱氮工艺

1995 年，Mulder 在脱氮流化床中发现氨氮和亚硝酸盐在厌氧条件下按一定比例同时消失，将这一现象命名为厌氧氨氧化（anaerobic ammonium oxidation，ANAMMOX）。厌氧氨氧化较之传统硝化反硝化脱氮工艺有以下优势。

（1）反应只消耗 CO_2 和 HCO_3^-，无需外加有机碳源作为电子供体，在节约成本的同时防止投加碳源产生的二次污染。

（2）只需将进水中一半的氨氮氧化为亚硝氮，节省了供氧动力消耗。

（3）反应过程中几乎不产生 N_2O，避免了传统硝化反硝化工艺中产生的温室气体排放。

妨碍厌氧氨氧化技术推广的最大问题是，由于 ANAMMOX 菌世代周期长并且在自然界中数量不多导致反应器启动时间长，例如在荷兰鹿特丹世界上第一套工业化厌氧氨氧化装置启动稳定周期长达 3 年。

三、生物除磷工艺

（一）生物除磷原理

1. 聚磷菌除磷原理

（1）厌氧释放磷的过程　聚磷菌在厌氧条件下，分解体内的多聚磷酸盐产生 ATP，利用 ATP 以主动运输方式吸收产酸菌提供的三类基质进入细胞内合成 PHB，与此同时释放 PO_4^{3-} 于水中。

（2）好氧吸磷过程　聚磷菌在好氧条件下，进行有氧呼吸，不断从外部摄取有机物，氧化分解并产生能量，能量为 ADP 所获得。同时，通过体内的 PHB 的氧化代谢产生能量，大量吸收液体中的 PO_4^{3-}，将 ADP 和 PO_4^{3-} 结合成 ATP，存储超出生物所需求的磷量。

2. 生物除磷系统的主要影响因素

（1）温度　温度是生物除磷过程中一个复杂的因素，温度的升高或降低对除磷过程的影响并不是非常明显：低温下，硝化效果降低，硝酸盐含量降低，反硝化过程对底物的需求降低，因此聚磷菌可利用底物增加，聚磷的储存能力增强，相应会增加除磷效果；但低温下发酵作用降低，VFA 的产量减少，所以聚磷菌可利用底物在一定程度上减少，聚磷的储存能力降低。因此，低温运行时，厌氧区的停留时间要长一些，以保证发酵作用的完成及基质的吸收。总体来说，一般情况下，聚磷菌的吸磷与释磷效率均随温度的升高而增大。

（2）pH　pH 对生物除磷的效果有着极其重要的影响。生物除磷的各个过程如厌氧磷释放、好氧磷吸收等都存在着各自反应的最佳 pH 范围。特别在厌氧释磷阶段，pH 将影响乙酸盐进入细胞的过程，低 pH 值会导致释磷速率和乙酸盐吸收速率的降低，这意味着在低 pH 值条件下每释放单位质量的磷酸盐就需要更多的乙酸盐。同时聚磷酸盐水解所释放的能量不是用于将乙酸盐转化为多聚物 PHB 进行储存，而是用于将乙酸盐通过细胞膜送入细菌体内。pH 值过高时，厌氧环境下代谢定量的乙酸等有机基质所需要的能量增加。综合考虑，生物除磷系统的 pH 一般控制在中性或略碱性。

（3）碳源的种类　碳源可为产酸菌提供足够的养料，从而为聚磷菌提供释磷所需的溶解性基质。混合碳源或污水中的有机基质对厌氧释磷的影响情况较为复杂，大分子有机物必须先在发酵产酸的作用下转化为小分子的发酵产物后，才能被聚磷菌吸收并诱导利用。

（4）进水 BOD/P 与 BOD/N 比值　碳源的浓度是影响生物除磷效果的一个重要因素，有机物浓度提高后，诱发了反硝化作用，并迅速耗去了硝酸盐，故有机物浓度越高，污泥释磷越早越快。一般情况下，在生物除磷工艺，每去除 1mg 磷酸盐，需要 20mg 的 BOD，其中 BOD 是指可快速生物降解 BOD 和可慢速降解 BOD 之和。为了实现有效的生物除磷，必须维持一定的 BOD 浓度，因为 PAO 是异养型微生物，生长繁殖需要有机物做碳源。BOD 浓度比较低时，不能满足 PAO 生长对碳源的需求，合成的 PHA 量少，影响好氧阶段对磷的吸收，除磷的效果比较差。如果增加 BOD 浓度，对除磷效率有明显的改善。当 BOD 浓度增加到一定程度，已经完全满足了微生物对碳源的需要，继续增加 BOD 效果不是很明显，甚至会导致除磷效率的降低。其原因是 PAO 没有利用的 BOD 进入好氧阶段会导致非聚磷菌的大量繁殖，使 PAO 不再是优势菌种。所以在无硝酸盐回流到厌氧区的生物处理系统中，为了达到良好的生物脱氮除磷功能，BOD/P 至少为 15～20，BOD/N 至少为 4～5。

（二）生物除磷工艺

1. 厌氧/好氧（A/O）生物除磷工艺

A/O 工艺是最简单的生物除磷工艺，反应池划分为好氧区和厌氧区，可同时去除污水中有机污染物及磷。进水与回流污泥在厌氧区进水端混合后流入厌氧区，有机物在水解发酵作用下产生挥发性脂肪酸（VFA），聚磷菌利用 VFA 在细胞内积聚糖原等物质，同时释放磷；随后混合液进入好氧区，聚磷菌利用积聚的糖元物质，并大量吸收水中的磷酸盐；混合液随后进入二沉池，通过固液分离，污泥从二沉池回流到厌氧区，部分富磷的污泥以废弃污泥的形式从系统中排出，实现磷的去除。A/O 除磷工艺的特征是负荷高、泥龄和水力停留时间短，其工艺流程见图 4-64。

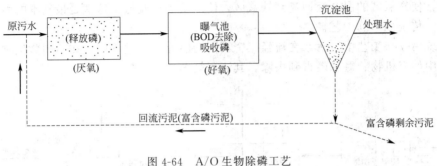

图 4-64　A/O 生物除磷工艺

为了使微生物在好氧池中易于吸收磷，溶解氧应维持在 2 mg/L 以上，pH 值应控制为 7~8。磷的去除率还取决于进水中的易降解 COD 含量，一般用 BOD_5 与磷浓度之比表示。由于微生物吸收磷是可逆的过程，过长的曝气时间及污泥在沉淀池中长时间停留都有可能造成磷的释放。

2. Phostrip 侧流除磷工艺

Phostrip 侧流除磷工艺是将生物除磷与化学除磷相结合的工艺。Phostrip 侧流除磷工艺是在常规活性污泥工艺的基础上，在回流污泥过程中增设厌氧释磷池和化学反应沉淀处理系统，称为侧流旁路。将来自常规生物除磷工艺的一部分回流污泥转移到一个厌氧释磷池，释磷池内释放的磷随上层清液流到磷化学反应池，富磷上层清液中的磷在化学反应池内被石灰或其他沉淀剂沉淀，然后进入初沉池或一个单独的絮凝或沉淀池进行固液分离，最终磷以化学沉淀物的形式从系统中去除。Phostrip 除磷效率不像其他生物除磷系统那样受进水的易降解 COD 浓度的影响，处理效果稳定，出水总磷浓度可低于 1 mg/L，其工艺流程见图 4-65。

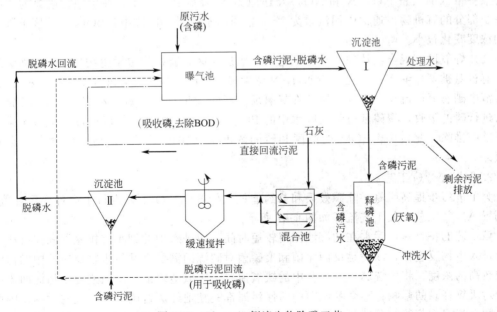

图 4-65　Phostrip 侧流生物除磷工艺

四、同步脱氮除磷工艺

（一）传统同步脱氮除磷工艺

1. 传统 A^2/O 法

A^2/O 是 20 世纪 70 年代在 A/O 除磷工艺基础上，在厌氧区之后、好氧区之前增设一个缺氧区，使好氧区的混合液回流到缺氧区，使之反硝化脱氮，这就是最基本的生物脱氮除磷工艺——传统 A^2/O 工艺。

在传统 A^2/O 工艺中，污水在流经三个不同功能分区的过程中，在不同微生物菌群作用下，污水中的有机物、氮和磷得到去除，其流程简图见图 4-66。

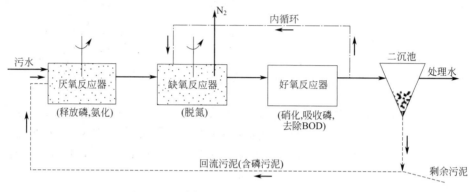

图 4-66 A^2/O 工艺

A^2/O 工艺各段的功能和过程如下。

（1）厌氧段 污水进入厌氧反应区，同时进入的还有从二沉池回流的活性污泥，聚磷菌在厌氧环境条件下释磷，同时转化易降解 COD、VFA 为 PHB。本池主要功能是释放磷，使污水中的 P 浓度升高，溶解性有机物被微生物细胞吸收而使水中的 BOD 浓度下降。

（2）缺氧段 污水经过第一个厌氧反应区以后，接着进入缺氧反应区进行脱氮。硝态氮通过混合液内循环由好氧反应器传输过来，反硝化菌利用污水中的有机物作为碳源，将回流混合液中带入的大量 $NO_3^- $-N 和 $NO_2^- $-N 还原为 N_2 释放到空气中，在反硝化脱氮的同时也去除了部分的有机物。通常内回流量为 2～4 倍原污水流量。此段中，BOD_5 的浓度下降，而磷的浓度变化很小。

（3）好氧段 混合液从缺氧反应区进入好氧反应区，有机物被微生物生化降解而继续下降；有机氮被氨化继而被硝化，使 NH_3-N 浓度显著下降，$NO_3^- $-N 和 $NO_2^- $-N 的浓度增加，混合液中硝态氮回流至缺氧反应区。在好氧反应区除发生有机物氧化和有机氮氨化硝化外，同时进行磷的吸收，聚磷菌过量吸收水中的 PO_4^{3-}，储存于体内，然后通过剩余污泥排放而从系统中排除。此段中，BOD_5 的浓度和磷的浓度均大幅度下降，但出水中含有一定的硝态氮。

2. 倒置 A^2/O 工艺

为了进一步提高脱氮、除磷效果和节约能耗，传统 A^2/O 工艺进行了多种变形和改进，如倒置 A^2/O 工艺，其工艺流程如图 4-67 所示。

该工艺的特点是：污水在初沉池停留较短时间，使进水中的细小有机悬浮固体有相当一部分进入生物反应器，以满足反硝化菌和聚磷菌对碳源的需要，并使生物反应器中的污泥能达到较高的浓度；将传统 A^2/O 工艺中的缺氧池置于厌氧池之前，从而避免了污泥回流中硝酸盐对厌氧释磷的影响；整个系统中的活性污泥都完整地经历过厌氧和好氧的过程，因此排放的剩余污泥中都能充分地吸收磷；由于反应器中活性污泥浓度较高，从而促进了好氧反应

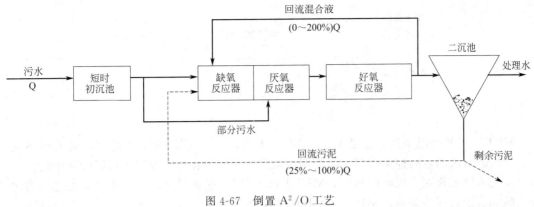

图 4-67　倒置 A^2/O 工艺

器中的同步硝化、反硝化，因此可以用较少的总回流量（污泥回流和混合液回流）达到较好的总氮去除效果。目前，在我国一些大、中型城镇污水处理厂的建设和改造工程中得到较为广泛的应用。

（二）　改良型同步脱氮除磷工艺

1. 改良 Bardenpho 工艺

Bardenpho 工艺是缺氧-好氧交替四段式流程，内循环和污泥均回流至缺氧段，带回了大量 NO$_3^-$（NO$_2^-$），严重影响除磷效果。采用改良的 Bardenpho 工艺（图 4-68），流程由厌氧-缺氧-好氧-缺氧-好氧五段组成，即在缺氧段前增设了厌氧池，保证了磷的有效释放，从而提高了聚磷菌在好氧段吸收磷的能力和除磷效果。改良 Bardenpho 工艺第二个缺氧段利用好氧段产生的硝酸盐作为电子受体，利用剩余碳源或内碳源作为电子供体进一步提高反硝化效果。最后好氧段主要用于剩余氮气的吹脱。因为系统脱氮效果好，通过回流污泥进入厌氧池的硝酸盐量较少，对污泥的释磷反应影响小，从而使整个系统达到较好的脱氮除磷效果。但该工艺流程较为复杂，投资和运行成本较高。

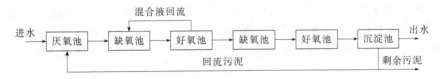

图 4-68　改良 Bardenpho 工艺流程图

2. 改良型 A^2/O 法

为了控制厌氧区回流污泥中硝酸盐的含量，以消除其对除磷的影响，提高同步脱氮除磷的效果，研究者们在 A^2/O 工艺的基础上，通过改变混合液的回流方式或增加反硝化环节，开发了不少改良型工艺。

A^2/O 工艺回流污泥中的 NO$_3^-$-N 至厌氧段，干扰了聚磷菌细胞体内磷的厌氧释放，降低了磷的去除率。UCT 工艺（图 4-69）将回流污泥首先回流至缺氧段，回流污泥带回的 NO$_3^-$-N 在缺氧段被反硝化脱氮，然后将缺氧段出流混合液一部分再回流至厌氧段。UCT 工艺不同之处在于污泥回流至缺氧池而非厌氧池，在缺氧池和厌氧池之间增加缺氧回流。由于缺氧池的反硝化作用使得缺氧混合液回流带入厌氧池的硝酸盐浓度很低，污泥回流中有一定浓度的硝酸盐，但其回流至缺氧池而非厌氧池，使厌氧池的功能得到充分发挥，这样就避免 NO$_3^-$-N 对厌氧段聚磷菌释磷的干扰，提高了磷的去除率，也对脱氮没有影响，该工艺对氮和磷的去除率都大于 70％。

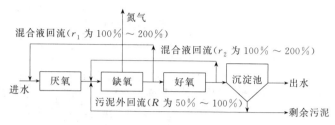

图 4-69 UCT 工艺流程图

MUCT 工艺见图 4-70，它是 UCT 的改良工艺，为了克服 UCT 工艺因混合液内回流交叉，导致缺氧段的水力停留时间不易控制的缺点，同时避免好氧段出流的混合液中的 DO 经缺氧段进入厌氧段而干扰磷的释放，MUCT 将 UCT 工艺的缺氧段一分为二，使之成为两套独立的混合液内回流系统。MUCT 生化池通过变频泵来调整各段混合液及污泥的回流比，以适应各种水质条件下对除磷、脱氮的要求。同时，在最后两个缺氧单元布置了曝气管，以增强曝气池硝化功能的灵活性，在推流式曝气池按需氧量分布情况布置曝气机。MUCT 具有以下特点：可调节、分配至厌氧段和缺氧段的进水比例，为同时生物脱氮除磷提供最优的碳源；可根据进水碳氮比将一个或两个缺氧单元转换为好氧单元；污泥回流采用二级回流，回流污泥在第一个缺氧单元内就消耗掉了溶解氧和硝态氮，保证了厌氧池的厌氧状态，可以减小厌氧池的容积，提高除磷效果；不需要根据进水 TN/COD 值对回流硝酸盐量进行实时控制。

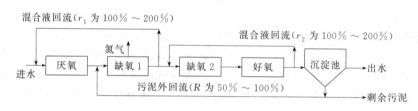

图 4-70 MUCT 工艺流程图

JHB 工艺（图 4-71）在回流污泥进入厌氧段之前，附设了 1 个缺氧池，回流污泥携带的硝酸盐利用污泥本身的碳源得到还原，故避免了硝酸盐对厌氧释磷的不利影响，同时使所有的污泥都经历完整厌氧释磷和好氧吸磷过程，因而能够保证较好的除磷效果。

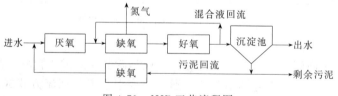

图 4-71 JHB 工艺流程图

（三）脱氮除磷新工艺

1. OCO 工艺

OCO 工艺见图 4-72，它是由丹麦 Piuitek A/S 公司经过多年研究与实践推出的，它实际上是集有机物、N、P 去除于一池的活性污泥法。原水经过格栅、沉砂池的物理处理后，进入 OCO 反应池的 1 区，在厌氧区污水与活性污泥混合，混合液流入缺氧区 2，并在缺氧区和好氧区 3 之间循环一定时间后流入沉淀池，澄清液排入处理厂出口，污泥一部分回流到 OCO 反应池，另外一部分作为剩余污泥予以处理。OCO 工艺的特点在于：集厌氧-缺氧-好氧环境于一池，占地少，土建投资低；利用水解作用和反硝化作用，降解有机物时对充氧量要求低，使运行维护费用降低；污泥浓度高，有机负荷低，污泥絮凝沉降好，且沉降污泥稳定，剩余污泥少。

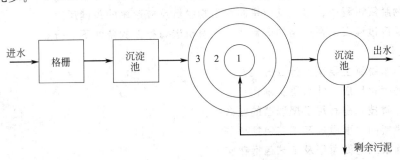

图 4-72 OCO 工艺流程图

1—厌氧区；2—缺氧区；3—好氧区

2. BCFS 工艺

荷兰 UTDe 研究发现了兼性反硝化细菌的生物吸/释磷作用，在此基础上，他们研发出了一种反硝化除磷的 BCFS 工艺（见图 4-73，将 UCT 反应池扩展为 5 个内循环和 1 个被结合的化学除磷单元）。该工艺中 50％的磷均由 DPB（兼性厌氧反硝化除磷细菌）去除，通过控制反应器之间的 3 个循环来优化各反应器内细菌的生存环境，充分利用了 DPB 的缺氧反硝化除磷作用，实现了磷的完全去除和氮的最佳去除。充分利用了磷细菌对磷酸盐的亲和性，将生物摄磷与富磷上清液（来自厌氧释放）离线化学沉淀有机结合，使系统能获得良好的出水水质。

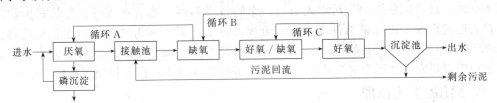

图 4-73 BCFS 工艺流程图

近年来，研究者们在对新旧工艺进行了较为深入研究的基础上，又开发出了一些新的脱氮工艺，如 SHARON、ANAMMOX、OLAND、SND、CANON 工艺等，如何将这些技术引入同步脱氮除磷工艺中以进一步提高脱氮除磷效果是值得我们探索的一个问题。另外，社会的可持续发展给污水脱氮除磷处理提出了越来越高的要求，这就要求我们必须不断开发出新的工艺，更加深入地探讨生物脱氮除磷的机理。

【复习思考题】

一、判断题

1. 有机氮、氨氮和硝态氮合起来称为凯氏氮，原废水中含氮化合物的大部分是以凯氏氮形态存在的。（ ）

2. 在生物除磷的反应中聚磷菌放磷是在厌氧反应器中进行的，厌氧反应器内应保持绝对的厌氧条件，NO_3^- 一类的化合态氧也不允许存在。（ ）

3. 废水中溶解氧对生物除磷效果没多大影响，采用生物法除磷时不必考虑溶解氧的问题。（ ）

4. 废水进行生物脱氮处理过程中硝化反应要求有充足的溶解氧和碱度。（ ）

5. 生物除磷的反应中，只要加大厌氧放磷量，好氧吸磷能力就好。（　　　）

6. 废水生物脱氮是属于对废水的深度处理范畴，深度处理总在常规处理之后。（　　）

7. 在生物脱氮过程中，氨化反应是制约生物脱氮反应速率的关键反应。（　　）

8. 硝化反应过程要求在严格的厌氧状态和有机碳源存在的条件下进行。（　　）

二、简答题

1. 城市污水脱氮主要采用什么方式？

2. 什么是硝化反应？什么是反硝化反应？

3. 生物除磷技术是利用了聚磷菌的什么特性？

4. 生物脱氮的主要原理及工艺包括哪些？

5. 生物除磷的主要原理及工艺包括哪些？

6. A/O 工艺各单元的功能是什么？

7. 简述 A^2/O 工艺脱氮除磷过程。

第四节　膜生物反应器

膜生物反应器（membrane biological reactor，MBR）是膜分离技术和污水生物处理技术有机结合产生的废水处理新工艺。MBR 工艺适用范围广、出水水质优良，系统性能稳定，占地面积小。目前，它已在市政污水和工业废水处理等不同领域有了广泛应用。同时，由于其优良的出水水质，MBR 技术还是污水深度处理及再生利用中经常采用的核心工艺。

20 世纪 60 年代后期，Dorr-Oliver 公司开发研制了第一个商用 MBR，并将其应用于船舶污水处理。该处理系统中，污水先通过一个转鼓形筛网，然后进入悬浮生长式生物反应器，最后通过板框式超滤膜组件实现泥水分离，该工艺后被称为外置式膜生物反应器。20世纪 80～90 年代，以美国泽能（Zenon）公司和日本久保田（Kubota）公司为代表的国际环保公司先后研发了"浸没式"构型的 MBR，并很快在世界范围了得到了推广应用。

一、MBR 工艺原理

传统污水生物处理技术中，泥水分离是在二沉池中通过重力沉降完成的，其分离效率依赖于活性污泥的沉降性能。一般地，为保证二沉池的运行效果，曝气池中不能维持较高的污泥浓度，从而限制了生化反应速率；同时，曝气池的运行状况直接影响污泥的沉降性能，传统活性污泥处理系统还容易出现污泥膨胀等问题，导致出水中含有悬浮固体，影响出水水质。

膜生物反应器是由膜分离技术与生物反应器相结合的生化反应系统，即利用分离效果非常好的膜分离系统代替传统生物处理工艺中的二沉池，将生化反应池中的活性污泥和大分子有机物截留住。MBR 工艺通过膜分离技术大大强化了生物反应器的功能，可大大提高曝气池活性污泥浓度，增强其处理效能，从而获得优良的出水水质。

二、MBR 工艺的构型与特点

膜生物反应器，实际上是三类反应器的总称：固液分离膜-生物反应器（MBR），曝气式膜生物反应器（MABR）和萃取式膜生物反应器（EMBR）。固液分离膜-生物反应器是目前研究最广泛的一种膜生物反应器，在无特定的说明下，通常将其称为膜生物反应器（MBR）。

根据膜组件与生物反应器的相对位置，MBR 又可以分为浸没式膜生物反应器、外置式膜生物反应器、复合式膜生物反应器三种。

（一）膜生物反应器分类

1. 外置式（或分置式）膜生物反应器

外置式膜生物反应器，如图 4-74 所示，其主要特点是生物反应器与膜分离单元相对独立。生物反应器中的混合液经循环泵增压后进入膜组件，混合液在膜表面形成错流，并通过错流出口回流至生物反应器，在压力作用下部分混合液中的液体透过膜，成为系统处理水。

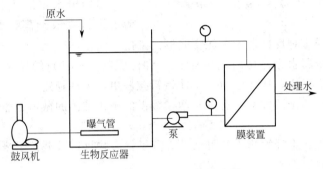

图 4-74　外置式膜生物反应器

外置式 MBR 的主要优点包括：（1）膜组件与生物反应器之间的相互影响小；（2）单位面积膜的水通量大；（3）运行稳定可靠，操作管理容易；（4）易于膜的清洗、更换和增设。主要缺点包括：（1）为减少污染物在膜表面的沉积，需要较高的膜面流速，因而配置的循环泵流量大，单位产水能耗很高，一般为 $6\sim8kW\cdot h/m^3$；（2）循环泵内的高剪切力会引起生物絮体的破坏，导致生物活性的降低。

2. 浸没式膜生物反应器

浸没式膜生物反应器，如图 4-75 所示，其主要特点是膜组件浸没在生物反应器中，出水需要通过负压抽吸经过膜单元后排出。主要优点是：（1）体积小，整体性强，膜组件直接置于生物反应器中，大大减少了占地面积；（2）运行动力费用低，膜表面的错流是靠空气搅动产生的，混合液随气流向上流动，在膜表面产生剪切应力，使沉积在膜表面的颗粒脱离，因此不需要功率较大的循环泵。主要缺点包括：（1）需要定期将膜组件取出生物反应器进行化学清洗，因而管理方面上不及外置式；（2）出水不连续；（3）单位面积膜的产水量较低。

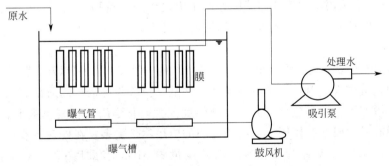

图 4-75　浸没式膜生物反应器

3. 复合式膜生物反应器

复合式膜生物反应器在形式上也属于浸没式膜生物反应器，所不同的是在生物反应器内加装填料。通过填料生物膜和悬浮生长微生物协同完成对污染物的降解过程，使复合系统复杂的生态结构具备了较强的抗冲击负荷能力。在复合式膜生物反应器中安装填料的目的有两

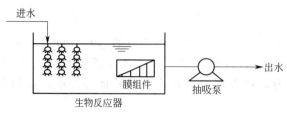

图 4-76　生物膜-膜反应器（复合式）示意图

个：一是提高处理系统的抗冲击负荷，保证系统的处理效果；二是降低反应器中悬浮性活性污泥浓度，减小膜污染的程度，保证较高的膜通量，复合式膜生物反应器示意图见图 4-76。

（二）膜生物反应器特点

（1）出水水质优良且稳定，能够高效地进行固液分离，出水悬浮物和浊度接近于零，出水不受生物反应器中污泥膨胀等因素的影响。

（2）实现了反应器水力停留时间（HRT）和污泥龄（SRT）的完全分离，在维持较短的 HRT 的同时，又可保持极长的 SRT，使运行控制更加灵活稳定。

（3）由于膜高效的截留效率，有利于增殖缓慢的硝化细菌的截留、生长和繁殖，因此脱氮效果较好。

（4）大分子颗粒状难降解物质和可溶性大分子化合物可以被截留下来，在反应器中停留较长的时间，最终得以去除。

（5）装置更加紧凑，占地面积小。MBR 中活性污泥浓度较传统活性污泥法中的高，因此容积负荷提高，污泥浓缩储存槽及曝气池的体积可以相应减小，装置也更加紧凑。此外，膜分离组件取代了传统的二沉池，也能显著地缩小污水处理系统的总占地面积。

同时，MBR 工艺也有一些不足之处需要不断进行完善，主要包括以下方面。

（1）投资大：膜组件的造价高，导致工程的投资比常规处理方法高。

（2）能耗高：MBR 分离过程必须保持一定的膜驱动压力，同时由于 MBR 池中 MLSS 浓度相对较高，为保持足够的传氧速率并减轻膜污染，需加大曝气强度，造成 MBR 的能耗要比传统的生物处理工艺高。

（3）膜容易污染需要定期清洗，给操作管理带来不便，同时需要消耗部分化学药剂。

（4）由于材料技术的原因，目前膜的寿命还比较短，膜组件一般使用寿命在 5 年左右，到期需更换，导致运行成本进一步增加。

三、MBR 工艺的膜与膜组件

MBR 工艺通常采用微滤膜或超滤膜，由于无机陶瓷膜价格昂贵，所以工程应用中以有机膜为主，常用膜材料为聚乙烯、聚丙烯、聚砜、聚氯乙烯（PVC）、聚偏氟乙烯（PVDF）等。

外置式 MBR 通常采用超滤膜组件，截留分子量一般在 2 万～30 万。膜的截留分子量越大，初始膜通量就越大，但长期运行膜通量未必越大。膜长期运行的通量衰减主要是由于膜污染引起的，膜截留分子量愈大，通量衰减幅度愈大，化学清洗恢复率愈低。浸没式 MBR 工艺中超滤膜和微滤膜均有使用，目前微滤膜的应用案例更多。在处理市政污水时，微滤膜与超滤膜的出水水质并没有明显差别，因此浸没式 MBR 多采用 0.1～0.4 μm 孔径的微滤膜。

膜工艺中主要应用的膜组件形式包括板框式、中空纤维式、管式和螺旋卷式四种构型。目前 MBR 工艺中一般采用的是板框式和中空纤维式两种膜组件，管式膜组件在某些场合亦有一定应用，而卷式膜组件一般不适于 MBR 工艺。

（1）板框式膜组件是 MBR 工艺最早应用的一种膜组件形式，采用平板膜（图 4-77），外形类似于普通的板框式压滤机。板框式膜组件的优点是：制造组装简单，操作方便，易于维护、清洗和更换；其缺点包括：密封较复杂，压力损失大，相比于中空纤维膜组件的装填密度小。

（2）中空纤维膜组件采用中空纤维膜，膜丝外形如纤维，具有自支撑作用。把大量（多达几十万根）中空纤维膜装入圆筒形耐压容器内，并将纤维束的开口端用环氧树脂铸成管板，即形成外压式中空纤维膜组件。在浸没式 MBR 中，常把组件直接放入反应器中，不需耐压容器，产水由膜组件的集水管被抽吸泵抽出。见图 4-78。

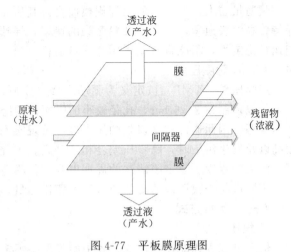

图 4-77　平板膜原理图

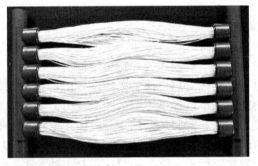

图 4-78　中空纤维膜组件

中空纤维膜组件的优点包括：装填密度高，一般可达 $16000\sim30000\ \mathrm{m^2/m^3}$；造价相对较低；寿命较长；可以采用物化性能稳定，透水率低的尼龙中空纤维膜；膜耐压性能好，不需要支撑材料。其缺点包括：对堵塞敏感，特别是毛发等物质易在膜丝上缠绕，难以通过反冲洗去除；同时，膜丝易断裂，需经常进行检查。

四、MBR 工艺运行控制

MBR 工艺的运行控制主要包括对膜通量、跨膜压差、膜池溶解氧、膜池回流比、运行方式等工艺参数的优化调节。

（一）膜通量

膜通量（J）（或称透过速率）是膜分离过程的一个重要工艺运行参数，是指单位时间内通过单位膜面积上的流体量，国际标准单位为 $\mathrm{m^3/(m^2 \cdot s)}$ 或简化为 m/s，非国际标准单位一般以 $\mathrm{L/(m^2 \cdot h)}$ 表示（LMH）。MBR 膜通量一般在 $10\sim150$LMH。

膜通量由外加推动力和膜的阻力共同决定。膜通量与膜两侧的压力差成正比，提高压力差可提高膜通量。但在实际运行和操作过程中，废水混合液中存在不溶性、溶解性和胶体状的多种组分，它们在分离过程中在膜表面的逐步积累将导致 J 下降，因而在实际运行过程中膜通量并非与 Δp 始终保持线性关系。

在 MBR 工艺中，生物反应器的工艺运行条件，如废水性质、温度、有机负荷和污泥浓度及其性质等，是影响膜通量的关键因素。

膜通量越大，对一定的处理规模而言，其所需的膜面积就小。但是，实际运行中如长期保持较高的膜通量，则会增加膜污染的速率，导致膜清洗频率增加。因此，为保证系统的长期运行稳定性，不能盲目地采用高通量运行。

（二） 跨膜压差

跨膜压差（TMP）被定义为驱动水透过膜所需的压力，即膜进水端与出水端的压力差值，一般控制在 2～6 bar，孔径较小的膜所需的跨膜压差也相应较大。由于通常膜出水端为常压状态，因此通过进水口处的压力表即可观察到跨膜压差的变化趋势，在水温较低、通量较高以及发生污染时，跨膜压差会相应升高。工程应用中，常常根据跨膜压差的变化情况判断膜污染的程度、设定膜清洗的周期以及评价膜清洗的效果。

膜通量与跨膜压差的比值通常称为膜比通量，是综合评价膜运行状态的一个重要参数。

（三） 运行方式

1. 恒压过滤

恒压过滤方式即在膜过滤过程中始终保持恒定的驱动压力。随着过滤的进行，膜表面滤饼层厚度逐渐增加，膜过滤阻力随之上升，因此在恒压方式下，膜通量将不断下降。在实际工程应用中，通常希望产水流量稳定，因此恒压方式很少应用于实际工程，而在实验室中应用较多。

2. 恒流过滤

随着过滤的进行，过滤阻力不断增大，要维持通量不变，就需要增大过滤的推动力。恒流过滤即通过调节跨膜压差保持恒定的膜产水流量的运行方式。浸没式 MBR 工艺通常以恒流方式进行，实际应用中通常采用变频式的抽吸泵，在设定产水流量下通过 PLC 自动调节抽吸泵的运行频率以提供不同的抽吸压力而实现恒流过滤。

恒流方式下，跨膜压差随运行时间逐渐增加。工程应用中在抽吸泵吸水管上安装压力变送器，检测膜的跨膜压差，当跨膜压差变化超过设定值时，压力计将信号传到 PLC，PLC 发出调整管道上的抽吸泵、阀门运行状态的指令，停止产水程序，执行清洗程序。

（四） 膜池溶解氧

对于采用好氧微生物降解的 MBR 系统，充足的溶解氧是保证微生物活性的前提。溶解氧浓度过低，系统会处于缺氧状态，在兼性微生物的作用下，短期仍能保持良好的出水效果，但时间过长就会导致好氧微生物大量死亡，影响系统的正常运行。而溶解氧浓度过高，在一定的条件下对 COD 去除效果的提高影响不大，但是却增大了系统动力消耗。

当 DO＞1mg/L 时 MBR 对 COD 有良好的去除效果，其去除率可达 90％以上。当 DO＜0.5mg /L 时膜出水会出现异味，COD 去除率下降。在 MBR 实际应用中为了保证处理效能并减少曝气能耗，DO 宜控制在 1.5～2 mg/L。

（五） 膜池回流比

膜生物反应器用膜组件替代了传统的二沉池进行固液分离，由于膜的高截留率并将浓缩污泥回流到生物反应器内，而使生物反应器内具有很高的微生物浓度和较长的污泥停留时间，所以 MBR 法可以在比传统活性污泥法更短的水力停留时间内达到更好的去除效率。以 A^2/O-MBR 工艺为例，膜池总回流比为 200％～300％。根据原水氮的浓度，好氧池至缺氧池污泥内回流比在 100％～200％ 范围内。根据磷的浓度，好氧池至厌氧池回流比在 50％～100％。

五、MBR 中膜污染控制与改善

（一） 膜污染的类型与特征

膜污染是指与膜接触的料液中的微粒、胶体粒子或溶质大分子与膜之间发生物理、化学、生化作用或机械作用，在膜面或膜孔内吸附、沉积以及微生物在膜水界面上生长积累，造成膜孔径变小或堵塞，使膜通量与分离特性大幅度降低的现象。

膜污染分为膜外部污染和膜内部污染。外部污染是指污染物质沉积在膜表面形成滤饼层，造成膜通量的下降；滤饼层的组成是复杂而变化的，包括部分活性污泥、胶体物质和由金属离子形成的水垢。内部污染是指污泥混合液中的有机大分子物质和大量细菌被吸附在膜面上和膜孔道中，形成致密的膜面沉积层，而且膜孔中是有利于细菌生长的微环境，细菌大量滋生造成膜孔堵塞。

根据污染物的化学和生物性质，将膜污染分为无机污染、胶体污染和微生物污染。

1. 无机污染物

无机物在膜表面或支撑层孔道内壁沉积、凝结会引起结垢，并导致膜孔闭塞或孔道堵塞，以碳酸钙和硫酸钙居多。超滤、微滤过程结垢现象并不明显，如果进水硬度并非很高，一般好氧膜生物反应器工艺中无机污染物可以忽略。

2. 胶体污染

藻类和大分子有机物都可能处于胶体尺寸，这些胶体状物质吸附于膜表面将引起膜污染。来自非生物过程的胶体物质有淤泥和黏土等无机物，易在膜表面形成滤饼层，但一般不会不可逆地吸附在膜表面；积聚在膜表面的胶体很容易为水力清洗（如反冲洗和空气擦洗）所去除。

3. 微生物污染

MBR工艺中微生物污染是导致膜水通量衰减的主要原因，微生物污染有如下两种形式：其一是微生物新陈代谢产生的溶解性或胶体状物质（溶解性微生物产物和胞外聚合物）在膜分离过程浓缩并吸附在膜表面或孔道内壁；其二是细菌吸附在膜表面并增殖形成生物膜。无论微生物污染采用何种方式发生，胞外聚合物（EPS）在膜表面的吸附过程都被认为是关键因素。这种黏稠的、类似泥泞一样的水凝胶为细菌代谢过程所分泌，它主要由蛋白质和杂多糖类物质组成，并具有荷电性。微生物污染还与膜材质的性质有关，水的接触角小于30°的膜材质一般不容易吸附胞外聚合物，即强亲水性的膜表面不利于细菌的吸附。

（二）膜污染的控制

膜污染控制，即从膜污染影响因素的每一个条件出发，分别采取相应的控制措施，以减少膜污染的发生和/或膜污染程度，降低膜清洗的频率。这主要可以从以下三个方面进行：膜材料及膜组件的优化；原料液及污泥特性的改善；MBR操作条件的优化。

1. 膜材料及膜组件的优化

（1）膜性质的优化　MBR工艺中应采用亲水性好、孔径分布窄、耐污染、易于清洗的膜材料。疏水性膜往往会造成严重的膜污染，可以通过膜材料的化学改性将其转变为亲水性膜，常用的化学方法有接枝、共聚、交联、等离子或者放射性刻蚀和溶剂预处理等。另外，通常随着膜孔径尺寸和空隙率的增加，膜通量会减小得更快，因此大孔微滤膜比超滤膜易产生程度更高的初始污染。

（2）膜组件的优化　膜组件的优化应考虑的因素有膜组件的形式、放置方式与水力形态、中空纤维丝的直径、长度和安装松紧度等。一般认为较薄的纤维丝，较松的安装，较低的堆积密度以及垂直的纤维布置方向更有利于控制膜污染的发生。膜组件的安放需考虑膜组件与曝气池墙体之间的距离、膜组件与空气扩散器之间的距离以及膜组件与反应器液面、空气扩散器和曝气池底之间的距离。膜组件应放置在曝气管（盘）上方，使中空纤维膜丝在反应器的混合液中摆动，有利于泥饼层的脱落。

2. 原料液及活性污泥特性的改善

通过添加混凝剂/絮凝剂或吸附剂可改善活性污泥絮体的结构、颗粒大小、降低污泥混合液中溶解性污染物浓度，达到控制膜污染的目的。

(1) 添加混凝剂/絮凝剂 在 MBR 系统中添加混凝剂/絮凝剂，能明显改善膜污染，提高膜的渗透能力，其主要原因在于易造成膜污染的有机胶体在混凝过程中形成大粒径絮体，降低了进入膜孔的概率。研究表明氯化铁和硫酸铝的加入都能明显改善 MBR 系统的膜污染状况。除无机混凝剂，有研究表明有机混凝剂也能有效抑制膜污染。有机阳离子高分子絮凝剂可通过电荷中和及吸附架桥作用使胶体粒子絮凝，形成密实絮体，从而抑制膜污染，如阳离子 PAM 的投加可有效控制 MBR 污染。天然高分子絮凝剂壳聚糖也被发现可有效减缓 MBR 的膜污染。

(2) 吸附剂 在 MBR 系统中添加吸附剂，能够降低污染物尤其是有机污染物的浓度，从而有效控制膜污染。研究发现，MBR 系统中添加粉末活性炭（PAC）后，可显著减小胞外聚合物（EPS）含量。PAC 控制膜污染的原因在于对污泥颗粒特性的改变，如 PAC 有助于污泥絮体的相互聚集而形成颗粒尺寸更大、强度更高、黏度更小的污泥絮体，从而降低了沉积层阻力，有效控制了膜污染。图 4-79 给出了过滤过程中普通活性污泥和 PAC 污泥形成的沉积层结构差别。由图可知，活性污泥在 PAC 表面上形成生物膜，有效增大了污泥颗粒尺寸，同时 EPS 等物质被 PAC 吸附，因此相比普通活性污泥能更有效地提高膜通量，减少膜污染。

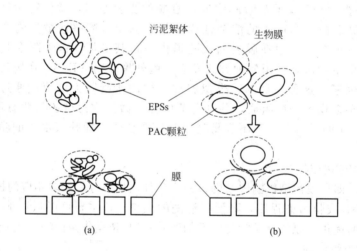

图 4-79　过滤过程中普通活性污泥（a）和 PAC 污泥（b）形成的沉积层结构差别

(3) 好氧颗粒污泥 将好氧颗粒污泥添加到 MBR 系统，可以提高 MBR 中生物污泥颗粒的尺寸，进而提高膜渗透能力。有研究表明，当污泥颗粒平均粒径为 1mm 时，膜的渗透能力提高 50％。但同时发现添加好氧颗粒污泥后的膜清洗恢复率较传统 MBR 膜的清洗恢复率下降较多。

(4) 生物强化技术 生物强化技术又称生物增强技术，是通过向废水处理系统中直接投加从自然界中筛选的优势菌种或通过基因重组技术产生的高效菌种，以改善原处理系统的能力，达到对某种或某一类有害物质的去除或某方面性能优化的目的。生物强化技术应用到 MBR 中，即通过提高对污染物的去除，达到控制膜污染的目的。另外，在某种特定的条件下，采用生物强化技术不仅可以促进对目标物的降解，还可以抑制丝状菌的膨胀，降低污泥产量和黏度，从而控制膜污染。

3. MBR 操作条件的优化

影响 MBR 膜污染的主要操作条件包括曝气、膜面错流速度（CFV）和污泥龄（SRT）等。

(1) 曝气及 CFV 曝气是控制 MBR 中膜污染的重要手段，而曝气强度大小的确定是有效控制膜污染的关键因素。曝气强度的提高，可在膜表面形成较大的 CFV，减缓污染物在膜表面的沉积作用，并加快滤饼层在膜表面的脱离；但过高的曝气强度会导致污泥颗粒粒径变小，以及细小胶体粒子和溶解性成分增多，从而增加了膜孔吸附和堵塞的概率，会加剧膜污染进程，同时也增加能耗。因此，实际操作中存在一个最佳的曝气强度，即可在保证处理效果、控制膜污染的同时最大限度地降低曝气能耗。

气液比（曝气量/产水量之比，m^3/m^3）也用来表征特定水样所需的曝气强度。依据不同的膜结构形式（平板膜和中空纤维膜）和 MBR 反应池的设计形式（膜与好氧区在同一个池内或分开），MBR 供应商所提供的气液比值一般介于 24～50。

(2) SRT 和其他操作条件 MBR 系统的污染情况与 SRT 值密切相关，SRT 可能存在一个最佳值，此时细菌微生物的胞外聚合物产生量最少，膜堵塞在可控制范围内。

另外，对操作条件的优化还可进一步通过 MBR 反应器的优化设计来实现。如通过采用旋转型絮凝器、振荡膜、螺旋型隔板、抽吸模式、高效紧凑型反应器、新型汽提装置以及序批式 MBR 系统等。

（三）膜污染的清洗

尽管在 MBR 的设计和运行中采取了各种措施来缓解和控制膜污染，但在长期运行过程中膜的污染不可避免；到一定时间后，膜污染加剧，膜通量也急剧下降以致低于膜厂家给定的某一限值。这时，必须采取适当的清洗方法，尽可能地恢复膜通量，以保证 MBR 的正常处理效果。目前，常用的清洗方法包括物理清洗、化学清洗以及物理和化学的组合清洗方法。

1. 物理清洗

物理清洗是指不添加任何化学试剂，只通过物理作用（包括人工和机械等作用）移除污染物的清洗方法。物理清洗所需设备简单，但通常清洗效果有限，只能作为一种常用的维护手段。

(1) 膜松弛 浸没式 MBR 通常采用抽吸产水和暂停抽吸交替的运行方式，如抽吸 8min、暂停 2min。暂停产水过程就是使膜在停抽过程中处于松弛状态，此时，在浓度梯度的作用下，膜表面沉积的可逆性污染物会从膜表面脱离并扩散到反应器内，使得膜表面的污染得到一定的控制；同时膜组件下方的曝气错流也会对松弛状态的膜丝表面进行冲刷，滤饼层更易于脱落。

(2) 水反冲洗 水反冲洗是指在膜出水口施加一个反冲洗压力，使处理水反向透过膜而进行的冲洗。反冲洗技术能够去除大部分由于膜孔堵塞引起的可逆性污染，将堵塞膜孔的污染物反冲回反应器中，也能够将部分非牢固附着在膜表面的污染物质去除。尽管高强度反冲洗还不能应用于平板膜系统中，但是在大多数 MBR 系统设计时，已经把周期性的水反冲洗技术视为清除膜污染的标准方法。

反冲洗设计的关键因素包括冲洗频率、冲洗时间以及冲洗强度。水反冲洗对膜性能要求较高，为避免损伤膜而导致出水恶化，反冲洗应在低压状态操作。

(3) 空气反吹 空气反吹清洗是指膜出水口反向通入加压空气使其通过膜而进行的膜清洗，研究表明这是一种恢复通量的有效方法。但空气反吹清洗对膜性能要求较高，操作不当将可能会对膜产生严重损伤。

（4）空曝气　空曝气清洗是一种强化水流循环作用的物理清洗方法，是指在停止进出水时，加大曝气强度连续曝气，以冲脱沉积在膜表面的污泥层。只有当膜表面附着的污泥层对膜的过滤造成很大影响时，采用空曝气的膜清洗方法才能取得较显著的效果。空曝气的时间并不是越长越好，空曝气时间超过一定限度时，膜过滤压差将不再有大的变化；另外，空曝气强度太大，会粉碎污泥颗粒，导致随后 MBR 运行中形成的污泥层更致密，膜阻力上升更快。

（5）海绵球、毛刷等清洗　用人力和水力控制海绵球、毛刷等柔软物质经过膜表面，可以机械去除膜表面的污染物，但去除硬质污垢时易损伤膜表面，需小心操作。该方法一般只适用于平板膜或管式膜。

（6）膜丝搓洗　膜丝搓洗是指将膜组件从反应器中取出，浸泡在水中抖动，用手轻微揉搓膜丝，在膜丝与膜丝、手与膜丝间的相互摩擦作用和污泥自身的重力作用下，膜表面包裹的污泥和菌丝被清除。

2. 化学清洗

在 MBR 处理污水过程中，随着操作时间的延长，会有越来越多的不可逆性污染积累在膜表面或膜孔堵塞，仅靠物理清洗技术已不能有效清除污染物，恢复膜通量。因此必须采取化学清洗方法来进一步去除膜污染，恢复膜通量。化学清洗是利用化学清洗药剂与膜污染物进行化学反应以去除污染物的清洗方法。

化学试剂对污染物的去除机理包括：（1）取代膜表面污染物（如通过适宜的表面活性物的竞争吸附）；（2）使污染物溶解（如改变污染物的溶解度或提供适宜的乳化剂、分散剂或胶溶化剂）；（3）对污染物化学修饰（如脂和油的皂化，蛋白质的氧化或降解，二价阳离子的螯合或金属氧化物与酸的反应）。

化学清洗药剂主要有酸、碱、表面活性剂、螯合剂和酶五类。表 4-6 给出了这五类化学清洗药剂的具体名称、清洗机理和适宜的应用场合。

表 4-6　常用化学清洗剂及清洗原理与应用

清洗剂类型	清洗剂	去除污染物机理	应用
酸	盐酸,硫酸,硝酸,磷酸,柠檬酸	（2）	钙盐,金属氧化物
碱	氢氧化钠,碳酸钠,碳酸钙,硅酸盐,磷酸盐,次氯酸钠	（2）和（3）	二氧化硅,无机胶体,生物/有机污染物
表面活性剂	阴离子(羧酸盐,磺酸盐,硫酸盐和磷酸盐),非离子,阳离子表面活性剂	（1）和（2）	油,脂肪和其他有机物
螯合剂	EDTA(乙二胺四乙酸),柠檬酸盐,三聚磷酸钠,六偏磷酸钠,四磷酸钠	（3）	金属离子(如 Ca^{2+} ,Mg^{2+})
酶	蛋白酶,淀粉酶,脂肪酶,纤维素酶	（3）	蛋白质,淀粉,脂肪和油,纤维素

根据清洗时膜组件所处的位置，化学清洗分为原位化学清洗（CIP）和离线化学清洗。原位化学清洗即清洗时膜组件仍置于 MBR 池中进行的化学清洗；离线化学清洗是指将膜组件从反应器中取出并浸泡在化学药剂中进行清洗。从清洗效果来看，离线化学清洗效果更为理想，但存在清洗强度大，给实际运行增添了诸多不便，而且可能会对膜组件本身造成机械和化学损伤，降低膜的使用寿命，增加运行成本。因此，在实际操作中，只有当膜污染十分严重时，才对其进行离线化学清洗。

根据清洗的目的，可将化学清洗分为以下三类：①化学增强性反冲洗（每日）；②采用高浓度化学药剂的维护性清洗（每周）；③加强性（或恢复性）的化学清洗（一年一次或两次）。

维护性清洗主要是用来维持设计渗透通量，并减少加强性清洗的频率。加强性清洗通常是在由于 TMP 升高，难以保证超滤效果，影响处理效率时进行。表 4-7 列出了四大 MBR 供应商（Kubota、Memcor、Mitsubishi、Zenon）分别提供的膜清洗方法，其中包括清洗剂名称、浓度和具体清洗方法。通常，预防性清洗剂多为针对有机物的次氯酸钠和针对无机物的柠檬酸。次氯酸钠能够使有机物分子水解，从而使附着在膜表面上的污染或者生物膜松动。

表 4-7　四大 MBR 供应商提供的加强性化学清洗方法[①]

公司名称	类型	化学清洗剂	质量分数/%	方　　法
Mitsubishi	CIL	次氯酸钠	0.3	反冲洗(2h)＋浸泡(2h)
		柠檬酸	0.2	
Zenon	CIP	次氯酸钠	0.2	反向脉冲和循环
		柠檬酸	0.2～0.3	
Memcor	CIP	次氯酸钠	0.01	纤维管内循环以及气液混合
		柠檬酸	0.2	
Kubota	CIL	次氯酸钠	0.5	反冲和浸泡(2h)
		草酸	1	

① 针对不同的应用，具体的清洗方法可能会不同。

注：CIL（chemical in line）表示在线化学清洗，即化学清洗剂一般在重力作用下反向透过膜；CIP（chemical in place）表示原位清洗，即把反应池隔离并排除混合液后，对膜组件进行清水漂洗，然后将膜组件浸泡在化学清洗剂里，最后再用清水漂洗除去多余的氯。

一次完整的维护性清洗通常在 30min 内完成，清洗频率为每 3～7 天一次且 NaOCl 清洗剂质量分数为 0.01%。加强性（恢复性）清洗则一般采用 0.2%～0.5% NaOCl 和 0.2%～0.3%柠檬酸或 0.5%～1%的草酸。

从 MBR 实际运行情况来看，化学清洗是一种有效清除膜污染的方法，在某种程度上是维护膜通量必不可少的步骤。但会给实际运行带来诸多不便，化学清洗剂一定程度上也会损伤膜材料。在清洗过程中应尽量避免酸、碱等清洗剂过量并泄漏到反应器中，特别是 MBR 更要特别注意这一点。另外，化学药剂还会带来二次污染。因此，在实际应用中要尽可能减少化学清洗的次数。

化学清洗时的 MBR 系统见图 4-80，相应的具体步骤如下。

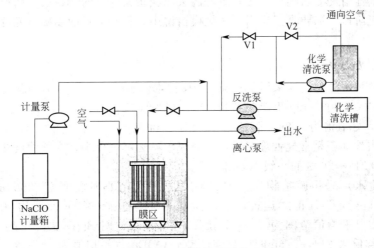

图 4-80　化学清洗系统

（1）确认 V1 阀关闭，化学清洗泵停止。

（2）根据表 4-7 中化学药剂浓度准备相应的化学药剂。

（3）停止过滤系统运行。

（4）启动化学清洗泵，开启 V2 阀，循环化学药剂。

（5）打开 V1 阀，关闭 V2 阀，向受污染的膜组件注入化学药剂。

（6）确定化学药剂标准进水量（例如每一支膜元件 6.5L）。

（7）当确认清洗槽中的清洗药剂需要添加的时候，停止化学清洗泵。

（8）放置一定的时间。

（9）关闭 V1 阀，打开反洗泵与反洗阀，进行反洗操作。

（10）重新开始正常的过滤运行。

3. 组合清洗和新型清洗方法

在 MBR 工艺的实际运行中，单纯的物理和化学清洗方法并不能最大限度地清除膜污染，获得最大的膜通量恢复，因此通常还会采用多种清洗方法的组合使用，将物理和化学清洗方法组合通常是非常有效的组合清洗方法。例如实际中往往采用多种清洗方式的组合对膜进行清洗，先水洗、后碱洗、再酸洗、最后水洗是有效的方法，一般可使膜的通透能力恢复 90% 以上。

另外，一些新型清洗方法也被广泛研究，其中具有代表性的新型清洗方法包括生物清洗、电清洗和超声波清洗等。

生物清洗是指借助微生物来去除膜表面以及膜内部的污染物。由于不同的污水、不同操作条件下运行的膜表面所形成的污染物成分各不相同，因此选择和培养具有特异性的微生物非常重要，如何让更多的对污染物有清洗作用的微生物在膜表面生存下来并适宜的增长也是必须解决的难题。另外，对污染物有清洗作用的微生物必须和对于废水有生物降解和去除功能的微生物共存。

电清洗是指在膜上施加电压，使污染物颗粒带上电荷，来加速清洗过程的一种膜污染清洗方法。该方法电能耗高，且存在电极腐蚀等缺点，因此该方法尚处于研究阶段，推广应用也受到限制。

超声波清洗是利用超声波在水中引起的剧烈紊流、气穴和振动等而达到去除膜污染的目的，因其清洗速度快，效果佳，已成为当前备受关注的一种膜污染清洗方法。另外，超声波清洗还常常与其他清洗方法组合以达到更好的去除膜污染的目的。目前，超声波清洗大多只限于实验室研究阶段，如要真正应用于大规模清洗中，仍有大量的基础研究性工作需要进一步展开。

六、工程应用实例

天津某市政污水处理厂，采用平板膜 MBR 技术，水处理规模为 160m³/d。生物反应器内 MLSS 为 15000～20000mg/L，进水 BOD_5 为 280mg/L，氨氮为 45mg/L，缺氧池水力停留时间为 2.7h，好氧池为 2.8h，膜池为 3.0h，全部处理（包含过滤）总水力停留时间为 8.5h。该工艺占地面积是常规处理工艺的 1/2 以下。运行一年半，在线清洗 2 次，出水水质一直优于 GB 18918—2002 的一级 A 标准。见图 4-81。

北小河再生水厂采用膜生物反应器（MBR）工艺，处理规模为 60000m³/d。工程于 2008 年 4 月试运行，7 月正式运行，水厂运行稳定，进水 BOD_5 月平均值范围为 167～368mg/L，出水月平均值范围为 2～6.9mg/L，MBR 系统对 BOD_5 去除率超过 96.2%。进水 COD_{Cr} 月平均值为 214～715mg/L 变化，出水 COD_{Cr} 月平均值为 5～31mg/L，COD_{Cr} 去除率为 94.4%～98.4%。进水 SS（悬浮固体）月平均值在 218～497mg/L 变化，出水 SS 一直低于 5mg/L，SS 的去除率一直维持在 98% 以上。污水处理厂进水 TN 的月平均值为 47.5～87.2mg/L，出水 TN 月平均值大部分时间低于 15mg/L。TP 的月平均值为 4.6～9.4mg/L，

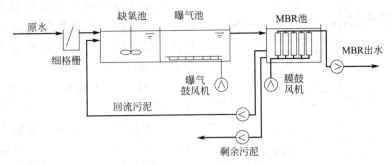

图 4-81　MBR 处理市政污水的工艺流程图

出水为 0.1~0.7mg/L，去除率达 86.5％以上，出水满足《城市污水再生利用 城市杂用水水质》（GB/T 18920—2002）中"车辆冲洗"的水质标准。见图 4-82。

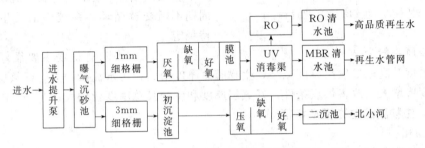

图 4-82　北小河再生水厂工艺流程图

【复习思考题】

1. 膜生物反应器的主要类型及其特点是什么？
2. 膜生物反应器的运行控制参数都有哪些？
3. 简述膜污染的类型及其特征。
4. 简述膜污染的主要清洗方法。

第五节　生　物　膜　法

生物膜法是借助微生物的代谢过程净化污水中的污染物，但参与代谢的微生物不是悬浮生长，而是附在惰性材料表面形成膜状生物污泥，即生物膜。当污水流过生物膜或与生物膜接触时，有机污染物、氮、磷能被微生物吸附而代谢降解，污水得到净化。

一、生物膜法原理及工艺特征

（一）生物膜的形成

让含有营养物的污水与载体（固体惰性物质）接触，并提供充足的氧气（空气），污水中的微生物和悬浮物就吸附在载体表面，微生物利用营养物生长繁殖，在载体表面形成黏液状微生物群落。这层微生物群落进一步吸附分解污水中的悬浮物、胶体和溶解态营养物，不断增殖而形成一定厚度的生物膜。

（二）生物膜的净化过程

生物膜达到一定厚度，在膜深处供氧不足，出现厌氧层。所以，一般情况下，生物膜由厌氧层和好氧层组成，如图 4-83 所示。

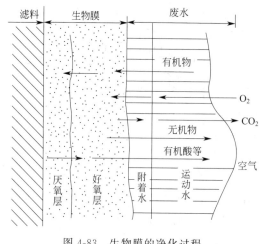

图 4-83 生物膜的净化过程

在好氧层表面是很薄的附着水层。污水经过生物膜时，有机物等经附着水层向膜内扩散。膜内的微生物将有机物转化为细胞物质和代谢产物。代谢产物（CO_2、H_2O、NO_3^-、SO_4^{2-}、有机酸等）从膜内向外扩散进入水相和大气。

随着有机物的降解，细胞不断合成，生物膜不断增厚。达到一定厚度时，营养物和氧气向深处扩散受阻，在深处的好氧微生物死亡，生物膜出现厌氧层而老化，老化的生物膜附着力减小，在水力冲刷下脱落，完成一个生长周期。"吸附—生长—脱落"的生长周期不断交替循环，系统内活性生物膜量保持稳定。

生物膜厚一般为 $2\sim3mm$，其中好氧层 $0.5\sim2.0mm$，去除有机物主要靠好氧层的作用。污水浓度升高，好氧层厚度减小，生物膜总厚度增大；污水流量增大，好氧层厚度和生物膜总厚度皆增大；改善供氧条件，好氧层厚度和生物膜总厚度皆增大。

（三）生物膜的生物相及特征

1. 生物相

填料表面附着的生物膜生物种类相当丰富，一般由细菌（好氧、厌氧、兼性）、真菌、原生动物、后生动物、藻类以及一些肉眼可见的蠕虫、昆虫的幼虫等组成，生物膜的生物相组成情况如下。

（1）细菌与真菌　细菌对有机物氧化分解起主要作用，生物膜中常见的细菌种类有球衣菌、动胶菌、硫杆菌属、无色杆菌属、产碱菌属、假单胞菌属、诺卡菌属、色杆菌属、八叠球菌属、粪链球菌、大肠埃希杆菌、副大肠杆菌属、亚硝化单胞菌属和硝化杆菌属等。

除细菌外，真菌在生物膜中也较为常见，其可利用的有机物范围很广，有些真菌可降解木质素等难降解的有机物，对某些人工合成的难降解有机物也有一定的降解能力。丝状菌也易在生物膜中滋长，它们具有很强的降解有机物的能力，在生物滤池内丝状菌的增长繁殖有利于提高污染物的去除效果。

（2）原生动物与后生动物　原生动物与后生动物在生物膜的好氧表层内，原生动物以吞食细菌为生（特别是游离细菌），在生物滤池中，对改善出水水质起着重要作用。生物膜内经常出现的原生动物有鞭毛类、肉足类、纤毛类；后生动物主要有轮虫类、线虫类及寡毛类。在运行初期，原生动物多为豆形虫一类的游泳型纤毛虫。在运行正常、处理效果良好时，原生动物多为钟虫、独缩虫、等枝虫、盖纤虫等附着性纤毛虫。在溶解氧充足的条件下，出现的后生动物主要是轮虫、线虫等，它们以细菌和原生动物为食料，并具有软化生物膜、促进生物膜脱落的作用，从而使生物膜保持活性和良好的净化功能。

与活性污泥法一样，原生动物和后生动物也可以作为指示生物，用来检查和判断工艺运行情况及污水处理效果。当后生动物出现在生物膜中时，表明水中有机物含量较低并已稳定，污水处理效果良好。不过在生物膜反应器中是否出现原生动物及后生动物与反应器类型密切相关。一般情况下，原生动物及后生动物在生物滤池及生物接触氧化池大量出现，而在三相流化床这类生物膜反应器，生物相中原生动物及后生动物则很少出现。

（3）滤池蝇　在生物滤池中，还栖息着以滤池蝇为代表的昆虫。这是一种体型较一般家蝇小的苍蝇，它的产卵、幼虫、成蛹、成虫等过程全部在滤池内进行。滤池蝇及其幼虫以微生物及生物膜为食料，故可抑制生物膜的过度增大，具有使生物膜疏松，促使生物膜脱落的作用，从而使生物膜保持活性，同时在一定程度上防止滤床的堵塞。但滤池蝇会飞散在滤池周围，对环境造成不良的影响。

（4）藻类 藻类出现仅限于见光的表层生物膜这一很小部分，其对污水净化所起作用不大。

生物膜的微生物除了含有丰富的生物相这一特点外，还有着其自身的分层分布特征。例如，在正常运行的生物滤池中，随着滤床深度的逐渐下移，生物膜中的微生物逐渐从低级趋向高级，种类逐渐增多，但个体数量减少。生物膜的上层以菌胶团等为主，而且由于营养丰富，繁殖速率快，生物膜也最厚。往下的层次，随着污水中有机物浓度的下降，可能会出现丝状菌、原生动物和后生动物，但是生物量即膜的厚度逐渐减小。到了下层，污水浓度大大下降，生物膜更薄，生物相以原生动物、后生动物为主。滤床中的这种生物分层现象，是适应不同生态条件（污水浓度）的结果。

2. 生物相特征

（1）生物多样性好，食物链长 相对于活性污泥法，生物膜载体（滤料、填料）为微生物提供了固定生长的条件，以及较低的水流、气流搅拌冲击，利于微生物的生长增殖。因此，生物膜反应器为微生物的繁衍、增殖及生长栖息创造了更为适宜的生长环境，除了大量细菌以及真菌生长外，线虫类、捕食性纤毛虫、轮虫类及寡毛虫类等出现的频率也较高，并常常出现大量丝状菌和昆虫，参与净化反应微生物多样性好，形成了长于活性污泥的食物链。

较多种类的微生物、较大的生物量、较长的食物链有利于提高处理效果和单位体积的处理负荷，也有利于处理系统内剩余污泥量的减少。

（2）存活世代时间较长的微生物，有利于不同功能的优势菌群分段运行 生物膜法多采用分段设计，在运行中形成了与本段污水水质相适应的优势菌群微生物，从而提高了微生物对污染物的生物降解效率。

由于生物膜附着生长在固体载体上，其生物固体平均停留时间（泥龄）较长，在生物膜上能够生长世代时间较长、繁殖速率慢的微生物，有硝化菌和亚硝化菌，以及某些特殊污染物降解专属菌等。因此，生物膜法也可以具有一定的硝化功能，若采取适当的运行方式，可以进行反硝化脱氮。

（四）生物膜法基本流程

生物膜法的基本流程如图 4-84 所示。污水经沉淀池去除悬浮物后进入生物膜反应池，去除有机物。生物膜反应池出水入二沉池去除脱落的生物体，澄清液排出，污泥浓缩后运走或进一步处置。

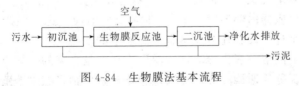

图 4-84 生物膜法基本流程

（五）影响生物膜法污水处理效果的主要因素

影响生物膜法处理效果的因素很多，在各种影响因素中主要有进水底物的组分和营养物质、有机负荷及水力负荷、生物膜量、溶解氧、pH 值、温度和有毒物质等。在工程实际中，应控制影响生物膜法运行的主要因素，创造适于生物膜生长的环境，使生物膜法处理工艺达到令人满意的效果。

1. 进水底物的组分和营养物质比例

污水中污染物组分、含量及其变化规律是影响生物膜法工艺运行效果的重要因素。若处理过程以去除有机污染物为主，则底物主要是可生物降解有机物。如在用于去除氮的硝化反应过程中，则底物是微生物利用的氨氮。底物浓度的变化会导致生物膜的特性和剩余污泥量的变化，直接影响到处理水的水质。季节性水质变化、工业废水的冲击负荷等都会导致污水进水底物浓度、流量及组成的变化，虽然生物膜法有较强的抗冲击负荷的能力，但亦会带来处理效果的改变。因此，与其他生物处理法一样，掌握进水底物组分和浓度的变化规律，在工程设计和运行管理中采取对应措施，是保证生物膜法正常运行的重要条件。

生物膜中的微生物需不断地从外界环境中汲取营养物质，获得能量以合成新的细胞物质。好氧生物膜对营养物质需求的比例为 $BOD_5：N：P=100：5：1$。因此，在生物膜法中，污水所含的营养组分应符合上述比例才有可能使生物膜正常发育。在生活污水中，一般均含有各种微生物所需要的营养元素，且营养比例较为适宜，常常不需要添加营养物质。而工业废水，如含有大量的淀粉、纤维素、糖、有机酸等有机工业废水，碳源过于丰富，氮和磷往往不足；合成氨废水、焦化废水等氮素往往较高，而碳源往往不足。此外，还有一些工业废水含有有毒有害组分，需要进行必要的预处理后再与生活污水合并，以补充氮、磷营养源和其他营养元素，调节其营养比例。

2. 有机负荷及水力负荷

生物膜法与活性污泥法一样，是在一定的负荷条件下运行的。负荷是影响生物膜法处理能力的首要因素，是集中反映生物膜法工作性质的参数。生物膜法的负荷分有机负荷和水力负荷两种，前者通常以处理污水中的有机物的量（BOD_5）来计算，单位为 $kg\ BOD_5/(m^3\ 滤床 \cdot d)$，后者是以处理污水量来计算的负荷，单位为 $m^3 污水/(m^2\ 滤床 \cdot d)$，相当于 m/d，故又可称滤率。有机负荷和滤床性质关系极大，如采用比表面积大、空隙率高的滤料，加上供氧良好，则负荷可提高。对于有机负荷高的生物膜处理工艺，生物膜增长较快，需增加水力冲刷的强度，以利于生物膜增厚后能适时脱落，此时应采用较高的水力负荷。合适的水力负荷是保证生物膜更新、避免发生堵塞的关键因素。但提高有机负荷，出水水质相应有所下降。

3. 生物膜量

衡量生物膜量的指标主要有生物膜厚度与密度，其主要决定于生物膜所处的环境条件。有机物浓度越高，底物扩散的深度越大，生物膜厚度也越大。水流冲刷作用也是一个重要的影响因素，水力负荷大，则冲刷作用强，水力剪切力大，促进膜的更新作用强。

4. 环境条件

水温是生物膜法中影响微生物生长及生物化学反应的重要因素。污水温度适宜时，利于生物膜的好氧处理；而反应器内温度过高和过低均不利于微生物的生长。水温达到 40℃ 时，生物膜将出现坏死和脱落现象；若温度低于 15℃ 时，微生物的活力将明显下降，有机污染物转化速率下降；当反应器内部温度小于 5℃ 时，反应器应考虑保温措施，因此，在寒冷地带，应将生物膜法污水处理设施建造在具有保温措施的室内。

充分的通风或足够的溶解氧供给对好氧微生物来说是必需的。如果供氧不足，好氧微生物的活性受到影响，新陈代谢能力降低，厌氧和兼氧微生物将滋生繁殖，正常的生化反应过程将会受到抑制，处理效率下降，严重时还会影响出水水质。但供氧过高，又会形成能量浪费，并造成生物膜自身过度氧化。

控制和稳定进水 pH 非常重要。pH 变化幅度过大，会明显影响处理效率，甚至对微生物造成毒性而使反应器失效。这是因为 pH 的改变能引起细胞膜电荷的变化，进而影响微生物对营养物质的吸收和微生物代谢过程中酶的活性。生活污水 pH 较为稳定，不需要进行 pH 调节；而许多工业废水 pH 往往波动较大。当 pH 过低、过高或者变化过大时，需要在生物膜反应器前设置调节池或酸碱中和池来均衡水质。

（六）生物膜法工艺特征

与传统活性污泥法相比，生物膜法具有以下特点。

1. 对水质、水量变动有较强的适应性

生物膜反应器内有较多的生物量，较长的食物链，使得其对水质、水量的波动具有较强的适应性，即使一段时间中断进水或遭到冲击负荷破坏，处理功能也不会受到致命的影响，恢复起来也较快。因此，生物膜法更适合于工业废水及其他水质水量波动较大的中小规模污水处理。

2. 适合低浓度污水的处理

在进水污染物浓度较低的情况下，载体上的生物膜或微生物相能够建立与水质一致的微生物生态系统，不会出现活性污泥法处理系统因污水浓度过低造成活性污泥絮凝体松散的情况。生物膜法对低浓度污水能够取得良好的处理效果，正常运行时可使 BOD_5 为 $20\sim30mg/L$（污水），出水 BOD_5 降至 $10mg/L$ 以下。所以，生物膜法更适用于低浓度污水处理和要求优质出水的场合。

3. 污泥产量少，沉降性能好

生物膜中较长的食物链，使剩余污泥量明显减少。特别在生物膜较厚时，厌氧层的厌氧菌能够降解好氧过程合成的剩余污泥，使剩余污泥量进一步减少，污泥处理与处置费用随之降低。食物链的增长使污泥无机化程度变高，因而生物膜上脱落下来的污泥相对密度较大，污泥颗粒个体也较大，沉降性能好，易于固液分离。

4. 运行管理方便

生物膜法中的微生物是附着生长，一般无需污泥回流，也不需要经常调整反应器内污泥量和剩余污泥排放量，且生物膜法没有丝状菌膨胀的潜在威胁，易于运行维护与管理。此外，生物膜法食物链长，所需供氧量减少，动力消耗较低，较为节能。

二、生物滤池

生物滤池是生物膜法处理污水的传统工艺，在 19 世纪末发展起来，先于活性污泥法。早期的普通生物滤池水力负荷和有机负荷都很低，虽净化效果好，但占地面积大，易于堵塞。后来开发出采用处理水回流，水力负荷和有机负荷都较高的高负荷生物滤池，以及污水、生物膜和空气三者充分接触，水流紊动剧烈，通风条件改善的塔式生物滤池。近年来发展起来的曝气生物滤池已成为一种独立的生物膜法污水处理工艺。

（一）生物滤池的净化机理和分类

1. 生物滤池的净化机理

在生物滤池中放置固定的滤料，污水在生物滤池中流动时不断与滤料接触，微生物在滤料表面繁殖，形成生物膜。微生物吸附污水中悬浮的、胶体状态的和溶解状态的物质，使污水得到净化。

生物膜具有较大的表面积，具有很强的氧化能力。在生物膜上，微生物生长繁殖、死亡脱落，循环反复，保持生物膜的良好净化效果。

当生物膜较厚，并达到一定的厚度时，空气中的氧很快被生物膜表面的微生物消耗，很难透入生物膜内层，造成靠近内层的生物膜因缺氧而形成厌氧状态，使生物膜的附着力减弱，并产生有机酸、氨和 H_2S 等厌氧分解的产物，有时会带来臭味，影响出水的水质，有时生物膜的增长甚至会造成滤池的堵塞。

2. 生物滤池的分类

根据有机负荷，可将生物滤池分为普通生物滤池（低负荷生物滤池）、高负荷生物滤池和塔式生物滤池三种。城市污水生物滤池的负荷率见表 4-8。

表 4-8 城市污水生物滤池的负荷率

生物滤池类型	BOD$_5$负荷率 /[kg BOD$_5$/(m^3·d)]	水力负荷率 /[m^3/(m^2·d)]	处理效率 /%
低负荷生物滤池	0.15~0.3	1~3	85~95
高负荷生物滤池	<1.2	<10~30	75~90
塔式生物滤池	1.0~3.0	80~200	65~85

(1) 普通生物滤池　在较低负荷率下运行的生物滤池叫做低负荷生物滤池或普通生物滤池。普通生物滤池处理城市污水的有机负荷率为 0.15~0.3 kg BOD$_5$/(m^3·d)。普通生物滤池的水力停留时间长，净化效果好，出水稳定，污泥沉降性能好，剩余污泥少。但普通滤池承受的废水负荷低，占地面大，水流的冲刷能力小，容易引起滤层堵塞，影响滤池通风，生长灰蝇，散发臭气，卫生条件差。目前，这类滤池极少采用。

(2) 高负荷生物滤池　在高负荷率下运行的生物滤池叫做高负荷生物滤池或回流式生物滤池。高负荷生物滤池处理城市污水的有机负荷率为 1.1kg BOD$_5$/(m^3·d) 左右。在高负荷生物滤池中，微生物营养充足，生物膜增长快。为防止滤料堵塞，需进行出水回流。高负荷生物滤池的去除率较低，处理城市污水时 BOD$_5$ 去除率为 75%~90% 左右。与普通生物滤池相比，高负荷生物滤池污泥剩余量多，稳定度小。高负荷生物滤池占地面积小，投资费用低，卫生条件好，适于处理浓度高、水质水量波动较大的污水。

(3) 塔式生物滤池　塔式生物滤池的负荷很高，处理城市污水时为 1.0~3.0kgBOD$_5$/(m^3·d)。塔式生物滤池生物膜生长快，为防止滤料堵塞，采用的滤池面积较小，以获得较高的滤速。滤料体积是一定的，面积缩小使高度增大，而形成塔状结构，称为塔式生物滤池。

与普通生物滤池和高负荷生物滤池相比，塔式滤池占地面积小，投资运行费用低，耐冲击负荷能力强，适于处理浓度较高的污水。

（二）生物滤池的工艺流程和运行方式

1. 工艺流程

生物滤池运行系统基本上由初沉池、生物滤池、二沉池三部分组合而成。

生物滤池系统中，污水先进入初沉池，在去除可沉性悬浮固体后，进入生物滤池。经过生物滤池的污水与脱落的生物膜一起进入二沉池，再经过固液分离，净化后的污水排放。

一般来说，普通生物滤池不需要回流，而高负荷滤池和塔式生物滤池需要进行回流。

2. 运行方式

在普通生物滤池的基础上，发展出交替式二级生物滤池、回流式一级生物滤池和回流式二级生物滤池等。

(1) 交替式二级生物滤池法　图 4-85 为交替式二级生物滤池法的工艺流程。滤池串联

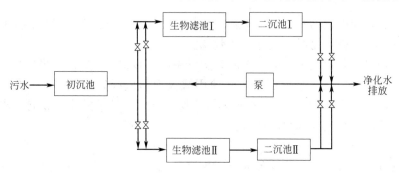

图 4-85 交替式二级生物滤池法工艺流程

工作，污水经初沉池后进入生物滤池Ⅰ（一级滤池），然后经二沉池后泵入生物滤池Ⅱ（二级滤池），再经二次沉淀后排放。一级滤池Ⅰ生物膜逐渐增厚，即将被堵塞时改为二级滤池，而将原二级滤池Ⅱ改成一级滤池。如此交替循环，以保证系统的正常运行。

交替式二级生物滤池法中的滤池Ⅰ和Ⅱ为两个完全相同的普通生物滤池或高负荷生物滤池，交替式运行的总负荷率比并联运行提高 2～3 倍。二级生物滤池处理效果好，处理城市污水的 BOD_5 去除率可达 90% 以上。

（2）回流式生物滤池 回流式生物滤池法有一级和二级串联两种流程，其运行方式如图 4-86 所示。按（a）、（b）、（c）、（d）的顺序，处理效率依次升高。回流式生物滤池为高负荷生物滤池。当污水浓度不太高时，应采用图 4-86(a)、(b) 所示的一级流程；有机物浓度高，或出水要求高时，宜采用图 4-86(c)、(d) 所示的二级流程。由于二级流程投资运行费用高，目前未得到广泛应用。

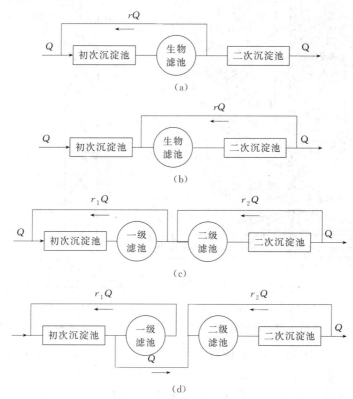

图 4-86 回流生物滤池法流程

Q—污水流量；r—回流比

（三） 生物滤池的构造

生物滤池一般由钢筋混凝土或砖石砌筑而成，池平面有矩形、圆形或多边形，其中以圆形为多。普通生物滤池的构造如图 4-87 所示，塔式生物滤池的构造如图 4-88 所示，都是由滤床、池壁、布水设备和排水通风系统四部分组成。

1. 滤床

滤床是滤料（生物载体）堆积而成的一定厚度的床层。滤料作为生物膜的载体，对生物滤池的工作影响较大。滤料表面积越大，生物膜数量越多。但是，单位体积滤料所具有的表面积越大，滤料粒径必然越小，空隙也越小，从而增大了通风阻力。相反，为了减小通风阻力，孔隙就要增大，滤料比表面积将要减小。

　　滤料粒径的选择应综合考虑有机负荷和水力负荷等因素，当有机物浓度高时，应采用较大的粒径。滤料应有足够的机械强度，能承受一定的压力；其容重应小，以减小支撑结构的荷载；滤料既应能抵抗废水、空气、微生物的侵蚀，又不应含有影响微生物生命活动的杂质；滤料应能就地取材，价格便宜，加工容易。

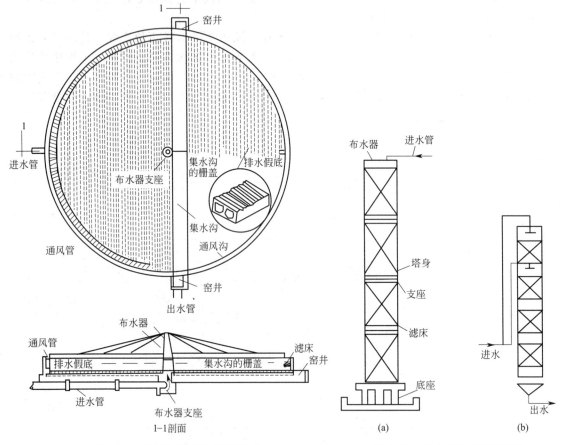

图 4-87　普通生物滤池示意图　　　　图 4-88　塔式生物滤池示意图

　　生物滤池过去常用拳状滤料，如碎石、卵石、炉渣、焦炭等，而且颗粒比较均匀，粒径为 25～100mm，滤层厚度为 0.9～2.5m，平均 1.8～2.0m。近年来，生物滤池多采用塑料滤料，主要由聚氯乙烯、聚乙烯、聚苯乙烯、聚酰胺等加工成波纹板、蜂窝管、环状及空圆柱等复合式滤料。这些滤料的特点是比表面积大（达 100～340m²/m³），孔隙率高，可达90%以上，从而大大改善膜生长及通风条件，使处理能力大大提高。

　　（1）波纹填料　波纹填料如图 4-89（a）所示。滤料比表面积 80～195m²/m³，孔隙率90%～95%。

　　（2）环状填料　环状填料如图 4-89（b）所示，是应用最多的一种，比表面积 100～340m²/m³，孔隙率 90%～95%。

　　（3）蜂窝填料　直径 20mm 的蜂窝填料孔隙率为 95% 左右，比表面积为 200m²/m³左右。

　　滤床的高度与滤料关系密切。石质滤料孔隙率低，容重大，所以床层高度较低。塑料填料孔隙率大，不易堵塞，容重小，对支撑物的压力小，滤床高度可以提高，还可以采用多层结构，构成塔式生物滤池。

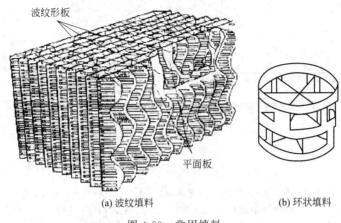

图 4-89 常用填料

2. 池壁

生物滤池池壁只起围挡滤料的作用，一些滤池的池壁上带有许多孔洞，用以促进滤层的内部通风。一般池壁顶应高出滤层表面 0.4～0.5m，以免因风吹而影响废水在池表面上的均匀分布。池壁下部通风孔总面积不应小于滤池表面积的 1%。

3. 布水设备

布水设备的作用是让进入生物滤池的污水均匀分布在填料表面。普通生物滤池常采用固定式布水装置。高负荷生物滤池和塔式生物滤池常采用旋转式布水器，固定式布水装置应用较少。布水器一般设在滤池表面。塔式生物滤池可采用多段进水，均分负荷于全塔。

(1) 旋转式布水器 应用最多的布水器是旋转式布水器，如图 4-90(a) 所示。旋转式布水器适于圆形滤池，由竖管和可移动的布水横管构成。横管沿一侧的水平方向开设一布水孔。为使每孔的服务面积相等，靠近池中心的孔间距较大，靠近池边的孔间距较小。污水通过中心竖管流入横管，布水孔向外喷水，布水横管在反作用力的作用下沿与喷水方向相反的方向旋转。

(2) 固定式布水器 固定式布水器适用于各种形状的滤池，如图 4-90(b) 所示。固定式布水器由虹吸装置、馈水池、布水管系和喷嘴组成，使用较少。馈水池中有虹吸装置，所以喷水是间歇的。这类布水系统需要较大的水头，一般为 2m 左右。

4. 排水通风系统

排水通风系统的作用是排放处理后水，支撑填料，通入空气。排水系统分为两层，即渗水假底和集水沟，滤料堆在假底上。常见的渗水假底如图 4-91 所示，为混凝土栅板 [图 4-91(a)]、砖砌装置 [图 4-91(b)]、滤砖 [图 4-91(c)] 和半圆形陶土管 [图 4-91(d)] 等。

目前也有使用金属栅板作为假底的。假底的排水面积应大于滤池表面积的 10%～20%，假底同池底间的距离为 0.4～0.6m。滤池底面坡向集水沟，坡度为 0.01。污水经集水沟汇入总排水沟，总水沟底的坡度应大于 0.005。

总排水沟和集水沟内设计流速（水）大于 0.6m/s，以保证空气流通。

滤池面积不大时，池底可不设集水沟，而采用坡度 0.005～0.01 的池底将水汇入总排水沟（池内或池外）。

（四）影响生物滤池性能的主要因素

滤床高度、负荷率、回流比和供氧情况对滤池的工作性能有显著的影响。

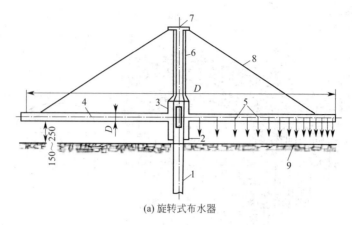

(a) 旋转式布水器

1—进水竖管；2—水银封；3—配水短管；4—布水横管；5—布水小孔；
6—中央旋转柱；7—上部轴承；8—钢丝绳；9—滤料

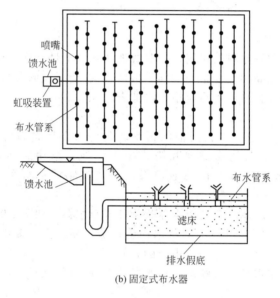

(b) 固定式布水器

图 4-90 生物滤池布水器

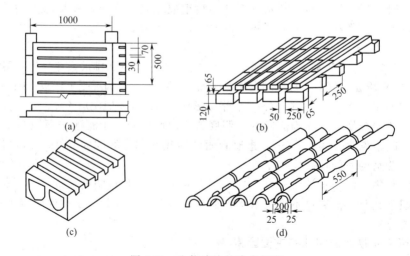

图 4-91 生物滤池的渗水假底

1. 滤床高度

在生物滤池内，填料层不同高度的微生物量和种类各不相同。滤层上部污水中有机物浓度高，微生物相单一，主要是繁殖速度快的细菌，生物膜厚，生物量大，有机物去除速度快。从上往下，随着滤床深度的增加，生物量逐渐减少，微生物的种类逐渐增多，生物相趋于复杂。由于微生物量和有机物浓度随深度的增加逐渐降低，所以污染物的去除速度逐渐降低。

滤床内微生物种类繁多，能去除各种污染物。随着滤床高度的增加，污染物浓度逐渐降低，去除率不断提高。但是，当滤床高度达到一定数值后，处理效率的提高变得非常缓慢，再增加高度，就不经济了。通过试验可以确定不同水质、填料和负荷率条件下的床层经济高度。处理城市污水时，普通生物滤池的经济高度为 $2.0\sim3.0m$，塔滤池的经济高度在 $7\sim10m$。

2. 负荷率

生物滤池的负荷率有两种表示方式，即有机负荷率和水力负荷率。

（1）有机负荷率 生物滤池的有机负荷率又分容积有机负荷率和面积有机负荷率两种，即在保证预期净化效果的前提下，单位体积滤料或单位面积滤床在单位时间内承受的有机物量，单位分别为 $kg\ BOD_5/(m^3\cdot d)$ 和 $kg\ BOD_5/(m^2\cdot d)$。在其他条件不变的情况下，有机负荷率高，降解速度快，去除率低，出水水质变差，生物膜增殖快，易堵塞，但滤池容积变小，投资运行费用降低；有机负荷率低，降解速度慢，去除率高，出水水质变好，生物膜增殖慢，不易堵塞，但滤池容积增大，投资费用变大。

有机负荷率与水质、滤料性质（材料、形状、尺寸、表面粗糙度等）、预期处理效率等因素有关，一般由试验确定，或由经验选定。试验所用的滤料和滤床高度应与工程设计相同。

（2）水力负荷率 生物滤池的水力负荷率分面积水力负荷率和容积水力负荷率两种，分别为在预期的净化效果的前提下，单位时间单位面积滤床，或单位时间单位体积滤床所能接纳的污水量，单位为 $m^3/(m^2\cdot d)$ 或 $m^3/(m^3\cdot d)$。前者的单位可写成 m/d，所以面积水力负荷率又称过滤速度或空池流速。水力负荷的变化将直接影响有机负荷率、空池流速和水力冲刷作用。

水力负荷在低值范围内增大时，有机负荷也随之增大，生物膜增厚。由于水力负荷在低值范围内增大，所以去除率虽然下降，但仍能保持在较高水平；冲刷作用虽然增大，但仍然很小。生物膜增厚成为矛盾的主要方面，滤床易发生堵塞。

水力负荷提高到一定程度后，水力冲刷作用大大加强，增殖的生物膜被及时冲刷脱落，即使进水浓度较高也不易发生堵塞。但此时由于接触时间缩短，处理效率显著下降，出水水质变差。

总之，应将生物滤池的进水浓度和水力负荷率控制在适宜范围内。处理城市污水时，普通生物滤池的适宜面积水力负荷为 $1\sim4m^3/(m^2\cdot d)$，高负荷生物滤池为 $10\sim30m^3/(m^2\cdot d)$。

为使生物滤池在高负荷下运行时不发生堵塞，应采用回流工艺，这样既增大了水力冲刷作用，又不额外增加有机负荷，保证了良好的出水水质。

3. 回流

回流对生物滤池的有益影响如下。

（1）促使生物膜脱落 回流使水力负荷加大，冲刷作用增强，生物膜被冲刷脱落，即使有机负荷率较高也不会发生堵塞。

（2）改善卫生状况 提高水力负荷率，可防止灰蝇生长和恶臭。

(3) 改善进水水质 回流水中含溶解氧和营养元素，能提高进水的溶解氧浓度，补充营养，稀释有毒物质，改善进水水质。

(4) 稳定进水 回流可缓冲原污水水质水量的变化，稳定进水。

(5) 增加滤床生物量 回流水含微生物，使滤池不断接种，生物量增加，去除效率得到提高。

回流的缺点：回流使进水有机物浓度降低，传质速度和生物降解速度减小；缩短污水和滤料的接触时间；难降解物质积累；冬天使水温下降。

回流的条件，在下列三种情况下应考虑回流：进水有机物浓度高时（$BOD_5 > 200mg/L$）；水量小无法维持最低水力负荷时；污水中存在高浓度有毒物质时。

回流比与原污水浓度有关，不同浓度下的回流比见表 4-9。

表 4-9 不同浓度下的回流比

进水 BOD_5/(mg/L)	<150	150~300	300~450	450~600	600~750	750~900
一级	0.75	1.50	2.25	3.00	3.75	4.50
二级（各级）	0.5	1.0	1.5	2.0	2.5	3.0

4. 供氧

生物滤池一般靠自然通风供氧。影响自然通风效果的主要因素是滤池内外的气温差和滤层高度。温差越大，滤床的气流阻力越小（孔隙率大），通风量也就越大。滤床越高（塔滤），抽风效果越好。

滤床内气温与水温接近，因进水温度比较稳定，所以滤床内气温变化不大。滤池外气温随季节和一日内变化较大。因此，滤池内外温差、通风方向和通风量随时都在变化。污水温度低于大气温度时（夏季），滤床内气温就低于大气温度，池内气流向下流动；反之（冬季）池内气流向上流动。一般情况下，自然通风即能满足生化反应的需要。

自然通风能否满足生化反应的需要，还与进水有机物浓度有关。有机物浓度低时，需氧量小，自然通风能满足要求；有机物浓度高时，需氧量大，易出现供氧不足。为此，常控制$BOD_5 \leqslant 200mg/L$。若$BOD_5 > 200mg/L$，则用回流水稀释冲刷生物膜，补充溶解氧或采用强制通风。

（五）塔式生物滤池

塔式生物滤池的构造与一般生物滤池相似，主要不同在于采用轻质高孔隙率的塑料滤料和塔体结构。塔直径一般为 1~3.5m，塔高为塔径的 6~8 倍。

塔身通常为钢板或钢筋混凝土及砖石筑成，塔身上应设有供测量温度的测温孔和观测孔，通过观测孔可以观察生物膜的生长情况和取出不同高度处的水样和生物膜样品。塔身除底部开设通风孔或接有通风机外，顶部可以是开敞的或封闭的。为防止挥发性气体污染大气，可用集气管从塔顶部将尾气收集起来，通过独立吸收塔或设在塔顶的吸收段加以净化。

塔式生物滤池都采用塑料滤料，如塑料蜂窝、弗洛格（Flocor）填料和隔膜塑料管（Cloisonyle）等，其比表面积分别为 $200m^2/m^3$、$85m^2/m^3$ 和 $220m^2/m^3$，孔隙率分别为 95%、98% 及 94%，比拳状滤料优越得多（拳状滤料比表面积为 45~50m^2/m^3，孔隙率为 50%）。塑料滤料通常制成一定大小的单元体，在池内进行组装。为了防止下层滤料被上部滤料压坏，以及为了装卸方便，一般将滤料分成若干层，每层一般为 2m，每层滤料用钢制格栅支撑，上层格栅距下层滤料应有 200~400mm，以留作观测、取样及清洗的位置。

塔式滤池的布水方式多采用旋转布水器或固定式穿孔管，前者适用于圆形滤池，后者适用于方形滤池。滤池顶应高出滤层 0.4~0.5m，以免风吹影响废水的均匀分布。

由于塔体高度大，抽风能力强，即使有机负荷大，采用自然通风仍能满足供氧要求。为了保证正常的自然通风，塔身下部通风口面积应不小于滤池面积的 $7.5\%\sim10\%$，通风口高度应保证有 $0.4\sim0.6m$。为了适应气候（包括气温、风速），塔式生物滤池不同高度处的 F/M 值不同，生物相具有明显分层，上层 F/M 大，生物膜生长快，厚度大，营养水平低；下部膜生长慢，厚度小，营养水平较高。为了充分利用滤料的有效面积，提高滤池承受负荷的能力，可采用多段进水，均匀全塔的负荷。

塔式生物滤池是一种高效能的生物处理设备，与活性污泥法具有同等的有机物去除能力，其水力负荷为普通生物滤池的 $2\sim10$ 倍。由于滤料厚度大，废水与生物膜接触时间长；水流速度大，紊流强烈，能促进气-液-固相间物质传递；滤料孔隙大，通风良好；冲刷力强，能保持膜的活性；微生物在不同高度有明显分层现象，对有机物氧化起着不同作用，适应废水沿程水质变化，以及适应废水的负荷冲击。这种处理设备占地少，适合于企业内使用，操作的卫生条件好，无二次污染；但是，由于水力负荷较大，废水处理效率较低。

塔式生物滤池的净化能力和容许负荷同塔体高度、气温等因素有关。

塔式生物滤池的设计计算与一般生物滤池相似，主要设计依据是有机负荷。有机负荷可由要求的出水浓度通过试验求得或由经验曲线确定。一般容积有机负荷为 $1000\sim3000gBOD_5/(m^3 \cdot d)$，水力负荷为 $80\sim200m^3/(m^2 \cdot d)$，$BOD_5$ 去除率为 $60\%\sim85\%$。

（六）生物滤池的设计计算

生物滤池的设计计算包括滤床容积、布水系统和排水系统三部分。

1. 滤床容积

通过生物滤池的有机负荷和污水水量水质可以计算滤床容积。

$$V=\frac{(L_1-L_2)Q}{U} \qquad (4.9)$$

$$V=\frac{L_1Q}{F_w} \qquad (4.10)$$

式中　V——滤料体积，m^3；

　L_1——初始有机物去除量，g/m^3；

　L_2——剩余有机物去除量，g/m^3；

　Q——流入滤池的污水设计流量，m^3/d，一般采用平均流量，但流量变化小或变化大时可取最高流量；

　U——以有机物去除量为基础的有机物负荷，$g/(m^3 \cdot d)$；

　F_w——以进水有机物量为基础的有机物负荷，$g/(m^3 \cdot d)$。

滤池的平面面积：

$$A=\frac{V}{H} \qquad (4.11)$$

式中　A——滤池的平面面积，m^2；

　H——滤池的滤料厚度，m。

滤池的滤料厚度与滤池的负荷直接相关。对于城市生活污水，滤池的滤料厚度可采取 $2m$，但最好根据设备情况计算选定。

2. 布水系统

生物滤池使用的布水系统分为固定式布水系统和旋转布水器，其中旋转布水器最为常用。

旋转布水器的设计计算内容为计算所需工作水头、布水横管出水孔口数和任一孔口距滤池中心的距离，以及布水器的转数等。

一般来讲，旋转布水器采用以下数据：旋转布水器按最大设计污水量计算；布水横管一般为 2～4 根；布水器直径比滤池内径小 100～200mm；布水小孔直径取 10～15mm；布水横管高出滤料层 0.15～0.25m；布水器水头损失，当管槽直径为 10～40mm 时，取 0.2～1.0m。

（七）生物滤池的运行管理

1. 生物膜的培养与驯化

生物膜的培养常称为挂膜。挂膜菌种大多数采用生活粪便污水或生活粪便水和活性污泥的混合液。由于生物膜中生物固着生长，适宜于特殊菌种的生存，所以，挂膜有时也可用纯培养的特异菌种菌液。特异菌种可单独使用，也可以同活性污泥混合使用，由于所用的特异菌种比一般自然筛选的微生物更适宜于废水环境。因此，在与活性污泥混合使用时，仍可保持特异菌种在生物相中的优势。

挂膜过程必须使微生物吸附在固体支撑物上，同时还应不断供给营养物，使附着的微生物能在载体上繁殖，不被水流冲走。单纯的菌液或活性污泥混合液接种，即使在固相支撑物上吸附有微生物，但还是不牢固。因此，在挂膜时应将菌液和营养液同时投加。

挂膜方法一般有两种。一种是闭路循环法，即将菌液和营养液从设备的一端流入（或从顶部喷淋下来），从另一端流出，将流出液收集在一水槽内，槽内不断曝气，使菌与污泥处于悬浮状态，曝气一段时间后，进入分离池进行沉淀（0.5～1h），去掉上清液，适当添加营养物或菌液，再回流入生物膜反应设备，如此形成一个闭路系统。直到发现载体上长有黏状污泥，即开始连续进入废水。这种挂膜方法需要菌种及污泥数量大，而且由于营养物缺乏，代谢产物积累，因而成膜时间较长，一般需要十天。另一种挂膜法是连续法，即在菌液和污泥循环 1～2 次后连续进水，并使进水量逐步增大。这种挂膜法由于营养物供应良好，只要控制好挂膜液的流速，保证微生物的吸附。在塔式滤池中挂膜时的水力负荷可采用 4～7m³/(m³·d)，约为正常运行的 50%～70%。待挂膜后再逐步提高水力负荷至满负荷。

为了能尽量缩短挂膜时间，应保证挂膜营养液及污泥具有适宜细菌生长的 pH、温度、营养比等。

挂膜后应对生物膜进行驯化，使之适应所要处理的污水的环境。在挂膜过程中，应经常采样进行显微镜检验，观察生物相的变化。挂膜驯化后，系统即可进入试运转，测定生物膜反应设备的最佳工作运行条件，并在最佳条件转入正常运行。

2. 生物滤池的日常管理

生物滤池操作简单，一般只要控制好进水量、浓度、温度及所需投加的营养（N、P）等，处理效果一般比较稳定，微生物生长情况良好。在废水水质变化，形成负荷冲击情况下，出水水质恶化，但很快就能够恢复。

生物滤池的运行中还应注意检查布水装置及滤料是否有堵塞现象。布水装置堵塞往往是由于管道锈蚀或者是由于废水中悬浮物沉积所致。滤料堵塞是由于膜的增长量大于排出量所形成的，所以对废水水质、水量应加以严格控制。膜的厚度一般与水温、水力负荷、有机负荷和通风量等有关。水力负荷应与有机负荷相配合，使老化的生物膜能不断冲刷下来，被水带走。当有机负荷高时，可加大风量，在自然通风情况下，可提高喷淋水量。

当发现滤池堵塞时，应采用高压水表面冲洗，或停止进入废水，让其干燥脱落。有时也可以加入少量氯或漂白粉破坏滤料层部分生物膜。

在正常运转过程中，除了应开展有关物理、化学参数的测定外，还应对不同层厚、级数的生物膜进行微生物检验，观察分层及分级现象。

生物膜设备检修或停产时，应保持膜的活性。对生物滤池，只需保持自然通风，或打开各层的观察孔，保持池内空气流动。停产后，生物膜的水分会大量蒸发，一旦重新开车，可能有大量膜质脱落。因此，开始投入工作时，水量应逐步增加，防止干化生物膜脱落过多。一旦微生物适应后，即可得到恢复。

三、生物转盘

生物转盘又名转盘式生物滤池，属于充填式生物膜法处理设备。其主要优点是动力消耗低、抗冲击负荷能力强、无需回流污泥、管理运行方便；缺点是占地面积大、散发臭气，在寒冷的地区需做保温处理。

（一）生物转盘的构造及净化原理

1. 生物转盘的构造

生物转盘是由一系列平行的旋转盘片、转动中心轴、驱动装置、接触反应槽等组成。

生物转盘的主体是由垂直固定在中心轴上的一组圆形盘片和一个同其配合的半圆形接触反应槽组成。微生物生长并形成一层生物膜附着在盘片表面，约 $45\%\sim50\%$ 的盘片浸没在污水中，上半部分露于空气中。运行时，驱动装置带动转盘，生物膜与大气和污水轮替接触。

盘片是生物转盘的主要部件，其材料要求重量轻、耐腐蚀和不变形。目前，多采用聚乙烯硬质塑料或玻璃钢制作。盘片直径一般是 $2\sim3m$，最大为 $5m$。片间净距离 $10\sim35mm$，片厚 $1\sim15mm$。固定盘片的轴长一般不超过 $7.0m$。

接触反应槽可以用钢筋混凝土或钢板制作，断面直径比转盘略大，以利于转盘能在槽内自由转动，并尽可能确保盘片最大面积与污水接触。槽底需设放空管，大型转盘在槽底还设有刮泥装置。

转动轴一般为实心钢轴或无缝钢管，外壁防腐。轴长一般为 $1.5\sim7.0m$，轴两端设有实心轴头并与轴承相联结，轴承和轴承座则固定在接触反应槽的两侧顶部。

常用的驱动装置由电动机、减速箱、U 形皮带和皮带挡板组成。以电动机为动力，用链条传动或直接传动。驱动装置通过转动轴带动生物转盘一起转动，盘体的转度对水中氧的溶解程度和槽内水流状态均有较大影响，一般转速为 $0.5\sim10r/min$。

2. 生物转盘的工作原理

生物转盘去除污水中有机污染物的机理，与生物滤池基本相同。当圆盘浸没于污水中时，污水中的有机污染物被盘片上的生物膜吸附，当圆盘离开污水时，盘片表面形成薄层水膜。水膜从空气中吸收氧气，同时生物膜降解被吸附的有机污染物。随着生物转盘不断旋转，转盘上的微生物不断生长、增厚，在其内部形成厌氧层，并开始老化。老化的生物膜在水动力作用下因水力剪切作用而剥落，生物膜得到更新。剥落的生物膜因密度较高，在二沉池易于沉淀。

对生物转盘上生物相的观察表明，第一级盘片上的生物膜最厚，随着污水中有机物的逐渐减少，后几级盘片上的生物膜逐级变薄。处理城市污水时，第一、第二级盘片上占优势的是菌胶团和细菌，第三、第四级盘片上则主要是细菌和原生动物。生物转盘的生物链较长，其生物相的分级，对于污染物的降解是十分有利的。对于多级串联运行的生物转盘，能够增殖世代较长的微生物，如硝化菌等。因此，当生物转盘低负荷运行时，可以具有生物硝化和反硝化功能。

（二）生物转盘的工艺流程

生物转盘的基本流程如图 4-92 所示，由初次沉淀池、生物转盘、二次沉淀池组成。

生物转盘宜采用多级处理。实践表明，处理同一种污水，如盘片面积不大，将转盘分为多级串联运行能显著提高出水水质及其水中溶解氧的含量。

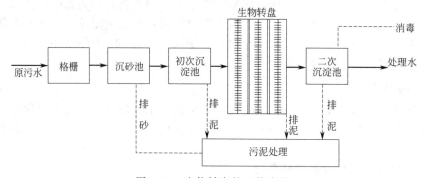

图 4-92　生物转盘的工艺流程

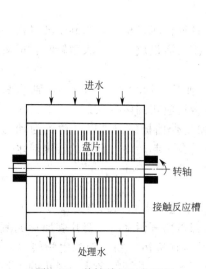

图 4-93　单轴单级工艺流程

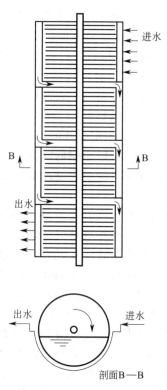

图 4-94　单轴多级工艺流程

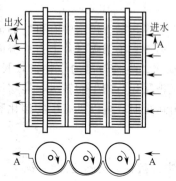

图 4-95　多轴多级工艺流程

生物转盘可分为单轴单级（如图 4-93 所示）、单轴多级（如图 4-94 所示）和多轴多级（如图 4-95 所示）等多种形式。级数多少主要取决于污水水量与水质、处理水要达到的处理程度和处理条件等因素。

（三）　生物转盘的设计与计算

生物转盘设计与计算主要内容包括：求出所需转盘的总面积，盘片总片数，接触反应槽总容积，转轴长度及污水在接触反应槽的停留时间等。

1. 转盘总面积 A

转盘总面积的确定通常采用负荷法。生物转盘常用的负荷参数有 BOD_5 面积负荷率 N_A 和水力负荷 N_g。

面积负荷率 N_A 是指单位盘片表面积在 1 天内能承受的并使转盘达到预期处理效果的 BOD_5 的量，单位以 $gBOD_5/(m^2 \cdot d)$ 表示；水力负荷 N_g 是指单位盘片表面积在 1 天内能够接受并使转盘达到预期处理效果的污水量，单位以 $m^3/(m^2 \cdot d)$ 表示。

$$N_A = \frac{QL_0}{A} \tag{4.12}$$

$$N_g = \frac{Q}{A} \tag{4.13}$$

式中 Q——平均日污水量，m^3/d；

$\quad L_0$——原污水的 BOD_5 值，mg/L；

$\quad A$——盘片总面积，m^2。

生物转盘处理城市污水时，BOD_5 面积负荷率介于 $5 \sim 20g\ BOD_5/(m^2 \cdot d)$，首级转盘的负荷率不宜超过 $40 \sim 50gBOD_5/(m^2 \cdot d)$。水力负荷 N_g 在很大程度上取决于原污水的 BOD_5 值，对于一般城市污水，此值多在 $0.08 \sim 0.2 m^3/(m^2 \cdot d)$。

确定了负荷率值后，转盘总面积可确定如下：

$$A = \frac{QL_0}{N_A} \tag{4.14}$$

$$A = \frac{Q}{N_g} \tag{4.15}$$

2. 转盘的总片数 M

转盘的总片数 M 可由下面公式求得，当圆形转盘直径为 D，盘片数为：

$$M = \frac{A}{2 \times \frac{\pi}{4} D^2} = 0.637 \frac{A}{D^2} \tag{4.16}$$

当转盘为多边形，单片转盘面积为 a，盘片数为：

$$M = \frac{A}{2a} \tag{4.17}$$

式中分母中的 2 是考虑盘片双面均为有效面积。

3. 转盘的转轴长度 L

假定采用 n 级（台）转盘，则每级转盘的盘片数 $m = M/n$。由 m 可进一步求得每级转盘的转轴长度：

$$L = m(b+d)K \tag{4.18}$$

式中 L——每级转盘的转轴长度，mm；

$\quad m$——每级转盘的盘片数；

$\quad d$——盘片间距，m；

$\quad b$——盘片厚度，与转盘材料有关，一般取值为 $0.001 \sim 0.013m$；

$\quad K$——考虑污水流动的循环沟道的系数，取值 1.2。

4. 接触反应槽的容积

接触反应槽的容积与槽的断面形式有关，当采用半圆形接触反应槽时，其总有效容积 $V(m^3)$ 和净有效容积 $V'(m^3)$ 分别为：

$$V = (0.294 \sim 0.335)(D+2d)^2 L \tag{4.19}$$

$$V' = (0.294 \sim 0.335)(D+2d)^2 (L-mb) \tag{4.20}$$

式中 d——盘片边缘与接触反应槽内壁之间的净间距，m；

0.294～0.335——系数，取决于转轴中心距水面高度 r（一般为 0.15～0.30m），与盘片直径 D 之比，当 $r/D=0.1$ 时可取值 0.294，当 $r/D=0.06$ 时可取值 0.335。

5. 平均接触时间 t_a

污水在接触反应槽内的平均接触时间（停留时间）为：

$$t_a = \frac{V}{Q} \tag{4.21}$$

式中　t_a——平均接触时间，h；

　　　V——接触反应槽有效容积，m³；

　　　Q——污水流量，m³/d。

（四）生物转盘的运行管理

1. 生物转盘的投产

生物转盘在正式投产，发挥净化污水功能前，首先需要使盘面上生长出生物膜（挂膜）。培养出适合于处理污水的活性污泥，然后将活性污泥置于氧化槽中（也可直接引入同类废水处理的活性污泥效果更佳），在不进水的情况下使盘片低速旋转 12～24h，盘片上便会附着少量微生物，接着开始进水，进水量依生物膜逐渐生长而由小到大，直到满负荷运行。

用于硝化的转盘，挂膜时间要增加 2～3 周，并注意将进水 BOD 浓度控制在 30mg/L 以下。因自养硝化细菌世代时间长，繁殖生长慢，若进水有机物浓度过高，会使膜中异养细菌占优势，从而抑制自养菌的生长。当出水中出现亚硝酸盐时，表明生物膜上硝化作用已开始，当出水中亚硝酸盐已下降，并出现大量硝酸盐时，表明硝化菌在生物膜上已占优势，挂膜工作结束。

挂膜所需的环境条件即要求进水具有合适的营养、温度、pH 等，避免毒物的大量进入；因初期膜量少，盘片转速应低些，以免使接触反应槽内溶解氧过高。

2. 生物相的观察

生物转盘上的生物呈分级分布，第一级生物以菌胶团细菌为主，膜亦最厚，随着有机物浓度的下降，以下数级依次出现丝状菌、原生动物及后生动物，生物的种类不断增多，但生物膜量即膜的厚度减小，依污水水质的不同，每一级都有其特征性的生物类群。当水质浓度或转盘负荷有所变化时，特征性生物层次也随之前推或后移。通过生物相的观察可了解生物转盘的工作状况，发现问题，及时解决。

正常的生物膜较薄，厚度约 1.5mm 左右，外观粗糙，带黏性，呈灰褐色。盘片上过剩生物膜不时脱落，这是正常的更替，随后即被新膜覆盖。用于硝化的转盘，其生物膜薄得多，外观较光滑，呈金黄色。

3. 异常问题及其预防措施

一般来说，生物转盘只要设备运行正常，往往会获得令人满意的处理效果。但在水质、水量、气候条件大幅度变化的情况下，加上操作管理不慎，也会影响或破坏生物膜的正常工作，并导致处理效率的下降。常见的异常现象有如下几种。

（1）生物膜严重脱落　在转盘启动的两周内，盘面上生物膜大量脱落是正常的，当转盘采用其他水质的活性污泥来接种时，脱落现象更为严重。但在正常运行阶段，膜的大量脱落会给运行带来困难。产生这种情况的主要原因可能是由于进水中含有过量毒物或抑制生物生长的物质，如重金属、氯或其他有机毒物等。此时应及时查明毒物来源、浓度、排放的频率与时间，立即将接触反应槽内的水排空，用其他废水稀释。彻底解决的办法是防止毒物进入，如不能控制毒物进入时应尽量避免负荷达到高峰，或在污染源采取均衡的办法，使毒物负荷控制在允许范围内。

pH 突变是造成生物膜严重脱落的另一原因。当进水 pH 在 6.0～8.5 范围时，运行正常，膜不会大量脱落。若进水 pH 急剧变化，在 pH<5 或 pH>10.5 时，将导致生物膜大量脱落。此时，应投加化学药剂予以中和，以使进水 pH 保持在 6.0～8.5 的正常范围内。

（2）产生白色生物膜　当进水已发生腐败或含有高浓度的含硫化合物如 H_2S、Na_2S、Na_2SO_3 等，或负荷过高使接触反应槽内混合液缺氧时，生物膜中硫细菌会大量繁殖，并占优势。有时除上述条件外，进水偏酸性，使膜中丝状真菌大量繁殖。此时，盘面会呈白色，处理效果大大下降。

防止产生白色生物膜的措施有：①对原水进行预曝气；②投加氧化剂（如 H_2O_2、$NaNO_3$ 等），以提高污水的氧化还原电位；③对污水进行脱硫预处理；④消除超负荷状况，增加第一级转盘的面积，将一、二级串联运行改为并联运行，以降低第一级转盘的负荷。

（3）固体的累积　沉砂池或初沉池中悬浮固体去除率不佳，会导致悬浮固体在接触反应槽内积累并堵塞废水进入的通道。挥发性悬浮固体（主要是脱落的生物膜）在接触反应槽内大量积累也会产生腐败、发臭，并影响系统的运行。

在接触氧化槽积累的固体物数量上升时，应用泵将其抽出，并检验固体的类型，以针对产生累积的原因加以解决。如属原生固体累积，则应加强生物转盘预处理系统的运行管理；若系次生固体累积，则应适当增加转盘的转速，增加搅拌强度，使其便于同出水一道排出。

（4）污泥漂浮　从盘片上脱落的生物膜呈大块絮状，一般用二沉池加以去除。二沉池的排泥周期通常采用 4h，周期过长会产生污泥腐化；周期过短，则会加重污泥处理系统的负担。当二沉池去除效果不佳或排泥量不足或排泥不及时等都会形成污泥漂浮现象。由于生物转盘不需回流污泥，污泥漂浮现象不会影响转盘 BOD 的去除率，但会严重影响出水水质。因此，应及时检查排泥设备，确定是否需要维修，并根据实际情况适当增加排泥次数，以防止污泥漂浮现象的发生。

四、生物接触氧化

生物接触氧化法是在生物滤池的基础上发展演变而来的，一种介于活性污泥法与生物滤池之间的生物膜法工艺。接触氧化池内设有填料，部分微生物以生物膜的形式固着生长于填料表面，部分则是絮状悬浮生长于水中。因此它兼有活性污泥法与生物滤池两者特点。由于其中滤料及其上生物膜均淹没于水中，故又被称为淹没式生物滤池。目前，生物接触氧化法在国内的污水处理领域，特别在有机工业废水生物处理、小型生活污水处理中得到广泛应用，成为污水处理的主流工艺之一。

（一）生物接触氧化法的基本原理

生物接触氧化法中微生物所需的氧气通常通过人工曝气供给。生物膜生长至一定厚度后，近填料壁的微生物将由于缺氧而进行厌氧代谢，产生的气体及曝气形成的冲刷作用会造成膜的脱落，并促进新生膜的生长，形成生物膜的新陈代谢。脱落的生物膜将随出水流出池外。生物接触氧化法的基本流程如图 4-96 所示。

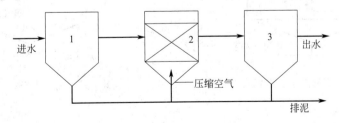

图 4-96　生物接触氧化法的基本流程

1—初次沉淀池；2—生物接触氧化池；3—二沉池

由图 4-96 可见，一般生物接触氧化池前要设初次沉淀池，以去除悬浮物，减轻生物接触氧化池的负荷；生物接触氧化池后则设二沉池，以去除水中带有的生物膜，保证系统出水水质。

与其他生物膜法相比，生物接触氧化法有如下特点。

（1）由于填料的比表面积大，池内的充氧条件良好，生物接触氧化池内单位容积的生物固体量高于活性污泥法曝气池及生物滤池，因此，生物接触氧化池具有较高的容积负荷，处理时间短，节约占地面积。

（2）由于相当一部分微生物固着生长在填料表面，生物膜的脱落和生长可以保持良好的平衡。生物接触氧化法不需要设污泥回流系统，也不存在污泥膨胀问题，运行管理简便。

（3）由于生物接触氧化池内固体量多，水流属完全混合型，因此生物接触氧化池对水质、水量的骤变有较强的适应能力，曝气加速了生物膜的更新，使生物膜活性提高。

（4）由于填料的存在，增大了氧的传递系数，使动力消耗降低。

（5）由于接触氧化法不需要专门培养细菌，挂膜方便，可以间歇运行。

（二）生物接触氧化池的池型

根据进水与布气形式的不同，生物接触氧化池的池型一般有以下 4 种。

1. 底部进水、进气式

如图 4-97 所示，污水与空气都从池体底部均匀布入填料床，填料直接受到水流和气流的搅动，加速了生物膜的脱落和更新，使生物膜经常保持较高的活性，有利于污水中有机物的氧化与分解，而且有利于防止填料床发生堵塞。

2. 侧部进气、上部进水式

如图 4-98 所示，填料设在池的一侧，空气在无填料的一侧底部进入池内，污水则在填料床上部均匀布入。由于污水的曝气充氧在填料床的外部进行而未直接进入填料床，因而水流与气流对填料的搅动程度要低一些，虽然可致使生物膜的脱落和更新慢些，但由于侧部曝气使得部分水流在池内多次反复充氧，亦有利于污水中有机物的氧化分解。

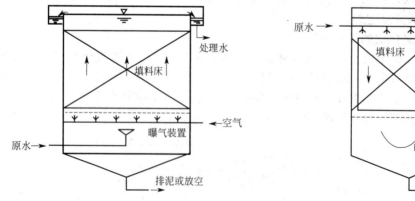

图 4-97　底部进水、进气式

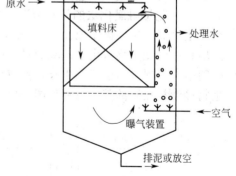

图 4-98　侧部进气、上部进水式

3. 表曝充氧式

如图 4-99 所示，池中心为曝气区，池上面安装有表面机械曝气装置，而曝气区周围外侧为充填填料的接触氧化区，处理水在其最外侧的空隙上升，从池顶部溢流排走。

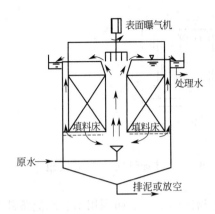

图 4-99　表曝充氧式

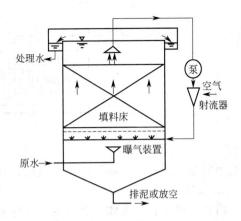

图 4-100　射流曝气充氧式

4. 射流曝气充氧式

如图 4-100 所示，池型基本上同底部进水、进气式，只是充氧方式采用了射流曝气。射流曝气的工作水来源于填料床上部的稳定水层，这部分水饱和充氧后与进水混合一起进入填料床与生物膜接触，从而进行有机物的接触氧化过程。

（三）　生物接触氧化法的典型工艺流程

生物接触氧化法的工艺流程一般分为一级［图 4-101(a)］、二级［图 4-101(b)］和多级几种形式。在一级处理流程中，原污水经初次沉淀池预处理后进入接触氧化池，出水经过二次沉淀池进行泥水分离后作为处理水排放；在二级处理流程中，两段接触氧化池串联运行，其中间可设有中间沉淀池或免设；而多级处理流程中连续串联三座或以上的接触氧化池。从总体上讲，经初次沉淀池沉淀的污水流入接触氧化池，池内的微生物处于对数增殖期和减速增殖期的前段，生物膜增长较快，BOD 负荷率亦较高，有机物降解速率也较大；串联运行的后续的接触氧化池内微生物处于减速增殖期的后段或内源呼吸期，生物膜增长缓慢，处理水水质逐步提高。

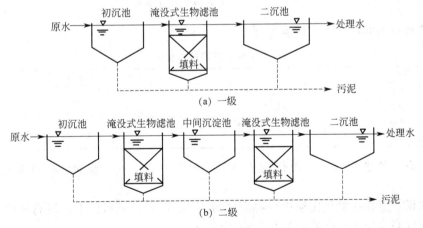

图 4-101　生物接触氧化法的工艺流程

（四）　生物接触氧化池的构造

生物接触氧化池由池体、填料、布水装置和曝气系统组成，其构造如图 4-102 所示。

1. 池体

池体可为钢结构或钢筋混凝土结构，用于设置填料、布水布气和支撑填料支架。从填料

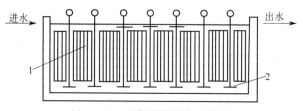

图 4-102　生物接触氧化池构造

1—填料；2—曝气器

上脱落的生物膜会有一部分沉积在池底，必要时，池底部应设置排泥和放空设施。

2. 填料

填料是微生物的载体，其特性对接触氧化池中生物固体量、氧的利用率、水流条件和废水与生物膜的接触情况等起着重要的作用。选择填料时应考虑废水的性质、有机负荷及填料的特性。常用的填料分为硬性填料、软性填料和半软性填料。

硬性填料指由玻璃钢或塑料制成波状板片，在现场再黏合成蜂窝填料。软性填料由尼龙、维纶、腈纶、涤纶等化学纤维编织而成，又称纤维填料。为防止生物膜生长后纤维结成球状，减小填料的比表面积，又有以硬性塑料为支架，上面缚以软性纤维的，称为半软性填料或复合纤维填料。常见填料如图 4-103 所示。

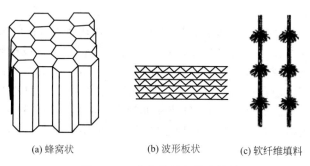

(a) 蜂窝状　　　　　　(b) 波形板状　　　　(c) 软纤维填料

图 4-103　生物接触氧化池填料

常用填料有关的特性指标见表 4-10。

表 4-10　常用填料特性

填料种类	材质	比表面积/(m^2/m^3)	孔隙率/%
蜂窝状填料	玻璃钢、塑料	133～360	97～98
波纹状填料	硬聚氯乙烯	113,150,198	>96, >93, >90
半软性填料	变形聚乙烯塑料	87～93	97
软性填料	化学纤维	2000	99

此外，有些处理厂（站）中仍沿用砂粒、碎石、无烟煤、焦炭、矿渣及磁环等无机填料。

一般来说，生物接触氧化池中填料高度为 3.0m 左右，填料层上水层高度约 0.5m，填料层下布水区高度与池型有关，为 0.5～1.5m。

3. 布水装置

布水装置的作用是使进入生物接触氧化池的污水均匀分布。当处理水量较小时，可采用直接进水方式；当处理水量较大时，可采用进水堰或进水廊道等方式。

4. 曝气装置

曝气装置是氧化池的重要组成部分，与填料上的生物膜充分发挥降解有机污染物的作用、维持氧化池的正常运行和提高生化处理效率有很大关系，并且同氧化池的动力消耗有关。

曝气装置的作用是：①充氧以维持微生物正常活动；②进行充分搅动，形成紊流；③防止填料堵塞，促进生物膜更新。

曝气装置按供气方式可分为鼓风曝气、机械曝气和射流曝气，目前用得较多的是鼓风曝气。

（五）生物接触氧化法的设计计算

1. 规范规定

（1）生物接触氧化池宜为矩形，有效水深 3～5m。生物接触氧化池不宜少于两个，每池可分为两室，池底部应设置排泥和放空设施。

（2）生物接触氧化池的 BOD_5 容积负荷根据试验资料确定。无试验资料时，仅去除有机物时为 $2.5～5.0 kgBOD_5/(m^3 \cdot d)$；若需要反硝化脱氮宜控制在 $0.2～2.0 kgBOD_5/(m^3 \cdot d)$。

2. 设计计算

生物接触氧化池工艺设计的主要内容是计算填料的有效容积和池子的尺寸，计算空气量和空气管道系统，一般采用有机负荷计算。

（1）生物接触氧化池的有效容积（即填料体积 V）

$$V = \frac{Q(S_0 - S_e)}{N_v} \tag{4.22}$$

式中　Q——设计污水处理量，m^3/d；

S_0，S_e——进水、出水 BOD_5 浓度，mg/L；

N_v——填料容积负荷，$kgBOD_5/(m^3 \cdot d)$。

（2）生物接触氧化池的总面积（A）和池数（N）

$$A = \frac{V}{h_0} \tag{4.23}$$

$$N = \frac{A}{A_1} \tag{4.24}$$

式中　h_0——填料高度，一般采用 3.0m；

A_1——每座池子的面积，m^2。

（3）池深（h）

$$h = h_0 + h_1 + h_2 + h_3 \tag{4.25}$$

式中　h_1——超高，0.5～0.6m；

h_2——填料层上水深，0.4～0.5m；

h_3——填料至池底的高度，一般采用 0.5m。

生物接触氧化池一般不少于 2 个，并联运行时每池需由二级或二级以上的氧化池组成。

（4）有效停留时间（t）

$$t = \frac{V}{Q} \tag{4.26}$$

（5）供气量（D）和空气管道系统计算

$$D = D_0 Q \tag{4.27}$$

式中，D_0 为 $1m^3$ 污水需气量，m^3/m^3，根据水质特性、试验资料或参考类似工程运行经验数据确定。

生物接触氧化法的供气量，要同时满足微生物降解污染物的需氧量和氧化池的混合搅拌强度。为保持氧化池一定的搅拌强度，满足营养物质、溶解氧和生物膜之间的充分接触，以及老化生物膜的冲刷脱落，D_0 值应大于 10，一般取 15～20。

空气管道系统的计算方法与活性污泥法曝气池的空气管道系统计算方法基本相同。

五、曝气生物滤池

曝气生物滤池（biological aerated filter，BAF）是在 20 世纪 70 年代末、80 年代初出现于欧洲的一种生物膜法处理工艺。曝气生物滤池最初用于污水二级处理后的深度处理，由于其良好的处理性能，应用范围不断扩大。与传统的活性污泥法相比，曝气生物滤池中活性微生物的浓度要高得多，反应器体积小，且不需二沉池，占地面积少，还具有模块化结构、便于自动控制和臭气少等优点。目前，我国曝气生物滤池主要用于城市污水处理、某些工业废水处理和污水回用深度处理。

曝气生物滤池的主要优点及缺点如下。

1. 优点

（1）从投资费用上看，曝气生物滤池不需设二沉池，水力负荷、容积负荷高于传统污水处理工艺，停留时间短，厂区布置紧凑，可节省占地面积和建设费用。

（2）从工艺效果上看，由于生物量大，以及滤料截留和生物膜的生物絮凝作用，抗冲击负荷能力较强，耐低温，不易发生污泥膨胀，出水水质佳。

（3）从运行上看，曝气生物滤池容易挂膜，启动快。根据运行经验，在水温 10～15℃时，2～3 周可完成挂膜过程。

（4）曝气生物滤池中氧的传输速率高，曝气量小，供氧动力消耗低，处理单位污水电耗低。此外，自动化程度高，运行管理方便。

2. 缺点

（1）曝气生物滤池对进水的 SS 要求较高，需要采用对 SS 有较高处理效果的预处理工艺。而且，进水的浓度不能太高，否则容易引起滤料结团、堵塞。

（2）曝气生物滤池水头损失较大，加上大部分都建于地面以上，进水提升水头较大。

（3）曝气生物滤池的反冲洗是决定滤池运行的关键因素之一，滤料冲洗不充分，可能出现结团现象，导致工艺运行失效。操作中，反冲洗出水回流入沉淀池，对沉淀池有较大的冲击负荷。此外，设计或运行管理不当会造成滤料随水流失等问题。

（4）产泥量略大于活性污泥法，污泥稳定性稍差。

（一）曝气生物滤池的构造及工作原理

曝气生物滤池分为升流式（池底进水，水流与空气同向运行）和降流式（滤池上部进水，水流与空气逆向运行），下面以降流式为例介绍其工作原理。如图 4-104 所示，曝气生物滤池由池体、布水系统、布气系统、承托层、滤层、反冲洗系统等部分组成。池底设承托层，上部为滤层。

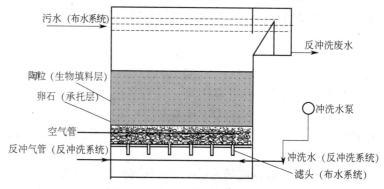

图 4-104 曝气生物滤池结构示意图

曝气生物滤池承托层采用的材质应具有良好的机械强度和化学稳定性，一般选用卵石作为承托层，其级配自上而下为：卵石直径 2～4mm、4～8mm、8～16mm，不同级配卵石层高度分别为 50mm、100mm、100mm。

滤料是生物膜的载体，同时兼有截留悬浮物质的作用，直接影响曝气生物滤池的效能。曝气生物滤池常见的滤料有：多孔陶粒、无烟煤、石英砂、膨胀轻质塑料（如聚乙烯、聚苯乙烯等）、膨胀硅酸铝盐、塑料模块等。这些滤料表面较为粗糙，比表面积大，耐磨性和持久性好，质轻，易于冲洗和反冲洗，利于造粒和三相传质、能阻截水中颗粒物质。滤料粒径范围一般为 1～6mm，其中以 2.5～5.0mm 粒径为主。工程运行经验显示，粒径 5mm 左右的均质陶粒及塑料球形颗粒能达到较好的处理效果。常用滤料的物理特性见表 4-11。

表 4-11 常用滤料的物理特性

名称	物理特性							
	比表面积 /(m³/g)	总孔面积 /(cm³/g)	堆积容重 /(g/L)	磨损率 /%	堆积密度 /(g/cm)	堆积空隙率 /%	粒内空隙率 /%	粒径 /mm
黏土陶粒	4.89	0.39	875	≤3	0.7～1.0	>42	>30	3～5
页岩陶粒	3.99	0.103	976	—	—	—	—	—
沸石	0.46	0.0269	830	—	—	—	—	—
膨胀球形黏土	3.98	—	1550	1.5	—	—	—	3.5～6.2

曝气生物滤池的布水布气系统有滤头布水布气系统、栅型承托板布水布气系统和穿孔管布水布气系统。城市污水处理一般采用滤头布水布气系统。曝气用的空气管、布水布气装置及处理水集水管（兼作反冲洗水管），可设置在承托层内。

污水从池上部进入滤池，并通过由滤料组成的滤层，在滤料表面形成有微生物栖息的生物膜。在污水穿过滤层的同时，空气从滤料底部进入，并由滤料的间隙上升，与下向流的污水反向接触，在生物膜表面实现三相传质，向生物膜上的微生物提供充足的溶解氧和丰富的有机物。后经微生物的代谢作用，有机污染物被降解，污水得到净化。当空气只通入上层和中层时，中上部为好氧区，下部为缺氧区，因而可以进行硝化和反硝化反应。

运行时，污水中的悬浮物以及老化生物膜脱落形成的生物污泥被滤料所截留。因此，滤层具有二沉池的功能。但运行一定时间后，因过滤阻力导致水头损失增加，需对滤层进行反冲洗，反冲洗水排放至初沉池，重新进行沉淀。

（二）曝气生物滤池的工艺

如图 4-105 所示，曝气生物滤池污水处理工艺由预处理设施、曝气生物滤池及滤池反冲洗系统组成，可不设二沉池。预处理一般包括沉砂池、初沉池或混凝沉淀池、隔油池等设施，污水经预处理后使悬浮固体浓度降低，再进入曝气生物滤池，有利于减少反冲洗次数和保证滤池的正常运行。如进水有机污染物浓度较高，污水经沉淀后可进入水解调节池进行水质水量的调节，同时也提高了污水的生物可降解性。曝气生物滤池的进水悬浮固体浓度应控制在 60mg/L 以下，并根据处理程度不同，分为碳氧化、硝化、后置反硝化或前置反硝化等。碳氧化、硝化和反硝化可在单级曝气生物滤池内完成，也可在多级曝气生物滤池内完成。

根据进水流向不同，曝气生物滤池的池型主要有升流式和降流式两类。

1. 升流式

（1）BIOFOR 图 4-106 所示为典型的升流式（气水同向流）曝气生物滤池，又称 BIO-FOR。其底部为气水混合室，其上为长柄滤头、曝气管、承托层、滤料。所用滤料密度大于水，自然堆积，滤层厚度一般为 2～4m。BIOFOR 运行时，污水从底部进入气水混合室，

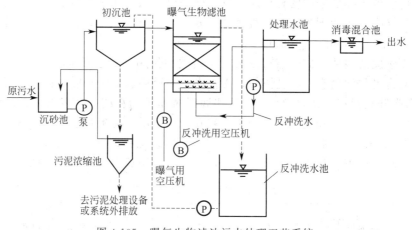

图 4-105   曝气生物滤池污水处理工艺系统

经长柄滤头配水后通过承托层进入滤料，在此进行有机物、氨氮和 SS 的去除。反冲洗时，气水同时进入气水混合室，经长柄滤头进入滤料，反冲洗出水回流入沉淀池，与原污水合并处理。采用长柄滤头的优点是简化了管路系统，便于控制，缺点是增加了对滤头的强度要求，滤头的使用寿命会受影响。

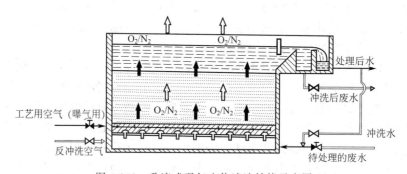

图 4-106   升流式曝气生物滤池结构示意图

升流式的主要优点如下：①同向流可促使布水布气均匀，若采用下向流，则截留的 SS 主要集中在滤料的上部，运行时间一长，滤料内会出现负水头现象，进而引起沟流，采用上向流可避免这一缺点；②采用升流式，截留在底部的 SS 可在气泡的上升过程中被带入滤池中上部，加大滤料的纳污率，延长反冲洗间隔时间；③气水同向流有利于氧的传递与利用。

（2）BIOSTYR   图 4-107 为具有脱氮功能的升流式曝气生物滤池，又称 BIOSTYR，其主要特点为：①采用了新型轻质悬浮滤料——Biostyrene（主要成分是聚苯乙烯，密度小于 $1.0g/cm^3$）；②将滤床分为两部分，上部分为曝气的生化反应区，下部为非曝气的过滤区。

经预处理的污水与经过硝化的滤池出水按照一定回流比混合后，通过滤池进水管进入滤池底部，并向上首先经滤料层的缺氧区，此时反冲洗用空气管处于关闭状态。在缺氧区内，滤料上的微生物利用进水中有机物作为碳源将滤池进水中的硝酸盐氮转化为氮气，实现反硝化脱氮和部分 BOD_5 的降解，同时 SS 被生物膜吸附和截留。然后污水进入好氧区，实现硝化和 BOD_5 的进一步降解。流出滤料层的净化后污水通过滤池挡板上的出水滤头排出滤池。出水分为三部分，一部分排出系统外，一部分按回流比与原污水混合后进入滤池，另一部分用作反冲洗水。反冲洗时可以采用气水交替反冲。

2. 降流式

降流式曝气生物滤池的典型代表是 BIOCARBONE 滤池，其结构如图 4-108 所示。降流式曝气生物滤池采用重质滤料，从上部进水，底部排水。这种曝气生物滤池的缺点是负荷不够高，大量被截留的 SS 集中在滤池上端几十厘米处，此处水头损失占了整个滤池水头损失的绝大部分；滤池纳污率不高，容易堵塞，运行周期短。见图 4-108 和图 4-109。

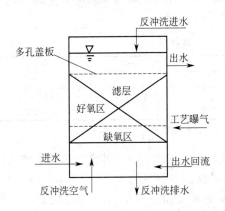

图 4-107　具有脱氮功能的升流式生物滤池

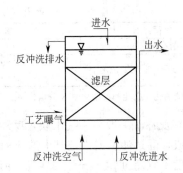

图 4-108　降流式曝气生物滤池

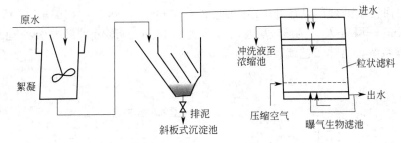

图 4-109　法国污水厂降流式曝气生物滤池工艺流程

（三）曝气生物滤池设计规定及工艺参数

（1）曝气生物滤池的工艺设计参数主要有水力负荷、容积负荷、滤料高度、滤料直径、单池面积，以及反冲洗周期、反冲洗强度、反冲洗时间和反冲洗气水比等。

（2）曝气生物滤池的池体高度宜为 5～7m，由配水区、承托层、滤料层、清水区的高度和超高等组成。

（3）进入曝气生物滤池处理的污水必须经过预处理，以利于减少反冲洗次数和保证滤池的运行。如进水有机物浓度较高，污水经沉淀后可进入水解调节池进行水质水量的调节，同时也提高了污水的可生化性。

（4）曝气生物滤池承托层采用的材质应具有良好的机械强度和化学稳定性，一般选用卵石作为承托层。用卵石作为承托层其级配自上而下：卵石直径 2～4mm、4～8mm、8～16mm，卵石层高度 50mm、100mm、100mm。

（5）生物滤池的滤料应选择比表面积大、空隙率高、吸附性强、密度合适、质轻有足够机械强度的材料。根据资料和工程运行经验，宜选用粒径 5mm 左右的均质陶粒及塑料球形颗粒。滤料层高度一般为 3～4m。

（6）多级曝气生物滤池中，第一级曝气生物滤池以碳氧化为主；第二级曝气生物滤池主要对污水中的氨氮进行硝化；第三级曝气生物滤池主要为反硝化除氮，也可在第二级滤池出水中投加碳源和铁盐或铝盐同时进行反硝化脱氮除磷。

(7) 曝气生物滤池的容积负荷宜根据试验资料确定，无试验资料时，对于城镇污水处理，曝气生物滤池 BOD_5 容积负荷宜为 $3\sim6kgBOD_5/(m^3\cdot d)$，硝化容积负荷（以 NH_3-N计）宜为 $0.3\sim0.8kg(NH_3$-N$)/(m^3\cdot d)$，反硝化容积负荷（以 NO_3^--N 计）宜为 $0.8\sim4.0kg(NO_3^-$-N$)/(m^3\cdot d)$。在碳氧化阶段，曝气生物滤池的污泥产率系数可为 $0.75kgVSS/kgBOD_5$。表4-12为曝气生物滤池典型负荷参数。

表 4-12 曝气生物滤池典型负荷参数

负荷类别	碳氧化	硝化	反硝化
水力负荷/[$m^3/(m^2\cdot h)$]	$2\sim10$	$2\sim10$	—
最大容积负荷/[$kgX/(m^3\cdot d)$]	$3\sim6$	$<1.5(10℃)$	$<2(10℃)$
	$3\sim6$	$<2.0(20℃)$	$<5(20℃)$

注：碳氧化、硝化和反硝化时 X 分别代表五日生化需氧量、氨氮和硝酸盐氮。

(8) 反冲洗一般采用气水联合反冲洗，由单独气冲洗、气水联合反冲洗、单独水冲洗三个过程组成，通过滤板或固定其上的长柄滤头实现。反冲洗空气强度为 $10\sim15L/(m^2\cdot s)$，反冲洗水强度不宜超过 $8L/(m^2\cdot s)$，反冲洗周期根据水质参数和滤料层阻力加以控制，一般设24h 为一周期，反冲洗水量为进水水量的 8% 左右。反冲洗出水平均悬浮固体可达 600mg/L。

（四）曝气生物滤池应用实例

大连马栏河污水处理厂设计处理能力为 $12\times10^4m^3/d$，其中 $4\times10^4m^3/d$ 污水回用，服务面积为 $32km^2$，服务人口为 35 万人，占地为 $4.3hm^2$。该污水厂二级处理采用了两级 BIOFOR 过滤系统，具体工艺流程如图 4-110 所示。

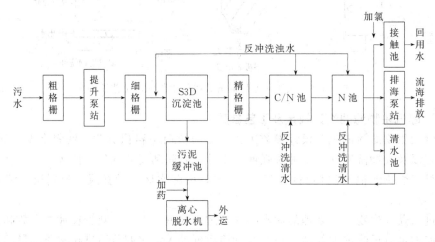

图 4-110 马栏河污水处理厂工艺流程

马栏河污水处理厂处理效果良好，出水水质如表 4-13 所示，达到了《城市杂用水水质标准》（GB/T 18920—2002），已回用作为城市绿化、住宅小区冲厕、建筑施工用水以及厂区内绿化、消防、冲厕、清扫、车辆冲洗用水。

表 4-13 马栏河污水处理厂进、出水水质

项目	COD/(mg/L)	BOD_5/(mg/L)	SS/(mg/L)	NH_4^+-N/(mg/L)	pH
进水	$250\sim380$	$120\sim180$	$180\sim280$	$20\sim30$	$7.4\sim7.6$
出水	33	7	9	<2	7.2

注：进水指标低于设计值。

六、活性污泥-生物膜复合工艺

作为污水生物处理的两大工艺类型，生物膜法和活性污泥法各有优缺点，其中生物膜法剩余污泥量少、运行比较稳定、管理相对简单、对氨氮和难降解污染物去除能力强、对水质变化适应性强，但填料及其支撑机构需要较高的初期投资，生物膜脱落产生的部分细小颗粒不易沉降，出水浊度较高；活性污泥法处理能力较大、出水水质良好、效率较高，但污泥产量大、运行不够稳定、易产生污泥膨胀等。为了解决上述问题，发挥活性污泥法和生物膜法的优点，开发两者复合工艺。目前，活性污泥-生物膜复合工艺被广泛应用于生活污水、垃圾渗滤液的工业废水的处理，已成为中小城镇污水处理的高效工艺。

（一）活性污泥-生物膜复合工艺的原理

活性污泥-生物膜复合工艺是指将载体直接投加到活性污泥工艺的反应池中，此时悬浮态污泥和附着态生物膜组成了反应池内的生物量，污水中有机污染物去除任务被附着生长的生物膜和悬浮生长的活性污泥共同承担。这种方法可降低污泥负荷率，大幅度提高反应池内的生物量，使并不具备硝化能力的系统具备较强的硝化能力，增加了系统抗冲击负荷的能力，同时减少了污泥的产量。传统活性污泥法中的丝状菌也可被载体吸附在生物膜孔隙内或表面，这样不仅发挥了丝状菌强大的净化能力，而且又能提高反应系统运行的稳定性。附着相微生物的存在，使系统中微生物种类更趋多样化，对难降解污染物质的去除能力增强。由于系统存在活性污泥，仍可以按照厌氧/缺氧/好氧的模式来运行，使其具备去除总氮和总磷的能力。

（二）活性污泥/生物膜复合工艺的主要特点

（1）结合了生物膜法和活性污泥法各自处理的优点。工艺中不仅有附着态微生物，还有悬浮态微生物，所以其不但具备活性污泥法出水水质好、硝化效果好的优点，又具有生物膜法的抗冲击负荷能力强、污泥沉降性能好且易维护管理等优点。

（2）系统中微生物相多样化、生物的食链长，并能存活世代时间较长的微生物。生物膜上的微生物没有受到强烈的曝气搅拌冲击，与活性污泥法相比，生物膜为微生物的繁衍、增殖创造了更加安定的外界环境。生物膜上能够生长高等生物，在轮虫类、纤毛虫等之上还栖息着不少的寡毛虫和昆虫，因而其食物链长。此外，生物膜上能够生长世代时间较长、增殖速度缓慢的微生物，如硝化菌、氨化菌等。

（3）反应器内单位体积的生物量提高，污泥负荷率降低，处理能力增大。由于附着生长的生物膜具有较小的含水率，单位反应器容积的生物量可比活性污泥高很多倍，因而复合反应系统的处理能力较强。由于硝化菌的繁殖，使系统由不具备硝化能力转变为具备较好的硝化能力，且硝化菌优先附着生长在载体上，使硝化作用与悬浮相生物的 SRT 无关，致使其复合反应系统的净化功能得以提高。

（4）系统抗冲击负荷能力增加，污泥产量减小。复合生物反应器受水质、水量变化而引起的有机负荷和冲击负荷波动的影响较小，反应器的运行稳定性得以大幅度提高。当有机负荷为 $3.5kgCOD/(m^3 \cdot d)$ 时，COD 的去除率仍可达 80% 以上。

（5）动力消耗低，氧的利用率高。当采用在填料下直接曝气时，由于气泡的再破裂提高了充氧效率，加上厌气膜不消耗氧的特性，故一般动力消耗较单纯活性污泥法要小。

【复习思考题】

1. 什么是生物膜法？生物膜法具有哪些特点？
2. 简述生物膜净化污水的基本原理。

3. 比较生物膜法和活性污泥法的优缺点。

4. 生物膜的形成一般有哪几个过程？与活性污泥相比有什么区别？

5. 生物膜法有哪几种形式？试比较它们的特点？

6. 试述各种生物膜法处理构筑物的基本构造及其功能。

7. 生物滤池有几种形式？各适用于什么具体条件下？

8. 影响生物滤池处理效率的因素有哪些？它们是如何影响处理效果的？

9. 高负荷生物滤池在什么条件下需要采用出水回流？回流的方式有哪几种？各有什么特点？

10. 生物接触氧化池中常使用的填料有哪些？它们的优点是什么？

第五章　市政污水深度处理与再生利用

第一节　污水再生处理的目标与流程选择

一、污水再生处理的需求

市政污水的深度处理是指城市污水经常规的一级、二级处理之后，为使出水达到一定的水质要求或去除特定污染物而进行的进一步水处理过程。经过适当深度处理后的市政污水能在一定范围内作为非常规水源被再度利用，该过程被称为"污水再生利用"或"污水回用"。

中国是水资源贫乏的国家，是全球13个水资源极度缺乏的国家之一。随着经济发展和城市化进程的加快，城市缺水问题尤为突出。当前相当多的城市水资源短缺，城市供水范围不断扩大，缺水程度日趋严重。污水再生利用可以缓解水资源短缺，还可以减少污染排放，对改善水环境也有重要意义。

以北京市为例，2010年《北京市排水和再生水管理办法》将再生水纳入全市水资源统一配置；2012年、2013年，北京市政府又相继出台《关于进一步加强污水处理和再生水利用工作的意见》和《加快污水处理和再生水利用设施建设三年行动方案（2013～2015年）》，规划到"十二五"末，北京全市再生水年利用量不低于10亿立方米。北京市水务局提供的数据显示，目前北京的再生水利用率已经达到61%，接近发达国家70%的利用率。2008年，北京地区的再生水利用总量首次超过地表水，成为第二大水源。2008～2013年，北京市再生水用水总量年均增长率约为13%，实现了污水处理从削减污染物向污水资源化的转变。

二、再生水的应用类别

通常人们把市政供水叫做"上水"，把市政排水叫做"下水"，再生水的水质介于上水和下水之间，故再生水又名"中水"。再生水合理回用是提高水资源综合利用率，减轻水体污染的有效途径之一。污水的再生利用和资源化具有可观的社会效益、环境效益和经济效益，已经成为世界各国解决水问题的有效途径之一。

再生水的使用方式很多，根据再生水用途的不同，可分为城市杂用、工业用水、农业用水、环境景观娱乐用水、地下水补给等。

（一）城市杂用

城市杂用主要是指为以下用水提供再生水。

（1）校园、田径场、高速公路中间带及路肩、运动场等公共场所和设施的灌溉。

（2）用作绿化地的灌溉水，如住宅区周边、商业区、写字楼及工业开发区周围绿化地的灌溉。

（3）消防用水。

（4）大型娱乐场地，如用于高尔夫球场的灌溉。

（5）用于盈利性经营，如洗车店、洗衣店等或作为杀虫剂、除草剂及液体肥料等的配制用水。

（6）作为景观用水使用，如公园的喷泉等。

（7）建筑工程中使用，如用于配制混凝土。

（8）作为一般清洁用水，如商业、工业建筑内的卫生间、便池的冲洗；及用于洒水车，以消除街道扬尘。

再生水可供双管道系统输送到住宅区、商业区等作为清洁用水使用。在城市再生水供水系统中，最重要的考虑之一是对公众健康的保护，必须确保以下安全措施：①确保为用户输送的再生水水质符合相应的水质标准；②防止再生水管道与饮用水管道错接；③再生水管道要做明确的标记，防止用户误用非饮用水。

（二）工业回用

再生水被广泛应用于冷却、工业过程用水等方面。

1. 冷却水

以热电厂为例，将再生水用作热电厂的循环冷却水对缓解区域水资源匮乏，加强水资源循环利用及节能减排具有重要意义。既可以满足企业用水的需要，同时有效降低了污水排放量、减少了环境污染，降低了热电生产成本，体现了环境效益、经济效益和社会效益的统一。再生水应用于工业企业的冷却水需要格外注意管道系统的沉淀、腐蚀和生物滋长问题。

2. 工业过程用水

再生水用于工业过程的使用程度与工业企业的性质有关。如皮革厂可以接受较低品质的用水，而纺织、制浆造纸及金属制造等行业的用水水质相对要高。因为再生水的使用能够给造纸企业带来经济效益，所以当前造纸企业进行内部循环水回用达到了比较高的比例。在美国，有接近一半的企业使用经过深度处理的城市污水作为水源，加利福尼亚的大量造纸企业从 20 世纪 90 年代开始使用再生水。

（三）农业回用

在我国，农业用水占总用水量的 63.4%（中华人民共和国水利部，2013）。从全球看，灌溉用水量超过了其他用途的所有用水量，大约占总用水量的 75%。农业灌溉对于淡水的需求量很大，在水质符合标准的前提下，使用再生水灌溉农业对于节约水资源及经济效益都是有利的。

2004 年，大兴开始实施南红门灌区农业利用再生水工程，引用小红门污水处理厂再生水灌溉农田、回补地下水，同时改善环境。工程于 2007 年 5 月竣工，总投资 1.41 亿元，初步建成集农田灌溉、排水、景观和涵养地下水为一体的再生水灌区。截至 2008 年 6 月，已实现引用再生水 8791 万立方米，有效缓解了区域水资源紧缺带来的农业灌溉用水压力和地下水位持续下降的趋势。

（四）环境和娱乐用水

再生水在环境方面的利用途径主要包括改善和修复现有湿地及补给城市景观河道及娱乐水体等。

湿地是重要的生态系统，可为野生动物提供栖息地和繁殖地，还具有维持区域内水文平衡、削减洪峰、补给地下水含水层、改善水质等功能。长期以来，大量湿地因为水资源短缺、过度开垦和畜牧养殖而遭到破坏。为了保护湿地生态系统，可以利用再生水补给湿地，建立、修复和改善湿地环境，并利用湿地系统进一步处理再生水，保护下游受纳水体。

观赏性景观环境用水指人体非直接接触的景观环境用水，包括不设有娱乐设施的景观河道、景观湖泊及其他观赏性景观用水。对于严重缺水地区，再生水回用于观赏性景观环境可维持水体水量，从而改善水生动物栖息环境和维护水体美学价值。2008 年，北京排水集团中水公司向北京清河、清洋河、西土城沟、小月河、陶然亭、奥运龙形水系、圆明园等景观及河湖补水 3200 万立方米。此外，在天津、青岛、合肥等城市亦逐步将再生水回用于已干涸的景观河道、湖泊，再生水回用于景观和娱乐水体的规模正不断扩大。

（五）地下水补给

利用再生水补给地下水的主要作用有以下几个方面。

（1）在沿海的地下蓄水层中建立防止含盐水入侵的屏障。

（2）为将来的回用提供深度处理。

（3）增加可饮用或非饮用的地下蓄水层。

（4）为后续的回收和回用储备再生水源。

（5）控制和防止地面沉降。

地下水补给可以通过三个方式实现：地表洒布、渗流区注水井及直接注入。地表洒布是一种直接的补给方式，水流在渗透和浸透作用下通过土壤基质由地表流入地下蓄水层。

（六）补给饮用水

再生水可以间接作为饮用水使用，以新加坡为例，对污水进行再循环处理，使之清洁并可供人饮用的再生水，在新加坡被称为"新生水"，意为废水经过回收、过滤、再生，每一滴都获得了"新生"。新生水的生产利用了微滤、反渗透、紫外线消毒等先进技术。新加坡从 2003 年 2 月正式启动在生活用水方面新生水的推广活动，向民众免费赠送了大量瓶装新生水，鼓励人们尽可能多地使用新生水。同时，新加坡开始将少量的新生水注入蓄水池和天然水混合后送往自来水厂，经进一步处理后达到饮用标准，间接作为饮用水供应。2003 年起新生水正式成为新加坡的供水来源之一，并在随后的几年时间里发展迅猛，迄今已经成为新加坡日益重要的水源。

三、污水深度处理流程选择

（一）常用的深度处理流程

典型的深度处理的处理流程示例如下。

1. 市政污水厂出水→过滤→消毒→出水（再生水）

其中过滤方式可采用直接过滤，即指市政污水处理厂的出水直接进入过滤设施进行过滤。这种处理流程比较简单，但是过滤效率较低，在过滤后的出水中可能存在大量未去除的小颗粒，对消毒效果产生影响。如对再生水的 TP 不做要求且市政污水处理厂出水的 SS 含量较低时可采用这种处理流程。

接触过滤是指在市政污水处理厂出水中投加混凝剂等药剂后再进入过滤设备。这种过滤方式处理下的出水浊度较直接过滤的低，当原水条件不宜采用直接过滤时可以采用。

2. 市政污水厂出水→混凝→沉淀→普通过滤→消毒→出水（再生水）

市政污水厂二级处理出水经混凝、沉淀后再进入过滤设施进行过滤，是较常见的一种深度处理流程。该流程在工程中广泛应用，出水水质稳定，可以有效去除大肠菌群、浊度、总磷，并部分去除 COD、色度等，去除率高于第一种处理流程。出水一般可用作冲厕用水、限制性娱乐景观用水、洗车用水、消防用水等。

3. 市政污水厂出水→预处理→膜过滤→消毒→出水（再生水）

上述深度处理流程中的膜过滤一般指微滤或超滤。微滤目前应用较多的是连续微过滤（CMF），CMF 系统对 SS、细菌、浊度的去除效果较好，但对溶解性固体、氯化物、总硬度和电导率作用很小。超滤系统对 SS、BOD、细菌总数、浊度、部分溶解性物质的去除效果比微滤系统更好，同时可以去除富里酸、腐殖酸等大分子物质。

4. 市政污水厂出水→混凝→沉淀→过滤→双膜过滤→消毒→出水

该流程常被称为"双膜"法，是指二级出水分别经低压膜系统（微滤或超滤）及高压膜系统（纳滤或反渗透）进行深度处理。这种处理流程将混凝、沉淀、过滤的传统处理工艺作为双膜过滤的预处理。经双膜法处理后，产水水质优良，可适用于非饮用性用水、高水质要求的工业用水等目的，但生产成本较高。

（二）案例

天津经济技术开发区"双膜法"再生水工程于 2002 年 9 月建成，采用的是连续微滤＋反渗透的处理工艺流程（图 5-1）。

天津开发区位于渤海之滨，是在原来盐碱滩上开发建设而成的，地下水含盐量高且水位高，排水管网不可避免地渗入了地下苦咸水。污水处理厂二级出水采用常规的方法进行深度处理很难达到回用的要求。只有对出水采用深度脱盐处理，才能使处理后的水质满足未来回用水用户的要求。因此，开发区污水回用的核心工艺是脱盐工艺。双膜法再生水工程完全打破了传统的污水深度处理工艺，第一次将再生水集中回用到高端用户。经过测试，经双膜工艺处理的水在去除了盐分的同时，也去除了水中的细菌、重金属、有机污染物等，出水水质好于世界卫生组织和美国 EPA 公布的饮用水水质标准，可满足锅炉补给、生活杂用、园林绿化等各类用户的用水要求。

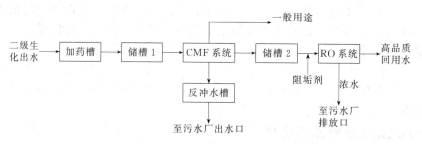

图 5-1　天津经济技术开发区"双膜法"再生水工程工艺流程图

【复习思考题】

一、填空题

1. 污水的深度处理是指（　　）。

2. 在城市杂用方面，再生水的供应方式有（　　）和（　　）两种。

3. 与海水淡化、跨流域调水相比，再生水的优势是（　　）。

二、简答题

1. 简述污水深度处理流程的选择原则。

2. 什么是接触过滤？

3. 污水深度处理流程中，什么情况下直接过滤不适用？

第二节　混　　凝

混凝是市政污水深度处理中广为应用的工艺之一，主要去除污水中的微小悬浮物和胶体杂质，通常与沉淀法、过滤联合使用。

一、混凝机理与工艺形式

（一）混凝原理

1. 胶体的"双电层结构"

据研究，胶体微粒都带有电荷，胶体的中心称为胶核。胶体表面选择性吸附一层离子，这些离子可以是胶核的组成物直接电离而产生的，也可以是从水中选择吸附 H^+ 或 OH^- 而形成的。这层离子称为胶体微粒的电位离子，它决定了胶粒电荷的大小和符号。由于电位离子的静电引力，在其周围又吸附了大量的异号离子，形成了所谓"双电层"（图 5-2）。这些异号离子，其中紧靠电位离子的部分被牢固吸引着，当胶核运行时，它也随着一起运动，形成固定离子层。而其他的异号离子，离电位离子较远，受到的引力较弱，不随胶核一起运动，并有向水中扩散的趋势，形成了扩散层。固定的离子层与扩散层之间的交界面称为滑动面。滑动面以内的部分为胶粒，胶粒与扩散层之间有一个电位差，称为胶体的电动电位（ξ 电位），胶核表面的电位离子与溶液之间的电位差称为总电位（ψ 电位）。

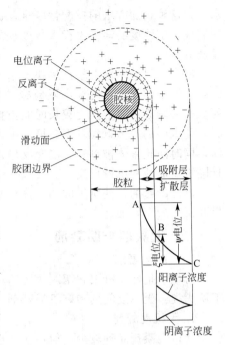

图 5-2 胶体的双电层结构

2. 混凝作用机理

混凝的原理归纳起来主要涉及三方面的作用：压缩双电层、吸附架桥、网捕或卷扫。

（1）压缩双电层 胶体之所以能够维持稳定的分散悬浮状态，是因为存在电动电位。如果胶粒的电动电位消除或者降低，就可能使胶体碰撞聚结从而失去稳定性。通过向水体中添加电解质可达到压缩双电层的目的，如天然水体中的黏土胶粒带负电荷，投入铁盐或铝盐后，提供的大量正离子会涌入胶体的扩散层或吸附层，使得扩散层变薄，电动电位降低。当电动电位降低至某一程度而使胶粒间排斥的能量小于胶粒布朗运动的动能时，胶粒会开始产生明显的聚结。当正离子达到一定量时，扩散层完全消失。胶粒间的静电斥力消失，此时胶粒最易发生聚结。一般把胶体失去稳定性的过程称为凝聚，失去稳定性的胶体相互聚集的过程称为絮凝。

（2）吸附架桥 吸附架桥作用也可以使得胶粒聚结，主要是指高分子物质与胶粒的吸附与桥连。三价铝盐或铁盐以及其他高分子混凝剂溶于水后，经水解和缩聚反应形成高分子聚合物，具有线型结构。聚合物的链状分子可以在胶粒之间起到桥梁和纽带的作用，使相距较远的两胶粒间进行吸附、架桥。这样高分子聚合物就起了架桥连接的作用，使胶体颗粒逐渐增大，形成肉眼可见的粗大絮凝体。高分子聚合物在胶粒表面的吸附来源于各种物理化学作用，如静电引力、范德华引力、氢键、配位键等。

（3）网捕 能够使微粒凝结的第三个作用称为网捕或卷扫作用。铁盐或聚合氯化铝等絮凝剂投加到水体中进行絮凝时，可以产生水解沉淀物。这些沉淀物在循序沉降过程中，能够卷扫、网捕水中的胶粒，使胶粒黏结。

（二）工艺形式

混凝沉淀法主要由投药、混合、反应、沉淀等环节组成，其处理工艺流程如图 5-3 所示。

药剂的投加可以分为湿法投加和干法投加两种。干法投加是指直接把药剂加到待处理的

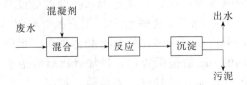

图 5-3 混凝沉淀法工艺流程

水中。这种投加方法的投配量较难掌握、劳动强度大,较少使用。湿法投加则是指先把药剂配制成一定浓度的溶液再投入待处理的污水中。湿法投加的投药均匀性较好,是应用广泛的投药方法。

混合的目的是使混凝剂尽快与水混合,这一阶段需要短时间高强度搅拌。反应阶段的目的是使混凝剂与水中的细小颗粒或胶体物质作用生成尽可能大的絮体,为沉降分离创造条件,这一阶段需要低强度较长时间搅拌。反应池内水流特点是流速由大到小,在较大的流速时,使水中的胶体颗粒发生碰撞吸附;在较小的流速时,使碰撞吸附后的颗粒结成更大的絮体,同时防止絮体被打碎。混凝反应池的形式有水力搅拌和机械搅拌两大类,常用反应器包括隔板反应池和机械反应池。

沉淀的目的是使所生成的絮体与水分离,完成净化过程。斜板沉淀池因其良好的沉淀效果和沉淀效率,加之占地小,应用较广泛。

二、混凝剂与助凝剂

(一) 混凝剂

习惯上把能起凝聚和絮凝作用的药剂统称混凝剂。混凝剂的种类繁多,主要可以分为以下两大类:无机混凝剂和有机混凝剂。

1. 无机混凝剂

无机混凝剂品种较少,但在水处理中应用较普遍,主要是水溶性的二价或三价金属盐,如铁盐和铝盐及其水解聚合物。可以选用的无机盐类混凝剂有硫酸铝、三氯化铁、硫酸亚铁、硫酸铝钾 (明矾)、铝酸钠和硫酸铁等。

硫酸铝含有不同数量的结晶水,$Al_2(SO_4)_3 \cdot nH_2O$,其中 n 为 6、10、14、16,18 和 27,常用的是 $Al_2(SO_4)_3 \cdot 18H_2O$,其外观为白色,水溶液呈酸性。硫酸铝在我国使用较为普遍,大都使用块状或粒状硫酸铝。根据其不溶解杂质含量,将硫酸铝分为精制和粗制两种。精制硫酸铝的价格较贵,杂质含量不大于 0.5%;粗制硫酸铝的价格较低,杂质含量不大于 2.4%。硫酸铝易溶于水,可干式或湿式投加。硫酸铝使用时水的有效 pH 值范围较窄,约为 5.5~8,其有效 pH 值随原水的硬度含量而异:对于软水,pH 值在 5.7~6.6;中等硬度的水为 6.6~7.2;硬度较高的水则为 7.2~7.8。在控制硫酸铝剂量时应考虑上述特性。有时加入过量硫酸铝,会使水的 pH 值降至铝盐混凝有效 pH 值以下,既浪费了药剂,又使处理后的水发浑。

采用硫酸铝作为混凝剂时,运输方便,操作简单,混凝效果好,但水温低时,硫酸铝水解困难,形成的絮凝体较松散,混凝效果变差。粗制硫酸铝由于不溶性杂质含量高,使用时废渣较多,带来排除废渣方面的操作麻烦,而且因酸度较高而腐蚀性较强,溶解与投加设备需考虑防腐。

三氯化铁 ($FeCl_3 \cdot 6H_2O$) 是一种常用的混凝剂,是黑褐色的结晶体,有强烈吸水性,极易溶于水,形成的矾花沉淀性能好,处理低温水或低浊水效果比铝盐好。市售无水三氯化铁产品中 $FeCl_3$ 含量可达 92% 以上,不溶性杂质小于 4%。三氯化铁适合于干投或浓溶液投加,液体、晶体物或受潮的无水物腐蚀性极大,调制和加药设备必须考虑用耐腐蚀器材。三氯化铁加入水后与天然水中碱度起反应,当被处理水的碱度低或其投加量较大时,在水中应先加适量的石灰。水处理中配制的三氯化铁溶液浓度宜高,可达 46%。采用三氯化铁做混凝剂时,其优点是易溶解,形成的絮凝体比铝盐絮凝体密实,沉降速度快,处理低温、低浊水时效果优于硫酸铝,适用的 pH 值范围较宽,投加量比硫酸铝小。其缺点是三氯化铁固体产品极易吸水潮解,不易保管,腐蚀性较强,对金属、混凝土、塑料等均有腐蚀性,处理后色度比铝盐处理水高,最佳投加范围较窄,不易控制等。

硫酸亚铁（$FeSO_4 \cdot 7H_2O$）也是一种铁盐混凝剂，为透明绿色结晶体，俗称绿矾，易溶于水，在水温 20℃时溶解度为 21％。固体硫酸亚铁需溶解投加，一般配制成 10％左右的溶液使用。当硫酸亚铁投加到水中时，离解出的二价铁离子只能生成简单的单核络合物，因此，不如三价铁盐那样有良好的混凝效果。残留于水中的 Fe^{2+} 会使处理后的水带色，当水中色度较高时，Fe^{2+} 与水中有色物质反应，将生成颜色更深的不易沉淀物质（但可用三价铁盐除色）。根据以上所述，使用硫酸亚铁时应将二价铁先氧化为三价铁，然后再起混凝作用。通常情况下，可采用调节 pH 值、加入氯、曝气等方法使二价铁快速氧化。

镁盐也是一类无机盐混凝剂。而碳酸镁在水中产生 $Mg(OH)_2$ 胶体和铝盐、铁盐产生的 $Al(OH)_3$ 与 $Fe(OH)_3$ 胶体类似，可以起到澄清水的作用，且可以再次回收利用。石灰苏打法软化水站的污泥中除碳酸钙外，尚有氢氧化镁，利用二氧化碳气可以溶解污泥中的氢氧化镁，从而回收碳酸镁。

聚合氯化铝是一种无机高分子混凝剂。化学式表示为 $[Al_2(OH)_nCl_{6-n}]_m$，其中 n 可取 $1\sim5$ 的任何整数，m 为 ≤10 的整数。这个化学式指 m 个 $Al_2(OH)_nCl_{6-n}$（称羟基氯化铝）单体的聚合物。聚合氯化铝中 OH^- 与 Al^{3+} 的比值对混凝效果有很大关系，一般可用碱化度 B 表示。一般要求 B 为 40％～60％。

聚合氯化铝作为混凝剂处理水时，有下列优点：

（1）对污染严重或低浊度、高浊度、高色度的原水都可达到好的混凝效果。

（2）水温低时，仍可保持稳定的混凝效果，因此在我国北方地区更适用。

（3）矾花形成快，颗粒大而重，沉淀性能好，投药量一般比硫酸铝低。

（4）适宜的 pH 值范围较宽，为 5～9，当过量投加时也不会像硫酸铝那样造成水浑浊的反效果。

（5）其碱化度比其他铝盐、铁盐高，因此药液对设备的侵蚀作用小，且处理后水的 pH 值和碱度下降较小。

使用聚合氯化铝做混凝剂时需要注意的事项如下：

（1）每次配制的水溶液不可放置时间过长，以免降低使用效果。

（2）产品有效储存期：液体半年，固体一年；固体产品受潮后仍然可使用。

（3）不同厂家或不同牌号的水处理药剂不能混合使用，并且不得与其他化学药品混存，应防水防潮。

聚合氯化铝的混凝机理与硫酸铝相同，硫酸铝的混凝机理包括了开始的铝离子，最后的氢氧化铝胶体和其中间产物即各种形态的水解聚合物的作用。对于水中负电荷不高的黏土胶体，最好利用正电荷较低而聚合度大的水解产物，而对于形成颜色的有机物，则以正电荷较高的水解产物发挥作用为宜。但硫酸铝的化学反应甚为复杂，不可能根据不同水质人为地来控制水解聚合物的形态。至于聚合氯化铝则可根据原水水质的特点来控制制造过程中的反应条件，从而制取所需要的最适宜的聚合物，当投入水中，水解后即可直接提供高价聚合离子，达到优异的混凝效果。

聚合硫酸铁是另一种无机高分子混凝剂，其形态性状是淡黄色无定形粉状固体，极易溶于水，10％（质量）的水溶液为红棕色透明溶液。聚合硫酸铁广泛应用于饮用水净化、城市污水处理、污泥脱水等领域。

2. 有机混凝剂

有机混凝剂种类较多，主要是有机高分子混凝剂。有机高分子混凝剂有天然和人工合成两类，目前应用较多的主要为人工合成的。有机高分子混凝剂一般具有巨大的线型分子，其分子上的链节与水中胶体微粒有极强的吸附作用，混凝效果优异。常用的有聚丙烯酰胺、聚丙烯酸钠、聚氧化乙烯等。其中，聚丙烯酰胺是目前使用最广泛的高分子混凝剂。聚丙烯酰胺是水溶性高分子聚合物，对胶粒表面有强烈的吸附作用，具有凝聚速度快、混凝效果优异等特点。

在应用有机高分子混凝剂的同时，其毒性也是引起人们关注的地方。聚丙烯酰胺的毒性主要在于其单体，所以应重视单体的残留。

（二）助凝剂

当单用混凝剂不能取得良好效果时，可投加某些辅助药剂提高混凝效果，这类辅助药剂即为助凝剂。助凝剂可以参加混凝，也可不参加混凝。从一定意义上讲，凡是不能在某一特定的水处理工艺中单独作为混凝剂但可以与混凝剂配合使用而提高或改善凝聚和絮凝效果的化学药剂均可称为助凝剂。助凝剂可以是调整水的 pH 的酸碱类物质，如石灰、硫酸等；也可以是加大矾花的粒度和结实性的物质，如活化硅酸（$SiO_2 \cdot nH_2O$）、骨胶等；还可以是用来破坏干扰混凝的物质的氧化剂类物质，如 Cl_2、O_3 等。

三、混凝工艺设备

（一）投药设备

混凝的投药设备包括计量设备、投药箱等，根据投药方式或控制系统不同，投药设备也有所不同。

计量设备种类很多，有计量泵（图 5-4）、转子流量计（图 5-5）、苗嘴等。

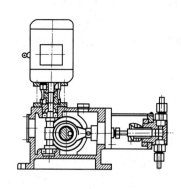

图 5-4 计量泵

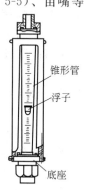

图 5-5 转子流量计

混凝剂的投加有重力投加、虹吸投加、泵投加、水射器投加等。重力投加（图 5-6）包括流量计、溶液池、水箱、提升泵等，利用重力直接将药液投入水管内。重力投加有泵前重力投加和高位溶液池重力投加两种类型，前者的药液投加在水泵吸水口或管口，混合效果好，常用于取水泵房靠近水厂处理构筑物的情况；后者适用于泵房与水厂构筑物距离较远的场合。

虹吸定量投药利用的是空气管末端与虹吸管出口间的水位差不变，因而投药量恒定而设计的投配设备。

泵投加采用计量加药泵将混凝剂药液压入管道（图 5-7），主要包括溶液池、计量泵等设备，这种方式一般用于大型水处理厂。

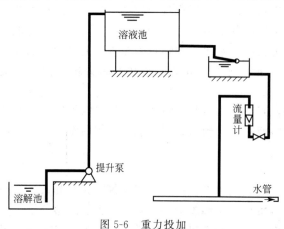

图 5-6 重力投加

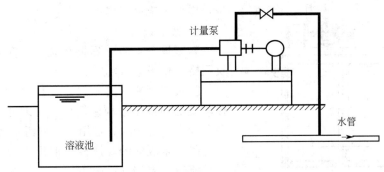

图 5-7　计量泵投加

水射器由喷嘴和喉管等构成，投加时喷嘴和喉管之间因高压水通过而产生真空抽吸作用，将药液吸入并在喉管内强烈混合，同时在压力作用下将混凝剂药液注入水管中。投加设备如图 5-8 所示，该法设备简单、使用方便，但水射器易腐损。

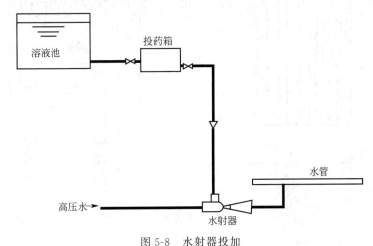

图 5-8　水射器投加

（二）混合与絮凝设备

1. 混合设备

（1）管式混合器　管式混合器（图 5-9）一般由三节组成，也可根据混合介质的性能增加节数。每节混合器有一个 180°扭曲的固定螺旋叶片，分左旋和右旋两种；相邻两节中的螺旋叶片旋转方向相反，并相错 90°。混合器的螺旋叶片不动，仅是被混合的物料或介质的运动，流体通过它产生压降，不使用外部能源，通过流动分割、径向混合、反向旋转，使两种介质不断激烈掺混扩散，达到混合目的。

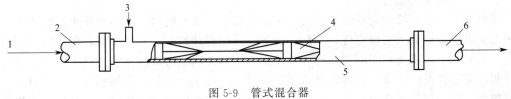

图 5-9　管式混合器

1—原水；2—管道；3—药剂；4—单元混合体；5—静态混合器；6—管道

（2）机械混合器　机械混合器（图 5-10）是指在池内安装的搅拌装置，搅拌器可以是桨板式或螺旋桨式。机械混合器的优点是混合效果好，不受水质影响，缺点是增加了机械设

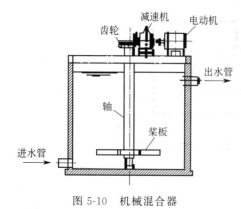

图 5-10　机械混合器

备，增加了维修工作。

2. 絮凝设备

絮凝设备主要有隔板絮凝池、穿孔旋流絮凝池及网格、栅条絮凝池等。

隔板絮凝池（图 5-11）分往复式和回转式，隔板絮凝池的特点是构造简单、管理方便，但絮凝效果不稳定，池子大，适用于大型污水处理厂。

隔板絮凝池的设计参数如下。

流速：起端 $0.5\sim0.6$m/s，末端 $0.2\sim0.3$m/s；段数：$4\sim6$ 段；转弯处过水断面积为廊道过水断面积的 $1.2\sim1.5$ 倍；絮凝时间：$20\sim30$min；隔板间

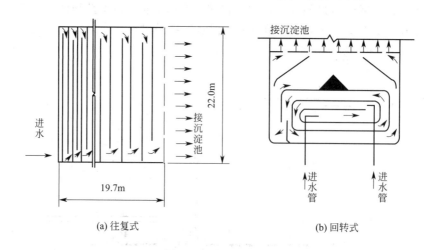

(a) 往复式　　　　　　　　　(b) 回转式

图 5-11　隔板絮凝池

距：宜大于 0.5m，池底应有 $0.02\sim0.03$ 坡度、直径不小于 150mm 的排泥管。

穿孔旋流絮凝池由若干方格组成，分格数一般不少于 6 格。流速逐渐减小，孔口流速宜取 $0.6\sim1.0$m/s，末端流速宜取 $0.2\sim0.3$m/s，絮凝时间 $15\sim25$min。穿孔旋流絮凝池的优点是构造简单、施工方便、造价低，可用于中、小型水厂或与其他形式的絮凝池组合应用。

网格、栅条絮凝池设计成多格竖井回流式。每个竖井安装若干层网格或栅条，各竖井间的隔墙上、下交错开孔，进水端至出水端逐渐减少，一般分三段控制。前段为密网或密栅，中段为疏网或疏栅，末段不安装网、栅。

四、混凝工艺运行控制

（一）混凝剂的选择

混凝剂的种类、投加量等因素也会影响混凝效果。如果污水中的污染物呈胶体状态，应使用无机混凝剂使其失去稳定性、凝聚。如果生成的絮体较小，则还需配合使用高分子混凝剂。一般情况下，将无机混凝剂与高分子混凝剂配合使用，可以明显提高混凝效果。任何混凝过程，都存在最佳混凝剂与最佳投药量，需经试验确定。另外，多种混凝剂并用时，其投加顺序也会对混凝效果产生影响。如当无机混凝剂及有机混凝剂并用时，一般按先无机、后有机的顺序投加。

（二）水力条件控制

混凝过程中的水力条件对混凝效果影响较大，其中两个重要的指标包括搅拌强度及搅拌

时间。搅拌速度常用速度梯度 G 表示，搅拌时间则用 t 表示。在混合阶段，快速搅拌的目的是为了使混凝剂快速、均匀地与污水混合，避免混凝剂分散不均匀，局部浓度过高，影响混凝剂自身水解及其与水中胶体或杂质微粒凝聚的作用。在反应阶段，慢速搅拌是为了使生成的絮体进一步长大、密实，同时防止已生成的絮体被打碎。所以，只有将搅拌强度及搅拌时间控制到最佳状态，才能得到理想的混凝效果。通常，混合阶段的 G 值控制在 $500\sim900s^{-1}$，搅拌时间控制在 $10\sim30s$；而反应阶段的 G 值控制在 $20\sim70s^{-1}$，t 值则控制在 $15\sim30min$。

（三）pH、水温等

水的 pH 对混凝效果的影响，依混凝剂的种类及处理对象的不同而异。如选用硫酸铝做混凝剂去除浊度时，最佳 pH 值范围是 $6.5\sim7.5$；去除色度时，水的 pH 值则应偏低，为 $4.5\sim5.5$ 较好。三价铁盐做混凝剂对水的 pH 值适应范围较宽，去除水的浊度时，要求水的浊度在 $6.0\sim8.4$，去除水的色度时，pH 值在 $3.5\sim5.0$ 为宜。高分子絮凝剂受水 pH 的影响较小，适应性较强。

水温对混凝效果的影响很大。水温低时，无机盐类混凝剂水解慢，且水温低时，胶粒水化作用增强，凝聚效果下降。但水温并非越高越好，温度过高时，高分子絮凝剂易老化。

【复习思考题】

一、填空题

1. 混凝剂投加方法有（　　）和（　　）两种。

2. 混凝的原理主要涉及（　　）、（　　）和（　　）作用。

3. （　　）和（　　）统称为混凝。

4. 可以选用的无机盐类混凝剂有（　　）、（　　）、（　　）、（　　）和（　　）等。

5. 当单用混凝剂不能取得良好效果时，可投加某些辅助药剂（　　），这类辅助药剂即为（　　）。

6. 絮凝设备主要有（　　）、（　　）、（　　）及（　　）等。

二、简答题

1. 简述混凝的基本原理。

2. 什么叫做混凝剂？

三、计算题

1. 已知某污水处理厂处理水量 $30000m^3/d$，混凝剂单耗 $28kg/kt$，试计算每天混凝剂用量。

2. 某污水处理厂污泥脱水班絮凝剂浓度 $3‰$，螺杆泵流量是 $0.8m^3/h$，处理污水 $35000m^3/d$，计算絮凝剂单耗。

四、问答题

1. 混凝剂的主要分类及常用混凝剂的特点是什么？

2. 聚合氯化铝作为混凝剂的优点包括哪些？使用聚合氯化铝做混凝剂时需要注意哪些事项？

第三节　过　　滤

一、过滤工艺过程

（一）过滤运行程序

1. 过滤运行顺序

过滤工艺过程（图 5-12）包括过滤、反洗和正洗等步骤。

　　过滤一般是利用石英砂、无烟煤等粒状滤料截留水中的悬浮物等杂质，从而使水获得澄清。当粒状滤料工作到截留一定量泥渣时，运行阻力也会增加，为了恢复其过滤能力，需要对滤层进行清洗。反洗是指利用流速较大的反向水流冲洗滤层，使滤料呈流化状态，将截留在滤层中的污染物从滤料表面分离，随冲洗水流出滤池。正洗是指在反洗结束后投入运行时，按与过滤运行相同的方法通水，将浊度不合格的初滤水排走；待正洗至出水合格时，便可投入过滤运行。根据具体状况，有时正洗可以省略。

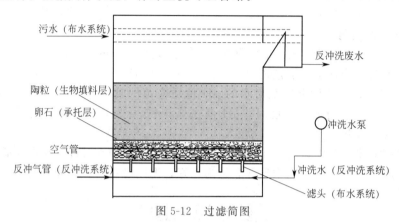

图 5-12　过滤简图

　　2. 水质要求

　　过滤池进水的水质要求悬浮物小于 10～20mg/L。

　　3. 运行监控项目

　　过滤池的运行监控项目主要有以下几个方面。

　　(1) 水头损失。

　　(2) 出水水质。

　　(3) 自动反洗时的起始状态与运行周期（不小于 8h）。

　　(4) 滤速。

　　(5) 反洗强度、反洗持续时间等。

　　（二）滤速

　　滤速是指单位时间、单位过滤面积上的过滤水量，单位为 m³/(m²·h) 或 m/h。水流通过滤层的真流速应该是水在滤料的颗粒与颗粒之间孔隙中的流速。然而，这样的流速无法求得，因为在同一滤层中，不同颗粒间孔隙的大小是不均匀的，水流在各个孔道中的流速不会相同，所以只能估算某一滤层中真流速的平均值。滤速是根据过滤器中没有滤料的假设条件计算出来的，其计算式为：

$$v = Q/F \tag{5.1}$$

式中　v——滤速，m/h；

　　　Q——过滤器的出力，m³/h；

　　　F——过滤器的过滤截面，m²。

　　过滤器的滤速不宜过慢或过快。滤速慢意味着单位过滤面积的产水量小，因此，为了达到一定的产水量，必须增大过滤面积。这样不仅要增加投资，而且使设备变得庞大。滤速太快会使出水水质下降，运行时的水头损失加大，过滤周期缩短。

　　（三）工作周期

　　从过滤开始到冲洗结束的一段时间称为滤池的运行工作周期。通常根据运行中允许水头损失与滤层的截污能力来确定工作周期 T(h)；为了保证滤池正常运行，操作中可根据具体情况规定时间（如 8～12h）或规定滤池进出口压力差超过 0.03MPa 反冲洗一次。

二、常用滤池类型

滤池有很多不同的分类。根据操作方式可分为交替和连续性滤池；根据滤床厚度可分为浅层、常规和深层滤床；根据使用滤料滤池分单层滤料池、双层滤料池和三层滤料池，后两种滤池是为了提高滤层的截污能力。单层滤料池的构造简单，操作也简便，因而应用广泛。双层滤料池是在石英砂滤层上加一层无烟煤滤层。三层滤料池是由石英砂、无烟煤、磁铁矿等的颗粒组成。再生水的深度处理常用双层或三层滤料。

（一）普通快滤池

普通快滤池指的是传统的快滤池布置形式，滤池种类虽然很多，但其基本构造是相似的，污水深度处理中的各种滤池都是在普通快滤池（图 5-13）的基础上改进设计来的。

普通快滤池主要由滤池池体、管廊、冲洗设施等几个部分组成。滤池池体主要包括进水管渠、排水槽、滤料层、承托层和配（排）水系统。管廊主要设置有五种管或渠，即浑水进水管、清水出水管、冲洗进水管、冲洗排水管及初滤排水管，以及相应的阀门等。冲洗设施包括冲洗水泵、水塔及辅助冲洗设施等。

滤料层是滤池的核心组成，滤料一般为石英砂、无烟煤等单层滤料，或底层为石英砂、上层为陶粒的双层滤料。承托层通常采用卵石或砾石，其作用是承托滤料，防止滤料被水流冲出，也保证冲洗水均匀地分布在滤池断面上。普通快滤池的冲洗采用单水冲洗，冲洗水由水塔或水泵供给。

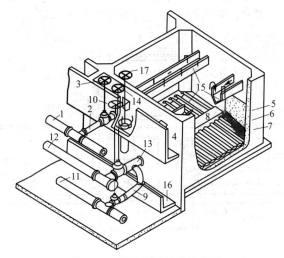

图 5-13　普通快滤池构造视图

1—进水总管；2—进水支管；3—进水阀；4—浑水渠；5—滤料层；6—承托层；
7—配水系统支管；8—配水干渠；9—清水支管；10—出水阀；11—清水总管；
12—冲洗水总管；13—冲洗支管；14—冲洗水阀；15—排水槽；16—废水渠；17—排水阀

（二）V 形滤池

V 形滤池是在普通快滤池的基础上发展起来的一种重力式快滤池，是由法国德利满公司在 20 世纪 70 年代发展起来的。V 形滤池采用了较粗、较厚的均匀颗粒的石英砂滤层；采用不使滤层膨胀的气、水同时反冲洗兼有待滤水的表面扫洗；采用气垫分布空气和专用的长柄滤头进行气、水分配等工艺。V 形滤池具有出水水质好、滤速高、运行周期长、反冲洗效果好、节能和便于自动化管理等特点。20 世纪 80～90 年代即在我国给水厂中广泛应用，随着污水深度处理需求的不断增加，这种滤池形式也在污水厂中开始采用。

V形滤池的得名来自于其独特的 V 形进水槽（图 5-14）。它采用不同于普通快滤池的气-水联合反冲洗和表面扫洗技术进行滤池过滤能力再生，比单纯水冲洗滤池可延长过滤周期 75％，截污水量可提高 118％，而反冲洗的耗水量却减少 40％以上。

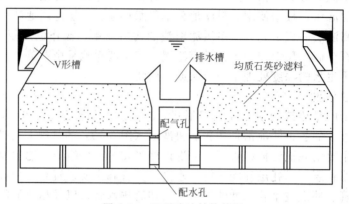

图 5-14　V 形滤池结构简图

（三）高效纤维滤池

高效纤维滤池（图 5-15）是一种全新的重力式滤池，它采用了一种新型的纤维束软填料作为滤元，其滤料直径可达几十微米甚至几微米，具有比表面积大，过滤阻力小等优点。微小的滤料直径，极大地增加了滤料的比表面积和表面自由能，增加了水中杂质颗粒与滤料的接触机会和滤料的吸附能力，从而提高了过滤效率和截污容量。

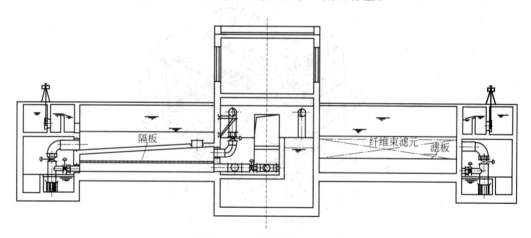

图 5-15　高效纤维滤池

三、滤料与承托层

（一）滤料

滤池滤料一般采用石英砂、无烟煤、活性炭、大理石粒、磁铁矿粒以及人造轻质滤料等，其中以石英砂应用最为广泛（图 5-16）。对滤料的要求如下。

（1）有足够的机械强度。

（2）价廉易得。

（3）化学性质足够稳定，过滤时不发生溶解，不产生有毒、有害物质。

（4）具有一定的颗粒级配、适当的孔隙率和形状均匀度。

滤池滤料两个主要参数是有效直径（d_{10}）和均匀系数（uniformity coefficient，UC）。d_{10}

指的是通过滤料质量 10% 的筛孔孔径，d_{60} 指的是通过滤料质量 60% 的筛孔孔径，一般 UC 用 d_{60}/d_{10} 来表示，UC 越大，说明粗细颗粒尺寸相差越大。颗粒不均匀会影响过滤效果，因此理论上 UC 小一些好。日本水管道设施指南要求砂滤料 UC 为 1.3，认为再小筛分不易。煤滤料是由无烟煤磨碎筛分而成，也不容易筛分得太细，且筛分得过细损失煤料太多，陶粒滤料也是如此，这些滤料的 UC 也只能最大限度到 1.3。要想使 UC 再减小，甚至到达 1.0，可用塑料制造。但是，如果滤料粒径完全均匀，对拦阻浊质可能有影响，浊质易于穿透滤层。

(a) 石英砂　　　　　　　　　　　　　　(b) 无烟煤

(c) 活性炭　　　　　　　　　　　　　　(d) 大理石粒

图 5-16　滤池滤料

（二）承托层

承托层也称垫层，设置在滤层和配水系统之间，其作用是过滤时防止滤料进入配水系统，在反冲洗时也可起到均匀布水的作用。承托层应能在高速水流反冲洗的情况下保持不被冲动，且能形成均匀的空隙以保证冲洗水的均匀分布，同时材料应坚固、不溶于水。一般采用卵石或碎石作为承托层。

四、滤池运行与冲洗

（一）滤池运行

滤池运行过程中，要保证以下几个方面。

1. 保证滤速的稳定

在运行中突然提高滤速时，水流剪切力会相应提高，易把吸附在滤料上的污染物质重新冲刷下来，使水质变坏。滤速控制设施控制不稳或出水阀门操作过快都可引起滤速变动。在运行中应定时测定滤速，并严格控制，避免滤速突然变化。

2. 定期检查滤料

需要定期检测滤料表面高度，是否存在跑砂漏砂，滤料表面是否结泥球等问题。滤料结泥球或滤料表面不平会导致滤层堵塞、过滤不均匀，影响过滤出水水质。滤池出现跑砂、漏砂现象会影响滤池的正常工作，导致出水中带砂。如滤层高度降低量超过滤层厚度 10%，应补充滤料。

3. 水质的观测

定时测定初滤水浊度与滤后水浊度的变化值，观测过滤水质的变化，了解过滤效果。

4. 仪表设备定期维护

定期检查各自动仪表、阀门，对机电设备进行检查维修，维持设备的正常运行。对金属设备、围栏等也要定期检修、维护。

（二）滤池冲洗

冲洗效果是滤池正常运行的保证。当滤池滤料截留到一定量泥渣时，需要对滤池进行冲洗。冲洗分反洗和正洗两部分。根据具体情况，一般正洗可以省略，滤池的冲洗主要是指反冲洗。

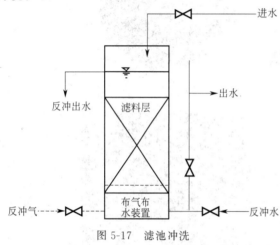

图 5-17　滤池冲洗

反冲洗时，冲洗水的流向与过滤相反，是从滤池的底部向滤池上部流动。冲洗水首先进入配水系统，向上流过承托层和滤料层，冲走沉积于滤层中的污物，并带着污物进入反洗水排水槽，由此经闸门排出池外。见图 5-17。

目前滤池反冲洗的方法主要有三种：一是单纯用水反冲洗；二是用水反冲洗并辅以表面冲洗；三是气水反冲洗。其中，气水反冲洗有三种运行方式。

（1）先单独用气冲，然后再用水单独冲洗。

（2）先用气水同时冲洗，然后再用水单独冲洗。

（3）先用气冲，然后气水同时冲洗，最后再单独用水冲洗。

关于气水冲洗效果，分析认为吸附在滤料上的污泥分为两种：一种是滤料直接吸着而不易脱落的污泥，称为一次污泥；另一种是积滞在砂粒间隙中的污泥，比一次污泥易于去除，称为二次污泥。在反冲洗时去除二次污泥主要是由水流剪切力来完成，而去除一次污泥必须依靠颗粒间的摩擦碰撞作用。因此，采用气洗或气水同时冲洗，可以增加滤料颗粒间的相互摩擦作用，有利于一次污泥的清洗。

反冲洗时，单位面积滤层所通过反冲洗用的水和空气的流量称为反洗强度，单位为 L/(m²·s)，也可直接采用流速（m/h）计算水和空气的流量。反洗强度与滤层膨胀度有关系。通常高强度的水冲洗依靠的主要是水流的剪切作用或者滤料颗粒间的摩擦碰撞作用，使得颗粒表面的杂质脱落，因而冲洗过程中滤层必须处于膨胀状态，而滤层膨胀会使得冲洗后形成由细到粗的滤层水力自然分级。与此同时，膨胀的滤层会在冲洗过程中产生对流，进而会在滤层中形成硬实的泥球。

【复习思考题】

一、填空题

1. 滤速是指（　　）、（　　）上的过滤水量，单位为（　　）或（　　）。

2. 承托层也叫（　　），一般采用（　　）或（　　）作为承托层。

3. 反冲洗时，（　　）称为反洗强度，单位为 L/(m² · s)。反洗强度与（　　）有关系。

4. 为了防止操作时反洗流量过大，造成滤层紊乱、滤料流失，可在反洗排水管上安装（　　）或（　　）限制并保持反洗流量稳定。

二、简答题

1. 什么是反冲洗？反冲洗的目的是什么？

2. 简述承托层的作用主要有哪些。

3. 简述 V 形滤池的工作原理。

三、问答题

1. 滤池的主要组成部分有哪些？

2. 污水处理中，过滤的主要作用是什么？

3. 滤池运行及冲洗过程中的注意事项有哪些？

第四节　膜　分　离

一、膜的分类与应用

膜的种类和功能繁多，分类方法有多种，大致可按膜的材料、结构、形状、分离机理、分离过程、孔径大小进行分类。

1. 按膜的材料不同，可以分为有机膜和无机膜

有机膜是由高分子材料做成的，如醋酸纤维素、芳香族聚酰胺、聚醚砜、氟聚合物等。无机膜是固态膜的一种，由无机材料如金属、金属氧化物、陶瓷、沸石、无机高分子材料等制成的半透膜。

2. 按膜的结构可以分为对称膜、非对称膜及复合膜

膜的化学结构、物理结构在各个方向上是一致的，在所有方向上的孔隙率都相似，这种特性被称为各向同性。对称膜虽是各向同性的，但由于膜结构中对称元素的存在，也可以是各向异性的。当前使用最多的膜是非对称结构的，称为非对称膜（图 5-18）。这种膜具有很薄的表层（厚度 $0.1 \sim 1 \mu m$，称为活性膜层）和多孔支撑层（厚度 $100 \sim 200 \mu m$），多孔支撑层只起支撑作用，对分离特性和传递速度影响很小。复合膜（图 5-19）或称"薄膜复合"的膜，其活性膜层沉积于具有微孔的底膜表面上，就像非对称性膜的连续性表皮，只是表层与底层是不同的材料，而非对称膜是同一种材料。

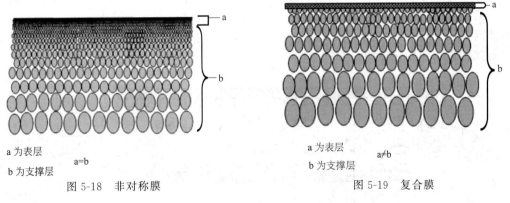

a 为表层
b 为支撑层
a=b

图 5-18　非对称膜

a 为表层
b 为支撑层
a≠b

图 5-19　复合膜

3. 按膜的形状可分为平板膜、管式膜、中空纤维膜和卷式膜

平板膜主要用于平板膜组件，特点是易于更换，适用于微滤及超滤，比表面积比管式组

件大得多。管式膜通常在内径 4～25mm，长度 0.3～6m 的玻璃纤维合成纸、无纺布、塑料、陶瓷或不锈钢等支撑体内侧流延而成。管式膜的特点是结构简单、适应性强、压力损失小、透过量大，清洗、安装方便、可耐高压，适宜处理高黏度及稠厚液体，但比表面积小，适于微滤和超滤。中空纤维膜的外形像纤维状，直径一般小于 3mm，具有自支撑作用。它是非对称膜的一种，其致密层可位于纤维的外表面，也可位于纤维的内表面。卷式膜耐酸碱、耐温度，是目前市场上使用最多最广泛的膜应用形式，主要优点是填装密度大，使用操作简便。见图 5-20。

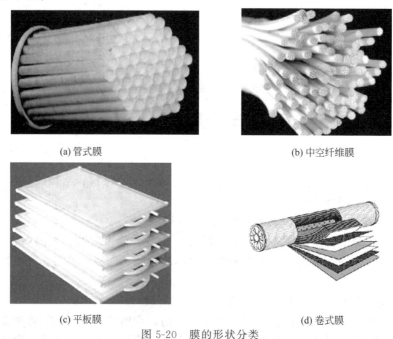

(a) 管式膜　　　　　　　　　　　　　　　　(b) 中空纤维膜

(c) 平板膜　　　　　　　　　　　　　　　　(d) 卷式膜

图 5-20　膜的形状分类

4. 按孔径大小，可以将膜分为微滤膜、超滤膜、纳滤膜和反渗透膜

有关这几种膜的特性将在后续内容详细介绍。

二、微滤

（一）微滤的分离机理

微滤又称微孔过滤，是以多孔膜（微孔滤膜）为过滤介质，在一定压力推动下，溶液中的砂砾、淤泥、黏土等颗粒和贾第虫、隐孢子虫、藻类及一些细菌等大于膜孔径的物质被拦截，而大量溶剂、小分子及少量大分子溶质透过膜，从而实现原水中微粒与滤出水的分离。见图 5-21。

微滤的截留作用包括两大类。

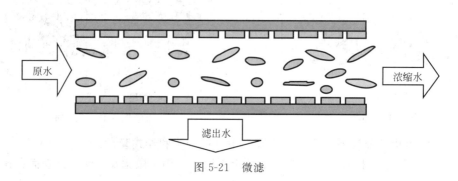

原水　　　　　　　　　　　　　　　　浓缩水

滤出水

图 5-21　微滤

1. 膜表层截留作用

包括：机械截留作用，即膜会截留大于其孔径或与其孔径相当的微粒；物理作用或吸附截留作用；架桥作用，在膜孔的入口处，微粒因架桥作用也可被截留。

2. 膜内部网络的截留作用

膜内部网络的截留作用是指将微粒截留在膜内部而不是在膜的表面。相比于膜表层截留作用，膜内部截留捕捉的杂质量较多，但不易清洗。

（二）微滤膜

微滤膜属多孔类型膜，孔径范围为 $0.1\sim10.0\mu m$，过滤原理属于筛分机理，即能够截留所有比网孔大的颗粒、纤维和悬浮物。微滤过程的操作压力一般在 $0.01\sim0.2MPa$ 左右。

微孔膜的规格有十多种，孔径从 $14\mu m$ 至 $0.025\mu m$ 不等，膜厚 $120\sim150\mu m$。根据微滤膜的材质分为有机和无机两大类；根据膜孔形态结构，微滤膜可分为具有毛细管状孔的筛网型微滤膜和具有弯曲孔的深度型微滤膜。前者是一种理想情况，膜孔呈圆柱形，可截留大于其孔径的物质；后者是实际中常应用的膜，膜表面粗糙，内部孔结构错综复杂，互相交织形成立体网状结构，当溶液经过时，截留、吸附、架桥三种作用并存，因此可以去除粒径小于其表观孔径的微粒。

（三）微滤的过程

微滤过程一般经历几个阶段。

（1）过滤初始阶段　比膜孔径大的颗粒被截留在膜表面，而比膜孔小的粒子进入膜孔，其中一些粒子由于各种力的作用被吸附于膜孔内，减小了膜孔的有效直径。

（2）过滤中期阶段　微粒开始在膜表面形成滤饼层，膜孔内吸附逐渐趋于饱和。

（3）过滤后期阶段　随着更多微粒在膜表面被截留，膜孔内吸附也趋于饱和，微粒开始堵塞膜孔，最终使膜通量趋于稳定，继而不断下降。

（四）微滤与常规过滤的区别

两者的原理基本相同，但微滤能截留的微粒尺寸更小、效率更高，过滤的稳定性更好。

普通过滤的过滤介质，常采用纸、石棉、玻璃纤维、陶瓷、布、毡等，都是一些孔形极不整齐的多孔体，孔径分布范围较广，孔径通常有几十微米，它们能截留 $0.5\mu m$ 以上的小颗粒，是由于滤饼层内颗粒的架桥作用等机理，以及过滤时粒子陷入介质内部曲折的通道而被阻留。

微滤属于精密过滤，其膜内孔径是比较均匀的贯穿孔，分布较窄，所截留的微粒尺寸范围狭窄、准确，利用过滤介质的孔隙筛分可将液体中大于孔径的微粒全部截留，过滤速度快。微滤能够截留直径在 $0.1\sim1\mu m$ 的颗粒，如悬浮物、细菌、部分病毒及大尺寸胶体。

三、超滤

（一）原理

超滤是一种低压膜分离技术，在一定的压力下，使小分子溶质和溶剂穿过一定孔径的特制薄膜，而使大分子溶质不能透过，留在膜的一边，使得大分子物质得到了部分提纯。超滤截留大分子物质和微粒的机理是膜表面孔径机械筛分作用、膜孔阻塞、阻滞作用和膜表面及膜孔对杂质的吸附作用，一般认为以筛分机理为主。超滤可截留相对分子质量为 $30000\sim100000$ 的物质。见图 5-22。

（二）超滤膜

超滤膜与微滤膜相比，其结构更具有不对称性。可以制作超滤膜的材料很多，膜有各种不同的类型和规格。超滤膜微孔小于 $0.01\mu m$，能较彻底滤除水中的细菌、铁锈、胶体等有

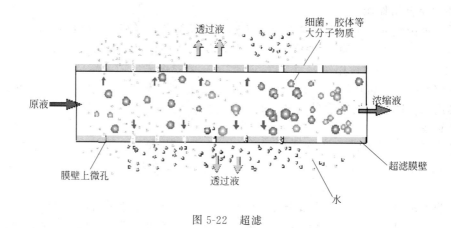

图 5-22 超滤

害物质，保留水中原有的微量元素和矿物质。

按超滤膜的材质，超滤膜可以分为聚砜类［如聚砜（PS）、磺化聚砜（SPS）、聚醚砜（PES）等］、聚烯烃类［如聚丙烯（PP）、聚丙烯腈（PAN）］、氟材料超滤膜［如聚偏氟乙烯（PVDF）、聚四氟乙烯（PTE）］、聚氯乙烯（PVC）等。氟材料超滤膜具有非常优良的机械强度和耐高温、耐化学侵蚀性能，目前聚偏氟乙烯（PVDF）膜已成为超滤的主流材质。

超滤膜组件从结构单元上可分为管状膜组件（管式、毛细管式和中空纤维式）及板式膜组件（平板式、卷式）两大类。各种不同膜组件的特征及优缺点见表 5-1。

表 5-1 不同膜组件的特征及优缺点

膜组件类型	膜的使用侧	膜装填密度	支撑体结构	易堵塞程度	易清洗程度	膜更换
平板式		中	复杂	易堵	容易	很容易
管式	管内	小	简单	不易堵塞	很容易	较容易
	管外	小	较复杂	不易堵塞	较复杂	较难
卷式		较大	简单	易堵	较复杂	不可能
中空纤维式	管内	很大	不需要	非常易堵	相当复杂	不可能
	管外			易堵	较容易	

（三）技术特点

超滤技术具有以下特点。

（1）超滤过程是在常温下进行，条件温和无成分破坏，因而特别适宜对热敏感的物质，如药物、酶、果汁等的分离、分级、浓缩与富集。

（2）超滤过程不发生相变化，无需加热，能耗低，无需添加化学试剂，无污染，是一种节能环保的分离技术。

（3）超滤技术分离效率高，对稀溶液中微量成分的回收、低浓度溶液的浓缩均非常有效。

（4）超滤过程仅采用压力作为膜分离的动力，因此分离装置简单、流程短、操作简便、易于控制和维护。

四、纳滤

（一）原理

纳滤（图 5-23）是一种介于反渗透和超滤之间的压力驱动膜分离过程，纳滤膜的孔径范围在几个纳米左右。与其他压力驱动型膜分离过程相比，纳滤膜出现较晚，但发展较快。纳滤比反渗透的操作压力更低，因此纳滤又被称为"低压反渗透"或"疏松反渗透"。

纳滤分离原理近似机械筛分，但是纳滤膜本体带有电荷，这是它在较低压力下仍具有较高脱盐性能，并能截留相对分子质量为数百的有机物的重要原因。一般的纳滤膜对二价离子的截留率比一价离子高，例如，溶液中含有 Na_2SO_4 和 NaCl，膜对 SO_4^{2-} 的截留优先于 Cl^-。如果增大 Na_2SO_4 的浓度，则膜对 Cl^- 的截留率降低，为了维持电中性，透过膜的钠离子也将增加。当多价离子浓度达到一定值时，单价离子的截留率甚至出现负值，即透过液中单价离子浓度大于料液浓度。这可以用道南效应来解释，所谓道南效应是指将荷电基团的膜置于含盐溶剂中时，溶液中的反离子（所带电荷与膜内固定电荷相反的离子）在膜内浓度大于其在主体溶液中的浓度，而同名离子在膜内的浓度则低于其在主体溶液中的浓度。由此形成的道南位差阻止了同名离子从主体溶液向膜内的扩散，为了保持电中性，反离子也被膜截留。

（二）纳滤膜

纳滤膜的孔径为 1～2nm，截留相对分子质量为 80～1000 的范围内，对无机盐有一定的截留率。目前有机纳滤膜材质多为纤维素或聚酰胺类，无机纳滤膜多为陶瓷材质。纳滤膜组件的形式有中空纤维式、卷式、板框式和管式等。其中，中空纤维和卷式膜组件的填充密度高，造价低，组件内流体力学条件好，因此纳滤系统中多使用中空纤维式或卷式膜组件（图5-24）。

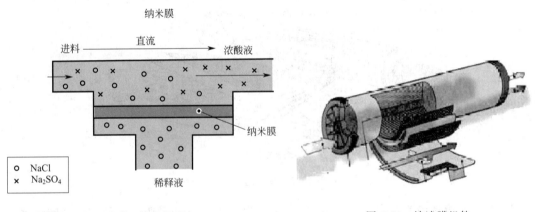

图 5-23　纳滤机理　　　　　　　　　　　　图 5-24　纳滤膜组件

五、反渗透

（一）原理

反渗透又称逆渗透，是一种以压力差为推动力，从溶液中分离出溶剂的膜分离操作。因为它和自然渗透的方向相反，故称反渗透。反渗透技术原理是在高于溶液渗透压的作用下，依据某些溶质不能透过半透膜而将这些物质和水分离开来。在反渗透膜组件中，在原水中施以比自然渗透压力更大的压力，使渗透向相反方向进行，把原水中的水分子压到反渗透膜的另一边，变成洁净的水，从而达到去除原水中的杂质、盐分的目的。见图5-25和图5-26。

（二）反渗透膜

反渗透膜是一种模拟生物半透膜制成的具有一定特性的人工半透膜。反渗透膜孔径小至纳米级，过滤精度在 0.0001μm 左右，是极精细的一种膜分离产品。其能有效截留所有溶解盐分及相对分子质量大于 100 的有机物，同时允许水分子通过。反渗透膜主要是非对称膜，膜材料主要为醋酸纤维素和芳香聚酰胺类，如醋酸纤维素膜、芳香族聚酰肼膜、芳香族聚酰胺膜。

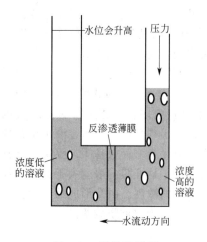

图 5-25　反渗透原理

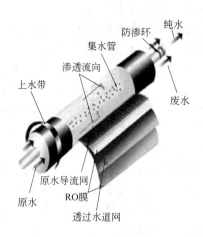

图 5-26　反渗透膜构造示意图

　　工业用反渗透膜组件形式有板框式、管式、中空纤维式、螺旋卷式、毛细管式及槽条式六种类型。其中，螺旋卷式反渗透膜是目前应用最为广泛的膜组件形式，其结构图见图 5-27。

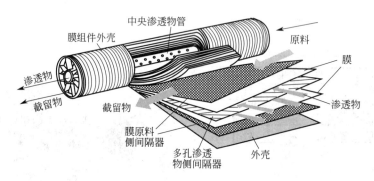

图 5-27　反渗透膜

　　螺旋卷式反渗透膜为双层结构，中间为多孔支撑材料，两边是膜。膜的三边被密封黏结形成膜袋状，另一个开放边与一根多孔中心渗透物收集管连接。在膜袋外部原水侧再垫一层网眼型间隔材料（膜原料侧间隔器）。这样，膜-多孔渗透物间隔器-原料侧间隔器各层材料依次叠合，并围绕中心管紧密地卷起来形成一个膜卷，再装入圆柱形压力容器中，就成为一个螺旋卷式组件。

（三）反渗透工艺流程

1. 膜组件排列方式

　　反渗透工艺流程中常用"段"与"级"的概念。"段"是指膜组件的浓水不经泵自动流到下一组膜组件处理；流经 n 组膜组件，即称为 n 段。"级"是指膜组件的产品水再经泵到下一组膜组件处理；膜组件的产品水经 n 次膜组件处理，称为 n 级。

　　反渗透工艺流程中膜组件的常见排列方式包括一级配置和多级多段配置两大类。

　　（1）一级一段。

　　（2）一级多段。

　　（3）多段锥形排列。

　　（4）多级多段。

2. 系统回收率

系统回收率是指反渗透装置在实际使用时总的回收率，它受给水水质、膜元件的数量及排列方式等多种因素的影响。通常，小型反渗透装置由于膜元件的数量少、给水流程短，因而系统回收率普遍偏低，而大型反渗透装置由于膜元件的数量多、给水流程长，所以实际系统回收率一般均在75%以上，有时甚至可以达到90%。为避免造成水资源的浪费，有时对小型反渗透装置也要求较高的系统回收率，此时在设计反渗透装置时就需要采取一些不同的对策，最常见的方法是采用浓水部分循环，即反渗透装置的浓水只排放一部分，其余部分循环进入给水泵入口，此时既可保证膜元件表面维持一定的横向流速，又可以达到用户所需要的系统回收率，但切不可通过直接调整给水/浓水进出口阀门来提高系统回收率，如果这样操作，就会造成膜元件的污染速度加快，导致严重后果。

一般情况下，系统回收率越高则消耗的水量越少，但过高会发生以下问题：①产品水的脱盐率下降；②可能发生微溶盐的沉淀；③浓水的渗透压过高，元件的产水量降低。一般苦咸水脱盐系统回收率多控制在75%，即浓水浓缩了4倍，当原水含盐量较低时，有时也可采用80%，如原水中某种微溶盐含量高，有时也采用较低的系统回收率以防止结垢。

【复习思考题】

一、填空题

1. 膜的种类和功能繁多，分类方法有多种，大致可按（　　）、（　　）、（　　）、（　　）、（　　）、（　　）进行分类。

2. 按膜的形状可将其分为（　　）、（　　）和（　　）。

3. 微滤过程一般经历（　　）、（　　）和（　　）三个阶段。

4. 纳滤是一种介于（　　）和（　　）之间的压力驱动膜分离过程，纳滤膜的孔径范围在几个纳米左右。

5. 对于纳滤而言，膜的截留特性是以对（　　）、（　　）、（　　）的截留率来表征的，故纳滤膜能对小分子有机物与水、无机盐进行分离，实现（　　）与（　　）的同时进行。

6. 反渗透又称（　　），是一种以（　　）为推动力，从溶液中分离出溶剂的膜分离操作。

二、简答题

1. 膜材料有哪些分类？对膜材料的要求有什么？

2. 简述微滤的原理及其在水处理中应用。

3. 什么是反渗透？

三、问答题

1. 什么是膜的分类和定义？

2. 微滤、超滤、纳滤、反渗透在类型上有什么差别？

第五节　生态技术

一、稳定塘

（一）概述

稳定塘又称氧化塘或生物塘，是一种利用天然净化能力对污水进行处理的构筑物的总称，其净化过程与自然水体的自净过程相似。

稳定塘是以太阳能为初始能量，通过在塘中种植水生植物，进行水产和水禽养殖，形成人工生态系统。在太阳能的推动下，通过稳定塘中多条食物链的物质迁移、转化和能量的逐级传递、转化，将进入塘中污水的有机污染物进行降解和转化。最后不仅去除了污染物，而且以水生植物和水产、水禽的形式作为资源回收。净化的污水也可作为再生资源予以回收再用，使污水处理与利用结合起来，实现污水处理资源化。

（二）分类

1. 好氧塘

好氧塘（图 5-28）是一种菌藻共生的污水好氧生物处理塘，主要靠塘内藻类的光合作用供氧。深度较浅，一般为 0.3～0.5m。阳光可以直接透射到塘底，塘内存在着细菌、原生动物和藻类。藻类生长旺盛，其光合作用和风力搅动提供溶解氧，塘内呈好氧状态，好氧微生物对有机物进行降解。

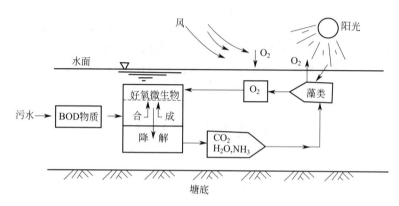

图 5-28　好氧塘

2. 兼性塘

兼性塘的上层为好氧区；中间层为兼性区；塘底为厌氧区，沉淀污泥在此进行厌氧发酵。兼性塘是在各种类型的处理塘中最普遍采用的处理系统。

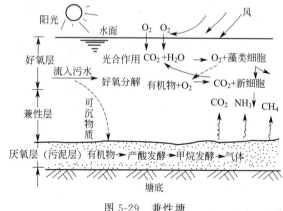

图 5-29　兼性塘

兼性塘（图 5-29）的水深一般在 1.5～2m。上部水层中，白天藻类光合作用旺盛，塘水维持好氧状态，其净化机理和各项运行指标与好氧塘相同；夜晚藻类光合作用停止，大气复氧低于塘内耗氧，溶解氧急剧下降至接近于零。可沉固体和藻、菌类残体在塘底部形成污泥层，由于缺氧而进行厌氧发酵，称为厌氧层。在好氧层和厌氧层之间，存在着一个兼性层。

兼性层是氧化塘中最常用的塘型，常用于处理城市一级沉淀或二级处理出水。在废水处理中，常在曝气塘或厌氧塘之后作为二级处理塘使用，有的也作为难生化降解有机废水的储存塘和间歇排放塘（污水库）使用。由于它在夏季的有机负荷要比冬季所允许的负荷高得多，因而特别适宜在夏季处理废水。

3. 厌氧塘

厌氧塘（图 5-30）的水深一般在 2.5m 以上，最深可达 5m。厌氧塘水中溶解氧很少，基本上处于厌氧状态，是一类高有机负荷的以厌氧分解为主的生物塘。先由兼性厌氧产酸菌将复杂的有机物水解、转化为简单的有机物（如有机酸、醇、醛等），再由绝对厌氧菌（甲烷菌）将有机酸转化为甲烷和二氧化碳等。其表面积较小而深度较大，水在塘中停留 20～50d。它能以高有机负荷处理高浓度废水，污泥量少，但净化速率慢、停留时间长，并产生臭气，出水不能达到排放要求，因而多作为好氧塘的预处理塘使用。

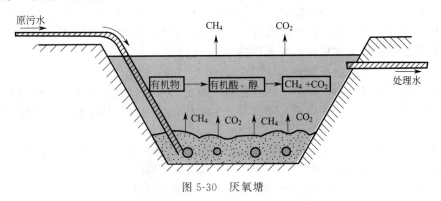

图 5-30　厌氧塘

4. 曝气塘

曝气塘（图 5-31）塘深大于 2m，采取人工曝气方式供氧，塘内全部处于好氧状态。曝气塘一般分为好氧曝气塘和兼性曝气塘两种。

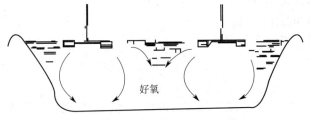

图 5-31　曝气塘

为了强化塘面大气复氧作用，可在氧化塘上设置机械曝气或水力曝气器，使塘水得到不同程度的混合而保持好氧或兼性状态。曝气塘有机负荷和去除率都比较高，占地面积小，但运行费用高，且出水悬浮物浓度较高，使用时可在后面连接兼性塘来改善最终出水水质。

此外，还有其他一些类型的稳定塘。

深度处理塘——作用是进一步提高二级处理水的出水水质。

水生植物塘——在塘内种植一些纤维管束水生植物，如芦苇、水花生、水浮莲、水葫芦等，能够有效地去除水中的污染物，尤其是对氮磷有较好的去除效果。

生态系统塘——在塘内养殖鱼、蚌、螺、鸭、鹅等，这些水产水禽与原生动物、浮游动物、底栖动物、细菌、藻类之间通过食物链构成复杂的生态系统，既能进一步净化水质，又可以使出水中藻类的含量降低。

由于稳定塘具有很多类型，所以可以组合成多种不同的流程。

（三）特点

1. 优点

（1）能充分利用地形，结构简单，建设费用低。

采用污水处理稳定塘系统，可以利用荒废的河道、沼泽地、峡谷、废弃的水库等地段。建设结构简单，大都以土石结构为主，具有施工周期短、易于施工和基建费用低等优点。污水处理与利用生态工程的基建投资约为相同规模常规污水处理厂的 1/3～1/2。

（2）可实现污水资源化和污水回收及再用，既节省了水资源，又获得了经济收益。

稳定塘处理后的污水，可用于农业灌溉，也可在处理后的污水中进行水生植物和水产的养殖。

（3）处理能耗低，运行维护方便，成本低。

风能是稳定塘的重要辅助能源之一，经过适当的设计，可在稳定塘中实现风能的自然曝气充氧，从而达到节省电能、降低处理能耗的目的。此外，在稳定塘中无需复杂的机械设备和装置，其运行费用仅为常规污水处理厂的 1/5～1/3。

（4）美化环境，形成生态景观。

将净化后的污水引入人工湖中，用作景观和游览的水源，由此形成的处理与利用生态系统不仅将成为有效的污水处理设施，而且将成为现代化生态农业基地和游览的胜地。

（5）污泥产量少。

稳定塘污水处理技术的另一个优点就是产生污泥量小，仅为活性污泥法所产生污泥量的1/10，并可以实现污泥的零排放。

（6）能承受污水水量大范围的波动，其适应能力和抗冲击能力强。

2. 缺点

（1）占地面积过大。

（2）气候对稳定塘的处理效果影响较大。

（3）若设计或运行管理不当，则会造成二次污染。

（4）易产生臭味和滋生蚊蝇。

（5）污泥不易排出和处理利用。

二、人工湿地

（一）概述

人工湿地，是指人为影响、施工形成的湿地系统。湿地表面常年或经常覆盖着水或充满了水，是介于陆地和水体之间的过渡带，其中生长着许多挺水、浮水和沉水植物。这些植物能够在其组织中吸附金属及一些有害物质，对污染物质进行吸收、代谢、分解，实现水体净化。因此湿地常常被称为"天然污水处理器"，而且这个"天然污水处理器"几乎不需要添加化石燃料和化学药品。

人工湿地对污水的处理过程，是物理、化学及生物作用共同作用的结果。基质、植物、微生物是人工湿地发挥净化作用的三个主要因素。

（二）分类

按照系统布水方式的不同或水在系统中流动方式不同将人工湿地处理系统划分为以下几种类型：表面流人工湿地、水平潜流人工湿地、垂直流人工湿地及复合流式潜流人工湿地。

1. 表面流人工湿地

表面流湿地是一种污水从湿地表面漫流而过的长方形构筑物（图 5-32）。污水从入口以一定速度缓慢流过湿地表面，水流呈推流式前进，整个湿地表面形成一层地表水流；水深一般 0.3～0.5m，部分污水或蒸发或渗入地下，近水面部分为好氧生物区，较深部分及底部通常为厌氧生物区；底部一般不封底，纵向有一定坡度。表面流人工湿地中氧的来源主要靠水体表面扩散、植物根系的传输和植物的光合作用，污水与土壤、植物、特别是植物根茎部生长的生物膜接触，通过物理、化学及生物反应过程得以净化。整体而言，表面流湿地的结构简单，类似于沼泽，不需要填料，因而工程造价低；但由于污水在填料表面漫流，易滋生蚊蝇，对周围环境会产生不良影响，而且处理效率较低。

2. 水平潜流人工湿地

水平潜流人工湿地结构见图 5-33，由进水系统、植物、介质（土壤和填料）及出水系统构成。污水由布水沟进入湿地，沿介质下部呈水平方向潜流渗滤前进，从另一端出水沟排出。潜流湿地一般设计成有一定底面坡降的、长宽比大于 3 且长大于 20m 的构筑物。

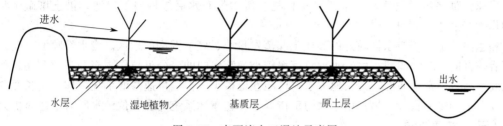

图 5-32　表面流人工湿地示意图

3. 垂直流人工湿地

垂直流人工湿地结构见图 5-34，由地表布水，经垂直向下的渗滤，汇入下部的集水管出流，一般设计成高约 1m 左右的圆形或方形构筑物。

由于垂直流湿地床体一般处于非充满水状态，氧通过大气扩散及植物根系传输进入湿地，因而氧供应能力较强，硝化作用较充分，对于氨氮含量较高的污水有较好的处理效果。垂直流湿地的缺点是对于污水中的有机物的处理能力不足，控制相对复杂，夏季有滋生蚊蝇的现象。

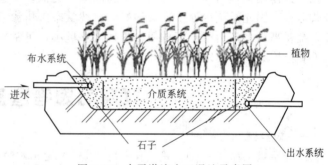

图 5-33　水平潜流人工湿地示意图

4. 复合流式潜流人工湿地

复合流式潜流湿地内的流态以水平流为主，并与上升式垂直流结合。与其他类型人工湿地相比，复合流式潜流人工湿地的水力负荷大，对 BOD、COD、SS、氮磷等污染指标的去除效果好，而且没有恶臭和滋生蚊蝇现象，特别是能有效解决北方寒冷地区的冬季运行问题；而且，通过设置倒膜系统、各种级配的填料，可有效避免湿地的堵塞问题。

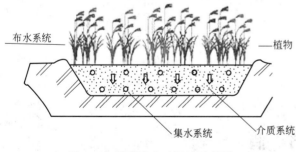

图 5-34　垂直流人工湿地示意图

三、土地渗滤

土地渗滤是利用土壤-微生物-植物构成的陆地生态系统对污水进行综合净化处理的生态工程。根据系统中水流运动的速率和流动轨迹的不同，可将其分为地表漫流系统、慢速渗滤系统、快速渗滤系统和地下渗滤系统。下面就前三种工艺进行介绍。

（一）地表漫流

地表漫流是以喷洒方式将废水投配在有植被的倾斜土地上，使其呈薄层沿地表流动，径流水由汇流槽收集。

适宜于地表漫流的土壤是透水性低的黏土和亚黏土，处理场的土地应是有 2%～6% 的中等坡度、地面无明显凹凸的平面。通常应在地面上种草本植物，以便为生物群落提供栖息场所和防止水土流失。在废水顺坡流动的过程中，一部分渗入土壤，并有少量蒸发，水中悬浮物被过滤截留，有机物则被生存于草根和表土中的微生物氧化分解。在不允许地表排放时，径流水可用于农田灌溉，或再经快速渗透回注于地下水中。

（二）慢速渗滤

慢速渗滤系统的处理场上通常种植作物。废水经布水后缓慢向下渗滤，借土壤微生物分解和作物吸收进行净化。

慢速渗滤适用于渗水性较好的砂质土和蒸发量小、气候湿润的地区。废水经喷灌、沟灌或面灌后垂直向下缓慢渗滤；由于水力负荷率较小，废水中的养分可被作物充分吸收利用，污水净化效率高，出水水质好，污染地下水的可能性也很小。但是慢速渗滤系统中作物生长受季节和营养需求的影响很大，另外由于水力负荷低，慢速渗滤系统处理单位污水所需土地面积大。

（三）快速渗滤

快速渗滤是为了适应城市污水的处理出水回注地下水的需要而发展起来的。处理场土壤应为渗透性强的粗粒结构的砂壤或砂土。废水以间歇方式投配于地面，在沿坡面流动的过程中，大部分通过土壤渗入地下，并在渗滤过程中通过物理截留、吸附、生物降解等作用得到净化，其作用机理与间歇运行的"生物滤池"类似。快速渗滤系统通常采用淹水、干化交替方式运行，因此系统内处于厌氧和好氧交替状态。快渗系统的水力负荷比其他类型的土地处理系统要高得多，运行管理方便，土地需求量小，可常年运行，但对总氮去除率不高，且对场地和土壤条件的要求较高。

【复习思考题】

一、填空题

1. 稳定塘又称（　　　），是一种利用（　　　）对污水进行处理的构筑物的总称。

2. 好氧塘是一种菌藻共生的污水好氧生物处理塘，主要靠塘内藻类的（　　　）供氧。

3. 厌氧塘能以高有机负荷处理（　　　），污泥量少，但净化速率慢、停留时间长，并产生臭气，出水不能达到排放要求，因而多作为好氧塘的（　　　）使用。

4. 根据湿地中主要植物形式将人工湿地划分为（　　　）、挺水植物系统及（　　　）。

5. 土地渗滤，是在人工调控下将废水投配于土地上，通过（　　　）的天然净化能力使废水得到净化和再生的土地处理法。

二、简答题

1. 稳定塘可分为哪几类？各有什么特点？

2. 什么是复合流式潜流人工湿地？

三、问答题

1. 稳定塘具有哪些方面的优点及缺点？

2. 土地渗滤有几种基本方法？分别是什么？

第六节　消　　毒

生活污水、畜禽饲养场污水以及制革、洗毛、屠宰业和医院等排出的废水，常含有各种病原体，如病毒、病菌、寄生虫。水体受到病原体的污染会传播疾病，如血吸虫病、霍乱、伤寒、痢疾、病毒性肝炎等。

病原体污染的特点是：数量大、分布广、存活时间较长、繁殖速度快、易产生抗药性，很难绝灭。因此，一般市政污水处理厂都设有污水消毒设施，在污水深度处理中，消毒单元更是不可或缺的安全屏障之一。

一、氯和二氧化氯消毒

（一）　氯及氯化物的消毒作用

在所有的化学消毒剂中，氯是世界范围内普遍使用的一种。氯以液体或气体的形式存在，氯气是黄绿色的气体，液氯是棕黄色液体。

氯消毒主要是通过次氯酸的氧化作用来杀灭细菌。次氯酸是很小的中性分子，能扩散到带负电的细菌表面，易穿过细菌的细胞壁到达其内部；并且次氯酸是一种强氧化剂，能损害细胞膜，破坏细菌的多种酶系统而使细菌死亡。氯对水中病毒的作用，主要是通过对病毒的核酸产生致死性损害，但杀灭效果较差。

由于氯消毒的操作使用简单，便于控制，消毒持续性好，并且氯消毒的价格不高，所以在饮用水及废水处理行业应用较广。然而，氯在水中的作用相当复杂，它不仅可以起到杀菌作用，还可与水中天然存在的有机物起取代或加成反应而生成各种卤代物。这些卤代有机化合物有许多是致癌物或诱变剂，而常规处理工艺对于氯化产生的副产物不能有效去除，使得氯化的常规处理工艺出水中卤代物数量增多。另外，加氯量包括需氯量和余氯量两部分，需氯量是指用于杀死细菌和氧化水中还原性物质及有机物所需要的氯量；余氯量是指为维持水中的消毒效果即不出现细菌的再繁殖所多加的氯量。消毒后水中会维持一定的余氯，对生物也存在毒害作用。因此，关于氯消毒及其副产物与公众健康关系的影响是水处理领域的热点问题。

氯的消毒作用在于其溶于水后产生的次氯酸。次氯酸在杀菌、杀病毒过程中，不仅可作用于细胞壁、病毒外壳，而且因次氯酸分子小，不带电荷，可渗透入细菌或病毒体内与细菌或病毒的蛋白、核酸和酶等发生氧化反应，从而杀死病原微生物。同时，氯离子还能显著改变细菌和病毒体的渗透压使其丧失活性而死亡。

考虑到液氯的储存安全性等问题，许多城市污水厂中采用次氯酸钠进行消毒。次氯酸钠可水解形成次氯酸。次氯酸钠同水的亲和性很好，能与水任意比互溶，其消毒效果与氯气相当，而且不存在液氯的安全隐患，操作安全，使用方便，易于储存。

（二）　影响因素

1. 投加量

氯及含氯化合物进行消毒时，氯不仅与水中细菌作用，还要氧化水中的有机物和还原性无机物，其需要的氯的总量称为需氯量。为保证消毒效果，加氯量必须超过水的需氯量。

2. 污水的性质

污水的化学性质会对氯消毒的效果产生影响。如污水中带有不饱和基团的化合物会由于官能团的原因直接和氯发生反应，在存在有机物妨碍作用下，需要增加额外的氯或者延长接触时间才能保证消毒效果；而在脱氮较完全的污水中，氯以游离氯状态为主，需氯量会有所减少。

3. 微生物的性质

微生物的性质也是影响氯消毒过程的重要因素。同样浓度的氯对不同生长年龄的微生物要达到相同的杀灭效果，所需的反应时间不同。微生物的生长年龄越短，杀灭所需的时间也越短。细菌在生长到一定年龄后会长出一种由多糖构成的鞘，这种鞘对消毒剂有抵抗作用。

（三）　二氧化氯的消毒作用

二氧化氯的化学式是 ClO_2，温度高于 $11℃$ 时，二氧化氯是一种黄绿色气体。它是一种极活泼的化合物，稍经受热，就会迅速地爆炸性分解为氯气和氧气。二氧化氯具有比氯气更大的刺激性和毒性。二氧化氯极强的化学腐蚀性几乎同氯气一样，而且它的毒性是氯气的40倍。

二氧化氯作为一种强氧化剂，具有与氯相似的杀菌能力，其消毒机理是氧化作用，能较好杀灭细菌和病毒，且不对动植物产生损伤，杀菌作用持续时间长、受影响小，并可同时除臭、去色。二氧化氯对细菌的细胞壁有较好的吸附和穿透性能，可以有效地氧化细胞酶系统，快速地控制细胞酶蛋白的合成，因此在同样条件下，对大多数细菌表现出比氯更高的灭菌效率，是一种较理想的消毒剂。二氧化氯具有广谱杀菌性，对一般的细菌杀灭作用强于或不差于氯，对很多病毒的杀灭作用强于氯。二氧化氯可以与多种无机离子和有机物发生作用，在消毒的同时，还可以去除水中的多种有害物质，如可将水中溶解的还原态铁、锰氧化，同时对于硫化物、氰化物和亚硝酸盐也有一定的氧化去除效果。二氧化氯消毒具有高选择性，几乎不与水中的有机物作用生成有害的卤代有机物。

在欧洲和北美的许多城市，二氧化氯已广泛用于饮用水和废水的消毒处理。使用二氧化氯消毒的缺点是产生亚氯酸根离子，本身有害，且不能储存，需现场制备。与所有消毒剂一样，二氧化氯在净水过程中也会产生副产物。它的副产物包括两部分：一部分是被其氧化而生成的有机副产物；另一部分是本身被还原以及其他原因而生成的无机副产物。与氯相比，二氧化氯净化的有机副产物较少；二氧化氯主要的消毒副产物为亚氯酸盐和氯酸盐，对人体健康有潜在的危害。

二、紫外线消毒

（一）概述

紫外线是电磁波的一种，原子中的电子从高能阶跃迁到低能阶时，会把多余能量以电磁波释放。电磁波的能量越强，则频率越高，波长越短。人类肉眼能看见的可见光的波长为400～780nm，对肉眼来说400nm的电磁波显示成蓝色、紫色，780nm的电磁波显示为橙色、红色。紫外线是指波长100～400nm的波，因其光谱在紫色区之外，故名为紫外线（UV）。紫外线消毒技术是一种物理消毒方式，具有广谱杀菌能力，且设备简单、不产生有毒副产物、无二次污染，已经成为成熟可靠、高效环保的污水消毒技术。

（二）消毒原理与特点

紫外线能穿透微生物细胞壁并被核酸物质吸收，可阻止细胞的繁殖或导致其死亡。细胞繁殖时DNA中的长链打开，打开后每条长链上的A单元会寻找T单元结合，每条长链都可复制出与刚分离的另一条长链同样的链条，恢复原来分裂前的完整DNA，成为新生细胞的基础。波长在240～270nm的紫外线能打破DNA产生蛋白质及复制的能力。细胞或病毒的DNA、RNA受破坏后其生产蛋白质的能力和繁殖能力均会丧失，从而迅速死亡。

紫外线消毒具有以下特点。

（1）紫外线消毒无需化学药品，不会产生卤代化合物等消毒副产物。

（2）杀菌作用快，效果好。

（3）无臭味，无噪声，不影响水的口感。

（4）容易操作，管理简单，运行费用低。

（三）紫外线消毒系统的配置

消毒系统的主要组成部分包括紫外线灯、石英灯罩、支持灯和灯罩的结构、稳流器及能量提供装置。紫外线消毒系统可根据所布设的水流渠道分为明渠和暗渠两类。明渠消毒系统中，紫外线灯与水流平行、水平放置或者垂直、竖直放置都可以，几条明渠中的水流流速应相等；每条明渠上都有两个以上紫外线消毒装置平台，每个平台由特殊数量的模块组成。暗渠中一般应用低压高强度和中压高强度的紫外消毒系统。紫外线消毒灯多与水流方向垂直，也有平行的设计。

（四）影响因素

1. 颗粒物

水中颗粒物会影响紫外线的分布强度，对微生物起到屏蔽作用。如当大肠杆菌附着于污水中的颗粒物上时，颗粒物会为大肠杆菌遮挡紫外线，避免了紫外线与大肠杆菌的直接接触，导致处理后的水中仍有一定浓度大肠杆菌存在，降低了消毒效果。

2. 废水化学性质

污水中的一些化学物质可以吸收紫外线，另外污水中的化学物质也会污染紫外线灯，造成紫外线强度分布不均匀，这些都会影响紫外线消毒效果。污水中通常含有金属离子、复杂有机物等，这些物质可以导致污水处理构筑物中紫外线投射能力的变动，是污水紫外线消毒工艺中的一大难题。此外，暴雨溢流也会引起紫外线穿透能力的变化，特别是在存在腐殖质的情况下。

另外，微生物种类也是紫外线消毒的影响因素之一。紫外线对于不同微生物有不同的消毒效果。针对不同的微生物，提供的紫外线剂量也需不断变化。

三、臭氧消毒

（一）原理

臭氧是一种强氧化剂，在水中易快速分解，其灭菌过程属生物化学氧化反应。臭氧分子小，能迅速扩散和渗透到水中的细菌、芽孢、病毒中，强力有效地氧化分解细菌、病毒、藻类物质的各种组织物质。同时，臭氧消毒还可在味觉、气味、颜色等方面改善污水水质。

O_3 灭菌机理可概括为以下三种。

（1）臭氧能氧化分解细菌内部葡萄糖所需的酶，使细菌灭活死亡。

（2）直接与细菌、病毒作用，破坏它们的细胞器和 DNA、RNA，使细菌的新陈代谢受到破坏，导致细菌死亡。

（3）透过细胞膜组织，侵入细胞内，作用于外膜的脂蛋白和内部的脂多糖，使细菌发生通透性畸变而溶解死亡。

（二）特点

臭氧灭菌为溶菌级方法，杀菌彻底，无残留，具有广谱性，可杀灭细菌繁殖体和芽孢、病毒、真菌等，并可破坏肉毒杆菌毒素。另外，O_3 对霉菌也有极强的杀灭作用。由于臭氧不稳定，会快速自行分解为氧气和单个氧原子，不存在任何有毒残留物。

臭氧消毒的缺点是：投资大，费用较氯消毒高；水中臭氧不稳定，控制和检测臭氧需一定的技术；消毒后对管道有一定的腐蚀作用；由于臭氧的快速分解，不具有持久杀毒消毒效果，往往需要第二消毒剂保证管网要求；易与铁、锰、有机物等反应，可产生微絮凝，使水的浊度提高。

（三）应用

臭氧具有比氯更强的氧化消毒能力，不但可以较彻底地杀菌消毒，而且可以降解水中含有的有害成分，去除重金属离子以及多种有机物等杂质，如铁、锰、硫化物、苯、酚、有机磷、有机氯、氰化物等，还可以使水除臭脱色，从而达到净化水的目的。臭氧消毒适应范围广，不受菌种限制，杀菌效果比氯消毒和紫外线消毒效果好。世界范围内，20 世纪 80 年代，臭氧消毒曾在发达国家如美国等地大量兴起，但由于运行管理不善、运行费用较高以及更加低廉方便的消毒技术的出现，臭氧应用于污水消毒中的案例越来越少。近年来，随着人们对污水深度处理要求的提高，以及对水中微量有机污染物的逐渐重视，臭氧由于其强氧化性和强消毒效果，在污水深度处理中的应用正逐渐增加。

【复习思考题】

一、填空题

1. 氯消毒主要是通过（　　）作用来杀灭细菌。

2. 紫外线消毒技术为（　　）消毒方式的一种，具有广谱杀菌能力。

3. 臭氧在水中分解时直接释放出（　　），因而具有强大的氧化消毒功效。

4. O_3 由于稳定性差，很快会自行分解为（　　），而单个氧原子能自行结合成氧分子，不存在任何有毒残留物，所以，O_3 是一种（　　）的消毒剂。

5. 水中颗粒物会影响紫外线的分布强度，对微生物起到（　　）作用。

二、简答题

1. 简述氯消毒的基本原理。

2. 影响紫外线消毒效果的因素有哪些？

3. 简述臭氧灭菌的优缺点。

三、问答题

1. 什么是需氯量？

2. 紫外线消毒具有哪些方面的特点？

第六章　污泥处理与处置技术

第一节　污泥的特征

一、污泥的来源及分类

污泥是各种污水处理过程所产生的固体沉淀物质，主要是由有机残片、细菌、胶体和无机颗粒组成的结构极其复杂的絮状物。城市生活污水处理厂的污泥，因污水性质和处理工艺具有相似性，其在污水处理过程中的来源相对确定。有关城市污水厂污泥在污水处理中的产生环节与特征见表6-1。

表6-1　城市污水处理厂的污泥来源

污泥类型	来源	污泥特性
格栅	栅渣	来自格栅或滤网,组成与生活垃圾类似,但浸水饱和
沉砂池	无机固体颗粒	沉砂池沉渣一般是密度较大的较稳定的无机固体颗粒
初次沉淀池	初次沉淀污泥和浮渣	进厂污水中所含有的可沉降物质,污泥处理处置的主要对象
曝气池	悬浮活性污泥	产生于BOD的去除过程,常用浓缩法将其浓缩
二次沉淀池	剩余活性污泥和浮渣	曝气池活性污泥的沉降产物,污泥处理处置的主要对象
化学沉淀池	化学污泥	混凝沉淀工艺过程中形成的污泥

城市污水处理厂污泥可按不同的分类标准分类。

1. 按污泥的主要成分和某些性质

按污水的成分和某些性质，可分为有机污泥和无机污泥。

（1）有机污泥：指以有机物为主要成分的污泥，其主要特性是有机物含量高，容易腐化发臭，颗粒较细，密度较小，含水率高且不易脱水，是呈胶状结构的亲水性物质，便于用管道输送。生活污水污泥或混合污水污泥均属有机污泥。

（2）无机污泥：指以无机物为主要成分的污泥，常称为沉渣，沉渣的特性是颗粒较粗，密度较大，含水率较低且易于脱水，但流动性较差，不易用管道输送。给水处理沉砂池以及某些工业废水物理、化学处理过程中的沉淀物均属沉渣，无机污泥一般是疏水性污泥。

2. 按污泥处理的不同阶段

按污泥处理的不同阶段，可分为生污泥、浓缩污泥、消化污泥、脱水污泥和干化污泥。

（1）生污泥：一般指从沉淀池（包括初沉池和二沉池）排出来的沉淀物和悬浮物的总称，又称为新鲜污泥。其含有大量的动植物残体，有机物含量很高，化学性质很不稳定，含水率一般为95%～97%，不易脱水干化。

（2）浓缩污泥：指生污泥经浓缩处理后得到的污泥。污泥浓缩主要是减缩污泥的间隙水，经浓缩后的污泥近似糊状，但仍保持流动性。污泥浓缩是降低污泥含水率、减小污泥体积的有效方法。

（3）消化污泥：指经过污水处理厂消化设施处理后的污泥。其中好氧消化后污泥为褐色至深褐色的絮状物，通常有令人讨厌的陈腐污泥的气味，消化好的污泥易于脱水。厌氧消化后的污泥为深褐色至黑色，并含有大量的气体，消化良好的污泥气味较轻，否则会有硫化氢和其他一些气味。

（4）脱水污泥：指经过脱水处理后得到的污泥。污泥脱水是将流态的生污泥、浓缩或消化污泥脱除水分，转化为半固态或固态泥块的一种污泥处理方法。经脱水后，污泥含水率可

降低到 $55\% \sim 80\%$，具体视污泥和沉渣的性质及脱水设备的效能而定。

（5）干化污泥：指经干化处理后得到的污泥。污泥干化是污泥深度脱水的一种形式，其所应用的污泥脱水能量主要是热能。根据污泥与介质是否接触，污泥干化分为自然干化、间接干化和直接间接联合干化。一般经干化后的污泥含水率低于 10%。

3. 按污泥来源

按污泥来源可分为栅渣、沉砂池沉渣、浮渣、初次沉淀池污泥（初沉污泥）、剩余活性污泥（剩余污泥）、腐殖污泥和化学污泥。

（1）栅渣：指用筛网或格栅截留的固态物质。栅渣是污水中的可悬浮物质、纤维织品、动植物残片、木屑、果壳、纸张、毛发等物质，常作为垃圾处置。

（2）沉砂池沉渣：指沉砂池底部的沉淀物，是废水中含有的泥砂等，以无机物为主，但颗粒表面多黏附着有机物质，平均密度为 2.0g/cm^3，易于沉淀，亦常作为垃圾处置。

（3）浮渣：主要来自除渣池、除油池、初次沉淀池、二次沉淀池、浓缩池和消化池等。这些池中形成的浮渣层，其组分可能包括油脂、植物油、矿物油、动物脂肪、蜡、食物残渣、菜叶、毛发、纸、纺织物、橡胶或者塑料制品等。

（4）初沉污泥：指污水一级处理过程中产生的污泥。即在初沉池中沉淀下来的污泥，含水率一般为 $96\% \sim 98\%$。

（5）剩余活性污泥：污水经活性污泥法处理后，沉淀在二次沉淀池中的物质称为活性污泥，其中排放的部分称为剩余活性污泥，含水率一般为 99.2% 以上。

（6）腐殖污泥：指生物膜法（如生物滤池、生物转盘、部分生物接触氧化池等）污水处理工艺中二次沉淀池产生的沉淀物。

（7）化学污泥：指絮凝沉淀和化学深度处理过程中产生的污泥，如石灰法除磷、酸碱废水中和以及电解法等产生的沉淀物。

4. 按污泥从水中的分离过程

按污泥从水中分离过程可分为沉淀污泥和生物处理污泥。

（1）沉淀污泥：包括物理沉淀污泥、混凝污泥和化学污泥。

（2）生物处理污泥：指污水在二级处理过程中产生的污泥，包括生物滤池、生物转盘等方法得到的腐殖污泥及活性污泥法得到的活性污泥。

二、污泥的性质指标

污泥的性质指标主要包括污泥的含水率、污泥的相对密度、污泥的挥发性固体和灰分、污泥的可消化程度、污泥的脱水性能、污泥的肥分及重金属离子含量和污泥的热值等。不同来源的污泥因其成分不同，各种性质也有差异。

（一）污泥的含水率

污泥中所含水分的多少叫做污泥的含水量，其大小用含水率来表示，是指水分在污泥中所占的质量分数。

$$p = \frac{m_\text{w}}{m_\text{s} + m_\text{w}} \times 100\% \tag{6.1}$$

式中　p——污泥的含水率，%；

m_w——污泥中水分质量，g；

m_s——污泥中总固体质量，g。

污泥的含水率一般都很大，相对密度接近于 1，所以在污泥浓缩过程中，泥体积、重量及所含固体物浓度之间的关系，可用式(6.2)进行换算。

$$\frac{V_1}{V_2}=\frac{W_1}{W_2}=\frac{100-p_2}{100-p_1}=\frac{c_1}{c_2} \tag{6.2}$$

式中 V_1，W_1，c_1——污泥含水率为 p_1 时的污泥体积、质量与固体物浓度；

　　　V_2，W_2，c_2——污泥含水率为 p_2 时的污泥体积、质量与固体物浓度。

说明：式(6.2)适用于含水率大于 65％ 的污泥。因含水率低于 65％ 以后，固体颗粒之间的空隙不再被水填满，体积内出现很多气泡，体积与质量不再符合式(6.2)的关系。

【例6.1】 污泥含水率从 97.5％ 降低至 95％ 时，求污泥体积。

解：由式(6.2)有

$$V_2=V_1\frac{100-p_1}{100-p_2}=V_1\frac{100-97.5}{100-95}=\frac{1}{2}V_1$$

可见污泥含水率从 97.5％ 降低至 95％ 时，污泥体积减小一半。

污泥的含水率与污泥的成分、非溶解性颗粒的大小有关。颗粒越小，有机物含量越高，污泥的含水率也越高。在污水处理过程不同阶段产生的污泥含水率也不尽相同，如表 6-2 所示。

表 6-2　城市污水处理不同阶段污泥含水率

污泥类型		含水率/%	典型值/%
栅渣			80
无机固体颗粒			60
初次沉淀污泥		92~98	95
活性污泥		99~99.9	99.3
生物滤池污泥		97~99	98.5
好氧消化污泥	初沉污泥	93~97.5	96.5
	剩余活性污泥	97.5~99.25	98.75
	混合污泥	96~98.5	97.5
厌氧消化污泥	初沉污泥	90~95	
	生物滤池污泥		97
	活性污泥		97.5
	混合污泥	93~97.5	96.5

污泥中水的存在形式有 4 种，如图 6-1 所示，其特性如下。

(1) 间隙水　是污泥颗粒包围的游离水分，污泥颗粒间隙中的游离水，一般占污泥中水分的 70％ 左右，部分水借助外力可与泥粒分离，是污泥浓缩的主要对象。

(2) 毛细结合水　是在高度密集的细小污泥颗粒周围的水，由毛细管现象而形成，约占污泥中水分的 20％，可通过施加离心力、负压力等外力，破坏毛细管表面张力和凝聚力的作用力而分离。

(3) 表面吸附水和内部结合水　表面吸附水是在污泥颗粒表面附着的水分，其附着力较强，常在胶体状颗粒、生物污泥等固体表面上出现，采用混凝方法，通过胶体颗粒相互絮凝，排除附着表面的水分；内部结合水，是污泥颗粒内部结合的水分，如生物污泥中细胞内部水分，无机污泥中金属化合物所带的结晶水等，可通过生物分离或热力方法去除。二者约占污

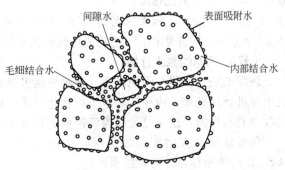

图 6-1　污泥中水分含量示意图

泥中水分的 10%。

（二）污泥的相对密度

污泥的密度指单位体积污泥的质量，通常用相对密度表示，即污泥与水的密度之比。通常含水率大于 95% 的污泥，可以近似认为其相对密度为 1，可简化计算。

由于湿污泥的质量等于污泥所含水分与干固体质量之和，湿污泥相对密度等于湿污泥质量与同体积的水质量之比值，其计算如式（6.3）所示。

$$\rho = \frac{100\rho_s}{100 + p(\rho_s - 1)} \tag{6.3}$$

式中　ρ——湿污泥的相对密度；

ρ_s——湿污泥中干固体的相对密度；

p——湿污泥的含水率。

确定湿污泥相对密度和污泥中干固体相对密度，对于浓缩池的设计、污泥运输及后续处理，都有实用价值。

（三）挥发性固体和灰分

挥发性固体（或称灼烧减重）近似地等于有机物含量，是将污泥中的固体物质在 550～600℃ 高温下焚烧时以气体形式逸出的那部分固体量，用 VS 表示，常用单位 mg/L，有时也用质量分数表示。VS 也反映污泥的稳定化程度。

灰分（或称灼烧残渣）表示污泥中无机物的含量，可以通过（550～600℃）高温烘干、焚烧称重测得。

城市污水处理不同阶段污泥 VS 值如表 6-3 所示。

表 6-3　城市污水处理不同阶段污泥 VS 值

项目	初沉污泥	剩余活性污泥	厌氧消化污泥
干固体总量/%	3～8	0.5～1.0	5.0～10.0
挥发性固体总量（以干重计）/%	60～90	60～80	30～60

（四）可消化程度

表示污泥中可被消化降解的有机物数量。消化对象是污泥中的有机物，其中一部分是可被厌氧或好氧消化降解的（或称可被气化，无机化）；另一部分是不易或不能被消化降解的，如合成有机物、脂肪和纤维素等。

可消化程度表示污泥中可被消化降解的有机物数量，可用下式计算：

$$R_d = \left(1 - \frac{p_{v2} \, p_{s1}}{p_{v1} \, p_{s2}}\right) \times 100\% \tag{6.4}$$

式中　R_d——可消化程度，%；

p_{s1}、p_{s2}——分别表示生污泥及消化污泥的无机物含量，%；

p_{v1}、p_{v2}——分别表示生污泥及消化污泥的有机物含量，%。

（五）污泥的脱水性能

污泥的脱水性能与污泥性质、调理方法及条件等有关，还与脱水机械种类有关。在污泥脱水前进行预处理，改变污泥粒子的物化性质，破坏其胶体结构，减小其与水的亲和力，从而改善脱水性能，这一过程称为污泥的调理或调质。

用过滤法分离污泥的水分时，常用污泥比抗阻值（r，简称比阻）或毛细吸水时间（CST）两项指标评价污泥脱水性能。

污泥比阻计算方法如式（6.5）所示。

$$r=\frac{2pA^2b}{\mu w} \tag{6.5}$$

式中 r——污泥比抗阻值，m/kg；

   p——过滤压力，N/m²；

   A——过滤面积，m²；

   b——污泥性质系数，s/m⁶；

   μ——滤液动力黏度，Pa·s；

   w——单位体积滤液产生的滤饼干重，kg/m³。

污泥比阻（r）表示单位质量污泥在一定压力下过滤时在单位过滤面积上的阻力，此值的作用是比较不同的污泥（或同一污泥加入不同量的混合剂后）的过滤性能。其值越大的污泥越难过滤，脱水性能越差。常见污泥的比阻值如表6-4所示。

表6-4 常见污泥的比阻值

污泥种类	比阻值/(10^{12}m/kg)
初沉污泥	46～61
活性污泥	165～283
消化污泥	124～139
污泥机械脱水的要求	1～4

由表6-4可知，一般污泥的比阻值都要远高于机械脱水所要求的比阻值。因此，机械脱水前需要采取必要的调理预处理措施降低污泥比阻。

毛细吸水时间（CST）指污泥与滤纸接触时，在毛细管作用下，水分在滤纸上渗透1cm长度的时间，以秒计。其值越大污泥的脱水性能越差。

（六）污泥肥分及重金属离子含量

污泥中含有很多植物的营养素、有机物及腐殖质等。污泥中富含的氮、磷、钾是农作物必需的肥料成分，有机腐殖质是良好的土壤改良剂。污泥中重金属离子含量，决定于城市污水中工业废水所占比例及工业性质。污水经二级处理后，污水中重金属离子约有50%以上转移到污泥中。若污泥作为肥料使用时，要注意重金属是否超过我国农林业部规定的《农用污泥标准》（GB 4284）。我国部分城市污水处理厂各种污泥所含肥分见表6-5。

表6-5 我国部分城市污水处理厂污泥肥分表

城市	养分含量(干重)/(g/kg)			
	OM(有机质)	N	P	K
北京	602	37.3	14.2	7.2
天津	471	42.2	17.6	3.3
杭州	318	11.1	11.2	7.4
苏州	668	48.4	13.0	4.4
太原	495	27.5	10.4	4.9
广州	315	29.1	—	14.9
武汉	343	31.4	9.0	5.0

污泥中除了肥分及重金属离子外，还含有毒性有机物及致病微生物等。有毒有机物主要是难分解的有机氯杀虫剂；污泥中的病原体主要来源于粪便，其中危害较大的是肠道病原菌和寄生虫类，因此在施用之前应采取必要的处理措施（如污泥消化等）。

（七）污泥的热值

污泥的主要成分是有机物，可以焚烧。城市污泥的干基热值可以用弹式量热器测定。据测算，不同来源和性质的生物固体，其干基热值有所不同，如表6-6所示。

表 6-6 不同污泥的干基热值

污泥种类	干基热值/(kJ/kg)
初次沉淀池污泥	
新鲜污泥	15000～18000
消化污泥	7200
初沉池污泥与腐殖污泥混合	
新鲜污泥	14000
消化污泥	6700～8100
初沉池污泥与活性污泥混合	
新鲜污泥	17000
消化污泥	7400
新鲜活性污泥	14900～15200

由表 6-6 可知，新鲜污泥热值较高，消化污泥热值较低。各类污泥的干基热值均大大超过 6000kJ/kg，所以干污泥具有很好的可焚烧性。但在实际工程中，污泥经脱水后含水率一般仍达 70%～80% 左右，因此湿污泥的焚烧性不理想，一般需加辅助燃料方可稳定燃烧。

【复习思考题】

1. 简述污泥的来源与分类，并作简要说明。
2. 污泥有哪些性质指标？
3. 污泥中的水分有几种？污泥处理主要去除水分中的哪一种？
4. 污泥的含水率从 98% 降低到 96%，求污泥体积变化。

第二节 污 泥 浓 缩

污泥浓缩是降低污泥含水率、减小污泥体积的有效方法。污泥浓缩主要减缩污泥的间隙水。城市污水污泥含水率很高，一般为 99.2%～99.8%，经浓缩后含水率降为 95%～97%，近似糊状，仍保持流动性。污泥浓缩的方法主要有重力浓缩和气浮浓缩。

一、污泥重力浓缩

重力浓缩本质上是一种沉淀工艺，属于压缩沉淀。浓缩前由于污泥浓度很高，颗粒之间彼此接触支撑。浓缩开始以后，在上层颗粒的重力作用下，下层颗粒间隙中的水被挤出界面，颗粒之间相互拥挤得更加紧密。通过这种拥挤压缩过程，污泥浓度进一步提高，从而实现污泥浓缩。

（一）重力浓缩特征

重力浓缩的特征是区域沉降，在浓缩池中有四个基本区域：①澄清区，为固体浓度极低的上层清液；②阻滞沉降区，在该区悬浮颗粒以恒速向下运动，沉降固体开始从该区域底部形成；③过渡区，其特征是固体沉降速率减小；④压缩区，在该区由于污泥颗粒的集结，污泥中的间隙水被排挤出来，固体浓度不断提高，直至达到所要求的底流浓度并从底部排出。

（二）浓缩池结构与特点

重力浓缩是应用最多的污泥浓缩法，按其运行方式可分为间歇式和连续式。

1. 间歇式污泥浓缩池

间歇式浓缩池是间歇进泥，因此，在投入污泥前必须先排除浓缩池已澄清的上清液，腾出池容，故在浓缩池不同高度上应设多个上清液排出管。间歇式操作管理麻烦，且单位处理污泥所需的池体积比连续式的大。多用于小型污水处理厂（站），可建成矩形或圆形，见图 6-2。

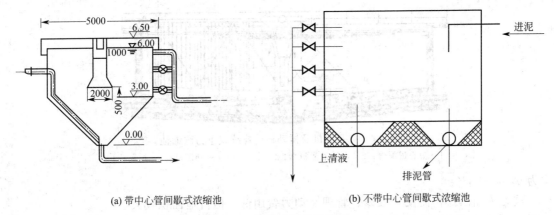

(a) 带中心管间歇式浓缩池　　　(b) 不带中心管间歇式浓缩池

图 6-2　间歇式污泥浓缩池

　　间歇浓缩池设计的主要参数是停留时间。停留时间太短，浓缩效果不好；太长不仅占地面积大，还可能造成有机物厌氧发酵，破坏浓缩过程。停留时间的长短最好经过试验决定，在不具备试验条件时，可按不大于 24h 设计，一般取 9～12h。浓缩池的上清液，应回流到初沉池前重新进行处理。

　　2. 连续式污泥浓缩池

　　连续式重力浓缩池可采用竖流式、辐流式沉淀池的型式，一般都是直径 5～20m 圆形或矩形钢筋混凝土构筑物，常用于大、中型污水处理厂。可分为有刮泥机与污泥搅动装置的浓缩池，不带刮泥机的浓缩池，以及多层浓缩池三种。

　　有刮泥机与搅拌装置的连续式浓缩池见图 6-3。池底面倾斜度很小，为圆锥形沉淀池，池底坡度为 1‰～10‰。进泥口设在池中心，周围有溢流堰。为提高浓缩效果和浓缩时间，可在刮泥机上安装搅拌装置，刮泥机与搅拌装置的旋转速度应很慢，不至于使污泥受到搅动，其旋转速度一般为 0.02～0.20m/s。搅拌作用可使浓缩时间缩短 4～5h。

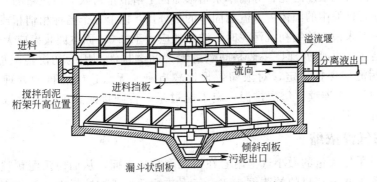

图 6-3　连续式重力浓缩池构造示例

　　带刮泥机及搅拌栅的连续式浓缩池见图 6-4。刮泥机上设置的垂直搅拌栅随刮泥机转动的线速度为 1r/min，每条栅条后面形成微小涡流，造成颗粒絮凝变大，并可造成空穴，使颗粒间的间隙水与气泡逸出，浓缩效果可提高 20% 以上。

　　如不用刮泥机，可采用多斗连续式浓缩池，采用重力排泥，污泥斗锥角大于 55°，并设置可根据上清液液面位置任意调动的上清液排除管，排泥管从污泥斗底排除。

　　《室外排水设计规范》（GB 50014—2006）中规定，重力浓缩活性污泥时，浓缩池的污泥固体负荷宜采用 30～60kg/(m² · d)；当浓缩前含水率为 99.2%～99.6% 时，浓缩后含水

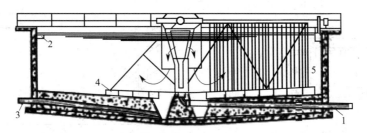

图 6-4 有刮泥机及搅动栅的连续式重力浓缩池
1—中心进泥管；2—上清液溢流堰；3—排泥管；4—刮泥机；5—搅动栅

率为 97%～98%。

重力浓缩法操作简便，维修、管理及动力费用低，但占地面积较大。

3. 重力浓缩池的工艺控制

（1）进泥量的控制 对于某一确定的浓缩池和污泥种类来说，进泥量存在一个最佳控制范围。进泥量太大，超过了浓缩能力时，会导致上清液浓度太高，排泥浓度太低，起不到应有的浓缩效果；进泥量太低时，不但降低处理量，浪费池容，还可导致污泥上浮，从而使浓缩不能顺利进行下去。浓缩池进泥量可由式(6.6) 计算：

$$Q_i = \frac{q_s A}{C_i} \tag{6.6}$$

式中 Q_i——进泥量，m^3/d；

　　C_i——进泥浓度，kg/m^3；

　　A——浓缩池的表面积，m^2；

　　q_s——固体表面负荷，$kg/(m^2 \cdot d)$。

（2）浓缩效果的评价 在浓缩池的运行管理中，应经常对浓缩效果进行评价，并随时予以调节。浓缩效果通常用浓缩比、分离率和固体回收率三个指标进行综合评价。浓缩比系指浓缩池排泥浓度与入流污泥浓度之比；分离率系指浓缩池上清液量占入流污泥量的百分比；固体回收率系指被浓缩到排泥中的固体占入流总固体的百分比。以上三个指标相辅相成，可衡量出实际浓缩效果。一般来说，浓缩初沉污泥时，浓缩比应大于 2.0，固体回收率应大于 90%。

（3）排泥控制 小型处理厂一般是间歇进泥并间歇排泥，因为初沉池只能是间歇排泥。连续排泥可使污泥层保持稳定，对浓缩效果比较有利。无法连续运行的处理厂应"勤进勤排"，使运行尽量趋于连续。每次排泥一定不能过量，否则排泥速度会超过浓缩速度，使排泥变稀，并破坏污泥层。

二、污泥气浮浓缩

气浮浓缩是采用大量的微小气泡附着在污泥颗粒的表面，从而使污泥颗粒的相对密度降低而上浮，实现泥水分离目的的浓缩方式。气浮浓缩适用于浓缩活性污泥和生物滤池等颗粒相对密度较轻的污泥，对于浓缩密度接近于水的、疏水的污泥尤其适用。通过气浮浓缩，可以使活性污泥的含水率从 99.4% 浓缩到 94%～97%。气浮浓缩法所得到的污泥含水率低于采用重力浓缩所能达到的含水率，可达到较高的固体通量，但运行费用比重力浓缩高，适合于人口密度高、土地稀缺的地区。

根据气泡形成的方式，气浮可以分为压力溶气气浮、生物溶气气浮、涡凹气浮、真空气浮、化学气浮、电解气浮等，本节仅介绍最常用的压力溶气气浮浓缩。

（一）气浮浓缩系统的组成

气浮浓缩系统一般由加压溶气装置和气浮分离装置两部分组成。如图 6-5 所示。

1. 加压溶气装置

目前较常用的有"水泵-空压机式溶气系统"和"内循环式射流溶气系统"。溶气罐一般按加压水停留1～3min设计,溶气效率为50%～90%,绝对压力采用0.25～0.5MPa。

2. 气浮分离装置(气浮浓缩池)

气浮浓缩池有矩形的平流式和圆形的升流式之分(如图6-6所示)。泥量较小时常采用矩形池,其底部呈55°～60°斗形,可以排除难以上浮而沉淀的污泥。当采用平底时,应考虑如何定期清除积存于底部的沉淀物。泥量较大时常采用圆形气浮池。

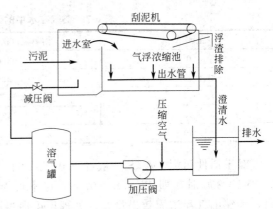

图 6-5 气浮浓缩的典型工艺流程

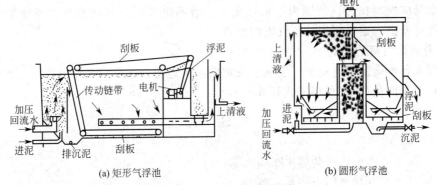

(a) 矩形气浮池 (b) 圆形气浮池

图 6-6 压力溶气气浮浓缩池

据国外资料介绍,污泥在气浮浓缩池中的平均停留时间可短至3～5min,国内建议不小于20min。

(二) 气浮浓缩工艺控制

1. 进泥量控制

在运行管理中,必须控制进泥量。如果进泥量太大,超过气浮浓缩系统的浓缩能力,则排泥浓度将降低;反之,如果进泥量太小,则造成浓缩能力的浪费。进泥量计算公式见式(6.6)。

当浓缩活性污泥时,固体表面负荷一般在50～120kg/(m² · d)范围内,其值与活性污泥的体积指数(SVI)值等性质有关。固体表面负荷可由试验确定,也可在运行实践中得出适合本厂污泥的负荷值。

2. 气量的控制

气量控制将直接影响排泥浓度的高低。一般来说,溶入的气量越大,排泥浓度也越高,但能耗也相应增高。气量可用下式计算:

$$Q_a = \frac{Q_i C_i (A/S)}{\gamma} \tag{6.7}$$

式中 Q_i,C_i——入流污泥的流量和浓度;

γ——空气容重,kg/m³,与温度有关,见表6-7;

A/S——气浮浓缩的气固比,系指单位质量的干污泥量在气浮浓缩过程中所需要的空气质量,A/S值与要求的排泥浓度有关系,A/S越大排泥浓度越高。

表 6-7　空气在水中的溶解度及容重（1atm）

温度/℃	溶解氧/(m³/m³)	容重/(kg/m³)
0	0.0288	1.252
10	0.0226	1.206
20	0.0187	1.164
30	0.0161	1.127
40	0.0142	1.092

对于活性污泥，A/S 一般在 $0.01\sim0.04$。A/S 值与污泥的性质关系很大，当活性污泥的 SVI>350 时，即使 $A/S>0.06$，也不可能使排泥含固量超过 2%。当 SVI 在 100 左右时，污泥的气浮浓缩效果最好。处理厂可通过试验或运行实际，并针对后续处理工艺对浓缩的要求，确定出适合本厂情况的 A/S 值。

3. 加压水量控制

加压水量应控制在合适范围内。水量太少，溶不进气体，不能起到气浮效果；水量太大，不仅能耗升高，也可能影响细气泡的形成。

4. 水力表面负荷的控制

通过以上各步确定了进泥量、空气量及加压水量之后，还应对气浮池进行水力表面负荷的核算。水力表面负荷 q_h 可用下式计算。

$$q_h = \frac{Q_i + Q_w}{A} \tag{6.8}$$

式中　Q_i，Q_w——入流污泥和加压水的流量，m^3/d；

A——气浮池的表面积，m^2。

对活性污泥，q_h 一般应控制在 $120m^3/(m^2 \cdot d)$ 以内，q_h 如果太高，使上清液的固体浓度明显升高。

5. 刮泥控制

运行正常的气浮池，液面之上会形成很厚的污泥层。污泥层厚度与刮泥周期有关，刮泥周期越长（即刮泥次数越少），泥层越厚，污泥的含固量也越高。泥层厚度常在 $0.2\sim0.6m$，越往上层，含固量越高，平均含固量一般在 4% 以上。一般情况下，泥层厚度增至 $0.4m$ 时，即应开始刮泥。虽然使厚度增大，可继续提高含固量，但高含固量的污泥不易刮除。刮泥机的刮泥速度不宜太快，一般应控制在 $0.5m/min$ 以下。每次刮泥深度不宜太深，可浅层多次刮除。如果总泥层厚度为 $0.4m$，则刮至 $0.2m$ 时即应停止，否则可使泥层底部的污泥带着水分翻至表面，影响浓缩效果。

污泥中的固体，并不全部被浮至表面，约有近 1/3 的泥量仍继续沉至气浮池底部，这部分主要是一些无机成分，包括沉砂池未去除的一些细小沉砂。由于以上原因，气浮池底部一般也必须设置刮泥机，将沉下的污泥及时刮除。

【复习思考题】

1. 污泥浓缩法有哪几种？各种污泥浓缩方法有何优缺点？

2. 简述污泥重力浓缩的特征。

3. 污泥气浮浓缩的基本原理是什么？

4. 根据气泡形成的方式，污泥气浮可以分为几种类型？

第三节 污 泥 脱 水

污泥经浓缩之后，其含水率仍在 94% 以上，呈流动状，体积很大，难以处置消纳，因此还需进行污泥脱水。浓缩主要是分离污泥中的空隙水，而脱水则主要是将污泥中的表面吸附水和毛细结合水分离出来，这部分水分约占污泥中总含水量的 15%～25%。

污泥脱水分为自然干化脱水和机械脱水两大类。自然干化系将污泥摊置到由级配砂石铺垫的干化场上，通过蒸发、渗透和清液溢流等方式，实现脱水。这种脱水方式适于村镇小型污水处理厂的污泥处理，维护管理工作量很大，且产生大范围的恶臭。

机械脱水系利用机械设备进行污泥脱水，因而占地少，与自然干化相比，恶臭影响也较小，但运行维护费用较高。机械脱水的种类很多，按脱水原理可分为压滤脱水、离心脱水和真空脱水三大类，国外目前正在开发螺旋压榨脱水，但尚未大量推广。

一、脱水预处理

污泥在机械脱水前，一般应进行预处理，也称为污泥的调理或调质。这主要是因为城市污水处理系统产生的污泥，尤其是活性污泥脱水性能一般都较差，直接脱水将需要大量功耗，因而不经济。

所谓污泥调理，就是通过对污泥进行预处理，破坏污泥的胶态结构，减小泥水之间的亲和力，改善其脱水性能，提高脱水设备的生产能力，获得综合的技术经济效果。污泥调理方法有物理调理和化学调理两大类。

物理调理有淘洗法、冻融法及热处理调理等方法，而化学调理则主要指向污泥中投加化学药剂，改善其脱水性能。以上调理方法在实际中都有采用，但以化学调理为主，原因在于化学调理流程简单，操作不复杂，且调理效果很稳定。

（一）物理调理

1. 淘洗法

污泥淘洗法主要用于消化污泥的预处理，其目的在于降低污泥的碱度，节省混凝剂用量，降低机械脱水的运行费用。

一般初沉污泥的碱度（以 $CaCO_3$ 计）约 600mg/L，二沉污泥的碱度为 580～1100mg/L，消化污泥的碱度达到 2000～3000mmg/L，按固体量计算，碱度增加 30倍以上。通过对厌氧消化污泥的淘洗，碱度可降低到 400～500mg/L。淘洗时要充分注意防止污泥成分的变化。淘洗水使用初沉池或二沉池的出水，用量为污泥量的 2～3 倍。

污泥淘洗除可洗去消化污泥中的重碳酸盐碱度外，还可洗去部分颗粒很小、表面积很大的胶体颗粒，从而达到节约混凝剂的目的，同时也能提高污泥浓缩、脱水的效果。

2. 冻融法

冻融法是将含大量水分的污泥冷冻，使温度下降到凝固点以下，污泥开始冻结，然后加热融化。污泥经过冷冻-融化过程，由于温度发生大幅度变化，使胶体颗粒脱稳凝聚，颗粒由细变大，失去了毛细状态，同时细胞破裂，细胞内部水分变成自由水分，从而提高了污泥的沉降性能和脱水性能。

污泥冻融除无需混凝剂，显著提高污泥脱水性能和沉降速度，比热处理显著降低热能消耗等优点外，还有促进胞外多聚体集中从污泥中释放出来，在某些情况下还能有效地杀灭污泥中有害微生物的特点。冻融调理的主要不足是难以适用于活性污泥，因为活性污泥凝聚作用强烈，其水分子结合的程度比脱水后残余分子结合得更加紧密。

3. 热处理调理

将污泥加热，污泥中的细胞被分解破坏，细胞膜中的内部水游离出来，可以提高污泥的脱水性能。这种过程称为污泥的热处理。热处理也叫蒸煮处理，对于脱水性能很差的活性污泥特别有效。

污泥热处理被认为是一种钝化微生物最有效的方法之一。污泥经处理后，可溶性COD显著增加，可有利于消化过程的进行，脱水性能可大为改善。热处理污泥经机械脱水后，泥饼含水率可降到30%~45%，泥饼体积减小为浓缩-机械脱水法泥饼的1/4，便于进一步处置。在污泥的焚烧与堆肥处置中，热处理比加药处理更为适合。该法适用于初沉池污泥、消化污泥、活性污泥、腐殖污泥及它们的混合污泥。污泥热处理法的主要缺点是：污泥分离液COD、BOD浓度很高，回流处理将大大增加污水处理构筑物的负荷，有臭气，设备易腐蚀，需要增加高温高压设备、热交换设备及气味控制设备等，费用很高，这些条件通常限制了热处理法优点的充分发挥，因此难以普遍采用。

热处理主要分高温加压处理法和低温加压处理法两种工艺。其区别见表6-8。

表 6-8 热处理法的分类与反应条件

热调质法	条件	温度/℃	压力/MPa
高温法	无氧	180~200	1.8~2.0
低温法	有氧	135~165	0.7~1.4

（二）化学调理

构成污泥的固体颗粒一般都很细小，而且常带负电荷，形成一种稳定的胶体悬浮液，使污泥中的固体与水的分离，即浓缩和脱水都比较困难。为了解决这个问题，需要破坏污泥胶体的稳定性。化学调理法的目的是利用药剂中和固体颗粒所带的电荷，减小固体颗粒与水分子的亲和力，增大颗粒之间的凝聚力，增大粒径。

化学调理的药剂主要分助凝剂、混凝剂两大类。助凝剂主要有石灰、硅藻土、酸性白土、珠光体、污泥焚烧灰、电厂粉尘、水泥窑灰等惰性物质，其本身一般不起混凝作用，而在于调节污泥的pH，改变污泥的颗粒结构，破坏胶体的稳定性，提高混凝剂的混凝效果，增强絮体强度。

用于污泥调理的混凝剂包括无机混凝剂与有机高分子絮凝剂两类。常用的无机混凝剂包括铝系和铁系，如硫酸铝、明矾、三氯化铝、三氯化铁等。近年来，人们又在研究开发聚铝铁、聚硅铝等新型的无机高分子絮凝剂。

有机高分子絮凝剂分为合成高分子絮凝剂和天然高分子絮凝剂，主要应用的种类有聚丙烯酰胺（PAM）。有机高分子絮凝剂通常也作为无机絮凝剂的补充，充当助凝剂的角色。

助凝剂和混凝剂的使用方法有两种：一种是直接加入污泥中，投加量为10~100mg/L；另一种是配制成1%~6%的糊状物，预先粉刷在转鼓真空过滤机的过滤介质上，成为预覆助滤层，随着转鼓的运转，每周刮去0.01~0.1mm，刮完后再涂。

二、污泥压滤脱水

污泥压滤脱水系将污泥置于过滤介质上，在污泥一侧对污泥施加压力，强行使水分通过介质，使之与污泥分离，从而实现脱水。

压滤脱水常用的设备主要分为板框压滤机和带式压滤机等类型。

（一）板框压滤机

板框压滤机的构造较简单，过滤推动力大，脱水效果好，一般用于城市污水厂混合污泥脱水时，泥饼含水率可达65%以下。板框压滤机适用于各种污泥，但操作不能连续进行，脱水泥饼产率低。板框压滤机的基本构造如图 6-7 所示。

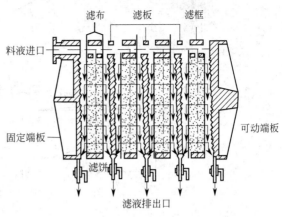

将带有滤液通路的滤板和滤框平行交替排列，每组滤板和滤框中间夹有滤布。用可动端把滤板和滤框压紧，使滤板与滤板之间构成一个压滤室。污泥从料液进口流入，水通过滤板从滤液排出口流出，泥饼堆积在框内滤布上，滤板和滤框松开后泥饼就很容易剥落下来。一个操作周期可表示为：滤板、滤框关闭—污泥压入—过滤脱水—滤板、滤框开启—泥饼剥离—滤布洗净。

图 6-7 板框压滤机的基本构造示意图

板框压滤机又可分为人工板框压滤机和自动板框压滤机两种。人工板框压滤机需将板框一块一块人工卸下，剥离泥饼并清洗滤布后，再逐块装上，劳动强度大，效率低；自动板框压滤机能自动地从一端的第一个滤室开始，依次开框，排出泥饼。压滤机的全部过滤室的滤饼排完之后，滤板、滤框自动复原，因此效率较高，劳动强度低。自动板框压滤机如图 6-8 所示。

板框压滤机的优点是：结构较简单，操作容易，运行稳定故障少，保养方便，设备使用寿命长，过滤推动力大，所得滤饼含水率低；过滤面积选择范围灵活，且单位过滤面积占地较少；对物料的适应性强，适用于各种污泥；因为是滤饼过滤，滤液中含固量少；大多数可以不调理或用少量药剂调质，就可进行过滤；滤饼的剥离简单方便。其主要缺点是不能连续运行，处理量小，滤布消耗大，因此，适合于中小型污泥脱水处理的场合。

（二）带式压滤机

带式压滤机的主要特点是利用滤布的张力和压力在滤布上对污泥施加压力使其脱水，并不需要真空或加压设备，动力消耗少，可以连续操作。

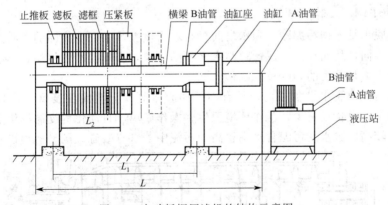

图 6-8 自动板框压滤机的结构示意图

带式压滤机的结构示意图如图 6-9 所示。它基本上由滤布和辊组成，这种合理而又简单的结构是其成功的关键。污泥流入在辊之间连续转动的上下两块带状滤布上后，滤布的张力和轧辊的压力及剪切力依次作用于夹在两块滤布之间的污泥上而进行加压脱水。污泥实际上经过重力脱水、压力脱水和剪切脱水三个过程，如图 6-10 所示，脱水泥饼由刮泥板剥离，剥离了泥饼的滤布用水清洗，防止滤布孔堵塞，影响过滤速度。

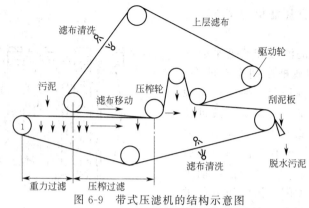

图 6-9　带式压滤机的结构示意图

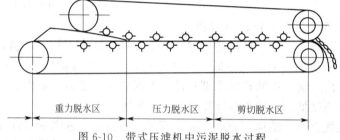

图 6-10　带式压滤机中污泥脱水过程

　　带式压滤脱水与真空过滤脱水不同，它不使用石灰和 $FeCl_3$ 等药剂，只需投加少量高分子絮凝剂，脱水污泥的含水率可降低到 $75\%\sim80\%$，也不增加泥饼量，脱水污泥仍能保持高的热值。运行操作简便，污泥絮凝情况可以目视观察加以调节，可维持高效稳定的运转。其运行仅仅决定于滤布的速度和能力，即使运行中负荷发生变化也能稳定脱水，结构简单，低速运转，易保养，无噪声和振动，易实现密闭操作。带式压滤机适用于活性污泥和有机亲水性污泥的脱水，目前在污泥脱水中被广泛应用。

三、污泥离心脱水

　　污泥离心脱水是根据污泥颗粒和水之间存在着密度差，它们在相同的离心力作用下产生的力学加速度不同，从而导致污泥颗粒与水之间的分离，实现脱水的目的。离心脱水的动力是离心力，离心力是重力的 500～1000 倍。

　　离心脱水与其他脱水设备相比，具有固体回收率高、分离液浊度低、处理量大、占地少、基建费用少、设备投资少、工作环境卫生、操作简单、自动化程度高等优点。缺点是噪声大、动力费较高、脱水后污泥含水率较高、污泥中若含有砂砾，则易磨损设备。

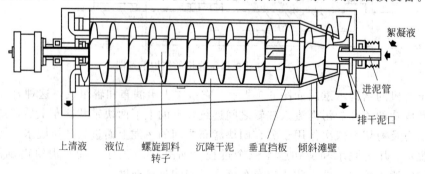

图 6-11　卧螺离心脱水机示意图

离心脱水机的种类很多，适用于城市污泥脱水的一般是卧式螺旋推料离心脱水机（简称卧螺离心脱水机），其结构如图 6-11 所示。

卧螺离心脱水机工艺过程分为进料、离心、卸料和清洗，其主要作用是把固体从液体中分离出来。泥泵及加药泵将含水率较高的污泥和高分子絮凝剂通过进料管进入离心机圆锥体转鼓腔后，高速旋转的转鼓产生强大的离心力，污泥颗粒由于密度大，离心力也大，因此，污泥被甩贴在转鼓内壁上，形成固环层；而水的密度小，离心力也小，只能在固环层内侧形成液环层。由于螺旋和转鼓的转速不同，二者存在转速差，把沉积在转鼓内壁的污泥推向转鼓小端出口处排出，分离出的水从转鼓另一端排出。

离心脱水的效果与污泥的性质、高分子絮凝剂投加量、污泥处理量、分离因数大小及内筒和外筒的转速差等因素有关。通常，离心力越大，则污泥颗粒沉降速度越大，固态物质回收率越高，但过高会造成污泥打滑，凝聚物破裂而导致脱水效率下降，也可能造成机械磨损、动力消耗大、形成噪声等。

四、污泥真空过滤脱水

真空过滤脱水系将污泥置于多孔性过滤介质上，在介质另一侧造成真空，将污泥中的水分强行"吸入"，使之与污泥分离，从而实现脱水，可用于初次沉淀污泥和消化污泥的脱水。

真空过滤机基本上都是由一部分浸在污泥中，同时不断旋转的圆筒转鼓构成，过滤面在转鼓周围。转鼓由隔板分成多个小室，转鼓和滤布内抽真空后，在过滤区段和干燥区段水分被过滤成滤液，污泥在滤布上析出成滤饼。滤饼的剥离方式因过滤机不同而各异。真空过滤机有转鼓式、履带式和列管式三种，目前污泥脱水常用的主要是转鼓式和履带式两种。

（一）转鼓式真空过滤机

转鼓式真空过滤机结构示意图如图 6-12 所示。

这种过滤机有自动切换阀门、滤饼洗涤装置、滤饼剥离装置和污泥搅拌装置。污泥搅拌装置是为了防止液体中的固体沉淀到槽底，造成浓度不均匀而设置的。转鼓内被分隔成10～20个小室，每个小室内设有导管，这些导管与安装在中心轴承一端的自动阀门相连接，当转鼓某一部分浸入液面下时，相对应小室的自动阀门打开，使内部减压，液体通过滤布被吸引，吸入的滤液汇集到一根集水管中通过自动阀门连续向外排出。当转鼓露出液面，则开始进行脱水操作，紧接着又在自动阀门的作用下切断真空，通入压缩空气，使滤饼从滤布上吹起，易于剥离。然后由刮板把滤饼从滤布上刮下来。

（二）履带式真空过滤机

履带式真空过滤机结构示意图如图 6-13 所示。

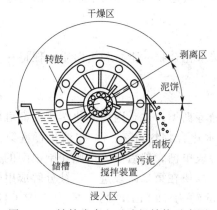

图 6-12　转鼓式真空过滤机结构示意图

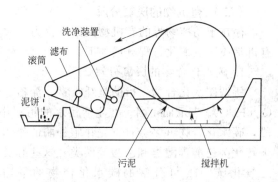

图 6-13　履带式真空过滤机结构示意图

该脱水机与把滤布固定在转鼓上的转鼓式真空过滤机不同，滤布大部分没有紧贴在转鼓上，而呈环形。随着旋转滤布离开转鼓被卷到直径小的滚筒上。由于曲率发生急剧变化，滤饼从滤布上被剥离下来。滤布两边用高压水清洗，每旋转一周清洗一次，使滤布经常保持干净，不会发生堵塞滤布现象而降低过滤速度。滤饼不是用刮板剥离，而是连续剥离，滤饼厚度可以达到 3mm，这解决了真空转鼓式过滤机滤布堵塞和滤饼厚度小的问题，即使在转鼓式真空过滤机中，由于短时间内发生滤布堵塞，滤速明显降低而脱水困难的污泥，在履带式过滤机中仍可以进行脱水，扩大了它的适用范围，也提高了脱水性能，泥饼含水率可达到 70%～75% 左右。

【复习思考题】

1. 污泥脱水前为什么需要进行预处理？其目的是什么？
2. 污泥预处理主要有哪些方法？各有什么特点？
3. 什么是污泥化学调理法？助凝剂和混凝剂的作用和种类有什么？
4. 污泥脱水有哪些方法？与污泥浓缩相比有哪些优缺点？
5. 污泥压滤脱水主要设备有哪几种？

第四节 污泥厌氧消化

污泥厌氧消化，即污泥中的有机物质在无氧的条件下被厌氧菌群最终分解成甲烷和二氧化碳的过程，它是目前国际上最为常用的污泥生物处理方法，同时也是大型污水处理厂最为经济的污泥处理方法。

一、污泥厌氧消化的原理

（一）污泥厌氧消化原理

污泥厌氧消化是一个极其复杂的过程，多年来厌氧消化被概括为两个阶段，即酸性发酵阶段和甲烷发酵阶段。随着对厌氧消化微生物的研究不断深入，1979 年伯力特等人根据微生物种群的生理分类特点，提出了厌氧消化三阶段理论，这是当前较为公认的理论模式。

第一阶段，有机物在水解和发酵细菌的作用下，使碳水化合物、蛋白质和脂肪水解与发酵，转化为单糖、氨基酸、脂肪酸、甘油及 CO_2 及氢等。

第二阶段，在产氢产乙酸菌的作用下，把第一阶段的产物转化成氢、CO_2 和乙酸等。

第三阶段，通过两组生理物性上不同的产甲烷菌的作用下，一组把氢和 CO_2 转化为甲烷，另一组对乙酸脱羧产生甲烷。产甲烷阶段产生的能量绝大部分都用于维持细菌生存，只有很少能量用于合成新细菌，故细胞增殖很少。

（二）有机物的厌氧分解

存在于动植物界的有机物大致可分为三大类：碳水化合物、脂肪和蛋白质。现将这三类有机基质厌氧消化过程分述如下。

1. 碳水化合物的厌氧分解

所谓碳水化合物，指的是纤维素、淀粉、葡萄糖等糖类。这是因为其化学式大都可以用 $C_m(H_2O)_n$ 表示而得名。在生活污水的污泥中，碳水化合物约占 20%。在消化过程第一阶段，碳水化合物（多糖）首先在胞外酶的作用下水解成单糖，然后渗入细胞在胞内酶的作用下转化为乙醇等醇类和乙酸等酸类。这些醇类和酸类物质在第二阶段进一步被分解成甲烷和二氧化碳。1g 可分解的碳水化合物的平均产气量约为 790mL，其组成为 50% CH_4 和 50% CO_2。

2. 脂肪的厌氧分解

脂肪在其分解的第一阶段通过解脂菌或脂酶的作用，使脂肪水解，成为脂肪酸和甘油。脂肪酸和甘油在酸化细菌的作用下，进一步转化为醇类和酸类。在第二阶段二者进而分解成甲烷和二氧化碳。每克有机脂肪的产气量平均为 1250mL，其成分为 68%CH_4 和 32%CO_2。

3. 蛋白质的厌氧分解

在第一阶段具有能分泌出酶使蛋白质水解的解朊菌，使蛋白质的大分子分解成简单的组分。这时将形成各种氨基酸、二氧化碳、尿素、氨、硫化氢、硫醇等。尿素则在尿素酶的作用下迅速地全部分解成二氧化碳和氨。第二阶段氨基酸进一步分解成甲烷、二氧化碳和氨。1g 的蛋白质的产气量平均为 704mL，其成分为 71%CH_4 和 29%CO_2。

二、厌氧消化的影响因素

（一）温度

根据操作温度的不同，可将厌氧消化分为以下几种情况。

(1) 低温消化：可不控制消化温度（<30℃）。

(2) 中温消化：30～35℃。

(3) 高温消化：50～56℃。

消化温度与消化时间及产气量的关系如表 6-9 所示。

表 6-9 不同消化温度与时间的产气量

消化温度/℃	10	15	20	25	30
通常采用的消化时间/d	90	60	45	30	27
有机物的产气量/(mL/g)	450	530	610	710	760

实际上，在 0～56℃的范围内，产甲烷菌并没有特定的温度限制，然而在一定温度范围内被驯化以后，温度稍有升降（±2℃），都可严重影响甲烷消化作用，尤其是高温消化，对温度变化更为敏感。因此，在厌氧消化操作运行过程中，应尽量保持温度不变。

大多数厌氧消化系统设计在中温范围内操作，因为温度在 35℃左右消化，有机物的产气速率比较快、产气量也比较大，而生成的浮渣则较少，并且消化液与污泥分离较容易。

（二）pH 值

污泥中所含的碳水化合物、脂肪和蛋白质在厌氧消化过程中，经过酸性发酵和碱性发酵，产生甲烷和二氧化碳，并转化为新细胞成为消化污泥。酸性发酵和碱性发酵最合适的 pH 值各自不同，图 6-14 表示 pH 值与甲烷气发生量的关系。由图 6-14 可见，厌氧细菌，特别是甲烷菌，对 pH 值非常敏感。酸性发酵最合适的 pH 值为 5.8，而甲烷发酵最合适的 pH 值为 7.8。酸生成菌在低 pH 值范围，增殖比较活跃，自身分泌物的影响比较小。而甲烷菌只在弱碱性环境中生长，最合适的 pH 值范围在 7.3～8.0。酸生成菌和甲烷菌共存时，pH 值在 7～7.6 最合适。

在消化系统中，如果水解发酵阶段与产酸阶段的反应速率超过产甲烷阶段，则 pH 值会降低，影响甲烷菌的生活环境。但是，在消化系统中，由于消化液的缓冲作用，在一定

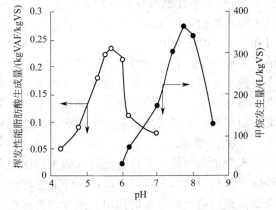

图 6-14 pH 值对酸性消化和碱性消化的影响

范围内可以避免发生这种情况。若碱度不足，可考虑投加石灰、碳酸氢钠或碳酸钠来进行调节。

（三）营养与碳氮比

消化池的营养由投配污泥供给，营养配比中最重要的是 C/N 比。C/N 比太高，细菌氮量不足，消化液缓冲能力降低，pH 值容易下降；C/N 比太低，含氮量过多，pH 值可能上升到 8.0 以上，脂肪酸的铵盐发生积累，使有机物分解受到抑制。据研究，各种污泥的 C/N 比情况如表 6-10 所示。对于污泥消化处理来说，C/N 比以（10～20）：1 较合适，因此，初沉池污泥的消化较好，剩余活性污泥的 C/N 比约为 5：1，所以不宜单独进行消化处理。

表 6-10　生物固体的各基质含量及 C/N 比

基质名称	生物固体种类		
	初次沉淀污泥	剩余活性污泥	混合污泥
碳水化合物/%	32.0	16.5	26.3
脂肪、脂肪酸/%	35.0	17.5	28.5
蛋白质/%	39.0	66.0	45.2
C/N 比	（9.4～10.35）：1	（4.6～5.04）：1	（6.80～7.5）：1

（四）污泥种类

初沉污泥是污水进入曝气池前通过沉淀池时，非凝聚性粒子及相对密度较大的物体沉降、浓缩而成的。作为基质来讲，同生物处理的剩余污泥有很大的区别。初沉污泥浓度通常高达 4%～7%，浓缩性好，C/N 比在 10 左右，是一种营养成分丰富，容易被厌氧消化的基质，气体发生量也较大。二次沉淀池的剩余污泥是以好氧菌菌体为主，作为厌氧菌营养物的 C/N 比在 5 左右，所以有机物分解率低，分解速度慢，气体发生量较少。

（五）污泥投配率

污泥投配率指每日加入消化池的新鲜污泥体积与消化池有效容积的比率，以百分数计（其倒数即为污泥停留时间）。其计算如式（6.9）所示。

$$n = \frac{V'}{V} \times 100\%$$

（6.9）

式中　n——污泥投配率，%；

　　　V'——每日加入消化池的新鲜污泥体积，m^3；

　　　V——消化池的有效容积，m^3。

根据经验，中温消化的新鲜污泥投配率以 6%～8% 为宜。在设计时，新鲜污泥投配率可在 5%～12% 选用。若要求产气量多，采用下限值；若以处理污泥为主，则可采用上限值。一般来说，投配率增大，有机物的分解程度降低，产气量下降，但所需消化池的容积小；投配率减小，污泥中有机物分解程度高，产气量增加，但所需要的消化池容积大，基建费用增加。对已建成的消化池，如投配率过大，池内有机酸将会大量积累，pH 值和池温降低，甲烷细菌生长受到抑制，可能破坏消化的正常进行。

（六）搅拌

厌氧消化的搅拌不仅能使投入的生污泥与熟污泥均匀接触，加速热传导，把生化反应产生的甲烷和硫化氢等阻碍厌氧菌活性的气体赶出来，也起到粉碎污泥块和消化池液面上的浮渣层，提高消化池负荷的作用。充分均匀的搅拌是污泥消化池稳定运行的关键因素之一。

实际采用的搅拌方法有机械搅拌、泵循环和沼气搅拌。其中沼气搅拌具有机械性磨损低，池内设备少，结构简单，施工维修简便，搅拌效果好，效率高（即使池内污泥面波动变化，也能保持稳定的混合效果），运转费用低，甲烷菌提供氢源等优点，是搅拌的主流方法。

（七）污泥接种

消化池启动时，把另一消化池中含有大量微生物的成熟污泥加入其中与生污泥充分混合，称为污泥接种。接种污泥应尽可能含有消化过程所需的兼性厌氧菌和专性厌氧菌，而且以有害代谢产物少的消化污泥为最好。活性低的、老的消化污泥，比活性高的新污泥更能促进消化作用。好的接种污泥大多存在于最终消化池的底部。

消化池中消化污泥的数量越多，有机物的分解过程就越活跃，单位质量有机物的产气量便越多。消化污泥与生污泥质量之比为 0.5∶1（以有机物计）时，消化天数要 26 天，随着混合比的增加，气体发生量与甲烷含量增多，混合比达 1∶1 以上，10 天左右即可得到很高的消化率。

（八）有毒物质含量

污泥中含有有毒物质时，根据其种类与浓度的不同，会给污泥消化、堆肥等各种处理过程带来影响。有毒物质主要包括重金属、Na^+、K^+、Ca^{2+}、Mg^{2+}、NH_4^+、表面活性剂以及 SO_4^{2-}、NO_3^-、NO_2^- 等。

三、厌氧消化工艺

目前，比较广泛采用的厌氧消化工艺主要分为三类：标准消化法、快速厌氧消化法和两级厌氧消化法。

（一）标准消化法

所谓标准消化法又称一级消化，其原理如图 6-15 所示。生污泥可在 1 天内从 2～3 个入口分批（2～3 次）加入池内，随着分解的进行逐渐分成明显的 3 层，自上而下依次为浮渣层、分离液层和污泥层。污泥层的上部仍可活跃地进行消化反应，下层比较稳定，稳定后的污泥最后沉积于池底。由于该消化池中仅很小一部分含有活性消化污泥，因此若要取得良好的污泥消化效果，需要很大的池容。此外，由于在消化池内环境条件不易控制，消化过程不稳定，效率低。因此，这一工艺几乎不用于初沉污泥的稳定化。

（二）快速厌氧消化法

图 6-16 是一级快速消化池工作原理图。它与标准消化池的最大差别是消化池内设有搅拌装置，因此混合均匀，操作性能好，可以解决池内沉淀问题，故被逐渐推广使用。

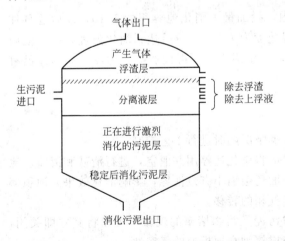

图 6-15 标准消化池工作原理图

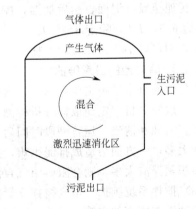

图 6-16 快速消化池工作原理图

（三）两级厌氧消化法

如图 6-17 所示，污泥先在一级消化池中（设有加温、搅拌和集气装置）进行消化，然后把排出的污泥送入第二级消化池。第二级消化池中不设加温和搅拌装置，依靠来自一级消化池污泥余热继续消化污泥。由于不搅拌，二级消化池兼具浓缩的功能。同时在第二级消化池内仍可产生一部分气体，进一步杀灭细菌，并使总的出泥体积减小。该工艺适合于初沉池污泥或混有少量二沉池污泥的混合污泥的厌氧消化，且运转效果较好。对于活性污泥或其他深度处理废水的污泥，由于消化后难以沉淀分离，则不宜采用此种工艺。

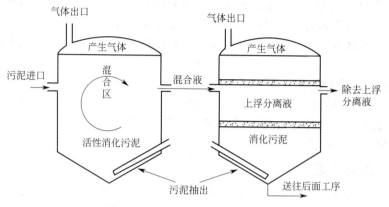

图 6-17 两级厌氧消化工作原理图

四、消化池的运行管理

（一）消化污泥的培养与驯化

新建的消化池，需要培养消化污泥，培养方法有两种。

1. 逐步培养法

将每天排放的初沉污泥和浓缩后的污泥投入消化池，然后加热，使每小时温度升高 1℃，当温度升到消化温度时，维持温度，然后逐日加入新鲜污泥，直至设计泥面，停止加泥，维持消化温度，使有机物水解、液化，约需 30～40 天，待污泥成熟、产生沼气后，方可投入正常运行。

2. 一步培养法

将初沉污泥和浓缩后的污泥投入消化池内，投加量占消化池容积的 1/10，以后逐日加入新鲜污泥至设计泥面，然后加温，控制升温速度为 1℃/h，最后达到消化温度，控制池内 pH 值为 6.5～7.5，稳定 3～5 天，污泥成熟，产生沼气后，再投加新鲜污泥。如当地已有消化池，则可取消化污泥更为便捷。

（二）消化池的日常维护

消化池的日常维护主要包括以下内容。

（1）取样分析　定期取样分析检测，并根据情况随时进行工艺控制。

（2）清砂和清渣　运行一段时间后，一般应将消化池停用并泄空，进行清砂和清渣。池底积砂太多，一方面会造成排泥困难，另一方面还会缩小有效池容，影响消化效果。池顶部液面如积累浮渣太多，则会阻碍沼气自液相向气相的转移。

（3）搅拌系统维护　沼气搅拌立管如有被污泥及污物堵塞的现象，可以将其立即关闭，大气量冲洗被堵塞的立管。另外，应定期检查搅拌轴穿顶板处的气密性。

（4）加热系统维护　蒸汽加热立管常有被污泥和污物堵塞的现象，可用大气量吹冲。当采用池外热水循环加热时，泥水热交换器常发生堵塞现象。套管式和管壳式换热器易堵塞，可在其前后设置压力表，观测堵塞情况。

（5）消化系统结垢　由于进泥中的硬度（Mg^{2+}）以及磷酸根离子（PO_4^{3-}）在消化液中会与产生的大量 NH_4^+ 结合，生成磷酸铵镁沉淀，因此消化系统极易结垢。在管路上设置活动清洗口，经常用高压水清洗管道，可有效控制垢的厚度。当结垢严重时，最基本的方法是用酸清洗。

（6）消化池停运的检查与处理　消化池运行一段时间后，应停止运行，进行全面的防腐防渗检查与处理。消化池内的腐蚀现象很严重，既有电化学腐蚀也有生物腐蚀。消化池停运放空之后，应根据腐蚀程度，重新对所有金属部件进行防腐处理，对池壁进行防渗处理。重新投运时宜进行满水试验和气密性试验。

（7）消化池泡沫与控制　消化池有时会产生大量泡沫，呈半液半固状，严重时可充满气相空间并带入沼气管路系统，导致沼气利用系统的运行困难。当产生泡沫时，一般说明消化系统运行不稳定。泡沫主要是由于 CO_2 产量太大形成的，如果将运行不稳定因素排除，泡沫一般也会随之消失。

（8）消化系统保温　消化系统内的许多管理和阀门为间歇运行，因而冬季应注意防冻，应定期检查消化池及加热管理系统的保温效果，如果不佳，应更换保温材料。

（9）安全运行　沼气中的甲烷系易燃易爆气体，因而尤应注意防爆问题。另外，沼气中含有的 H_2S 能导致中毒，沼气含量大的空间含氧必然少，容易导致窒息。

【复习思考题】

1. 简述污泥厌氧消化的原理。
2. 根据温度不同，厌氧消化工艺有哪几种？
3. 污泥的厌氧消化有哪些影响因素？
4. 快速厌氧消化法与标准消化法在工艺上有何不同？
5. 污泥消化池的日常维护主要包括哪些内容？

第五节　污泥干化与焚烧

一、污泥干化原理

污泥干化是应用人工热源以工业化设备对污泥进行深度脱水的处理方法。污泥干化与机械脱水在应用目的与效果方面均有很大的不同。污泥干化由于提高水分蒸发强度的要求，使用人工热源，其操作温度通常大于 100℃，污泥不仅是深度脱水，还具有热处理的效应。具体而言，污泥干化的操作温度效应可以杀灭污泥中的寄生虫卵、致病菌、病毒等病原微生物和其他非病原微生物，与干化后的低含水条件相配合，污泥干化可使污泥达到较彻底的卫生学无害化水平。另外，干化污泥的低含水率，使其不仅可能达到自持燃烧的水平，甚至可作为矿物燃料的替代物使用。

污泥干化按热介质与污泥的接触方式可以分为三大类。

（1）直接加热式　将燃烧室产生的热气与污泥直接进行接触混合，使污泥得以加热，水分得以蒸发并最终得到干污泥产品，是对流干化技术的应用。用烟气进行直接加热时，由于温度较高，在干化的同时还使污泥中许多有机质分解。其优点是流程较简单，缺点是干化产生的尾气量很大，往往需要脱臭处理，经济性变差。

（2）间接加热式　将燃烧炉产生的热气通过蒸汽、热油介质传递，加热器壁，从而使器壁另一侧的湿污泥受热、水分蒸发而加以去除，是传导干化技术的应用。间接加热温度一般低于 120℃，污泥中的有机物不易分解，产生的尾气量较小，能大大改善生产环境，但由于比直接加热多一个传热环节（燃气加热热源介质），因此流程和设备均较复杂。

（3）直接-间接联合式　是对流-传导干化技术的整合。如 Vomm 设计的高速薄膜干燥器，Sulzer 开发的新型流化床干燥器以及 Envirex 推出的带式干燥器就属于这种类型。在所有提及的这些干燥器中，闪蒸式干燥器是目前应用最广的一种。

二、污泥干化技术与设备

目前污泥干化设备的类型如下。

（1）直接加热式　原理为对流加热，代表设备有转鼓、流化床等。

（2）间接加热式　原理为传导或接触加热，代表设备有螺旋、圆盘、薄层、碟片、桨式等。

（3）热辐射加热式　有带式、螺旋式等。

较常见的污泥干化技术有直接加热转鼓干化技术、间接加热转鼓干化技术、间接加热圆盘干化技术和直接加热流化床技术等。

（一）直接加热转鼓干化技术

图 6-18 所示为直接加热转鼓污泥干化系统。

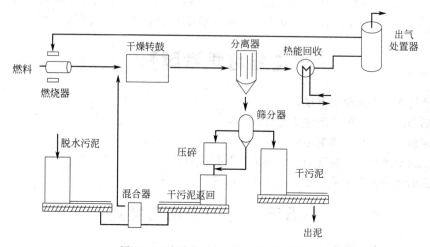

图 6-18　直接加热转鼓污泥干化系统

直接加热转鼓干化的工艺原理是干料"返混"，即干化后的污泥经过筛分，将部分粒径过大及过细的污泥颗粒返回与湿污泥混合，形成含固率达 60%～80%，这样可以产生在转鼓里随意转动的小球颗粒，在转鼓内与热空气接触得到干化，烘干后的污泥被螺旋输送机送到分离器，从分离器中排出的干污泥的颗粒度可以被控制，再经过筛选器将满足要求的污泥颗粒送到储藏仓等候处理。干化的污泥干度达 92% 以上或更高。干燥的污泥颗粒直径可控制在 1～4mm，这主要考虑了用干燥的污泥作为肥料或园林绿化的可能性。细小的干燥污泥被送到混合器中与湿污泥混合送入转鼓式干燥器。分离器将干燥的污泥和水汽进行分离，水汽几乎携带了污泥干燥时所耗用的全部热量，这部分热量需要充分回收利用。因此水汽要经过冷凝器，被冷却的气体送到生物过滤器处理完全达到排放标准后排放。

该干化系统的特点是：污泥与热空气直接接触，能耗低，转鼓内无旋转部件，空间利用率高，干化污泥呈颗粒状，粒径可以控制，采用气体循环回用设计，减少了尾气的排放和处理成本，但所有的循环气体均需进行处理，除尘装置规模较大，气体含氧量控制要求高。

（二）间接加热转鼓干化技术

图 6-19 所示为间接加热转鼓干化工艺流程图。

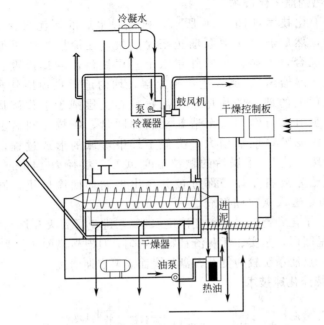

图 6-19　间接加热转鼓污泥干化工艺流程图

　　脱水后的污泥被输送至干化机的进料斗，经过螺旋转送器至干化机内（可变频控制定量输送）。干化机由转鼓和翼片螺杆组成，转鼓通过燃烧炉加热，转鼓最大转速为 1.5r/min。翼片螺杆通过循环热油传热，最大转速为 0.5r/min。转鼓和翼片螺杆同向或反向旋转，污泥可连续前移进行干化，转鼓经抽风为负压操作，水汽和灰尘无外逸。污泥经螺杆推移和加热被逐步烘干并磨成粒状，最终送至储存仓。

　　该技术的特点是：流程简单，污泥的干化程度可控，干化器终端产物为粉末状，所需辅助空气少，尾气处理设备小。但转鼓内有转动部件，污泥通道体积较小，设备占地较大，转动部件需要定期维护，需要单独的热媒加热系统，能耗较高；没有干料返混，进泥含水率高时容易粘在壁上，如外鼓不转，容易在底部有沉积而发生燃烧。

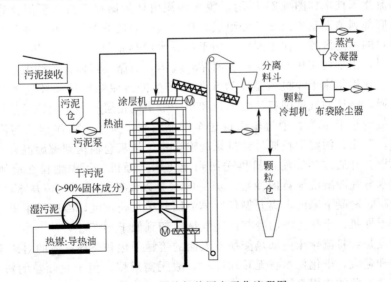

图 6-20　间接加热圆盘干化流程图

（三） 间接加热圆盘干化技术

间接加热圆盘干化技术如图 6-20 所示，机械脱水后的污泥（含固率 25%～30%）送入污泥缓冲料仓，然后通过污泥泵输送至涂层机，在涂层机中再循环的干污泥颗粒与输入的脱水污泥混合，干颗粒核的外层涂上一层湿污泥后形成颗粒，颗粒被送入硬颗粒造粒机（多盘干燥器），被倒入造粒机上部，均匀地散在顶层圆盘上。通过与中央旋转主轴相连的耙臂上的耙子的作用，污泥颗粒在上层圆盘上作圆周运动。污泥颗粒从造粒机的上部圆盘由重力作用直至造粒机底部圆盘，颗粒在圆盘上运动时直接和加热表面接触干化。污泥颗粒逐盘增大，类似于蚌中珍珠的形成过程，最终形成坚实的颗粒，故也叫"珍珠工艺"。干燥后的颗粒温度 90℃，粒径为 14mm，离开干燥机后由斗式提升机向上送至分离料斗，一部分被分离出再循环回涂层机，同时剩余的颗粒进入冷却器冷却至 40℃送入颗粒储料仓。

该工艺特点是：干化和造粒过程氧气浓度<2%，避免了着火和爆炸的危险性。设有专门的造粒机，颗粒呈圆形，坚实、无灰渣且颗粒均匀，具有较高的热值，可作为燃料，尾气处理量小。占地大，热油系统较为复杂，盘片表面需要定期清洗。

（四） 直接加热流化床技术

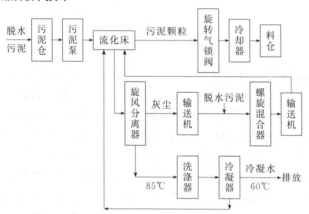

图 6-21　直接加热流化床流程图

直接加热流化床技术如图 6-21 所示，脱水污泥由计量储存仓被送至流化床干燥机。流化床干燥机从底部到顶部基本由三部分组成，在干燥机的最下面是风箱，用于将循环气体分送到流化床装置的不同区域。在中间段，用于蒸发水的热量将通过加热热油送入流化床内。最上部为抽吸罩，用来使流化的干颗粒脱离循环气体，而循环气体带着污泥细粒和蒸发的水分离开干燥机。在流化床干燥机内温度为 85℃，产生的污泥颗粒被循环气体流化并产生激烈的混合并干燥，循环的气体则将污泥细粒和灰尘带出流化层。污泥颗粒通过旋转气锁阀送至冷却器，冷凝到小于 40℃，通过输送机送至产品料仓。灰尘、污泥细粒与流化气体在旋风分离器分离，灰尘、污泥细粒通过计量螺旋输送机，从灰仓输送到螺旋混合器。在那里灰尘与脱水污泥混合并通过螺旋输送机再送回到流化床干燥机。污泥细粒在旋风分离器内分离，而蒸发的水分在冷凝洗涤器内冷凝。蒸发的水分以及其他循环气体从 85℃左右冷却为 60℃，然后冷凝，冷凝下来的水离开循环气体流回到污水处理区，冷凝器中干净而冷却的流化气体又回到干燥机，干化污泥由冷却回路气体冷却到低于 40℃。

该工艺特点是：将流化床内部热交换器表面的接触干化和循环气体的对流干化结合，干化效果好，处理量大，干化机本身无转动部件，故无需维修。但干化颗粒的粒径无法控制。间接加热，需要单独的热媒系统。流化床内颗粒需要呈"流化"状态，气体流量大，除尘、冷却等处理设施复杂，规模大。

三、污泥焚烧原理与影响因素

（一）污泥焚烧的原理

污泥的焚烧是指对脱水或干燥后的污泥，依靠其自身的热值或辅助燃料，送入焚烧炉进行热处理的过程，这是由污泥本身具有一定热值和可燃烧性决定的。污泥焚烧的原理是在一定的温度下，气相充分有氧的条件下，使污泥中的有机质发生燃烧反应，反应结果使有机质转化为 CO_2、H_2O、N_2 等相应的气相物质，反应过程释放的热量则维持反应温度，使处理过程能持续进行。焚烧处理的产物是炉渣、飞灰和烟气。

炉渣主要由污泥中不参与燃烧反应的无机矿物质组成，同时也会含一些未燃尽的有机物（可燃物），炉渣对生物代谢是惰性的，因此无腐败、发臭、致病菌污染等产生卫生学的原因。污泥中在焚烧时不挥发的重金属是炉渣影响环境的主要来源。飞灰是污泥焚烧的另一部分固相产物，是在燃烧过程中，被气流挟带存在于出炉烟气中，通过烟气除尘设备被分离的固体颗粒。飞灰中的无机物，除了包括污泥中的矿物质外，还可能包括烟气处理的药剂，其中的无机污染物以挥发性重金属 Hg、Cd 和 Zn 为主，这些挥发再沉积的重金属一般比炉渣中的重金属有更强的迁移性，使飞灰成为浸出毒性超标的有毒废物。另外气相再合成产生的二噁英类高毒物质也可吸附于飞灰之上。

污泥焚烧是一种常见的污泥处理方法，它可以破坏全部有机质，杀死一切病原体，并最大限度地减小污泥体积，焚烧残渣相对含水率为 75% 的污泥仅为原有体积的 10% 左右。当污泥的燃烧值较高，城市卫生要求较高，或污泥有毒物质含量高，不能被综合利用时，可采用焚烧处理。在污泥焚烧前，一般应先进行脱水处理和热干化，以减小污泥负荷和能耗。

（二）污泥焚烧的影响因素

1. 污泥水分

污泥本身具有较高的含水率，高水分污泥直接送入焚烧炉，对燃烧过程会产生一些不利的影响，如燃烧温度下降、着火过程延迟、炉内温度波动等。降低污泥含水率对降低污泥焚烧设备及处理费用至关重要。一般来说，如果将污泥含水率降低至与挥发物含量之比小于3.5，可以形成自燃，节约燃料，因此污泥焚烧前进行干化是很必要的。

污泥含水率高，能量会在污泥燃烧的过程中随水分的蒸发而带走，如果能量不足以维持污泥燃烧，就要添加辅助燃料。辅助燃料的选择一般依赖于污泥的含水率、污泥性质和燃烧空气的温度等。

2. 焚烧温度

一般来说，提高焚烧温度有利于废物中有机毒物的分解和破坏，并可抑制黑烟的产生。但是在高温情况下，污泥的升温速度快，水分和挥发组分的析出速度快，会使污泥在焚烧初始阶段易于破碎，增加飞灰损失。同时，过高的焚烧温度不仅增加了燃料的消耗量，而且会使废物中氧化氮的数量增加，重金属的挥发性提高，引起二次污染，因此，控制合适的温度十分重要。

污泥焚烧的气相温度达到 800～850℃，高温区的气相停留时间达到 2s，可分解绝大部分的有机物，但污泥中一些工业源的耐热分解有机物需在温度 1100℃，停留时间 2s 的条件下才能完全分解。

3. 焚烧时间

燃烧反应所需的时间就是烧掉固体废物的时间。这就要求固体废物在燃烧层内有适当的停留时间。燃料在高温区的停留时间应超过燃料燃烧所需的时间。一般认为，燃烧时间与固体废物粒度的 1～2 次方成正比，加热时间近似地与粒度的平方成比例。

固体粒度愈细，与空气的接触面愈大，燃烧速度快，固体在燃烧室内的停留时间就短。因此，确定废物在燃烧室内的停留时间时，考虑固体粒度大小很重要。

4. 废物和空气之间的混合程度

为了使固体废物燃烧完全，必须往燃烧室内鼓入过量的空气。氧浓度高，燃烧速度快，这是燃烧的最基本条件。对具体的废物燃烧过程，需要根据物料的特性和设备的类型等因素确定过剩气量。但除了要空气供应充足，还要注意空气在燃烧室内的分布，燃料和空气中氧的混合如湍流程度，混合不充分，将导致不完全燃烧产物的生成。

四、污泥焚烧系统

脱水后的污泥泥饼结构十分致密，未充分燃烧时黏附性很强，因此污泥焚烧系统的核心设备——焚烧炉，在结构上与其他废弃物焚烧炉（如城市生活垃圾）有相当大的不同。最早的污泥焚烧炉是多膛炉，始于1934年。由于辅助燃料成本上升和更加严格的气体排放标准，多膛炉逐渐失去竞争力，至20世纪80年代，流化床焚烧炉成为较受欢迎的污泥焚烧装置。

污泥焚烧工艺由三个子系统组成，分别为预处理、燃烧和烟气处理与余热利用。在预处理方面，主要包括浓缩、调理、消化和机械脱水等。考虑到焚烧对污泥热值的要求，一般不应再进行消化处理。

污泥燃烧子系统的发展，主要围绕改善污泥焚烧的热化学平衡和传递条件而进行，主要体现在焚烧炉技术的发展。传统的多膛炉污泥燃尽率通常低于95%，目前应用较多的流化床焚烧炉在气、固相的传递条件上十分优越，固相颗粒小，受热均匀，已成为城市污水污泥焚烧的主流炉型。

污泥焚烧烟气处理子系统的技术单元组成在20世纪90年代主要包含酸性气体（SO_2、HCl、HF）和颗粒物净化两个单元。大型污泥焚烧厂酸性气体净化多采用炉内加石灰共燃（仅适用于流化床）、烟气中喷入干石灰粉（干式除酸）、喷入石灰乳浊浆（半干式除酸）三种方法之一。颗粒物净化采用高效电除尘器或布袋式过滤除尘器等。小型焚烧装置则多用碱溶液洗涤和文丘里除尘方式进行酸性气体和颗粒物脱除操作。以后为了达到对重金属蒸气、二噁英类物质和NO_2的有效控制，逐步加入了水洗（降温冷凝洗涤重金属）、喷粉末活性炭（吸附二噁英类物质）和尿素还原脱氮等单元环节。

焚烧烟气的余热利用，主要方向是以自身工艺过程（预干燥污泥或预热燃烧空气）为主，很少有余热发电的实例。

污泥焚烧设备主要有立式多膛焚烧炉、流化床焚烧炉、回转窑焚烧炉和电动红外焚烧炉等，下面主要介绍两种常用的污泥焚烧炉。

（一）立式多膛焚烧炉

立式多膛焚烧炉又称立式多段焚烧炉，如图6-22所示，它是一个垂直的圆柱形耐火衬里的钢制设备，内部有许多水平的由耐火材料构成的炉膛，一层一层叠加，一般多膛式焚烧炉可含有4～24个炉膛，从炉子底部到顶部有一个可旋转的中心轴。每个炉膛上有搅拌装置，可以把动污泥，使之以螺旋形轨道通过炉膛，辅助燃料的燃烧器也位于炉膛上。

立式多膛炉的工作过程是污泥由上而下逐层下落，顶部两层起污泥干燥作用，温度为480～680℃，可使污泥含水率降至40%以下；中部几层为污泥焚烧层，温度可达760～980℃；下部几层为缓慢冷却层，主要起冷却并预热空气的作用，温度为260～350℃。多膛式焚烧炉的规模为5～1250t/d不等，可将污泥的含水率从65%～75%降至0%左右，污泥体积降至10%左右。

为了使污泥充分燃烧，同时由于进料的污泥中有机物含量及污泥的进料量会有变化，因

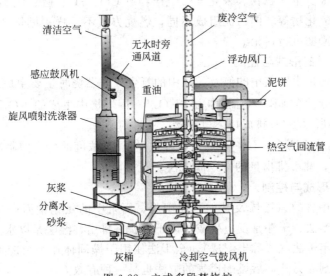

图 6-22 立式多段焚烧炉

此通常通入多膛炉的空气应比理论需气量多 50%~100%。若通入空气量不足，污泥没有被充分燃烧，就会导致排放的废气中含有大量的一氧化碳和碳氢化合物；反之，通入空气量太多，则会导致部分未燃烧的污泥颗粒被带入到废气中排放掉，同时也需要消耗更多的燃料。

（二）流化床焚烧炉

流化床焚烧炉构造简单，如图 6-23 所示。主体设备是一个圆形塔体，下部设有分配气体的布风板，塔内壁衬耐火材料，并装有一定量的耐热粒状床料。气体布风板有的由多孔板做成，有的平板上穿有一定形状和数量的喷嘴。气体从下部通入，并以一定速度通过布风板，使床内床料呈流化状态。污泥从塔侧或塔顶加入，在流化床层内进行干燥、粉碎、气化等过程后，迅速燃烧。燃烧气从塔顶排出，尾气中挟带的床料粒子和灰渣一般用除尘器捕集后，床料可返回流化床内。

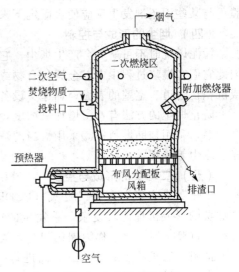

图 6-23 流化床焚烧炉

流化床的优点是利用石英砂（粒径 0.3~2mm）为热载体（深度 1~1.5m），在预热空气的喷流下，形成悬浮状态，泥饼加入后，与灼热的砂层进行激烈混合焚烧，传热效率高，焚烧时间短，炉体小。由于这一特点，流化床焚烧炉所需的过量空气仅需占理论空气量的 20%~25%，相当于多膛炉的过量空气的一半，因而所需的燃料量远远小于多膛炉，节约能源。此外，流化床焚烧炉结构简单，接触高温的金属部件少，故障也少；干燥与焚烧集成在一起，可除臭；由于炉子的热容量大，停止运行后，每小时降温不到 5℃，因此在 2 天内重新运行，可不必预热载热体，故可连续或间歇运行。缺点是操作复杂；运行效果不及其他焚烧炉稳定，动力消耗较大。

五、污泥焚烧污染控制

焚烧过程包括分解、氧化、聚合等反应。燃烧所产生的废气中还含有悬浮的未燃或部分燃烧的废物、灰分等少量颗粒物。未完全燃烧产物有 CO、H_2、醛、酮和稠环碳氢化合物，还有氮氧化物、硫氧化物等。因污泥组成不同，燃烧方式不一样，燃烧产物也有一定差异，以下就几种主要污染物进行讨论。

（一）氮氧化物的形成与控制

燃烧时氮氧化物是由空气中的氮及污泥中的氮生成。燃烧时主要生成 NO，NO_2 只占总氮氧化物的很小部分。NO 和 NO_2 总称为"NO_x"。因燃烧中生成的 NO 稍后在烟道和大气中被转化成 NO_2，所以 NO_x 排放以 NO_2 表示。

降低 NO_x 的方法主要有：（1）在燃烧过程中降低 O_2 浓度的生成抑制法；（2）将发生的 NO_x 用还原剂还原，减小排出量的排烟脱氮法。

（二）HCl 的形成与控制

HCl 是由污泥中含的氯乙烯及其他含氯塑料，厨余中的氯化钠而产生。HCl 去除的方法大体分为干法和湿法。干法是反应生成物以干燥状态排出，湿法是以水溶液排出。干法又进一步分为全干和半干法（或称半湿法），全干法使用干燥固体作为反应剂，半干法用水溶液或浆料作为反应剂。另外，后燃烟道气的方法也是一种有效方法。

（三）硫氧化物的形成与控制

污泥中的硫元素在燃烧过程中与氧化合物生成 SO_2 和 SO_3，总称 SO_x，其中 SO_3 仅是很小的一部分。烟气中 SO_x 取决于废物的成分，烟气中 SO_x 的控制一般采用烟气在排放之前通过气体净化或在燃烧过程中除硫。在燃烧过程中的除硫，是采用让烟气中的 SO_x 在炉膛里与某些固硫剂发生反应使之固定下来。如加入石灰或白云石等使硫固定在灰渣中。

（四）烟尘的形成与控制

污泥燃烧时不可避免会产生烟尘，它包括黑烟和飞灰两部分。由于污泥中含有重金属，因此它们在燃烧过程中常以金属化合物或金属盐的形式被部分混到烟气中排放，造成污染；或沉积在管道、室壁的表面，加速了设备的腐蚀，影响传热。

防止烟尘的方法有：①增加氧浓度，使其燃烧完全，常采用通入二次空气的办法；②提高炉温，利用辅助燃料；③采用恰当的炉膛尺寸和形状，使焚烧条件合适；④对烟气进行洗涤、除尘等处理。

（五）二噁英的形成与控制

二噁英是多氯二苯并二噁英（PCDB）和多氯二苯呋喃（PCDF）两类化合物的总称。二噁英的形成机理比较复杂，它发生的前提可概括为：①存在有机和无机氯；②存在氧；③存在过渡金属阳离子作为催化剂（如焚烧飞灰等）。

抑制二噁英的生成可从三方面进行：①改善燃烧条件，减少不完全燃烧大分子有机产物和碳的残量；②阻止氯化过程（包括喷氨、加硫等方法）；③阻止联芳基合成（用喷氨等方法毒化催化剂）。

二噁英的控制主要从抑制发生和发生后有效去除两个途径来努力。抑制燃烧时二噁英的生成量，首先是改善焚烧炉内的燃烧状况，采用"3T"技术，即提高炉温（＞850℃）；在高温区送入二次空气燃烧，减少 CO、不完全燃烧产物和前驱体的生成量，从而抑制二噁英的生成量。未燃烧的碳或多环芳烃等在一定条件下会合成二噁英，这种合成在 300℃ 附近最显著，因此为防止这种合成，让除尘器低温化，即将除尘器入口气体温度降至 200℃ 以下；延长气体在高温区的停留时间（＞2s）等，改善燃烧状况，使废物完全充分搅拌混合提高湍流程度。另外还可通过选用合适的焚烧炉炉型（如流化床焚烧）开发改进自动焚烧炉控制系统等更先进的系统，达到抑制二噁英的生成。

【复习思考题】

1. 简述污泥干化的原理及分类。
2. 举例说明污泥干化设备有几种类型？
3. 简述污泥焚烧的原理及影响因素。
4. 污泥焚烧系统包括哪几部分？
5. 污泥焚烧产生的污染物主要有哪些？如何控制？

第六节 污泥处置与资源化

一、污泥填埋

污泥填埋是一种工艺简单、投资较少、操作经济、容量大且具有可行性的污泥处置方式，可最大限度地避免污泥对公众健康和环境安全造成影响。在我国，脱水污泥填埋处置也是许多大中型污水处理厂采用的主要方式之一。

（一）污泥填埋的方法

污泥填埋分为单独填埋和混合填埋两种方式，填埋方式的选择如表 6-11 所示，其中单独填埋又可分为沟填、填埋和堤坝式填埋三种类型。

表 6-11　污泥填埋方法的选择

污泥种类	单独填埋		混合填埋	
	可行性	理由	可行性	理由
重力浓缩污泥 初沉污泥 剩余活性污泥 初沉污泥＋剩余活性污泥	不可行 不可行 不可行	臭气与运行问题 臭气与运行问题 臭气与运行问题	不可行 不可行 不可行	臭气与运行问题 臭气与运行问题 臭气与运行问题
重力浓缩消化污泥 初沉污泥 初沉污泥＋剩余活性污泥	不可行 不可行	运行问题 运行问题	不可行 不可行	运行问题 运行问题
气浮浓缩污泥 初沉污泥＋剩余活性污泥（未消化） 剩余活性污泥（加混凝剂） 剩余活性污泥（未加混凝剂）	不可行 不可行 不可行	臭气与运行问题 运行问题 臭气与运行问题	不可行 不可行 不可行	臭气与运行问题 臭气与运行问题 臭气与运行问题
处理浓缩污泥 好氧消化初沉污泥 好氧消化初沉污泥＋剩余活性污泥 厌氧消化初沉污泥	不可行 不可行 不可行	运行问题 运行问题 运行问题	勉强可行 勉强可行 勉强可行	运行问题 运行问题 运行问题
厌氧消化初沉污泥＋剩余活性污泥 石灰稳定的初沉污泥 石灰稳定的初沉污泥＋剩余活性污泥 脱水污泥 干化床消化污泥 石灰稳定污泥	不可行 不可行 勉强可行 可行 可行	运行问题 运行问题 运行问题	勉强可行 可行 可行	运行问题
真空过滤（加石灰） 初沉污泥 消化污泥 压滤（加石灰）消化污泥 离心脱水消化污泥 热干化污泥	可行 可行 可行 可行 可行		可行 可行 可行 可行 可行	

1. 沟填

沟填就是将污泥挖沟填埋，沟填要求填埋场地具有较厚的土层和较深的地下水位，以保证填埋开挖的深度，并同时保留有足够多的缓冲区。沟填的需土量相对较少，开挖出来的土壤能够满足污泥日覆盖土的用量。沟填操作如图 6-24 所示。

(a) 宽沟填埋   (b) 窄沟填埋

图 6-24   沟填操作示意图

沟填分为两种类型：宽度大于 3m 的为宽沟填埋，小于 3m 的为窄沟填埋。窄沟填埋中，机械在地表面上操作；窄沟填埋的单层填埋厚度为 0.6～0.9m，可用于含固率相对较低的污泥填埋。窄沟填埋因其沟槽太小，不可能铺设防渗和排水衬层，一般适用于地势较陡的地方。由于填埋设备必须在未经扰动的原状土上工作，因此窄沟填埋的土地利用率不高。宽沟填埋中，机械可在地表面上或沟槽内操作。地面上操作时，所填污泥的含固率要求为 20%～28%，覆盖厚度为 0.9～1.2m。沟槽内操作时，含固率要求为 >28%，覆盖厚度为 1.2～1.5m。与窄沟填埋相比的优点为可铺设防渗和排水衬层。

2. 填埋

填埋是将污泥堆放在地表面上，再覆盖一层泥土，因不需要挖掘操作，此方法适用于地下水位较高或土层较薄的场地。由于没有沟槽的支撑，操作机械在填埋表层操作，因此填埋物料必须具有足够的承载力和稳定性，对污泥单独进行填埋往往达不到上述要求，所以一般需要将污泥进行一定的预处理后填埋。

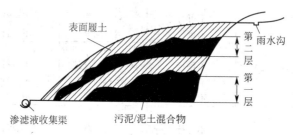

图 6-25   堆放式填埋示意图

填埋可分为堆放式和分层式两种方式。堆放式填埋要求污泥含固率大于 20%，污泥通常先在场内固定地点与泥土混合后再去填埋，混合比例一般由所要求的稳定度和承载力决定，一般为 (0.5～2):1，混合堆料的单层高度约为 2m，见图 6-25。分层式填埋对污泥的含固率要求可低至 15%，污泥与泥土的混合比例一般为 (0.25～1):1，混合堆料分层填埋，单层填埋厚度约为 0.15～0.9m，为防止填埋物料滑坡，分层式填埋要求场地必须相对平整，见图 6-26。

3. 堤坝式填埋

堤坝式填埋是指在填埋场地四周建有堤坝，或是利用天然地形（如山谷）对污泥进行填埋，污泥通常由堤坝或山顶向下卸入，因此堤坝上需具备一定的运输通道。堤坝式填埋操作如图 6-27 所示。堤坝式填埋对填埋物料含固率的要求与宽沟填埋相类似。地面上操作时，

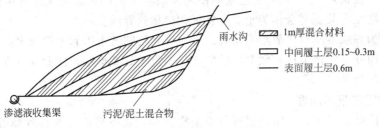

图 6-26　分层式填埋示意图

含固率要求为 20%～28%，堤坝内操作时，相应的要求为＞28%。由于堤坝式填埋的污泥层厚度大，填埋面汇水面积也大，产生渗滤液的量亦较大，因此，必须铺设衬层和设置渗滤液收集和处理系统。

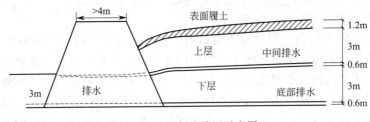

图 6-27　堤坝式填埋示意图

4. 混合填埋

污水厂脱水污泥的含水率在 80%左右，不能满足填埋作业的机械强度。为避免污泥的进入给填埋场的正常运行造成不良影响，消除安全隐患，必须采取必要的工程措施来降低污泥含水率。混合填埋的一种形式是通过在含水率为 80%的污泥中添加不同的改性剂来提高机械强度，待混掺物达到相关规定标准后，再采用一定的施工方式进行填埋；另一种形式是通过一定的方式将含水率为 80%的污泥脱水干化至填埋强度后与其他物质（一般是生活垃圾）按一定比例混合填埋。

（二）污泥填埋存在的问题

（1）污泥填埋后因其膨润而使持水性较强，渗透系数小，抗剪强度低，内摩擦角接近于零，黏聚力一般小于 20kPa。若填埋场成为人工沼泽地，则其后续填埋操作无法进行，严重影响填埋场的正常运行。

（2）对生污泥进行单独填埋时，卫生条件较差，臭味大，蚊蝇多，令操作人员难以忍受，必须采取措施降低臭味。

（3）在渗滤液导排过程中，细小的污泥颗粒随着渗滤液流入收集管路，并很快堵塞收集系统的碎石层和土工布。

（4）大面积选址困难、运输距离增大，以及可能污染地下水等。

总之，污泥填埋处置是一项能够降解有机物、减少重金属、杀死病原菌和增加腐殖质的可持续低成本技术，但存在污泥强度低、渗透性小等问题，难以满足填埋作业要求。根据我国的实际情况，比较可行的是污泥单独沟填和混合填埋，混合填埋污泥需满足 GB/T 23485—2009 城镇污水处理厂污泥处置　混合填埋用泥质的要求。

二、污泥堆肥

污泥堆肥是有机固体废物利用微生物的生化作用，将不稳定的有机质降解和转化成较为稳定的有机质，并使挥发性物质含量降低，减少臭气；物理性状明显改善（如含水量降低，呈疏松、分散、粒状），便于储存、运输和使用；高温堆肥还可以杀灭堆料中的病原菌、虫卵和草籽，使堆肥产品更适合作为土壤改良剂和植物营养源。

堆肥化分为好氧堆肥和厌氧堆肥两种。污泥好氧堆肥技术因其堆肥效率高、异味小和臭气量小等优点而受到广泛关注。欧盟将堆肥化只限定于好氧堆肥，因此这里介绍的污泥堆肥技术主要指好氧堆肥。

（一）堆肥的基本原理

好氧堆肥法是在通气条件下通过好氧微生物活动，使有机废弃物得到降解稳定的过程，此过程速度快，堆肥温度高（一般为 50～60℃，极限可达 80～90℃，故又称高温堆肥）。

好氧条件下进行堆肥化，微生物的作用过程可分为以下几个阶段。

1. 中温阶段（主发酵前期，1～3 天）

堆肥堆制初期，主要由中温好氧的细菌和真菌，利用堆肥中最容易分解的可溶性物质（如淀粉、糖类等）迅速增殖，释放出热量，使堆肥温度不断升高。

2. 高温阶段（主发酵、一次发酵，3～8 天）

堆肥温度上升到 50℃ 以上即可称为高温阶段。由于淀粉、糖类等易分解物质被迅速分解氧化的同时消耗了大量的氧，造成了堆肥中局部的厌氧环境。这样，好热性的微生物如纤维系分解氧化菌逐渐代替了中温微生物的活动，这时，堆肥中残留的或新形成的可溶性有机物继续被分解转化，一些复杂的有机物和纤维素、半纤维素等也开始得到强烈的分解。

由于各种好热性微生物的最适温度互不相同，因此，随着堆肥内温度的上升，好热性微生物也随之发生变化：在 50℃ 左右，主要是嗜热性真菌和放线菌等。温度升到 60℃ 时，真菌几乎完全停止活动，仅有嗜热性放线菌与细菌在继续活动，缓慢地分解有机物。温度升到 70℃ 时，大多数嗜热性微生物已不适宜生存，相继大量死亡或进入休眠状态。

3. 降温和腐熟保肥阶段（后发酵、二次发酵，需时 20～30 天）

经过高温阶段的主发酵，大部分易于分解或较易分解的有机物（包括纤维素等）已得到分解，剩下的是木质素等较难分解的有机物以及新形成的腐殖质。这时，微生物活动减弱，产热量随之减少，湿度逐渐下降，中温性微生物又逐渐成为优势种，残余物质进一步分解，腐殖质继续不断积累，堆肥进入腐熟阶段。腐熟阶段的主要问题是保存腐殖质和氮素等植物养料，充分的腐熟能大大提高堆肥的肥效与质量。

（二）堆肥的工艺过程

堆肥的工艺过程主要包括前处理、一次发酵（主发酵）、二次发酵（后发酵）、后处理和储存等环节，工艺流程如图 6-28 所示。

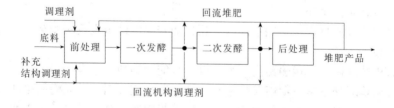

图 6-28　好氧堆肥工艺流程图

1. 前处理

一般污泥的脱水泥饼含水率高，呈片状或块状，结构紧密，通气性差；加消石灰作为助凝剂的脱水污泥 pH 值高，这样就不能发酵。因此，必须进行含水率、pH 值及粒度调整等前处理，然后再利用成品进行接种。

2. 一次发酵

将前处理过的脱水泥饼投入发酵装置（或在露天），通过翻堆或强制通风向堆积层或发酵装置内堆肥物料供给氧气。物料在微生物的作用下开始发酵，首先是易分解物质分解，产生 CO_2 和 H_2O，同时产生热量，使堆温上升。这时微生物吸取有机物的碳氮营养成分，在细菌自身繁殖的同时，将细胞中吸收的物质分解而产生热量。

3. 二次发酵

二次发酵采用成品回流法，一次发酵的堆料即可作为成品施用于农田，使一次发酵中尚未分解的易降解有机物及难降解有机物进一步分解，转化成腐殖质、有机酸等比较稳定的有机物，得到完全熟化的产品。

4. 后处理

熟化后的堆肥很稳定，基本上没有臭气，但大多数形状不一，如果出售必须进行粒度调整或成分调整，同时为了保存和运输方便应装袋。粒度调整一般用孔径 10mm 左右的振动筛，过筛的作为成品，筛余物作为水率调整和接种回流物。包装袋最好用通气性好的材料，如果用密封的包装袋，容易发生厌氧反应，产生臭气。

（三）堆肥技术与设备

根据堆肥技术的复杂程度，可将堆肥技术分为条垛系统、强制通风静态垛系统和发酵槽系统，分别简单介绍如下。

1. 条垛系统

条垛堆肥是野积式堆肥技术。它是将前处理过的堆料堆成高 1~2m、宽 2~3m 的条垛，上面用塑料布或简易棚挡雨，依靠空气自然扩散或辅以强制通风供给空气，使堆料进行好氧发酵。自然扩散或辅以强制通风供给空气，使堆料进行好氧发酵。

条垛系统的料堆规模必须适当，料堆太小，则保温性差，易受气候影响，尤其是冬季，处理等量的堆料，所需围场面积反而比大料堆更大。若料堆太大，易在料堆中发生厌氧发酵，产生强烈臭气，影响周围环境。适宜的规模为底宽 2~6m，高 1~3m，长度不限。

2. 强制通风静态垛系统

条垛系统通风条件差，主要靠空气自然扩散，供氧量不足，局部容易发生厌氧发酵，散发臭气；温度不高杀灭病原菌效果差。因此，开发了强制通风静态垛系统，其工艺流程如图 6-29 所示。该系统与条垛系统的最大区别是：采用强制通风机，并用翻料机对料堆进行定期翻动。料堆虽然在不断翻动，但整个料堆的相对位置不变，故称为强制通风静态垛系统。

强制通风静态垛系统和条垛系统一样都是开放式系统，它们对场地的要求基本一致，场

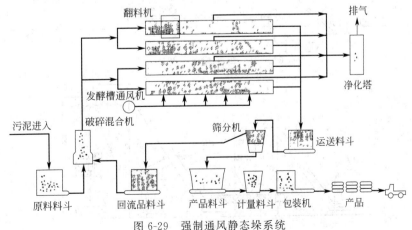

图 6-29 强制通风静态垛系统

地表面要结实，能迅速排走渗滤液和积水。另外，通风系统决定该系统是否能正常运行，也是温度控制的主要手段。因为通风不仅为微生物降解有机物供给足够的氧，同时也去除 CO_2 和 NH_3 等气体，散热并蒸发水分，因此通风管道的布置十分重要。通风管道可置于堆场地表面或地沟内，通风方式可采用正压或负压通风，也可两者同时应用。强制通风静态垛系统目前已成为国外应用最多的污泥堆肥系统。

3. 发酵槽系统

发酵槽系统主要用于一次发酵，污泥堆肥一般采用一次发酵，对添加辅料的堆料需要二次发酵，则大多采用条垛系统或强制通风静态垛系统。

发酵槽系统装置主要包括以下设备：发酵槽、通气装置和搅动装置。因为发酵槽的形状决定通气装置和搅动装置的形式，通常按发酵槽的形状把发酵装置分为：①立式多段发酵槽；②筒仓式发酵槽；③卧式旋转发酵槽。

立式多段发酵槽（图 6-30）处理能力大，占地面积小、动力费用少，适合污泥堆肥处理，但建设费用高；卧式旋转发酵槽（图 6-31）虽建设费用少，操作性能和排气处理性能均好，但处理能力小，不适用于规模大的系统。筒仓式发酵槽（图 6-32）介于两者之间。总之，各种发酵槽都有其长处和短处，选用时应根据具体情况，选择合适的发酵装置。

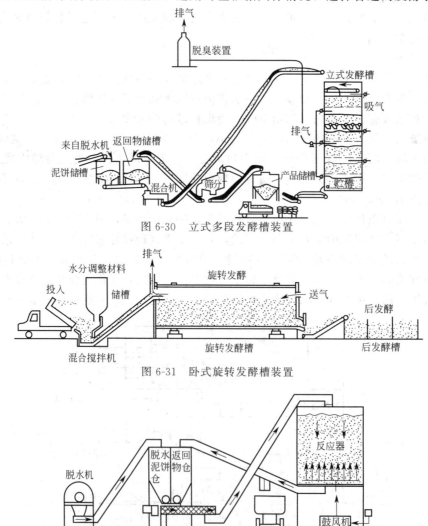

图 6-30 立式多段发酵槽装置

图 6-31 卧式旋转发酵槽装置

图 6-32 筒仓式发酵槽

三、其他资源化途径

（一）污泥的建材利用

污泥中除了有机物外往往还含有 20%～30% 的无机物，主要是硅、铁、铝和钙等。因此即使将污泥焚烧去除了有机物，无机物仍以焚烧灰的形式存在，需要做填埋处置。如何充分利用污泥中的有机物和无机物，污泥的建材利用是一种经济有效的资源化方法。污泥的建材利用大致可以归结为以下几种方法：制轻质陶粒、制熔融基材和微晶玻璃、生产水泥和制砖等。

1. 污泥制陶粒

污泥制轻质陶粒的方法按原料不同分为两种：一是用生污泥或厌氧发酵污泥的焚烧灰制粒后烧结，但利用焚烧灰制轻质陶粒需单独建立焚烧炉，污泥中的有机成分没有得到有效利用；二是直接从脱水污泥制陶粒的新技术，含水率 50% 的污泥与主材料及添加剂混合，在回转窑焙烧生成陶粒，该技术充分利用污泥自身的热值，节省能耗。

陶粒作为一种轻骨料，具有密度小、强度高、保温、隔热性能好的优点，近年来得到了迅速发展，在高层建筑、公路桥墩、海运码头、保温隔热、环保滤料等方面已开始广泛使用，并已得到市场的接受。

2. 污泥制熔融材料和微晶玻璃

污泥熔融制得的熔融材料也可以做路基、路面，混凝土骨料及地下管道的衬垫材料。但是以往的技术均以污泥焚烧灰作为原料，投资大，污泥自身的热值得不到充分利用，成本高，阻碍了进一步推广应用。近年来开发了直接用污泥制备熔融材料的技术，大大降低了投资和运行成本，提高了产品附加值。

微晶玻璃类似人造大理石，外观、强度、耐热性均比熔融材料优良，产品附加值高，可以作为建筑内外装饰材料应用。生产微晶玻璃的原料目前常用的是污泥焚烧灰，沉砂池的沉砂和废混凝土。

3. 污泥制水泥

污泥的化学特性与水泥生产所用的原料基本相似，利用污泥和污泥焚烧灰制造出的水泥，与普通硅酸盐水泥相比，在颗粒度、相对密度等方面基本相似，而在稳固性、膨胀密度、固化时间方面较好。利用水泥回转窑处理城市垃圾和污泥，不仅具有焚烧法的减容、减量化特征，且燃烧后的残渣成为水泥熟料的一部分，不需要对焚烧灰进行填埋处置，是一种两全其美的水泥生产途径。

利用污泥做生产水泥原料有三种方式：一是直接用脱水污泥；二是干燥污泥；三是污泥焚烧灰。不管哪种方式关键是污泥中所含无机成分的组成必须符合生产水泥的要求。一般情况下，污泥中灰分的成分与黏土成分接近，污泥可替代黏土作为原料。

4. 污泥制砖

污泥制砖有两种工艺：一种是用干化污泥加入水泥或黏土等直接制砖；另一种是使用污泥焚烧灰加黏土调配制砖。用干化污泥直接制砖时，应对污泥的成分进行适当调整，使其成分与制砖黏土的化学成分相当。当污泥与黏土按质量比 10∶1 配料时，污泥砖可达普通红砖的强度。利用焚烧灰制砖时，灰渣的化学成分与制砖黏土的化学成分接近，因此，可通过两种途径实现烧结砖制造：一是与黏土等掺合料混合烧砖；二是不加掺合料直接制砖。

（二）污泥的蚯蚓生态处置技术

利用蚯蚓处理城市污泥，不仅可以将污泥中的重金属富集于蚯蚓体内、去除病原菌、转移消化有机有毒物，而且可将城市污泥转化为富含营养物质的有机肥，是一种无害化处理城市污泥的有效途径。

蚯蚓消化吸收污泥中的有机质产生的蚯蚓粪便含有大量微生物群落和复杂的有机化学成

分，并具有特殊的物理结构，可改善污泥的各种理化结构，消除污泥臭味，在此过程中既有物理/机械作用（污泥好氧消化、混合、粉碎），也有生物化学过程（污泥在蚯蚓消化道的生物分解消化）。研究表明，蚯蚓消化城市污泥是可行的，可以利用蚯蚓将富含有机质的城市污泥转化为高效的生物有机肥——蚓粪，为污泥资源化和产业化提供技术支撑。

（三）污泥制生化纤维板

利用活性污泥中所含丰富的粗蛋白（质量分数 $30\% \sim 40\%$）与球蛋白（酶）能溶解于水及稀酸、稀碱、中性盐的水溶液这一特性，在碱性条件下加热、干燥、加压后，发生蛋白质的变性作用，从而制成活性污泥树脂（又称蛋白胶），使之与漂白、脱脂处理的废纤维压制成板材，其品质优于国家三级硬质纤维板的标准。

（四）污泥制活性炭

污泥可改性制活性炭，制得的吸附剂有很高的 COD 去除率，是一种性能优良的有机废水处理剂。

污泥制活性炭的基本工艺过程包括污泥干化、污泥造料、干馏和活化等步骤，其中造料过程中有时需添加某种黏合剂，使干馏后的活性炭制品质量更加稳定。

【复习思考题】

1. 简述污泥处置的目标。
2. 污泥填埋方式有几种，有什么特点？
3. 污泥好养堆肥可以分为哪几个阶段？各阶段优势微生物分别有哪些？
4. 污泥的资源化途径主要有哪些？

第三篇　工业废水处理技术

导读　工业废水特征与处理方法选择

工业废水是指工业生产过程中产生的废水、污水和废液，其中含有随水流失的工业生产用料、中间产物和产品以及生产过程中产生的污染物。随着我国工业化和城市化水平的不断发展，工业废水的种类和数量迅猛增加，据环保部《2013年环境统计年鉴》显示，2013年全国工业废水排放总量达到209.8亿吨，占全国废水排放总量的30.2%，主要污染物排放量化学需氧量COD为2352.7万吨，工业源占13.6%，氨氮排放总量为245.7万吨，工业源占10.0%。与市政污水处理相比，我国的工业废水排放仍未得到有效控制，近年来比较严重的污染事件几乎都与工业废水未达标排放有关，如2014年7月8日公安部公布的4起环境污染重大案件中，其中云南省昆明市"牛奶河"污染案、河北省廊坊市部分电镀厂非法排放电镀废液污染环境案、湖南省株洲市佳旺化工公司非法倾倒化工废液污染环境案，均是由于工业废水未达标排放所致。目前我国有超过九成的城市水域受到不同程度工业废水的污染，严重制约着环境的健康发展，威胁着人类的健康和安全，有效地控制工业废水污染已引起了全社会的高度重视。

一、工业废水分类、特点及处理原则

（一）工业废水分类

工业废水的分类通常有以下三种。

（1）第一种是按工业废水中所含主要污染物的化学性质分类，含无机污染物为主的为无机废水，含有机污染物为主的为有机废水。例如电镀废水和矿物加工过程的废水，是无机废水；食品或石油加工过程的废水，是有机废水。

（2）第二种是按工业企业的产品和加工对象分类，如冶金废水、造纸废水、炼焦废水、纺织印染废水、农药废水等。

（3）第三种是按废水中所含污染物的主要成分分类，如酸性废水、碱性废水、含有机磷废水和放射性废水等。

其中前两种分类法不涉及废水中所含污染物的主要成分，也不能表明废水的危害性，而第三种分类法，明确地指出废水中主要污染物的成分，能表明废水一定的危害性。

此外，也可以按处理难度、危害性大小将工业废水分为：

（1）易处理、危害性小的废水，如废热水、冷却水等；

（2）易生物降解无明显毒性的废水，如食品加工废水、制糖废水等；

（3）难于生物降解或具有毒性的废水，如重金属废水、有机氯农药废水等。

在实际生产活动中，单一的工业生产可以排出多种不同性质的废水，而一种废水可能含有多种污染物并且污染物的浓度不同。例如，皮革、纺织工厂既排出酸性废水，又排出碱性废水；不同的工业企业，即使原料、产品和生产工艺不同，也可能排出性质相同或相似的废

水，如石油化工厂和农药化肥厂的废水，可能均含有油类、酚类物质。

（二）工业废水特点

与市政污水相比，工业废水的主要特点包括：废水排放量波动性大；种类多，水质复杂且变化快；污染物成分多、浓度高，有的还含有易燃易爆有毒物质等；工业废水的处理难度大、费用高，往往需要运用多种处理技术。

（三）工业废水处理原则

工业废水处理应遵循的基本原则如下。

（1）首选无毒生产工艺代替或改革落后生产工艺，从源头上尽可能杜绝或减少有毒有害废水的产生。

（2）生产原料、中间产物、产品、副产品涉及有毒有害物质时，应加强监管，避免有毒有害物质流失。

（3）废水进行分流，特别是含有剧毒物质，如含有一些重金属、放射性物质、高浓度酚等的废水，应与其他废水分流，以便处理和回收。

（4）排放量较大而污染较轻的废水，应经适当处理循环使用，不宜排入下水道，以免增加城市下水道和城市污水处理负荷。

（5）类似城市污水的有机废水，如食品加工废水、制糖废水、造纸废水，可以排入城市污水系统进行处理。

（6）一些可以生物降解的有毒废水，如含有酚、硫酸盐废水，应先经处理达到国家废水排放标准后可以排入城市下水道，再进一步进行生化处理。

（7）含有难以生物降解的有毒废水，应单独处理，不应排入城市下水道。

工业废水处理的发展趋势是把废水和污染物作为有用资源回收利用或实行闭路循环。

二、工业废水处理方法及其选择

19世纪末期，国外就开始了对工业废水处理的研究，做了大量的试验并用于生产实践，目前在工业废水处理中主要应用的方法包括物理处理法、化学处理法、物理化学处理法及生物处理法。其中物理处理法主要包括调节、离心分离、沉淀、除油、过滤等；化学处理法主要包括中和、化学沉淀、氧化还原等；物理化学处理法主要包括混凝、气浮、吸附、离子交换、膜分离等；生物处理方法主要包括好氧生物处理法以及厌氧生物处理法。

由于废水处理的方法多样，各种处理方法各有其适应范围和优缺点，一般的确定方法及流程为：首先了解废水中污染物的形态；其次参考已有的资料和工程案例，必要时需进行工艺试验以确定废水处理方案。

1. 了解污染物在废水中的形态

污染物在废水中的形态依据粒径大小，可以分为悬浮物、胶体和溶解物。一般悬浮物粒径较大，通过沉淀、过滤等物理处理方法能够实现与水分离，而胶体和溶解物则需要通过混凝、氧化还原等化学、物理化学及生物处理方法实现去除。

2. 确定废水处理方法

在确定废水处理方法前，应首先查阅资料，寻找相同或相似工程案例进行参考。如无资料可以参考，可以通过试验来进行确定，具体的确定方法简述如下。

（1）有机废水处理

① 废水中含有悬浮物时，可以通过过滤的方法测定滤液中的 BOD_5、COD 浓度。如果滤液中 BOD_5、COD 浓度均在排放要求以下，可以通过物理方法实现有机物的

去除。

②如果滤液中 BOD_5、COD 浓度在排放要求以上，则需优先考虑生物处理方法，主要是因为相较于化学处理及物理化学处理法，生物处理法更为经济。

生物处理方法分为好氧生物处理法及厌氧生物处理法，其中好氧生物处理法工艺成熟，处理效率高且稳定，被广泛地应用于市政污水处理，但其对进水有要求（COD<1000mg/L），因此好氧生物法仅适用于低浓度、具有可生化性的工业废水的处理。对于高浓度、难降解的工业废水可以采用厌氧生物处理技术，将高分子有机物转化为低分子有机物，既能实现有机物降解也能节能并回收沼气。厌氧生物处理技术运行控制要求比较严格，一般处理效率不高，出水往往不能达到排放要求，需要辅以好氧生物处理单元。

若经生物处理后仍不能达到排放要求，需要考虑进一步采用过滤、吸附、膜分离等方法进行深度处理。

③如果采用生物处理方法条件不具备或者不适合，也可以直接采用化学处理法或物理化学处理法等。如采用高级氧化技术（湿式氧化、Fenton 试剂氧化等）处理高浓度难降解生产废水。

（2）无机废水处理

①含有悬浮物时，一般先进行沉淀试验，若经过常规的静置沉淀时间后测定上清液中 SS 达到排放要求，则可以采用自然沉淀去除废水中的悬浮物；若相反，则需进行混凝沉淀试验。

②当废水中的悬浮物去除后，仍含有有害物质时，可以考虑调节 pH 值、化学沉淀法、氧化还原法等化学处理方法。

③对于上述方法不能去除的溶解性物质，可以考虑采取吸附、离子交换等物理化学方法去除。

（3）含油废水处理　首先做静置上浮试验分离浮油，再进行乳化油分离的试验，并进一步进行生物处理或其他处理。

总之，某一种废水究竟优选哪种方法处理，必须经过详细调研和科学试验，根据废水性质和特点、排水要求、废物回收的经济价值等来选择，同时还要考虑废水处理过程中产生的污泥、残渣以及二次污染，取长补短、相互补充，往往需要使用多种方法才能达到良好的处理效果。

三、典型行业废水特征及处理工艺简介

1. 造纸行业废水处理

造纸行业是世界六大工业污染源之一，其废水排放量约占国内工业废水总量的13.58%。造纸废水按其产生环节分为制浆废水、中段水和纸机白水。通常所说的造纸废水主要指的是中段水，含有木素、半纤维素、糖类、残碱、无机盐、挥发酸、有机氯化物等，具有排放量大、COD 高、pH 变化幅度大、色度高、有硫醇类恶臭气味、可生化性差等特点，属于较难处理的工业废水。目前造纸废水处理中常用物理法、物理化学法、生物法、生态法和联合法。典型的造纸废水处理工艺流程如图Ⅲ-1、图Ⅲ-2所示。

2. 印染行业废水处理

我国是纺织印染业第一大国，纺织印染行业废水占工业废水排放量的10.24%，已成为当前最主要的水体污染源之一。印染废水成分复杂，往往含有多种有机染料并且毒性强，色度深，pH 波动大，难降解，组分变化大，且水量大，浓度高。印染行业废水常用的处理方

法如下。

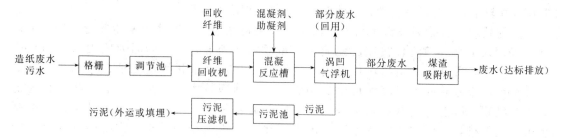

图Ⅲ-1　混凝-涡凹气浮-吸附工艺处理徐州市贾汪区某造纸厂造纸废水工艺流程

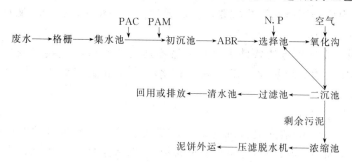

图Ⅲ-2　混凝沉淀-ABR厌氧-活性污泥法处理陕西某造纸企业造纸废水工艺流程

（1）物理处理法有沉淀法和吸附法等。沉淀法主要去除废水中悬浮物；吸附法主要去除废水中溶解的污染物和脱色。

（2）化学处理法有中和法、混凝法和氧化法等。中和法在于调节废水中的酸碱度，还可降低废水的色度；混凝法在于去除废水中分散染料和胶体物质；氧化法在于氧化废水中还原性物质，使硫化染料和还原染料沉淀下来。

（3）生物处理法有活性污泥、生物转盘、生物转筒和生物接触氧化法等。为了提高出水水质，达到排放标准或回收要求往往需要采用几种方法联合处理。

此外，印染废水处理应考虑尽可能回收利用有用资源，如利用蒸发法回收碱液，利用沉淀过滤法回收染料。

几种比较成熟的印染废水处理的工艺流程如图Ⅲ-3～图Ⅲ-5所示

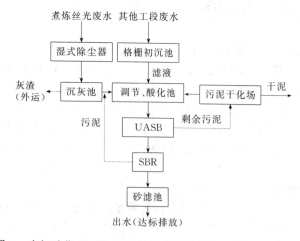

图Ⅲ-3　水解酸化-UASB-SBR处理绵阳某印染厂印染废水工艺流程

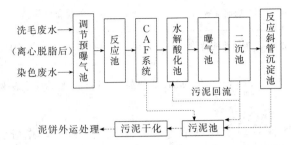

图Ⅲ-4 涡凹气浮（CAF）-A/O处理宁波某纺织有限公司印染废水工艺流程

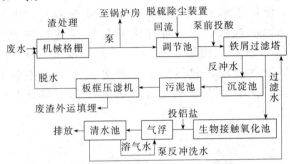

图Ⅲ-5 内电解铁屑过滤塔-生物接触氧化池处理长沙毛巾集团公司印染废水工艺流程

3. 化工废水处理

《中国环境统计年鉴2013》显示，2013年化工行业废水排放量为26.6亿吨，占全国工业废水排放量的12.69%，成为工业废水排放量第二大的行业。化工废水表现了典型的行业特点，具有有机物浓度高（一般生产工段的出水COD均在3000～5000mg/L以上，甚至更高），水质成分复杂、对微生物有较强的毒害作用（如化学合成废水中，常含有苯酚、酚的同系物以及萘等多环类化合物），水质稳定、生物降解性能差（一般废水中B/C比值很小，一般低于0.2）以及废水中含盐量较高、毒性大等特点。化工废水处理除了常规的物理法、化学法、物理化学法及生物处理法外，磁分离法，声波技术，各种高级氧化技术，如紫外光催化氧化技术、超临界水氧化和湿法氧化技术，微电解技术，优势微生物菌种选育、固定化微生物等生物技术以及新型水处理材料，近年来也得到了广泛的研究与应用。几种典型化工废水处理的工艺流程如图Ⅲ-6～图Ⅲ-8所示。

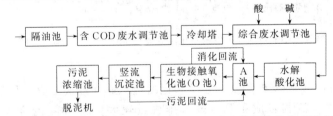

图Ⅲ-6 水解酸化-A/O-生物接触氧化工艺处理河南省中原大化化工废水工艺流程

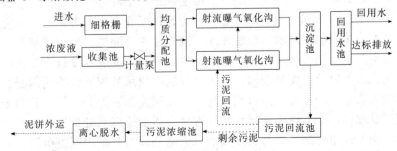

图Ⅲ-7 射流曝气氧化沟处理烟台某公司氨纶化工废水工艺流程

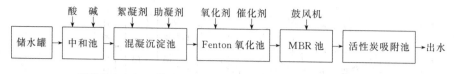

图Ⅲ-8　Fenton 氧化-MBR 处理秦皇岛港化工废水工艺流程

4. 制药废水处理

制药行业是国家环保规划中重点治理的 12 个行业之一，据统计制药工业占全国工业总产值的 1.7%，其废水排放量占全国工业废水排放量的 5.2%。由于药品品种繁多，在制药生产过程中使用了多种原料，生产工艺复杂多变，因此制药废水具有有机物含量高、成分复杂，无机盐浓度高，存在大量生物毒性物质等特点。制药废水主要的处理方法包括物理化学法，如混凝、气浮、吸附、吹脱、离子交换；化学处理法，主要是氧化还原法；生物处理法，包括好氧生物处理及厌氧生物处理。目前应用较为理想的处理方法是物理、化学和生物相结合的方法。几种典型制药废水的处理工艺流程如图Ⅲ-9、图Ⅲ-10 所示。

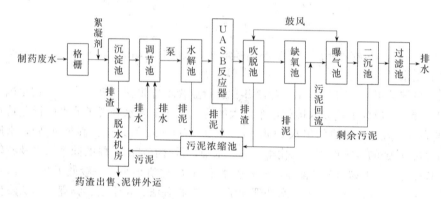

图Ⅲ-9　酸解酸化-厌氧-吹脱-缺氧-好氧处理安阳市第三制药厂废水工艺流程

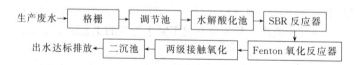

图Ⅲ-10　水解酸化-SBR-Fenton-接触氧化法处理河北中润制药有限公司废水工艺流程

5. 冶金废水处理

冶金工业是我国工业的支柱产业，包括黑色冶金工业（钢铁工业）和有色冶金工业两大类，其产品繁多，生产流程各成系列，废水排放量较大。2010 年冶金工业废水排放量为 32.24 亿吨，占工业废水排放总量的 13.5%。冶金废水的主要特点是水量大、种类多、水质复杂多变。按冶炼金属的不同，冶金废水可以分为钢铁工业废水和有色金属工业废水；按废水来源和特点分类，主要有冷却水，酸洗废水，洗涤废水（除尘、煤气或烟气）、冲渣废水、炼焦废水以及由生产中凝结、分离或溢出的废水等。钢铁工业废水处理中焦化废水处理通常采用吹脱、沉淀、过滤以及生物处理法；高炉煤气洗涤废水处理通常采用混凝、沉淀、过滤等；炼钢烟气除尘废水处理通常采用自然沉淀、混凝沉淀和磁力分离等；轧钢废水处理通常采用混凝沉淀以及除油等。有色冶金废水中重有色金属冶炼废水处理通常采用中和、化学沉淀、吸附、离子交换及生化法；轻有色金属冶炼废水处理通常采用混凝沉淀、吸附、电渗析等。几种典型冶金废水处理工艺流程如图Ⅲ-11～图Ⅲ-13 所示。

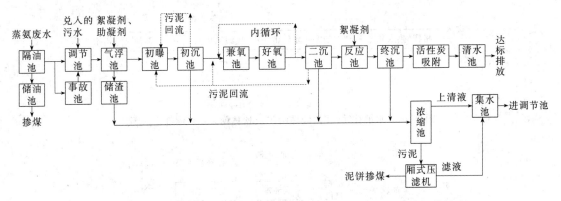

图Ⅲ-11　气浮-O1-A-O2-混凝-吸附处理山西省新钢公司焦化废水工艺流程

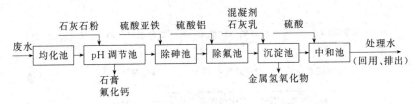

图Ⅲ-12　中和-硫化-混凝沉淀处理某硫酸厂冶炼烟气洗涤废水工艺流程

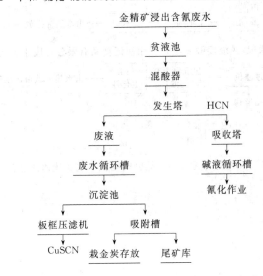

图Ⅲ-13　酸化-沉淀-碱中和处理潼关县小口金矿冶炼厂氰化废水工艺流程

6. 食品工业废水处理

食品工业作为我国经济增长中的低投入、高效益产业得到了人们的广泛关注，对我国经济的发展起到了一定的促进作用。食品工业原料广泛，制品种类繁多，排出的废水通常含有高浓度的有机物、氮、磷、悬浮物及油脂，且水质和水量变化幅度大。食品工业废水处理除按水质特点进行适当预处理外，一般均适宜采用生物处理。如对出水水质要求很高或废水中有机物含量很高，可采取两级或多级生物处理系统，此外，膜处理技术及膜与生物法相结合的工艺也得到了一定的研究与应用。几种典型食品废水处理工艺如图Ⅲ-14～图Ⅲ-16所示。

综上所示，各行业废水具有各自不同的特征，其处理技术需要根据具体情况进行合理的选择和优化，本篇内容将按照工艺类别进行工业废水主要处理技术的介绍，其中好氧生物处理技术、物理处理技术在市政污水处理篇已经介绍，在此不再赘述。

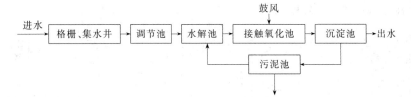

图Ⅲ-14 水解-接触氧化处理哈尔滨秋林糖果厂废水工艺流程

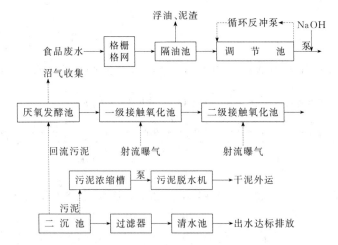

图Ⅲ-15 厌氧-两级接触氧化处理徐福记食品有限公司废水工艺流程

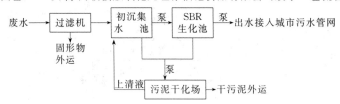

图Ⅲ-16 SBR处理无锡某食品公司酱油、酱菜废水工艺流程

第七章 化学处理技术

第一节 中 和

一、酸碱废水来源与特征

含酸废水和含碱废水是两种重要的工业废液。酸性废水中常见的酸性物质有硫酸、硝酸、盐酸、氢氟酸、氢氰酸、磷酸等无机酸及乙酸、甲酸、柠檬酸等有机酸，并常溶解有金属盐。碱性废水中常见的碱性物质有苛性钠、碳酸钠、硫化钠及胺等。酸性废水的危害程度比碱性废水要大。

酸性废水主要来自钢铁厂、化工厂、化学纤维厂、金属酸洗车间、染料厂、电镀厂和矿山等。这些废水处理中酸的质量分数差别很大，低的小于1%，高的大于10%。另外废水中除酸以外，往往还有悬浮物、金属盐类、有机物等杂质，会影响酸性废水的处理和利用。碱性废水主要来自印染厂、皮革厂、造纸厂、炼油厂等。废水中可能含有机碱或无机碱。碱的质量分数有的高于5%，有的低于1%。酸碱废水中，除含有酸碱外，常含有酸式盐、碱式盐以及其他无机物和有机物。

酸碱废水如不经回收或处理，直接排入下水道和污水管，将腐蚀管渠和构筑物。排入环境水体时，会改变水体的pH值，造成水体污染。酸碱废水根据pH值可分为：

pH<4.5	强酸性废水
pH为4.5~6.5	弱酸性废水
pH为6.5~8.5	中性废水
pH为8.5~10.0	弱碱性废水
pH>10.0	强碱性废水

工业废水中所含酸（碱）的量往往相差很大，因而有不同的处理方法。对于酸含量大于5%~10%的高浓度含酸废水和碱含量大于3%~5%的高浓度含碱废水，可因地制宜采用特殊的方法回收其中的酸和碱，或者进行综合利用。例如，用蒸发浓缩法回收苛性钠；用扩散渗析法回收钢铁酸洗废液中的硫酸；利用钢铁酸洗废液作为制造硫酸亚铁、氧化亚铁、氧化铁红、聚合硫酸铁的原料等。对于酸含量小于5%~10%或碱含量小于3%~5%的低浓度酸性废水或碱性废水，由于其中酸、碱含量低，回收价值不大，常采用中和法处理，使废水的pH值恢复到中性附近的一定范围后方可排放（我国《污水综合排放标准》规定排放废水的pH值应在6~9）。

对于含有其他无机或有机污染物的酸碱废水，中和处理仅作为预处理措施，还需对其他无机或有机污染物作进一步处理。

二、中和药剂

中和法是利用化学酸碱中和的原理消除废水中过量的酸或碱，使其pH值达到中性左右的过程。常用的中和方法如下。

（1）以废治废 酸碱废水相互中和或利用酸（碱）性废水、废气、废渣来中和碱（酸）性废水。

（2）投药中和 给需中和的酸、碱废水中加入某些化学物质（药剂）使之中和，加入的化学物质称中和剂。

（3）过滤中和 选用适当的颗粒滤料，使废水在过滤过程中得到中和。

在投药中和方法中，酸性废水中和剂有石灰、石灰石、碳酸钠、苛性钠、白云石，也可利用工业废渣，如氯碱厂或乙炔站排出的电石渣［主要成分为 $Ca(OH)_2$］，化学软水站排出的废渣（主要成分为 $CaCO_3$、$MgCO_3$）。此外，热电站的锅炉灰（主要成分为 CaO、MgO）和钢铁厂或电石厂的碎石灰等，均可因地制宜地用来中和酸性废水。

碱性废水常用中和药剂是硫酸、盐酸及压缩二氧化碳。硫酸的价格较低，应用最广。盐酸的优点是反应物溶解度高，沉渣量少，但价格较高。烟通气中含有高达 $20\%\sim25\%$ 的 CO_2，还有少量的 SO_2 和 H_2S，可以作为中和剂，用来中和碱性废水。污泥消化时获得的沼气中含有 $25\%\sim35\%$ 的 CO_2 气体，如经水洗，可部分溶于水中，再用以中和碱性废水，也能获得一定效果。

过滤中和法是选择碱性滤料填充成一定形式的滤床，酸性废水流过此滤床即被中和。主要的碱性滤料有石灰石、大理石、白云石。前两种的主要成分是 $CaCO_3$，白云石的主要成分是 $CaCO_3$ 和 $MgCO_3$。采用石灰石为滤料时，主要反应如下：

$$H_2SO_4 + CaCO_3 \longrightarrow CaSO_4 + H_2O + CO_2 \uparrow$$
$$2HCl + CaCO_3 \longrightarrow CaCl_2 + H_2O + CO_2 \uparrow$$
$$2HNO_3 + CaCO_3 \longrightarrow Ca(NO_3)_2 + H_2O + CO_2 \uparrow$$

由于 $CaSO_4$ 的溶解度很小，所以有可能在石灰滤料表面形成致密的沉积层而妨碍中和反应的进行。

三、污水中和工艺过程与控制

（一）酸碱废水相互中和

酸碱废水排出的水量和水质常有较大波动，通常设置均衡中和池。中和池示意图见图 7-1。

酸性废水和碱性废水经计量进入中和池后，通过搅拌得到充分混合后，由出水管排放，也可用其他混合装置达到充分混合的目的。实际过程中，由于水质、水量的变化和混合流的非理想状态，应给予充分的中和反应时间，一般为 $0.5\sim2h$。

用烟道气中和碱性废水也是以废治废的有效方法，一般在喷淋塔中进行，如图 7-2 所示。污水由塔顶布水器均匀淋下，烟道气则由塔底逆流而上，两者在填料间逆流接触，完成中和反应，废水与烟道气均得到了净化。该法的优点是以废治废，投资省，运行费用低，缺点是出水中的硫化物、耗氧量和色度都会明显增加，还需进一步处理。

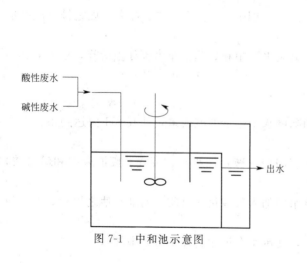

图 7-1　中和池示意图

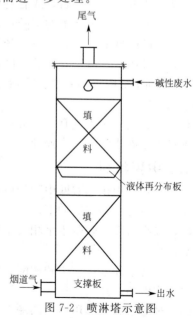

图 7-2　喷淋塔示意图

（二）投药中和法

1. 酸性废水投药中和

投药中和法的工艺过程主要包括中和药剂的制备与投配、混合与反应、中和产物的分离、泥渣的处理与利用。酸性废水投药中和流程如图 7-3 所示。

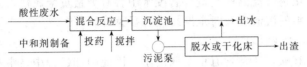

图 7-3 酸性废水投药中和流程图

投药中和酸性废水最常用的中和剂为石灰和石灰石。投加石灰可分为干投和湿投，而石灰石的溶解度很小，只能干投。

干投法（见图 7-4）就是根据废水含酸量，定量地将石灰直接投入废水中的方法。为保证石灰能均匀地投入混合槽，可装石灰振荡设备。石灰和废水在混合槽内（或其他混合设备）混合 0.5～1min 后，进入沉淀池或加速澄清池，分去沉渣后，清液可排放或进入下一级处理工序。干投法设备简单，但反应较慢、中和不够充分、石灰耗量大、沉渣多。石灰还需粉碎，操作条件差，不及湿投法用得多。

湿投法的工艺流程如图 7-5 所示。废水先经调节预沉池进行水质、水量均化并分离悬浮物，以减小投药量及创造稳定的操作条件。再进入混合反应池，生石灰在溶解槽内溶解后，将浓度为

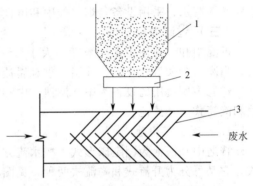

图 7-4　石灰干投法的流程图
1—石灰粉料斗；2—电磁振荡设备；
3—隔板混合槽

49％～50％的上部工作液，流入乳液槽，为防止沉淀，在石灰乳液槽中应设机械搅拌（不宜采用压缩空气搅拌，以免 CO_2 与 CaO 反应生成 $CaCO_3$ 沉淀）。配成 5％～10％浓度的 Ca（OH）$_2$ 乳液，经耐碱泵注入投配器，再投入混合反应池，发生中和反应，最后流入沉淀池分离沉渣。送到投配器的石灰乳量应大于计算投加量，故有部分回流，使投配器液面保持不变，投加量只随投加器孔口大小而变化。即使短期内不需投加石灰乳时，因石灰乳在设备中连续循环，也不易发生堵塞。

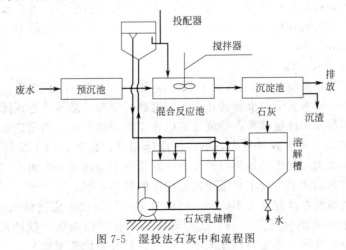

图 7-5　湿投法石灰中和流程图

混合反应池以采用机械搅拌或挡板式结构为宜，不宜采用穿孔板式结构，以免堵塞。混合反应池容积以 5min 停留时间计算即可。沉淀池采用竖流式或平流式均可，停留时间取 1~2h。若采用混凝沉淀法，则沉淀池体积可缩小些。

当酸性废水中含有重金属盐，如铅、锌、铜等金属盐时，计算中和药剂投加量时，应增加与重金属产生氢氧化物沉淀的药剂量。若废水中含有大量重金属盐，则应适当延长沉淀池的停留时间。沉淀池中的沉渣应及时定期排出并妥善处置。

2. 碱性废水投药中和

碱性废水中除含有碱，还常含有重金属离子，因此中和过程中，中和剂除和碱起中和作用外，还应考虑重金属离子的沉淀去除问题。此时可采用两段处理流程：先将强碱性废水的 pH 值调到适当值（如 8.5~9.5），让金属氢氧化物沉淀，再将上清液或过滤液的 pH 值调至 8.5~6.5 后排放。

无机酸中和碱性废水的工艺过程与设备，与投药中和酸性废水基本相同。用压缩 CO_2 中和碱性废水，采用设备与烟道气中和碱性废水类似，采用逆流接触反应塔。

（三）过滤中和

过滤中和法适用于含酸浓度不大于 2~3g/L，并生成易溶盐的各种酸性废水的中和处理。当废水含大量悬浮物、油脂、重金属盐和其他毒物时，不宜采用。

过滤中所使用的设备为中和滤池。中和滤池常用的为普通中和滤池、升流式膨胀中和滤池和滚筒式中和滤池。

1. 普通中和滤池

普通中和滤池为固定床形式。按水流方向分平流式和竖流式两种。目前较常用的为竖流式，它又可分为升流式和降流式两种，见图 7-6。

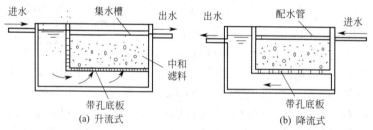

图 7-6 普通中和滤池

普通中和滤池滤料粒径一般为 30~50mm，不能混有粉料杂质。当废水中含有可能堵塞滤料的杂质时，应进行预处理，过滤速度一般不大于 5m/h，接触时间不少于 10min，滤床厚度一般为 1~1.5m。

2. 升流式膨胀中和滤池

升流式中和滤池（见图 7-7）与普通中和滤池相比，粒径小，滤速高，中和效果好。在升流式中和滤池中，废水自下向上运动，由于流速高，滤料呈悬浮状态，滤层膨胀，类似于流化床，滤料间不断发生碰撞摩擦，使沉淀难以在滤料表面形成，因而进水含酸浓度可以适当提高，生成的 CO_2 气体也容易排出，不会使滤床堵塞；此外，由于滤料粒径小，比表面大，相应接触面积也大，使中和效果得到改善。升流式中和滤池要求布水均匀，因此池子直径不能太大，并常采用大阻力配水系统和比较均匀的集水系统。

为了使小粒径滤料在高滤速下不流失，可将升流式滤池设计成交截面形式，上部放大，称为变速升流式中和滤池（见图 7-8）。这样既保持了较高的流速，使滤层全部都能膨胀，维持处理能力不变，又保留小滤料在滤床中，使滤料粒径适用范围增大。

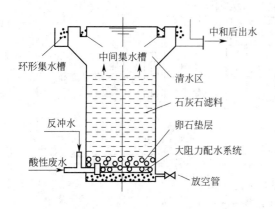

图 7-7 升流式膨胀中和滤池

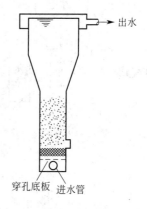

图 7-8 变速升流式膨胀中和滤池

3. 滚筒式中和滤池

滚筒式中和滤池见图 7-9。滚筒用钢板制成，内衬防腐层直径 1m 或更大，长度约为直径的 6～7 倍。筒内有不高的纵向隔条，推动滤料旋转，滚筒转速约为 10r/min，使沉淀物外壳难以形成，并加快反应速率。为避免滤料流失，在滚筒出水处设有穿孔板。

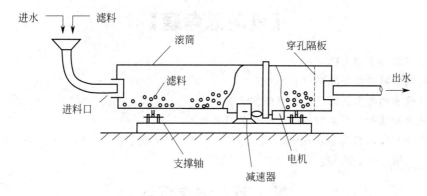

图 7-9 滚筒式中和滤池

滚筒式中和滤池能处理的废水含硫酸浓度可大大提高，而且滤料也不必破碎到很小的粒径；缺点是构造复杂，动力费用较高，运转时噪声大，负荷率低[约为 36m³/(m²h)]，同时对设备材料的耐蚀性能要求较高。

四、石灰中和法处理煤矿酸性废水工程应用

某煤矿酸性废水处理工程设计处理能力为 1.2×10^4 m³/d，废水进出水水质见表 7-1，铁锰含量严重超标。

表 7-1 某煤矿废水进水和出水水质

项目	TFe/(mg/L)	TMn/(mg/L)	SS/(mg/L)	pH
进水水质	300	20	200	2～3
设计出水水质	≤1	≤4	≤50	6～9

废水处理工艺流程见图 7-10。

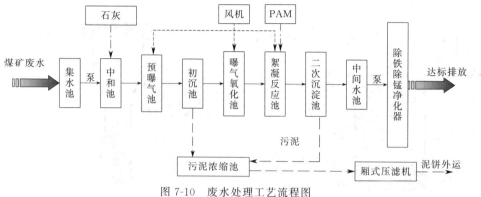

图 7-10 废水处理工艺流程图

注：污水—→；空气–––▶；药剂——▶；污泥——▶

选用石灰作为中和沉淀剂，在利用石灰调节 pH 值至 9 左右后，进行鼓风曝气，将二价铁的羟基络合物氧化为三价铁的羟基络合物，三价铁羟基络合物可不断形成多核络合物，直至形成稳定的氢氧化铁沉淀，除铁除锰净化器对二沉池出水中残留的铁锰作进一步的处理，出水总铁、总锰质量浓度平均值均在 1.0mg/L 以下。该工程总铁、总锰平均去除率分别为 99.76% 和 91.07%，处理过程中于每吨废水投加石灰粉 1kg、聚丙烯酰胺（PAM）3g，处理每吨废水运行费用为 1.06 元。

【复习思考题】

1. 酸碱废水的来源有哪些？
2. 常用的酸碱废水中和药剂有哪些？
3. 酸性废水的中和处理通常有哪些方法？
4. 投药中和法和过滤中和法的优缺点各是什么？
5. 某含盐酸废水量为 1000m³/d，盐酸浓度为 7g/L，若用石灰石进行中和处理，石灰石有效成分为 40%，求石灰石用量。

第二节 化学沉淀

化学沉淀法是指向废水中投加某些化学药剂（沉淀剂），使之与废水中溶解态的污染物直接发生化学反应，形成难溶的固体沉淀物，然后进行固液分离，从而从水中去除污染物的一种处理方法。废水中的重金属离子（如汞、镉、铅、锌、镍、铬、铁、铜等）、碱土金属（如钙和镁）及某些非金属（如砷、氟、硫、硼）均可通过化学沉淀法去除，某些有机污染物亦可通过化学沉淀法去除。

一、化学沉淀基本原理

物质在水中的含量超过其溶解度极限时，就会发生沉淀。一般把溶解度小于 100mg/L 的物质称为不溶物或难溶物，在废水处理中，污染物处理后的残余浓度往往要求低于 1～0.01mg/L，要求的浓度范围远小于上述难溶物浓度界限。

溶解度可以直接反映废水中污染物及其反应产物的最大可能含量，使用起来比较方便，但是溶解度既随温度等条件而变化，又受多种离子平衡的牵制和影响，因此在具体计算时，引进溶度积的概念更为方便。

溶度积是在一定温度下，难溶化合物的饱和溶液中，各离子浓度的乘积。它是一个化学平衡常数，以 K_{sp} 表示。难溶物的溶解平衡可用下列通式表达：

$$A_m B_n（固）\underset{结晶}{\overset{溶解}{\rightleftharpoons}} m A^{n+} + n B^{m-}$$

$$K_{sp} = [A^{n+}]^m [B^{m-}]^n$$

若 $[A^{n+}]^m [B^{m-}]^n < K_{sp}$，溶液不饱和，难溶物将继续溶解；$[A^{n+}]^m [B^{m-}]^n = K_{sp}$ 溶液达饱和，但无沉淀产生；$[A^{n+}]^m [B^{m-}]^n > K_{sp}$，将产生沉淀；当沉淀完后，溶液中所余的离子浓度仍保持 $[A^{n+}]^m [B^{m-}]^n = K_{sp}$ 关系。因此，根据溶度积，可以初步判断水中离子是否能用化学沉淀法来分离以及可分离的程度。

若欲降低水中某种有害离子 A，采用化学沉淀法：①可向水中投加沉淀剂离子 C，以形成溶度积很小的化合物 AC，而从水中分离出来；②利用同离子效应向水中投加同离子 B，使 A 与 B 的离子积大于其溶度积，此时平衡向左移动；③若溶液中有数种离子共存，加入沉淀剂时，必定是离子积先达到溶度积的优先沉淀，这种现象称为分步沉淀。显然，各种离子分步沉淀的次序取决于溶度积和有关离子的浓度。

难溶化合物的溶度积可从化学手册中查到，表 7-2 仅摘录一部分。由表可见，金属硫化物、氢氧化物或碳酸盐的溶度积均很小，因此，可向水中投加硫化物（一般常用 Na_2S）、氢氧化物（一般常用石灰乳）或碳酸钠等药剂来产生化学沉淀，以降低水中金属离子的含量。

表 7-2　溶度积简表

化合物	溶度积	化合物	溶度积
$Al(OH)_3$	1.1×10^{-15} (18℃)	$Fe(OH)_2$	1.64×10^{-14} (18℃)
$AgBr$	4.1×10^{-13} (18℃)	$Fe(OH)_3$	1.1×10^{-36} (18℃)
$AgCl$	1.56×10^{-10} (25℃)	FeS	3.7×10^{-19} (18℃)
Ag_2CO_3	6.15×10^{-12} (25℃)	Hg_2Br_2	1.3×10^{-21} (25℃)
Ag_2CrO_4	1.2×10^{-12} (14.8℃)	Hg_2Cl_2	2×10^{-18} (25℃)
AgI	1.5×10^{-16} (25℃)	Hg_2I_2	1.2×10^{-28} (25℃)
Ag_2S	1.6×10^{-49} (18℃)	HgS	$4 \times 10^{-53} \sim 2 \times 10^{-49}$ (18℃)
$BaCO_3$	7×10^{-9} (16℃)	$MgCO_3$	2.6×10^{-5} (12℃)
$BaCrO_4$	1.6×10^{-10} (18℃)	MgF_2	7.1×10^{-9} (18℃)
BaF_2	1.7×10^{-6} (18℃)	$Mg(OH)_2$	1.2×10^{-11} (18℃)
$BaSO_4$	0.87×10^{-10} (18℃)	$Mn(OH)_2$	4×10^{-14} (18℃)
$CaCO_3$	0.99×10^{-8} (15℃)	MnS	1.4×10^{-15} (18℃)
CaF_2	3.4×10^{-11} (18℃)	NiS	1.4×10^{-24} (18℃)
$CaSO_4$	2.45×10^{-5} (25℃)	$PbCO_3$	3.3×10^{-14} (18℃)
CdS	3.6×10^{-29} (18℃)	$PbCrO_4$	1.77×10^{-14} (18℃)
CoS	3×10^{-26} (18℃)	PbF_2	3.2×10^{-8} (18℃)
$CuBr$	4.15×10^{-8} (18~20℃)	PbI_2	7.47×10^{-9} (15℃)
$CuCl$	1.02×10^{-6} (18~20℃)	PbS	3.4×10^{-28} (18℃)
CuI	5.06×10^{-12} (18~20℃)	$PbSO_4$	1.06×10^{-8} (18℃)
CuS	8.5×10^{-45} (18℃)	$Zn(OH)_2$	1.8×10^{-14} (18~20℃)
Cu_2S	2×10^{-47} (16~18℃)	ZnS	1.2×10^{-23} (18℃)

二、化学沉淀类型与方法

根据使用沉淀剂的不同，常用的化学沉淀法分为氢氧化物沉淀法、硫化物沉淀法、碳酸盐沉淀法和钡盐沉淀法等。

（一）氢氧化物沉淀法

氢氧化物沉淀法是采用氢氧化物做沉淀剂，使工业废水中的重金属离子生产氢氧化物沉淀而得以去除的方法。

采用氢氧化物沉淀法去除金属离子时，沉淀剂为各种碱性物料，常用石灰、碳酸钠、氢氧化钠、石灰石、白云石、电石渣等。可根据金属离子的种类、废水性质、pH 值、处理水量等因素来选用。石灰沉淀法的优点是经济、简便、药剂来源广，因而应用较多；但石灰品质不稳定，管道易结垢（$CaSO_4$、CaF_2）及易腐蚀，沉渣量大且多为胶体状态，含水率高达 95%～98%，脱水困难，一般适用于不准备回收金属的低浓度废水处理。当处理水量较小时，采用氢氧化钠可以减少沉渣量。

有些金属（如 Zn、Pb、Cr、Al 等）的氢氧化物是两性化合物，既可在酸性溶液中溶解，又可在碱性溶液中溶解，因此，只在一定 pH 值范围内才以不溶性沉淀物存在。例如处理含 Zn 废水时，在 pH 值为 9～10 的范围内，Zn 以不溶性 $Zn(OH)_2$ 沉淀存在；当 pH 值＜9 时，Zn 以溶解性 Zn^{2+} 状态存在；当 pH 值＞10.5 时，Zn 又以溶解性的 $[Zn(OH)_4]^{2-}$ 状态存在。这说明 pH 值过低或过高，均不能得到好的处理效果。表 7-3 列出了某些氢氧化物沉淀析出和溶解的 pH 值范围。

表 7-3 某些金属氢氧化物沉淀析出的最佳 pH 值范围

金属离子	Fe^{3+}	Al^{3+}	Cr^{3+}	Cu^{2+}	Zn^{2+}	Sn^{2+}	Ni^{2+}	Pb^{2+}	Cd^{2+}	Fe^{2+}	Mn^{2+}
沉淀的最佳 pH 值	6～12	5.5～8	8～9	＞8	9～10	5～8	＞9.5	9～9.5	＞10.5	5～12	10～14
加碱溶解的最佳 pH 值		＞8.5	＞9		＞10.5			＞9.5		＞12.5	

（二）硫化物沉淀法

金属硫化物比氢氧化物的溶度积更小，所以在废水处理中也常用生成硫化物的方法，从水中除去金属离子。根据溶度积的大小，硫化物沉淀析出的次序是：

$$As^{5+}＞Hg^{2+}＞Ag^+＞As^{3+}＞Cu^{2+}＞Pb^{2+}＞Cd^{2+}＞Sn^{2+}＞Zn^{2+}＞Co^{2+}＞Ni^{2+}＞Fe^{2+}＞Mn^{2+}$$

硫化物沉淀法使用的沉淀剂有 Na_2S、$NaHS$、$(NH_4)_2S$ 或 K_2S，也可以采用 H_2S 气体。H_2S 在水中的溶解度很小，绝大部分是以分子态存在于水中，因此若废水呈酸性，则 H_2S 气体只能提供低浓度的 S^{2-}，在溶液中只能沉淀那些溶度积很小的金属硫化物。但在碱性条件下，H_2S 气体能提供高浓度的 S^{2-}，可以把溶度积大小不同的各种金属硫化物都沉淀出来。所以控制 pH 值，可以分步沉淀，进行离子分离。但是，H_2S 有恶臭，是一种无色、剧毒的气体，空气中的允许浓度不得超过 0.01mg/L，会污染空气，引起人们中毒，严重时造成死亡。因此，使用时必须十分注意安全。

硫化物沉淀法处理重金属废水，具有去除率高，可实现分步沉淀分离，泥渣中金属品质高，便于回收利用，适合 pH 值范围大等优点。缺点是处理费用高；金属硫化物颗粒细小，沉淀困难，通常需要投加絮凝剂来加强去除效果；硫化物投加过量时可使水的 COD 增加；当 pH 值降低时，可产生有毒的 H_2S 气体。

（三）碳酸盐沉淀法

碱土金属（Ca、Mg 等）和重金属（Mg、Fe、Co、Ni、Cu、Zn、Ag、Cd、Pb、Hg、Bi 等）的碳酸盐都难溶于水（表 7-4），所以可用碳酸盐沉淀法将这些金属离子从废水中去除。

对于不同的处理对象，碳酸盐沉淀法有三种不同的应用方式。

（1）投加难溶碳酸盐（如碳酸钙），利用沉淀转化原理，使废水中重金属离子（如 Pb^{2+}、Cd^{2+}、Zn^{2+}、Ni^{2+} 等离子）生成溶解度更小的碳酸盐而析出。

（2）投加可溶性碳酸盐（如碳酸钠），使水中金属离子生成难溶碳酸盐而沉淀析出。

（3）投加石灰，可造成水中碳酸盐硬度的 $Ca(HCO_3)_2$ 和 $Mg(HCO_3)_2$ 生成难溶的碳酸钙和氢氧化镁而沉淀析出。

表 7-4 碳酸盐的溶度积

化学式	K_{sp}	化学式	K_{sp}	化学式	K_{sp}
Ag_2CO_3	6.15×10^{-12}	$CuCO_3$	1.5×10^{-10}	$MnCO_3$	1.8×10^{-11}
$BaCO_3$	7×10^{-9}	$FeCO_3$	3.2×10^{-11}	$NiCO_3$	6.6×10^{-9}
$CaCO_3$	9.9×10^{-9}	Hg_2CO_3	8.9×10^{-17}	$PbCO_3$	3.3×10^{-14}
$CdCO_3$	52×10^{-12}	Li_2CO_3	1.7×10^{-3}	$SrCO_3$	1.1×10^{-10}
$CoCO_3$	1.4×10^{-12}	$MgCO_3$	2.6×10^{-5}	$ZnCO_3$	1.4×10^{-11}

（四） 钡盐沉淀法

钡盐沉淀法主要用于含铬废水的处理。采用的沉淀剂有碳酸钡、氯化钡、硫化钡、硝酸钡、氢氧化钡等。以碳酸钡为例，它与废水中的铬酸根进行反应，生成难溶盐铬酸钡沉淀：

$$BaCO_3 + H_2CrO_4 \longrightarrow BaCrO_4 \downarrow + CO_2 \uparrow + H_2O$$

废水再通过石膏过滤，其中残余钡离子形成硫酸钡沉淀，再用聚氯乙烯微孔塑料管把沉淀物过滤。处理后的废水无色透明，可回用于钝化工段的漂洗液。

$$Ba^{2+} + SO_4^{2-} \longrightarrow BaSO_4 \downarrow$$

钡盐与含铬废水反应时，应准确控制 pH 值为 $4.5\sim5.0$，这时反应速率快、投药较少、处理效果好，出水含铬可在 $0.5mg/L$ 以下。

钡盐沉淀法的优点是：可使含铬废水变成清水，并回用于车间，做到封闭循环。但沉渣含杂质多，难以处理与利用；沉渣中的铬仍为 Cr^{6+}，毒性大，且引进了二次污染物 Ba^{2+}，处理时要求严格控制。

三、化学沉淀池的运行管理

化学沉淀法的工艺过程通常包括：①投加化学沉淀剂，与水中污染物反应，生成难溶的沉淀物而析出；②通过凝聚、沉降、上浮、过滤、离心等方法进行固液分离；③泥渣的处理和回收利用。某矿山废水的化学沉淀处理工艺流程图如图 7-11 所示。

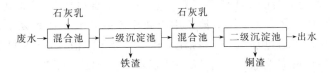

图 7-11 某矿山废水化学沉淀处理工艺流程图

采用化学沉淀法处理工业废水时，由于产生的沉淀物经常为不带电荷的胶体，因此沉淀过程将变得简单，一般采用平流式沉淀池或竖流式沉淀池即可。具体的停留时间由试验获得，一般情况下要比生活污水处理中的沉淀时间短。

当用于不同的处理目标时，所需的投药及反应装置也不相同。比如有些药剂采用干式加入，而另一些处理中则可能先将药剂溶解并稀释到一定浓度，然后按比例投加。对于这两种方法，可参考相关的投药设备，另外还应注意设备的防腐问题。

四、化学分类沉淀法处理铜箔废水的工程应用

某铜箔有限公司主要生产销售高档铜箔，生产规模为 6000t/a。铜箔生产过程中会产生大量的含铬、锌等重金属离子的高毒性废水。选用适合该废水水质水量变化特点的化学分类沉淀法处理，即将主工艺区废水先统一收集，并将含铬废水和含锌废水分开处理。处理前含锌废水及含铬废水水质成分情况如表 7-5 所示。

表 7-5　废水水质成分监测结果

名称	pH 值	Zn	Cu	Pb	总 Cr	Sb	Ni
含锌废水/(mg/L)	4.6	310	42	60	1.7	10	55
含铬废水/(mg/L)	4.9	144	13	22	310	9	210
排放标准/(mg/L)	6～9	2.0	0.5	1.0	0.1	0.5	1.0

处理工艺流程见图 7-12。

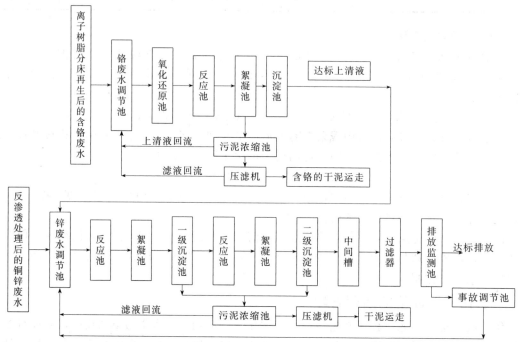

图 7-12　铜箔废水处理工艺流程图

由于 $Cr(OH)_3$ 完全沉淀的 pH 值范围在 8 左右，而 $Zn(OH)_2$ 完全沉淀的 pH 值范围在 9.5 左右，所以工艺中分设了 2 个调节池，用于储存含铬废水和含锌废水。含铬废水经调节池后进入还原池，在这里通过加 H_2SO_4 控制 pH 值，在 pH 值 2.5～3 投加 $NaHSO_3$ 将六价铬还原成三价铬，并在反应池通过投加 NaOH 形成 $Cr(OH)_3$ 沉淀。经过反应池后加 $FeCl_3$ 和助滤剂 PAM 后形成的浆料抽至沉淀池。此时废水中仍含有微量的 Cr^{6+} 及其他重金属及少量的 $NaHSO_3$，因此将上清液汇合至含锌废水中再次处理，避免了重复加酸、加碱进行 pH 调整。

含锌废水经压缩空气均质曝气后，由调节池经提升泵进入反应池，投加 NaOH 调节 pH 值在 9.5 左右，经沉淀池泥水分离，沉淀出水中的残余重金属用过滤器进行吸附的深度处理，调节 pH 后即可达标外排。

【复习思考题】

1. 化学沉淀法的基本原理是什么？

2. 化学沉淀法处理废水中哪些污染物？常用的有哪些药剂？

3. 试比较常用的几种化学沉淀法的优缺点。

4. 试求离子浓度从 50mg/L 降至 1mg/L 时，$Cr(OH)_3$、$Ni(OH)_2$、$Ca(OH)_2$、$Pb(OH)_2$、

$Fe(OH)_3$、$Cd(OH)_2$各自开始沉淀和沉淀终止的 pH 值。

若最终浓度要降至 0.5mg/L，则沉淀终止时的 pH 值又是多大？

第三节 氧化与还原

对于一些有毒有害的污染物质，当难以用生物法或其他方法处理时，可利用它们在化学反应过程中能被氧化或还原的性质，改变污染物的形态，将它们变成无毒或微毒的新物质、或者转化成容易与水分离的形态，从而达到处理的目的，这种方法称为氧化还原法。

废水处理中常用的氧化剂主要包括空气、臭氧、过氧化氢、高锰酸钾、氯气、液氯、次氯酸钠及漂白粉等。除此之外，近年发展起来的高级氧化技术是以羟基自由基（·OH）作为氧化剂实现有机污染物的降解。常用的还原剂有二氧化硫、亚硫酸钠、亚硫酸氢钠、硫酸亚铁、氯化亚铁、硼氢化钠及铁屑、锌粉等。

一、化学氧化法

（一）空气氧化法

空气氧化法是利用空气中的氧气作为氧化剂，使一些有机物和还原性物质氧化的一种处理方法。空气氧化法既可用于水溶液体系，也可用于气相及固相体系，因此可以用空气氧化法处理废水、废气及固体废弃物。因为空气氧化能力较弱，所以它主要用于含还原性较强物质的废水处理，如硫化氢、硫酸、硫的钠盐和铵盐[$NaHS$、Na_2S、$(NH_4)_2S$]等。

例如，炼油厂含硫废水中的硫化物即可用空气氧化处理。该废水中的硫化物，一般以钠盐（$NaHS$、Na_2S）或铵盐[NH_4SH、$(NH_4)_2S$]形式存在。废水中的硫化物与空气中的氧发生的氧化反应如下：

$$2HS^- + 2O_2 \longrightarrow S_2O_3^{2-} + H_2O$$
$$2S^{2-} + 2O_2 + H_2O \longrightarrow S_2O_3^{2-} + 2OH^-$$
$$S_2O_3^{2-} + 2O_2 + 2OH^- \longrightarrow 2SO_4^{2-} + H_2O$$

废水中有毒的硫化物和硫氢化物被氧化为无毒的硫代硫酸盐和硫酸盐。上述第三步反应进行得比较缓慢。如果向污水中投加少量的氧化铜或氯化钴为作为催化剂，则几乎全部$S_2O_3^{2-}$被氧化成SO_4^{2-}，但应注意催化剂可能引起的重金属污染问题。

空气氧化脱硫设备多采用脱硫塔，脱硫的工艺流程如图 7-13 所示，废水、空气及蒸汽经射流混合后，送至空气氧化脱硫塔。通蒸汽是为了提高温度，加快反应速率。脱硫塔用拱板分为数段，拱板上安装喷嘴。当废水和空气以较高的速度冲出喷嘴时，空气被粉碎为细小的气泡，增大气液两相的接触面积，使氧化速度加快。在气液并流上升到段顶拱板时，气泡会破裂和合并，产生气液分离现象。喷嘴底部缝隙的作用是使气体能够再度均匀地分布在废水中，然后经过喷嘴进一步混合，这样就消除了气阻现象，使塔内压力稳定。

（二）臭氧氧化法

臭氧及其在水中分解的中间产物羟基自由基有很强的氧化性，可分解一般氧化剂难以破坏的有机物，而且反应完全，速度快，可达到降低 COD、杀菌、增加溶解氧、脱色除臭、降低浊度等多个目的，在水处理中应用广泛。

1. 臭氧的制备

由于臭氧不稳定，通常在现场随制随用。工业化应用的臭氧制备方法主要是介质阻挡放电法。

介质阻挡放电法，也称无声放电法（简称 DBD 法），具有能耗相对较低、单机臭氧产量大、气源可用干燥空气、氧气或含氧浓度较高的富氧气体等优点。

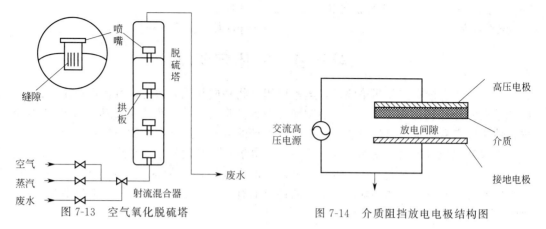

图 7-13   空气氧化脱硫塔   图 7-14   介质阻挡放电电极结构图

如图 7-14 所示，在一对高频高压交流电之间（间隙 1～3mm）形成放电电场，由于介电体的阻碍，只有极小的电流通过电场，即在介电体表面的凸点上发生局部放电。因不能形成电弧，只能形成电晕，因此又称电晕放电法或无声放电法。当氧气或空气通过放电间隙时，电晕中的自由高能离子离解 O_2 分子，经碰撞聚合为 O_3 分子。

实际工程应用中 DBD 臭氧发生装置主要由气源系统、电源系统、冷却系统和控制系统组成。

2. 臭氧的反应特性

（1）不稳定性   臭氧不稳定，在空气中容易缓慢连续自行分解成氧气并释放热量。臭氧在空气中的分解速度与臭氧浓度、温度和催化剂等因素有关。浓度为 1‰ 以下的臭氧，在常温常压的空气中分解半衰期为 16h 左右。随着温度的升高，分解速度加快。臭氧浓度越高，分解也越快。臭氧在水中的分解速度比在空气中快得多。MnO_2、PbO_2、Pt、C 等催化剂的存在或经紫外线辐射都会促使臭氧分解。

（2）氧化特性   臭氧的氧化还原电位为 2.07V，是一种仅次于氟（氧化还原电位 2.87V）和 ·OH 的强氧化剂，可以和许多物质进行作用。在工业废水处理中，臭氧可氧化多种污染物质，将其分解成无害物质，如分解二噁英、有机氯化物（PCB）、酚、氯氟烃及 BOD、COD 等污染物；生成碳、氮、硝酸、硫酸等无害物质。对于水中 Fe^{2+}、Mn^{2+} 等无机物质可氧化成不溶于水的氧化物后去除。

（3）脱色特性   有机色团多为含不饱和键的化合物，水中的 O_3 极易切断不饱和键后脱去颜色和除去恶臭味，因此臭氧具有极强的脱色能力。

（4）杀菌特性   臭氧与细胞膜接触时，破坏了存在于膜上的酶的功能，使膜的选择透过性变坏，进而使细胞膜受损伤促使其死亡。臭氧对氯产生抗药性的过滤病原体及原生动物等有着广谱性杀菌作用，又不会使细菌产生耐药性。

（5）除臭特性   水处理过程中常伴有恶臭产生，恶臭的分子结构中常有—SH、＝S、—NH₂、—OH、—CHO 等官能团。臭氧易与这些物质反应，具有较强的除臭特性。

3. 臭氧接触反应器

水的臭氧处理在接触反应器内进行。接触反应器的作用是促进气、水扩散混合，使气、水充分接触，迅速反应。常用的接触反应器有鼓泡塔、螺旋混合器、涡轮注入器、射流器等。

微孔扩散板式鼓泡塔如图 7-15 所示。臭氧化气从塔底的微孔扩散板喷出，以微小气泡上升，与污水逆流接触，塔中可装填改善水气接触条件的填料。该设备的特点是接触时间长，可较长时间保持一定的臭氧浓度，水力阻力小，气量容易调节。适合于处理含有烷基苯磺酸钠、焦油、COD、BOD_5、污泥、氨氮等污染物的废水。

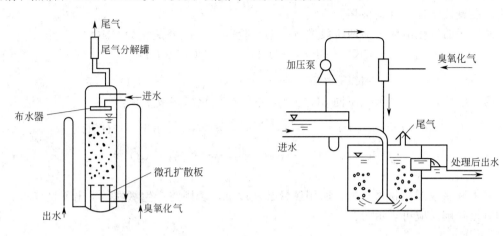

图 7-15　微孔扩散板式鼓泡塔示意图　　　图 7-16　部分喷射式接触反应器示意图

部分喷射式接触反应器如图 7-16 所示。反应器中高压废水通过水射器将臭氧吸入水中。该设备的特点是混合充分，但接触时间短，适合于处理含铁（Ⅱ）、锰（Ⅱ）、氰、酚、亲水性染料、细菌等污染物的废水。

4. 臭氧工艺应用

臭氧在水处理中具有多重作用，主要包括：消毒，杀菌，去除饮用水中微污染物；预氧化，提高水质生化性；去除色度和气味；深度处理废水，氧化有机物/无机物；水质调节等。

臭氧在工业废水处理中应用十分普遍，可用于含酚、含氰及印染等废水的处理。臭氧能使氰络盐中的氰迅速分解，其反应分为两步，先将剧毒的 CN^- 氧化为 CNO^-，之后再进一步氧化为 CO_2 和 N_2，能使有毒废水的毒性大幅度降低。臭氧对酚类化合物也有很好的处理效果，臭氧能快速氧化煤化工废水中所含有的酚和氰，降低 COD_{Cr}，提高可生化性，同时能够起到去除色度的作用。臭氧对除分散染料以外的所有染料废水都有脱色能力，可以破坏染料中的发色或助色基团，达到脱色效果。

臭氧应用于污水处理领域的最重要的方式是生物处理与臭氧的结合。这种工艺组合的协同作用可以提高它们的可生物降解性，将难降解或中间产物氧化。通过臭氧与生物处理的结合，即使是高污染的废水，如垃圾渗滤液或高负荷工业生产废水也可得到有效净化。

（三）氯氧化法

氯系氧化剂包括氯气、氯的含氧酸及其钠盐和钙盐，其中比较重要的有液氯、次氯酸钠和漂白粉。

氯气与水反应生成次氯酸（HClO）和盐酸（HCl），反应异常迅速，常温下几秒钟即可完成。次氯酸有很强的氧化作用，且在酸性溶液中的氧化能力更强；氯水解产物 HCl 能降低水的 pH 值，有利于增强氧化作用。

次氯酸钠和漂白粉的氧化能力一般略低于次氯酸和氯。氯的氧化作用可借助于光（特别是紫外线）的催化而得到加强。

氯氧化法广泛应用于废水处理中，可氧化酚、胺、醇、醛、油类、氧化物和硫化物，还可用于消毒、除色及除臭等。

1. 氯化法除氰

氰化物存在于许多工业废水（化工、焦化、煤气、电镀等）之中，其中最突出和主要的是电镀废水。在废水中，氰通常是以游离 CN^-、HCN 及稳定性不同的各种金属络合物如 $[Zn(CN)_4]^{2-}$、$[Ni(CN)_4]^{2-}$、$[Fe(CN)_6]^{3-}$ 等形式存在。利用 CN^- 的还原性，可用氯系氧化剂在碱性条件下将其破坏。

氰离子的氧化破坏分为两阶段进行。第一阶段，CN^- 被氧化为 CNO^-：

$$CN^- + ClO^- + H_2O \Longrightarrow CNCl + 2OH^-$$

$$CNCl + 2OH^- \underset{pH \geqslant 10}{\Longrightarrow} CNO^- + Cl^- + H_2O$$

第二阶段，CNO^- 可在不同 pH 值下，进一步氧化降解或水解：

$$2CNO^- + 3ClO^- + H_2O \underset{pH=7.5 \sim 9}{\Longrightarrow} N_2 \uparrow + 3Cl^- + 2HCO_3^-$$

$$CNO^- + 2H^+ + 2H_2O \underset{pH < 2.5}{\Longrightarrow} NH_4^+ + CO_2 \uparrow$$

2. 氯化法除酚

利用液氯或漂白粉氧化酚，所用氯量必须过量，否则将产生氯酚，发出不良气味。氯与酚的氧化降解反应可表示为：

3. 硫化物的去除

氯氧化硫化物的反应如下：

部分氧化　　$H_2S + Cl_2 \longrightarrow S + 2HCl$

完全氧化　　$H_2S + 3Cl_2 + 2H_2O \longrightarrow SO_2 + 6HCl$

4. 氯化法脱色

在碱性条件下，氯有较好的脱色效果。如用液氯，沉渣量较少，但用氯量大，余氯多，在相同 pH 值条件下，次氯酸钠比氯的效果好。

5. 氨氮的去除

为进一步从处理后的废水中去除氨氮，可采用折点加氯法进行氧化，使之形成非溶解性的 N_2O 气体，从水中挥发出去。

$$2NH_3 + 4HOCl \longrightarrow N_2O + 4HCl + 3H_2O$$

（四）　其他氧化剂氧化

除上述的空气、O_3、Cl_2 及其衍生物作为氧化剂外，还可以用高锰酸钾、高铁酸钾、过氧化氢等作为氧化剂。

高锰酸钾、高铁酸钾的氧化能力较强，可氧化不少有机化合物，但价格较贵，反应后产生二氧化锰或氢氧化铁，因此很少使用。

过氧化氢是一种干净的氧化剂，自身反应产物是水，但本身的氧化能力温和，必须配合其他措施。过氧化氢的价格虽然比次氯酸钠贵，但其分子量小，含量高，因此从经济上说，在某些情况下还是可取的。

二、高级氧化技术

高级氧化技术是运用电、光辐照、催化剂等手段，有时还与氧化剂（如 H_2O_2，O_3 等）结合，在反应中产生活性极强的自由基（如·OH），诱发一系列的自由基链反应，通过自由基与有机化合物之间的加合、取代、电子转移、断键等，使水体中的大分子难降解有机物氧化降解成低毒或无毒的小分子物质，甚至直接降解成为 CO_2 和 H_2O，接近完全矿化。

常用的高级氧化技术见图 7-17。

（一）Fenton 类氧化技术

典型的 Fenton 试剂是由 Fe^{2+} 催化 H_2O_2 分解产生·OH，从而引发有机物的氧化降解反应。同时，Fe^{2+} 氧化成 Fe^{3+}，Fe^{3+} 有混凝作用也可去除部分有机物。因此，Fenton 氧化技术在水处理中的主要作用包括对有机物的氧化和混凝两种作用，被认为是相关污水处理技术中最有效、最简单经济的方法之一。

Fenton 法反应条件温和，设备也较为简单，适用范围比较广，既可作为单独处理技术应用，也可与其他处理过程（如生物法、混凝法等）相结合。

高级氧化技术 { 光化学氧化技术 / 催化氧化技术 / 湿式氧化技术 / 超临界水氧化技术 / 高级氧化技术 / 电化学氧化技术 / 光催化氧化技术 / 超声波氧化技术 / 微波氧化技术 / 辐照技术 / Fenton 氧化技术 }

图 7-17　高级氧化技术

1. 基本原理

Fenton 法的基本反应可分为三个阶段。

（1）第一阶段　过氧化氢与亚铁离子的接触反应，产生羟基自由基，最佳的操作条件为酸性。

$$Fe^{2+} + H_2O_2 \longrightarrow Fe^{3+} + OH^- + \cdot OH$$

（2）第二阶段　过氧化氢、亚铁、有机物与羟基自由基的竞争阶段。大部分有机物对羟基自由基竞争强于亚铁，而亚铁又强于过氧化氢。但三者会因其本身浓度高低改变其竞争强度，因此需控制添加的浓度比例。

（3）第三阶段　H_2O_2-Fe^{2+} 和 H_2O_2-Fe^{3+} 两系统转换阶段。本阶段可调控过氧化氢与亚铁添加比例，使有机物能在两系统转换被分解，其关键是通过 Fe^{2+} 在反应中起激发和传递作用，使链反应能持续进行直至 H_2O_2 耗尽。

2. 类 Fenton 法

近年来，人们将紫外线、可见光、电等引入 Fenton 体系，并研究采用其他过渡金属替代 Fe^{2+}，这些方法可显著增强 Fenton 试剂对有机物的氧化降解能力，并可减少 Fenton 试剂的用量，降低处理成本，被统称为类 Fenton 法。

（1）光-Fenton 法　当有光辐照（如紫外线）时，Fenton 试剂氧化性能有所改善。UV/Fenton 法的基本原理类似于 Fenton 试剂，所不同的是反应体系在紫外线的照射下 Fe^{3+} 与水中 OH^- 的复合离子可以直接产生·OH 并产生 Fe^{2+}，Fe^{2+} 可与 H_2O_2 进一步反应生成·OH，从而加速水中有机污染物的降解速度。

此方法的优点是：在系统中引入可见光或紫外线，可以提高对有机污染物的处理效率和降解程度，提高 H_2O_2 的利用率，减少铁离子的流失；提高了有机物的矿化程度；紫外线和 Fe^{2+} 对 H_2O_2 的催化分解存在着协同效应，分解速率加大；在紫外线的照射下，Fe^{2+} 和 Fe^{3+} 能持续保持着高效良好的循环反应，提高了反应速率。

（2）电-Fenton 法　电-Fenton 法的实质是将用电化学法产生的 Fe^{2+} 与 H_2O_2 作为 Fenton 试剂的持续来源，可以分为两种形式：一种是在微酸性溶液中利用阴极上生成的 H_2O_2 与投入的可溶性亚铁盐进行 Fenton 反应，从而实现了电化学与 Fenton 试剂的结合，这种方法所用的电极多为石墨、网状玻璃碳、碳-聚四氟乙烯等；另一种方法是在阳极生成亚铁离子（Fe^{2+}），然后投放 H_2O_2 进行 Fenton 反应。

电-Fenton 法较光-Fenton 法具有自动产生 H_2O_2 的机制、H_2O_2 利用率高、有机物降解因素较多（除羟基自由基·OH 的氧化作用外，还有阳极氧化、电吸附），不易产生中间毒害物等优点；但电-Fenton 法的电流效率较低，限制了它的广泛应用。

（3）改性 Fenton 法　在研究 Fenton 法中发现，除了 Fe^{2+} 能催化 H_2O_2 分解产生出 ·OH外，其他的一些过渡金属离子如 Mn^{2+}、Cu^{2+}、Co^{2+} 等也可以加速或替代 Fe^{2+} 起到这种催化作用，从而实现氧化并去除有机污染物；金属离子促进 H_2O_2 分解反应是因为产生了高活性的游离基。

同时，针对常规 Fenton 法 H_2O_2 消耗大、Fe^{2+} 易流失的问题，用活性炭、沸石等吸附剂作为催化剂 Fe^{2+} 的载体，将具有催化功能的 Fe^{2+} 负载并固定于这些多孔介质载体上，使 Fe^{2+} 不会过多地随水流失，提高其重复利用率，同时 H_2O_2 的用量有所降低，进一步改善常规 Fenton 法的经济性及实用性。

3. 流化床-Fenton 法深度处理造纸废水工程应用

某造纸企业纸板最大生产量为 900 t/d，吨纸耗水量按 10 m^3/t 计算，扩建后日产生废水 9000 m^3。废水经一级物化和二级生化处理后约 80% 回用到生产车间，其余 20% 经流化床-Fenton 法深度处理后达标排放，深度处理废水量按 2000 m^3/t 设计。见表 7-6。

表 7-6　污水深度处理进、出水水质

项目	COD/(mg/L)	BOD$_5$/(mg/L)	SS/(mg/L)	pH
进水水质	400	20	60	6～9
排放标准	≤90	≤10	≤30	6～9

深度处理工艺流程见图 7-18。

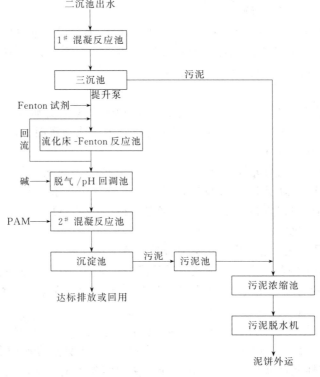

图 7-18　污水深度处理工艺流程图

通过一段时间的运行调试，进水量控制在 2000m^3/d，Fenton 深度处理的出水水质达到了《制浆造纸工业水污染物排放标准》（GB 3544—2008）中各指标的浓度限值。该处理工程实际总投资 80.03 万元，运行中废水处理费为 1.53～1.97 元/m^3，其中药剂费（包括 Fenton 药剂、烧碱和 PAM）1.32～1.76 元/m^3，电费 0.21 元/m^3。经深度处理后的废水中各指标符合国家规定的相应排放标准，并取得良好的社会、经济和环境效益。

（二） 光化学氧化法和光催化氧化法

向紫外线氧化法中引入适量的氧化剂（如 H_2O_2、O_3 等），氧化剂在光的辐射下产生氧化能力较强的自由基，可以明显提高废水的处理效果。根据氧化剂种类的不同，可分为 UV/H_2O_2、UV/O_3 及 $UV/H_2O_2/O_3$ 系统。

（1）UV/H_2O_2 系统 紫外线的引入可大大提高 H_2O_2 的处理效果。一般认为 UV/H_2O_2 的反应机理是 1 分子 H_2O_2 首先在紫外线（$\lambda < 300nm$）的照射下产生 2 分子的 $\cdot OH$。UV/H_2O_2 系统不适用于高浓度污染废水，可用作其他工艺处理之后的深度处理。

（2）UV/O_3 系统 UV/O_3 是将臭氧与紫外线辐射相结合的一种高级氧化过程。液相臭氧在紫外线辐射下分解产生 $\cdot OH$，$\cdot OH$ 参与氧化水中的污染物。UV/O_3 系统具有协同效应，降解效率比单独使用 UV 和 O_3 都要高。

（3）$UV/H_2O_2/O_3$ 系统 采用 UV 辐照，H_2O_2 和 O_3 联合的高级氧化技术已得到深层次的研究，并表明其能够高速产生使其过程顺利进行的 $\cdot OH$。与 UV/O_3 过程相比，H_2O_2 的加入对 $\cdot OH$ 的产生有协同作用，从而表现出对有机污染物更高的反应速率。

光催化氧化技术是在光化学氧化的基础上发展起来的，与光化学法相比，有更强的氧化能力。光催化氧化技术是利用半导体（例如 TiO_2、SnO_2、ZnS、WO_3 等）作为催化剂，当紫外线照射到半导体表面时，电子发生跃迁，从而形成了强还原性的光生电子和强氧化性的空穴。空穴与氧化物表面吸附的水作用形成强氧化性的 $\cdot OH$，从而最终氧化分解有机物。

（三） 湿式氧化法

湿式氧化是一种在高温高压条件下通入空气或纯氧，将废水中的有机污染物氧化为小分子化合物，且不会生成有毒产物的高级氧化技术。湿式氧化法包括湿式空气氧化（WAO）和湿式空气催化氧化（CWAO），前者在高温 $150 \sim 320℃$，高压 $0.5 \sim 20MPa$ 条件下通入空气，后者是在传统湿式氧化中加入催化剂（一般为金属盐、单一氧化物或复合氧化物），使反应在更温和的条件下以更短的时间完成。

湿式氧化具有适用范围广，处理效率高，氧化速度快，占地少，且几乎没有二次污染等特点，在污泥的处理、高浓度难降解有机废水处理、活性炭再生等领域应用效果显著。

某石化公司采用湿式空气氧化系统处理乙烯生产中产生的废碱液和臭气，设计废碱液处理能力为 $17.7m^3/h$。湿式氧化反应在 $2.8MPa$、$195℃$ 下将原废液中的有机物、硫化物等氧化，经 WAO 处理后再输送到常规生物处理设施进行处理。

三、化学还原法

还原法可用于处理一些特殊的废水，如含重金属离子铬、汞、铜等的废水；也用于一些特殊的纯化过程，例如可用硫代硫酸钠将游离氯还原成氯化物，用初生态氢或铁屑还原硝基化合物。

（一） 还原法除铬

电镀、冶炼、制革、化工等工业废水中常含有剧毒的 Cr^{6+}，以 CrO_4^{2-} 或 $Cr_2O_7^{2-}$ 形式存在。还原法除铬通常包括两步：废水中的 $Cr_2O_7^{2-}$ 在酸性条件下（$pH < 4$ 为宜）与还原剂反应生成 $Cr_2(SO_4)_3$，再加碱（石灰）生成 $Cr(OH)_3$ 沉淀：

$$H_2Cr_2O_7 + 3H_2SO_3 == Cr_2(SO_4)_3 + 4H_2O$$

$$Cr_2(SO_4)_3 + 3Ca(OH)_2 == 2Cr(OH)_3 \downarrow + 3CaSO_4$$

还原法去除 Cr^{6+} 的还原剂和碱性药剂一般多采用硫酸亚铁和石灰（称硫酸亚铁-石灰法），其廉价易得，但产生的泥渣量也较多。也有采用亚硫酸氢钠和氢氧化钠的，虽药剂价贵，但沉渣量少且利于回收利用，因而应用较广。如厂区有二氧化硫及硫化氢废水时，也可采用尾气还原法来以废治废。

（二） 还原法除汞

氯碱、炸药、制药、仪表等工业废水中常含有剧毒的 Hg^{2+}，处理方法是将 Hg^{2+} 还原为 Hg，加以分离和回收。采用的还原剂为比汞活泼的金属（铁屑、锌粉、铅粉、钢屑等）、硼氢化钠和醛类等。废水中的有机汞先氧化为无机汞，再行还原。

金属还原除汞时，将含汞废水通过金属屑滤床，或与金属粉混合反应，置换出金属汞。反应温度提高能加速反应的进行，但温度太高，会有汞蒸气逸出，故反应一般在 20～80℃ 范围内进行。采用铁屑过滤时，pH 值在 6～9 较好，耗铁量最省；采用锌粒还原时，pH 值最好为 9～11；用铜屑还原时，pH 值为 1～10 均可。

硼氢化钠在碱性条件下（pH 为 9～11）可将汞离子还原为汞，其反应为：

$$Hg^{2+} + BH_4^- + 2\,OH^- =\!=\!= Hg\downarrow + 3H_2\uparrow + BO_2^-$$

还原剂一般配成 $NaBH_4$ 含量为 12% 的碱性溶液，与废水一起加入混合反应器进行反应。将产生的气体（氢气和汞蒸气）通入洗气器，用稀硝酸洗涤以除去汞蒸气，硝酸洗液返回原废水池再进行除汞处理。

【复习思考题】

1. 试述氧化还原的基本原理，它们用于废水处理中主要处理哪些污染物？
2. 氧化法处理废水有哪些基本手段？还原法呢？
3. 臭氧氧化工艺有什么类型？各适用于什么情况？
4. 什么是高级氧化技术？常用的高级氧化技术有哪些？

第四节 电 解

电解是利用直流电进行溶液氧化还原反应的过程。废水中的污染物在阳极被氧化，在阴极被还原，或者与电极反应产物作用，转化为无害成分被分离除去。利用电解可以处理：①各种离子状态的污染物，如 CN^-、AsO_2^-、Cr^{6+}、Cd^{2+}、Pb^{2+}、Hg^{2+} 等；②各种无机和有机的耗氧物质，如硫化物、氨、酚、油和有色物质等；③致病微生物。

一、电解处理工艺原理

电解是将电能转化成化学能的过程，电解在实际反应过程中包含以下几个作用。

1. 氧化作用

电解过程中的氧化作用可以分为直接氧化（即污染物直接在阳极失去电子而发生氧化）和间接氧化。间接氧化是指利用溶液中电极电势较低的阴离子（如 OH^-、Cl^-），在阳极失去电子生成新的较强的氧化剂的活性物质 [O]、Cl_2 等，起氧化分解作用。利用电解氧化可处理阴离子污染物如 CN^-、$[Fe(CN)_6]^{3-}$、$[Cd(CN)_4]^{2-}$ 以及酚类有机物和微生物等。

2. 还原作用

废水电解时在阴极除了极板的直接还原作用外，还有氢离子放电产生氢，有很强的还原作用，可使废水中的某些物质还原。例如处于氧化态的某些色素，可因氢的还原作用而成为无色物质，使废水脱色。

3. 混凝作用

如电解槽用铁或铝等金属板作为阳极，则这些金属板通电后失去电子将逐渐溶解在废水中，形成铁或铝离子，经水解反应生成羟基络合物，这类络合物在废水中可起混凝剂作用，将废水中含有的悬浮物及胶体杂质去除。

4. 浮选作用

电解时，在阴、阳两极会不断产生 H_2 和 O_2，有时还会产生其他气体，这些气体以微气泡形式逸出，可起类似于气浮中的溶气作用，使废水中的杂质微粒及油类浮至水面，而后去除。

二、电解法处理含铬废水

含铬废水来源于镀铬、纯化、铝阳极氧化等镀件的清洗水。一般镀铬清洗水含 Cr^{6+} 浓度在 $20 \sim 150 mg/L$ 左右，纯化清洗水含 Cr^{6+} 浓度可高达 $200 \sim 300 mg/L$。此外，还含有 Cr^{3+}、铜、铁、镍、锌等重金属离子以及硫酸、硝酸、氧化物等，pH 值为 $4 \sim 6$。

（一）基本原理

电解除铬主要是利用铁阳极在直流电作用下，不断溶解产生的亚铁离子，在酸性条件下将 Cr^{6+} 还原为 Cr^{3+}，其化学反应式为：

$$Fe - 2e \longrightarrow Fe^{2+}$$
$$Cr_2O_7^{2-} + 6Fe^{2+} + 14H^+ \longrightarrow 2Cr^{3+} + 6Fe^{3+} + 7H_2O$$
$$CrO_4^{2-} + 3Fe^{2+} + 8H^+ \longrightarrow Cr^{3+} + 3Fe^{3+} + 4H_2O$$

在电解过程中，将消耗大量氢离子，产生大量的氢氧根离子，因此被电解的废水将从酸性逐步过渡到碱性，并生成稳定的氢氧化物沉淀。

（二）电解设备

常用的翻腾式电解槽如图 7-19 所示。一般都采用普通钢板（可用次品或残废旧钢板）作为阳极材料。极板可采用悬挂插入式固定，并维持一定间距。极板间距越小，处理废水所消耗的电能也就越小，因此应在可能条件下采用较小的板距，如 $10 \sim 15 mm$。

为了加速电解反应，防止沉渣在电解槽中淤积，一般采用压缩空气搅拌。含铬废水电解过程中产生的沉渣，应设置沉渣池及沉渣脱水干化的设备。干化后的含铬沉渣，应尽量综合利用，例如加工抛光膏，作为铸石原料的附加料等。

电解法处理含铬废水，效果稳定可靠，操作管理简单，设备占地面积也较小，沉渣有可能实现综合利用，废水中重金属离子，也能通过电解有所降低；但是，采用电解法需要消耗

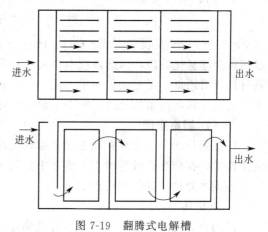

图 7-19　翻腾式电解槽

电能，消耗钢材，运转费用较高，还存在沉渣脱水干化综合利用的问题。

三、电解法处理含氰废水

含氰废水主要来源于选矿、有色金属冶炼、金属加工、炼焦、电镀、化工、制革、仪表等工业生产。如黄金选矿厂氰化贫液含量每升可达数千毫克；电镀废水含氰 $25 \sim 550 mg/L$，其中副产焦炉废水最为复杂，因为这种废水中含有高浓度氨氮、硫氰酸盐及相当浓度的多种有机化合物；用于钢铁材料表面增硬淬火的废盐液，也是一种较高浓度（$10\% \sim 15\%$）的氰化物污染源。

（一）基本原理

在电解法处理含氰废水中，一方面可直接利用阳极对 CN^- 的氧化作用，即 $2CN^- - 2e$

$\longrightarrow (CN)_2$，$(CN)_2 + 4H_2O \longrightarrow (COO)_2^{2-} + 2NH_4^+$；另一方面，可通过投加食盐，控制电位电解，阳极产生氯气，然后水解生成次氯酸，将废水中的简单氰化物和络合物氧化为氰酸盐、氮气及二氧化碳。当废水氰含量小于 200mg/L 时，用电解氧化法处理后出水含氰量可小于 0.1mg/L。

（二）电解设备

电解法除氰时，可采用回流式电解槽（图 7-20）或翻腾式电解槽（图 7-19）。回流式水流流程长，离子易于向水中扩散，容积利用率高，但施工和检修较困难。翻腾式的电极板采用悬挂方式固定，减少了极板与池壁接触而漏电的可能，更换极板也较方便。

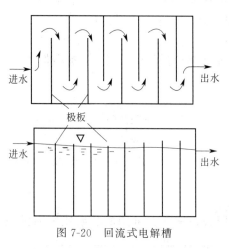

图 7-20 回流式电解槽

采用电解法处理含氰废水的优点是：占地面积较小，污泥量小而不需沉淀设施，电解时重金属离子含量也有所降低，能回收纯度高的金属，处理设备操作简单，运行费用较低等。但是因为电解除氰时电流效率较低，因此电能消耗较大，其处理成本也比漂白粉法稍贵。另外处理过程中，还会产生剧毒性气体氯化氰，对操作工人及周围环境产生极不利的影响，需将电解槽加盖密封，并采用排气及吸收 CNCl 气体的措施。

四、微电解工艺

微电解技术又称内电解、铁还原法等，是利用微电池腐蚀原理所引起的化学和物理反应综合作用，去除水中污染物的一种工艺。微电解反应产物 H_2O_2 与 Fe^{2+} 通过进一步反应生成 $\cdot OH$、$HOO \cdot$ 等氧化能力极强的自由基，能实现有机物全部或接近全部矿化处理，因此该技术也是一种高级氧化技术。与其他水处理技术相比，该技术具有运行费用低、工艺流程简单、使用寿命长、普适性强等特点，现已广泛应用于印染、化工、电镀等领域废水的处理，取得了较好的效果。

（一）基本原理

微电解技术基于金属腐蚀电化学原理，将具有不同电极电位的金属与金属（或非金属）直接接触，在传导性较好的工业废水中，通过形成的宏观电池及微观电池产生的电池效应进行工业废水处理。其作用机理如下。

1. 氧化还原作用

铁的还原能力很强，能将某些有机物还原成还原态，甚至断链，硝基苯可被活性金属铁还原成苯胺。

$$\text{R}\!\!-\!\!\text{NO}_2 + 2Fe + 4H^+ \longrightarrow \text{R}\!\!-\!\!\text{NH}_2 + 2Fe^{2+} + 2H_2O$$

硝基转变成氨基，提高了生物降解性，为该类工业废水进一步生化处理创造了条件。

此外，微电解过程中产生的新生态 ［H］、$\cdot OH$、Fe^{2+} 等具有很强的氧化或还原能力，能迅速与废水中的污染物发生各类反应，包括羟基取代反应、脱氢反应和电子转移反应。

2. 微电场作用

微电解采用的填料一般为铸铁屑及焦炭（也有的采用铁刨花，中碳钢屑）。铸铁是铁碳合金，当把铸铁屑放入电解质溶液中时发生如下电极反应：

阳极（Fe）：$2Fe \longrightarrow 2Fe^{2+} + 4e$ $E_{Fe^{2+},Fe}^{\ominus} = 0.44V$

阴极（C）：$4H^+ + 4e \longrightarrow 4[H] \longrightarrow 2H_2$ $E_{H^+,H_2}^{\ominus} = 0.00V$

当水中有溶解氧时：$O_2 + 2H_2O + 4e \longrightarrow 4OH^-$ $E_{O_2,OH^-}^{\ominus} = 0.40V$

由上述反应式可知，在偏酸性有氧的电解质溶液中，电位差最大，反应速率快，大量的 Fe^{2+} 进入溶液中。电极反应生成的产物具有较高的化学活性。

许多类型的工业废水都是稳定的胶体体系，在这种体系里，分散的胶体不会自动聚合。在微电场作用下，废水中分散的胶体颗粒、极性分子、细小污染物等形成电泳，向相反电荷的电极方向移动，聚集在电极上，形成大颗粒后沉淀。

铁碳颗粒浸没在水溶液中时，铁是活泼金属，会与碳之间形成微小的原电池，进而在其周围产生一个空间电场。将铁-碳料放入稳定的胶体溶液中，可在零点几秒至几十秒之内完成电泳沉积过程，经过反冲洗即可洗脱沉积粒料，废渣可以集中处理或回收利用。因此，微电解不需外加电能就能达到与电解法相同的去除污染物的目的，具有高效低耗的优点。

3. 铁离子的絮凝作用

电极反应产生 Fe^{2+}，在有氧存在时，部分 Fe^{2+} 转变成 Fe^{3+}。新生的 Fe^{2+} 和 Fe^{3+} 是良好的絮凝剂，具有较高的吸附絮凝活性。当把废水的 pH 值提高到适宜的值时，会形成氢氧化亚铁和氢氧化铁等性能良好的絮凝剂，对废水中的胶体颗粒物、不溶性悬浮物等有较好的絮凝沉淀效果，从而达到处理的目的。实际工程应用中一般是将微电解柱出水用石灰乳调节 pH 值至 9~10，絮凝沉降后出水。

（二）微电解反应体系

微电解反应体系按投加填料种类的不同可分为一元、二元及三元（或以上）等体系。

1. 一元微电解反应体系

铁屑还原法是常用的一元微电解反应体系，又称零价铁法（FeO）。铁屑主要由纯铁（Fe）和碳化铁（Fe_3C）组成，其中 Fe_3C 以极细小的颗粒分散在铁屑内，由于两者间存在明显的氧化还原电位差，可形成无数个微观电池，利用其产生的电池效应实现对工业废水的处理。

2. 二元微电解反应体系

由于一元微电解反应体系处理效果不够理想，为此，向一元微电解反应体系中投加另外一种金属（如 Cu）或非金属（如 C）或在填料表面镀上适当比例的另一种还原电位高的金属（如 Ni、Ti、Pd），形成二元微电解反应体系，使宏观电池及微观电池的数目成倍增加，达到提高处理效果的目的。

3. 三元（或以上）微电解反应体系

研究发现，继续向二元微电解反应体系中投加金属或非金属，构成三元（或以上）微电解反应体系，可使电子受体成倍增加，且污染物向电极表面的传质速率明显加快，从而提高处理效率。如在 Fe-Cu-C 微电解反应体系中，一方面，Fe、C 形成的微观原电池通过氧化还原等作用可有效地去除废水的色度；另一方面，溶解态 Cu 被 Fe 置换出来，Fe、Cu 形成双金属还原体系；此外，Cu 是一种良性导体，可促进 Fe、C 微电极产生的电子快速分离，而 C 又具有物理吸附和化学吸附的双重特性，能选择性吸附污染物，最终使处理效果明显提高。

（三）微电解的基本特点

微电解具有如下优点。

（1）处理效果好，染料废水脱色效果显著。

（2）处理设备简单，可采用固定床。

（3）投资少，处理费用低，滤料系工业废料，来源广，具有以废治废的特点。

（4）适用广，可处理无机工业废水如电镀废水等，又可处理有机废水。

（5）作为预处理可大大提高废水可生化性，为后续生化处理创造条件。

同时，微电解也存在一些缺点。

（1）长期使用后，Fe 会钝化，需要定期用稀盐酸活化处理。

（2）铁屑不可脱水，一旦脱水很快结块，将造成死床。

（3）微电解法需要调酸调碱、絮凝沉淀，操作比较麻烦。

（四）工程应用实例

某医药原料厂生产咪唑醛等医药原料，其排放的污水浓度高、水质波动大，污水中含有抑制好氧微生物的有毒物质，可生化性较差，属于难降解有机污水，其水质指标见表 7-7。该工厂废水处理主体工艺采用生物接触氧化法，采用铁碳微电解作为预处理以提高可生化性。

表 7-7　污水处理进、出水水质

项目	COD_{Cr}/(mg/L)	BOD/(mg/L)	SS/(mg/L)	NH_3-N/(mg/L)	pH
进水水质	4000～8000	1500～2000	6000	200～400	1～2
排放标准	≤300	≤30	≤150	≤50	6～9

废水处理工艺流程如图 7-21 所示。

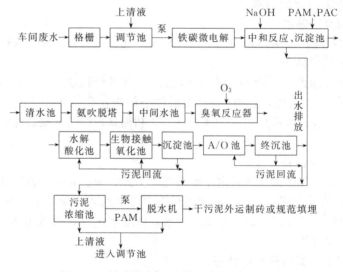

图 7-21　铁碳微电解-生化法处理工艺流程图

经过铁碳微电解预处理的原水的 pH 值由平均 1.6 提高到了平均 4.5，大大降低了废水的酸度，减少了中和剂的使用量，废水的可生化性显著提高。经过铁碳微电解-混凝中和沉淀处理后，COD 降低 46%～55%。

【复习思考题】

1. 电解可以产生哪些反应过程，对水处理可以起什么作用？

2. 电解氧化除氰、电解还原除铬与化学氧化除氰、化学还原除铬有什么相同和不同之处？

3. 什么是微电解工艺？其基本原理是什么？

4. 微电解工艺的优缺点有哪些？

第八章　物理化学处理技术

第一节　气　浮

一、气浮原理及其应用

气浮法是在水中形成高度分散的微小气泡，黏附废水中疏水性的固体或液体颗粒，形成水-气-颗粒三相混合体系。颗粒黏附气泡后，形成表观密度小于水的絮体而上浮到水面，形成浮渣层被刮除，从而实现固液或者液液分离的过程。

（一）气浮基本原理

实现气浮分离必须满足两个条件：一是水中有足够数量的微小气泡；二是使欲分离的悬浮颗粒与气泡黏附形成气浮体并上浮，这是气浮成功与否的关键。

气泡能否与悬浮颗粒发生有效附着主要取决于颗粒的表面性质，如果颗粒易被水润湿，则称该颗粒为亲水性的；如果颗粒不易被水润湿，则是疏水性的。颗粒的润湿性程度常用气-液-固三相间互相接触时所形成的接触角的大小来解释。见图 8-1。

在静止状态下，当气、液、固三相接触时，在气液界面张力线和固液界面张力线之间的夹角（对着液相的）称为平衡接触角，用 θ 表示。通常 $\theta > 90°$ 时为疏水性表面，易于为气泡所黏附；$\theta < 90°$ 的为亲水性表面，不易为气泡所黏附。

在实际操作当中，对于亲水性颗粒，常需要投加合适的化学药剂，以改变颗粒的表面性能，增强其疏水性，使其变得易于与气泡黏附，适于用气浮法去除。

常用的气浮工艺化学药剂主要有以下几类。

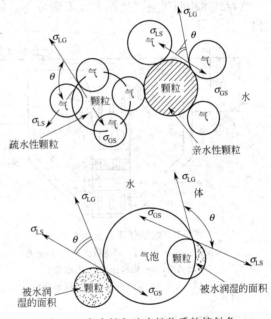

图 8-1　亲水性与疏水性物质的接触角

1. 混凝剂

各种无机或有机高分子混凝剂，它不仅可以改变污水中悬浮颗粒的亲水性能，而且还能使污水中的细小颗粒絮凝成较大的絮状体以吸附、截留气泡，加速颗粒上浮。

2. 浮选剂

浮选剂大多数由极性-非极性分子所组成。在气浮过程中，所投加的浮选剂的极性基团能选择性地被亲水性物质所吸附，非极性端则朝向水中，从而使亲水性物质转化为疏水性物质，使其能与微细气泡黏附。浮选剂的种类很多，如松香油、石油及煤油产品、表面活性剂、硬脂酸盐等。

3. 助凝剂

助凝剂主要是提高悬浮颗粒表面的水密性，以提高颗粒的可浮性，如聚丙烯酰胺。

4. 抑制剂

抑制剂主要是暂时或永久性地抑制某些物质的上浮性能，而又不妨碍需要去除的悬浮颗粒的上浮，如石灰、硫化钠等。

5. 调节剂

调节剂主要是调节废水的 pH 值，改进和提高气泡在水中的分散程度以及提高悬浮颗粒与气泡的黏附能力，如各种酸、碱等。

（二）气浮应用

（1）石油、化工及机械制造业等含油（包括悬浮油和乳化油）废水的油水分离。
（2）回收工业废水中的有用物质，如造纸厂废水中的纸浆纤维及填料等。
（3）代替二次沉淀池进行泥水分离，特别适用于那些易于产生污泥膨胀的生化处理工艺中。
（4）含悬浮固体相对密度接近于 1 的污水的预处理。
（5）剩余污泥的浓缩。

二、气浮的工艺类型

气浮技术按照气泡产生的方式不同分为溶解空气气浮法、分散空气气浮法和电解气浮法三种。

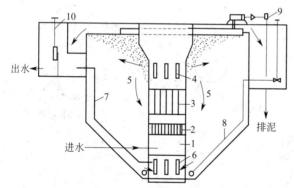

图 8-2 电解气浮装置示意图
1—入流室；2—整流栅；3—电极组；4—出流孔；
5—分离室；6—集水孔；7—出水管；
8—排沉泥管；9—刮渣机；10—水位调节器

（一）电解气浮法

电解气浮法装置见图 8-2。在直流电场作用下，通过浸泡在废水中的多组电极，将水电解，在阳极析出氧气，在阴极析出氢气，微细气泡黏附于悬浮颗粒上而实现固液分离。电解法产生的气泡微细，直径 $10 \sim 60 \mu m$，远小于其他方法，气浮效果较好。

电解气浮法具有去除污染物范围广、对废水负荷变化适应能力强、产渣量少、工艺简单、设备小、不产生噪声等优点，还具有降低 BOD、COD、氧化、脱色和杀菌的功能，但存在电耗大、电极易结垢等问题，较难适用于大型生产。

（二）溶解空气气浮法

溶解空气气浮法是在一定压力下将空气溶解于水中，然后使压力骤然降低，溶解的空气以微小的气泡从水中析出并进行气浮。用这种方法产生的气泡直径约为 $20 \sim 100 \mu m$，并且可人为地控制气泡与废水的接触时间，处理效果好，应用广泛。根据气泡从水中析出时所处压力的不同，溶气气浮又可分为溶气真空气浮和加压溶气气浮两种类型。

1. 溶气真空气浮

溶气真空气浮是空气在常压或加压条件下溶入水中，而在负压条件下析出。其主要特点是气浮池在负压（真空）状态下运行，因此，溶解在水中的空气易于呈过饱和状态，从而大量地以气泡形式从水中析出，进行气浮。析出的空气数量取决于水中溶解的空气量和真空度。

溶气真空气浮法的优点是压力相对较低，动力设备和电能消耗较少；但缺点是气浮池构造复杂，运行维护困难，因此在生产中应用不多。

2. 加压溶气气浮

加压溶气气浮法是目前应用最广泛的一种气浮方法。空气在加压条件下溶于水中，再在常压下以微气泡的形式释放出来。

（1）加压溶气气浮法工艺流程 加压溶气气浮按溶气水不同，有全溶气加压、部分溶气加压和回流加压溶气三种基本工艺流程。

全溶气加压流程如图 8-3 所示。该流程是将全部废水进行加压溶气，再经减压释放装置进入气浮池进行固液分离。

部分加压溶气流程如图 8-4 所示。该流程是将部分废水进行加压溶气，其余废水直接送入气浮池。该流程比全溶气加压流程省电，另外因只有部分废水经过溶气罐，所以溶气罐的容积比较小；但因部分废水加压溶气所能提供的空气量较少，因此，若想提供同样的空气量，必须加大溶气罐的压力。

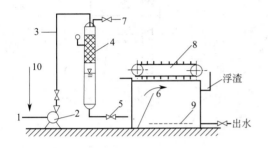

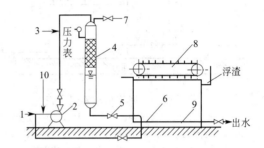

图 8-3　全溶气加压流程
1—原水进水；2—加压泵；3—空气加入；
4—压力溶气罐（含填料层）；5—减压阀；
6—气浮池；7—放气阀；8—刮渣机；
9—集水系统；10—化学药剂

图 8-4　部分加压溶气流程
1—原水进水；2—加压泵；3—空气加入；
4—压力溶气罐（含填料层）；5—减压阀；
6—气浮池；7—放气阀；8—刮渣机；
9—集水系统；10—化学药剂

回流加压溶气流程如图 8-5 所示。该流程将部分出水进行回流加压，废水直接送入气浮池。该流程采用处理后的澄清水作为溶气水，对溶气和减压释放过程较为有利，因此回流加压溶气气浮是目前应用最多的气浮处理流程。

（2）加压溶气气浮设备

① 空压机 空气是难溶气体，在水中的溶解度很小，即使加大气体的流量也无法提高溶气量，所以不需要功率很大的空气压缩机，一般选用低压（0.6～1MPa）空压机。

② 压力溶气罐 压力溶气罐为钢板卷焊而成的耐压钢罐，其作用是使进入的水、气能够较好的湍流接触。为了提高溶气效率，罐内常设若干隔板或装填填料。溶气罐的运行压力为 0.2～0.4MPa，混合时间为 2～5min。为保持罐内最佳液位，常采用浮球液位传感器自动控制罐内液位。见图 8-6。

③ 溶气释放器 溶气释放器可将溶气水骤然消能、减压，使溶入水中的气体以微气泡的形式释放出来。常用类型包括 TS 型、TJ、TV 型释放器等（图 8-7），其释气率可达 99%，气泡细微、均匀而稳定，平均直径为 20～30μm。

④ 气浮池 气浮池可分为平流式和竖流式两种。

a. 平流式气浮池 平流式气浮池结构示意图见图 8-8，分为接触室和分离室两部分。原水由底部进入气浮池的接触室，与溶气水接触作用后流入分离室，黏附了微气泡的颗粒向上浮动形成浮渣，被刮渣机刮入集渣槽；处理后的清水由底部集水管收集出流。

b. 竖流式气浮池 竖流式气浮池结构示意图见图 8-9。原水在反应室反应后，从底部进入气浮池的接触室，与溶气水接触，一起上流进入分离室；在分离室内，水流在由上向下的流动过程中，进行分离；上浮的絮粒被刮入集渣槽，清水由底部集水管收集出流。

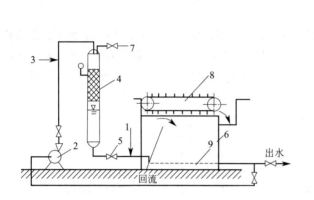

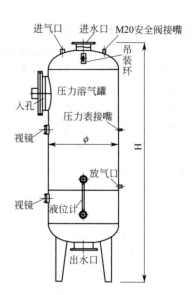

图 8-5　回流加压溶气流程

1—原水进水；2—加压泵；3—空气加入；4—压力溶气罐
（含填料层）；5—减压阀；6—气浮池；7—放气阀；
8—刮渣机；9—集水管及回流清水管

图 8-6　压力溶气罐

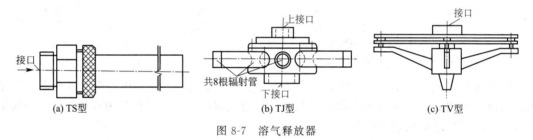

(a) TS型　　(b) TJ型　　(c) TV型

图 8-7　溶气释放器

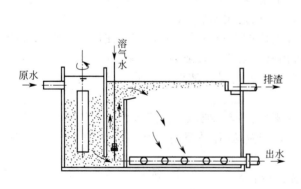

图 8-8　平流式气浮池

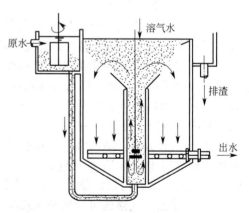

图 8-9　竖流式气浮池

【复习思考题】

1. 气浮过程包括哪些步骤？混凝剂与浮选剂各起什么作用？

2. 污水中的任何悬浮物质都能与空气泡黏附吗？为什么？

3. 全溶气加压气浮、部分溶气加压气浮、回流溶气加压气浮各自的特点是什么，工程上常用的类型是什么？

4. 主要的加压溶气气浮设备都有哪些？

第二节 吸 附

一、吸附原理与类型

（一）吸附机理

吸附是利用多孔性固体材料将水中的一种或多种溶解及胶体物质富集在固体物质表面而使其去除的方法。具有一定吸附能力的固体材料称为吸附剂，被吸附的物质称为吸附质。吸附过程的主要原因在于吸附剂对吸附质的高度亲和力和吸附质对水的疏水特性，其次是由于吸附质与吸附剂之间存在静电引力、范德华引力或化学键力。

（二）吸附类型

根据吸附质与吸附剂之间作用力的不同，液相吸附可分为三种类型：物理吸附、化学吸附和交换吸附（即离子交换）。

1. 物理吸附

物理吸附是吸附质与吸附剂之间通过分子引力（即范德华力）所产生的吸附，其主要特点如下。

（1）吸附反应不需要较高的活化能，因而可在低温下进行。

（2）吸附可以呈单分子形式，也可以呈多分子形式。

（3）吸附一般没有选择性，同一种吸附剂可同时对多种物质产生吸附作用。

（4）吸附是可逆的，在吸附的同时，吸附质分子会因热运动而离开吸附剂表面，因此物理吸附饱和后的吸附剂容易再生。

2. 化学吸附

化学吸附是指吸附质与吸附剂之间通过化学键力所产生的吸附，其主要特点如下。

（1）吸附反应需要较高的活化能，因而要在较高温度下进行。

（2）吸附只能是单分子层的。

（3）选择性较强，一种吸附剂只能对某种或某几种特定物质有吸附作用。

（4）吸附后吸附质与吸附剂之间结合较为牢固，不易脱附，吸附剂的再生比较困难。

3. 交换吸附

交换吸附是指离子态的吸附质与吸附剂表面的带电点之间通过静电引力而产生的吸附。在交换吸附过程中，吸附质离子先将原先固定在带电点上的离子（可交换离子）等量置换出来，因此这一过程又称为离子交换过程。

在水或废水处理中，绝大多数吸附现象通常是上述三种吸附作用协同作用的结果，只不过由于吸附质和吸附剂性质不同，其中某种吸附起主要作用。

（三）吸附平衡与吸附速度

1. 吸附平衡

在一定温度条件下，将一定量的吸附剂与一定体积的初始浓度已知的吸附质溶液混合，并使吸附剂与吸附质充分接触，经过一段时间后，吸附质在吸附剂表面上的吸附速度与已被吸附的吸附质从吸附剂表面脱附的速度相等，固体吸附剂表面及溶液中的吸附质的量不再发生变化，吸附过程达到了动态平衡，这种动态平衡称为吸附平衡。

达到吸附平衡时，吸附质在溶液中的浓度，称为平衡浓度。单位质量的吸附剂上所吸附的吸附质的量，称为平衡吸附量。平衡吸附量是衡量吸附剂对吸附质吸附效果的重要指标之一，平衡吸附量越大，吸附剂对吸附质的吸附效果越好。

2. 吸附速度

吸附速度是指单位质量的吸附剂在单位时间内所吸附的吸附质的量。它因吸附质、吸附剂的种类以及吸附剂表面状况的不同而异。在废水处理中，吸附速度决定了废水和吸附剂的接触时间，吸附速度越快，废水与吸附剂所需的接触时间越短，吸附装置的体积就越小。

二、吸附等温线

描述平衡吸附量随吸附质的平衡浓度变化规律的曲线，称为吸附等温线。液相吸附等温线通常呈四种形式，如图 8-10 所示。

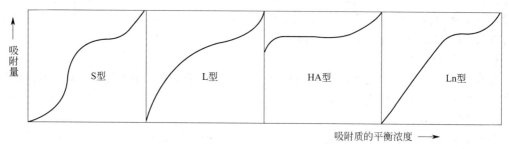

图 8-10　液相吸附等温线的类型

S 型吸附等温线反映出在低浓度时，吸附质不易被吸附，提高吸附质浓度后吸附易于进行，这说明吸附剂对吸附质的吸附能力较差。L 型吸附等温线是典型的 Langmuir 吸附等温线，它表明吸附质在吸附剂表面的吸附能力较强，并且吸附质容易取代吸附剂表面吸附的溶剂。HA 型（强吸附型）等温线表明在稀溶液中，吸附质能完全被吸附，反映出吸附剂对吸附质的吸附能力很强，而对溶剂的吸附能力很弱。Ln 型（直线型）等温线说明吸附质容易进入吸附剂内部结构中，吸附过程即为吸附质在吸附剂表面与溶剂之间的分配过程。

在以上四种形式中，S 型和 L 型最常见，而 Ln 型和 HA 型比较少见。

三、影响吸附的因素

影响吸附的因素主要包括吸附剂结构、吸附质性质、吸附过程的操作条件等。

（一）吸附剂结构

吸附剂的物理化学性质影响吸附效果，极性分子（或离子）型吸附剂易吸附极性分子；非极性分子型吸附剂易吸附非极性分子。吸附剂的比表面积越大，吸附能力越强，吸附容量也越大。吸附剂的颗粒大小主要影响它的吸附速度，小粒径的吸附剂具有较高的吸附速度。吸附剂内孔的大小和分布对吸附性能影响很大。孔径太大，表面积小，吸附能力差；孔径太小，则不利于溶质扩散，并对直径较大的分子起屏蔽作用。

（二）吸附质性质

对于一定的吸附剂，由于吸附质性质的差异，吸附效果也不一样。吸附质在废（污）水中的溶解度对吸附有较大的影响。一般地，吸附质的溶解度越低，越容易被吸附，而不容易被解吸。吸附质浓度增加，吸附量也随之增加。

活性炭的吸附量随着有机物分子量的增大而增加。活性炭处理废水时，对芳香族化合物的吸附效果较脂肪族化合物好，不饱和链有机物较饱和链有机物好，非极性或极性小的吸附质较极性强吸附质好。

（三）操作条件

（1）温度　吸附是放热过程，低温有利于吸附，升温有利于脱附。

（2）pH值 溶液的pH值影响到溶质的存在状态（分子、离子、络合物），也影响到吸附剂表面的电荷特性和化学特性，进而影响到吸附效果。

（3）接触时间 在吸附操作中，应保证吸附剂与吸附质有足够的接触时间。一般接触时间为0.5~1.0h。

四、吸附剂及其再生

（一）吸附剂

凡是具有较大比表面积的多孔性物质都可作为吸附剂，但是符合工业应用要求的吸附剂还应具备如下特征：①吸附容量大，吸附选择性好；②容易再生，再生活性稳定；③有足够的机械强度和适宜的颗粒尺寸；④有良好的热稳定性和化学稳定性；⑤来源广泛，价格低廉。废水处理中常用的吸附剂有如下几种。

1. 活性炭

活性炭是一种非极性吸附剂，以果（谷）壳、骨头、木屑、石油焦炭、煤等为原料，经过高温炭化、活化及后处理等工艺过程制得的一种多孔性物质。外观为暗黑色，有粒状和粉状两种。粉状活性炭吸附能力强、制备容易、成本低廉，但再生困难、不易重复使用；粒状活性炭吸附能力比粉状的低一些，生产成本较高，但再生后可重复使用，且操作管理方便。

与其他吸附剂相比，活性炭具有巨大的比表面积和特别发达的微孔，其比表面积可高达$500 \sim 1700 m^2/g$，所以活性炭的吸附能力强，吸附容量大。但是比表面积相同的活性炭，对同一物质的吸附容量有时也不同，这与活性炭内部结构和孔径分布有关，一般将孔径半径小于2nm的称为微孔，2~50nm的称为过渡孔，大于50nm的称为大孔。活性炭的微孔所占容积大约为$0.15 \sim 0.90 mL/g$，表面积占总表面积的95%以上；过渡孔容积为$0.02 \sim 0.10 mL/g$，表面积小于总表面积的5%；大孔容积为$0.2 \sim 0.5 mL/g$，而比表面积仅为$0.2 \sim 0.5 m^2/g$，对吸附的贡献微不足道，只起着为吸附剂的扩散提供通道的作用。活性炭的吸附容量主要受微孔控制，但在废水处理中，通常吸附质的直径较大，如某些着色物质分子直径在3nm以上，这时微孔几乎不起作用，吸附容量主要取决于过渡孔。

2. 活性炭纤维

活性炭纤维（ACF）是继粉末状、粒状活性炭之后于20世纪60~70年代发展起来的第三代新型功能吸附材料。它是由C、H、O三种元素组成的，主要成分是碳。碳原子以类似石墨微晶片层形式存在，约占总数的60%。活性炭纤维具有含碳量高、比表面积大、微孔丰富且分布窄，吸附速度快，吸附容量大，再生容易等优异的吸附脱附性能。活性炭纤维的比表面积一般可达$1000 \sim 1600 m^2/g$，微孔体积占总体积90%左右，其微孔直径为$10 \sim 40 \mu m$。

3. 吸附树脂

吸附树脂是一种合成有机吸附剂，坚硬、呈透明或半透明的球状，具有立体网状结构，比表面积达$800 m^2/g$，不溶于一般溶剂及酸、碱，可在150℃下使用。

树脂的极性一般分为非极性、中等极性和强极性三种。非极性吸附树脂系列是由苯乙烯和二乙烯苯聚合而成的，中等极性的吸附树脂具有甲基丙烯酸酯的结构，而强极性吸附树脂内主要含有硫氧基、酰胺、N-O基以及磺酸等官能团。目前常用的产品主要有美国罗姆-哈斯公司生产的Amerblite XAD系列、日本的HP系列。国内一些单位研制的大孔吸附树脂，如国产的TXF型吸附树脂（炭质吸附树脂），比表面积$35 \sim 350 m^2/g$，它是含氯有机化合物的特效吸附剂，它的吸附能力接近活性炭，但比活性炭容易再生。

由于吸附树脂的极性、空隙结构容易人为控制，因而它的适应性强、应用范围广、吸附选择性强，稳定性好，并且容易采用溶剂再生。吸附树脂最适宜吸附废水中微溶于水、极易溶于甲醇和丙酮等有机溶剂、分子量略大及带有极性的有机物，如脱酚、除油、脱色等。如处理 TNT 炸药废水，Amerblite XAD-2 树脂做吸附剂，丙酮做再生剂，TNT 浓度为 34mg/L 时，每个循环可处理 500 倍树脂体积的废水，TNT 回收率可达 80%。

4. 其他吸附剂

除了活性炭、活性炭纤维和大孔吸附树脂外，水或废水处理中常用的吸附剂还有分子筛、硅胶、活性氧化铝、腐殖酸类（如风化煤、泥煤、褐煤）、磺化煤、煤渣、高炉渣、焦炭、椰壳等。

（二）吸附剂的再生

吸附饱和后的吸附剂，需经过再生后重复使用。目前常用的吸附剂再生方法有溶剂再生法、加热再生法、湿式氧化再生法、臭氧氧化再生法、电解氧化再生法和生物氧化再生法。

1. 溶剂再生法

选择适当的有机溶剂，使吸附质在溶剂中的溶解能力超过吸附剂对吸附质的亲和力，从而使吸附质溶解进入溶剂中；或者采用酸、碱溶液使吸附质强离子化或形成盐类物质而脱附。常用的溶剂有酸、碱及苯、丙酮、甲醇、乙醇等有机溶剂。溶剂再生可直接在原来的吸附装置中进行，不必另设再生设备，并能回收利用吸附质，但是再生效率较低，再生不完全。

2. 加热再生法

加热再生法是目前废水处理中最常用的吸附剂再生方法，绝大多数吸附剂都可以通过加热再生恢复吸附能力。

加热再生有低温加热再生和高温加热再生两种。对于吸附了高浓度的小分子碳氢化合物和芳香族化合物等低沸点有机物的饱和吸附剂可采用低温加热再生，直接在含饱和吸附剂的吸附装置中通入水蒸气，将温度控制在 100～200℃，吸附质因挥发而脱附，随水蒸气带出，经冷却后回收利用。若废水中的污染物与吸附剂结合比较牢固，则需要采用高温加热再生法。高温再生先将吸附剂加热至 100～150℃，使吸附剂内部空隙中的水分蒸发；再将干燥后的吸附剂加热至 700℃，使低沸点有机物挥发，高沸点有机物分解为低分子有机物而脱附，最后在炭化后的吸附剂中通入水蒸气、二氧化碳等活化气体，使残留在吸附剂微孔中的碳化物分解为 CO_2 和 H_2O 等，以便重新造孔。

加热再生，不能直接在吸附装置中进行，需要有专门的再生装置，设备造价高，能耗大，不能回收利用吸附质；但再生效率高，再生吸附能力可恢复到 95% 以上，吸附剂的损失量在 5% 以下，且不产生废液。

3. 臭氧氧化再生法

臭氧氧化再生法是在常温下用臭氧氧化分解吸附在吸附剂上的有机物，从而使炭恢复吸附能力。

4. 湿式氧化再生法

湿式氧化再生法是在高温加压条件下，利用空气中的氧将吸附在吸附剂上的有机物氧化分解，使活性炭得到再生。一般反应温度在 180～220℃，压力在 3.5MPa 左右，反应时间为 30～60min，在此条件下，活性炭的吸附能力可恢复 90% 以上。

5. 电解氧化再生法

电解氧化再生法是用饱和炭做阳极，对水进行电解，在活性炭表面产生的氧，可将吸附在活性炭上的吸附质氧化分解。

6. 生物氧化再生法

生物氧化再生法是利用微生物将被活性炭吸附的有机物氧化分解，操作简单，再生成本低，但一般不单独使用，而是与生物处理法结合使用。如粉末炭-活性污泥法，将粉末活性炭投入活性污泥曝气池中，废水中污染物被吸附在活性炭上，同时微生物附着生长在活性炭上，微生物将吸附在活性炭上的污染物氧化分解，活性炭得到再生，可继续吸附污染物。

五、吸附操作方式及运行控制

（一）吸附操作方式

吸附和再生操作均可分成间歇式和连续式两大类。

1. 间歇式操作

间歇式操作是将一定量的活性炭投加到要处理的废水中，经过一定时间的混合搅拌，使吸附达到平衡，然后用沉降或过滤的方法使污水与炭分离。间歇式操作主要用于处理量小和使用细小颗粒吸附剂（如粉末状活性炭）的操作过程，一般由单个固定床吸附器或多个固定床吸附器串联组成。单个吸附器适用于污水排量较小，污染物浓度较低，间歇式排放污水的净化。多塔串联的吸附系统具有阻力小、动力小、吸附效果好的特点，多应用于废水深度处理中。见图8-11。

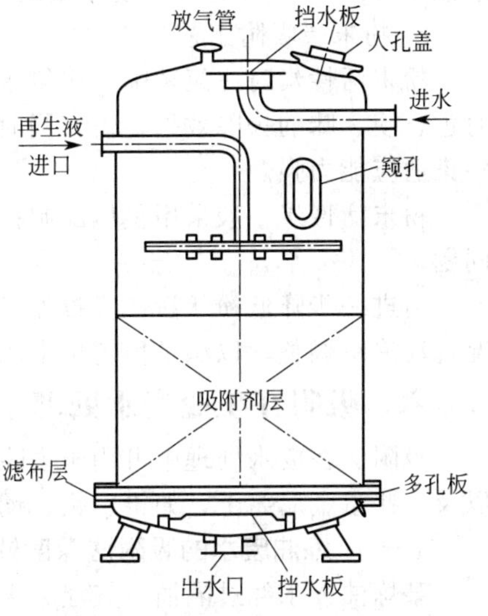

2. 连续式操作

连续式操作是指废水随着时间的延续不断在流动的条件下进行，主要用于废水连续排放且水量较大，使用颗粒状吸附剂（如圆柱状活性炭和分子筛，大孔吸附树脂等）的操作过程。该流程一般由连续性操作的流化床吸附器或移动床吸附器组成，其特点是吸附过程与吸附剂再生同时进行。见图8-12和图8-13。

（二）吸附操作的运行控制

1. 颗粒活性炭滤池

采用活性炭处理的目的是为了更有效地去除有机物，而不是截留悬浮固体。一般应控制炭滤池的进水浊度<3NTU，否则易造成炭床堵塞并缩短工作周期。

图 8-11 固定床吸附塔构造示意图

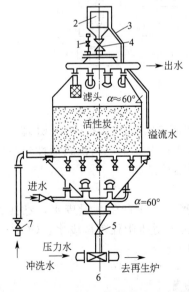

图 8-12 移动床吸附构造示意图
1—通气阀；2—进料斗；3—溢流管；
4,5—直流式衬胶阀；6—水射器；7—截止阀

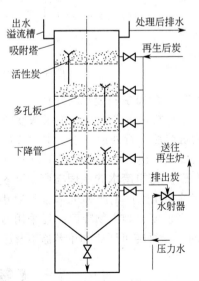

图 8-13 多层流化床吸附塔构造示意图

活性炭滤池在使用一段时间后需将炭层表面耙平，以保证活性炭吸附饱和程度的相对均匀。

反冲洗是保证活性炭滤池成功运行的重要环节，如反冲洗时炭层膨胀率不足，则下层的炭粒悬浮不起来，炭层就冲洗不干净；但冲洗强度过大会造成炭粒的流失，并扰动承托层，使炭层和承托层卵石混杂在一起，既不利于活性炭再生又影响出水水质。保证冲洗用水具有较低的浊度和较好的水质，这样既可以使冲洗后的炭层比较洁净，又避免了炭层在冲洗过程中的无效吸附。以冲洗结束时排出水的浊度作为衡量冲洗效果好坏的标准，一般以反冲洗废水浊度 $\leqslant 5NTU$ 作为反冲洗结束的前提，比较合理的膨胀率为 $25\%\sim30\%$。

2. 粉末炭吸附工艺

粉末活性炭对三氯苯酚、二氯苯酚、农药、卤代烃消毒副产物等均有很好的吸附效果，对色、嗅、味的去除效果显著，同时具有设备投资省、吸附快的特点，对短期及突发性水质污染适应能力强。

粉末活性炭一般采用负压配制投加方式，但在粉炭搬运、拆包过程中应注意粉尘飞扬等问题。

为进一步降低粉状活性炭投加设备的操作强度，应加强自动化操作，并根据水质变化情况自动追踪调整，以满足稳定出水水质的目的。

六、吸附在工业废水处理中的应用

吸附法在废水处理中可用于去除难以生化降解、用一般氧化剂难以氧化的有机污染物，以及一些重金属离子，如铅、铬、铜、镍、镉、汞、银、锑、铋等。

（一）炼油废水的吸附法深度处理

某炼油废水经过隔油、气浮、生化和砂滤后，进入活性炭吸附塔进行深度处理，工艺流程见图 8-14。处理后的出水可以达到：COD 为 $30\sim70mg/L$，油含量为 $4\sim6mg/L$，挥发酚含量为 $0.05mg/L$。

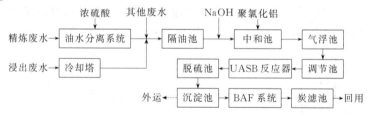

图 8-14 活性炭吸附塔深度处理炼油废水

（二）含重金属废水的处理

某工厂排放的含汞废水中汞浓度较高，采用化学沉淀与吸附法相结合进行处理：先采用硫化物沉淀法进行处理，废水中汞含量可降至 $2\sim3mg/L$；然后采用间歇式活性炭吸附法进行深度处理，出水中汞的浓度低于 $0.05mg/L$，可实现达标排放。

（三）有机废水的治理与资源回收

江苏某化工厂生产邻甲苯胺和对甲苯胺，在其生产过程中产生大量废水，毒性大、高COD、高色度、难生物降解。经采用氨基修饰复合功能吸附树脂处理该废水，COD 去除率达到 94%，每吨可回收邻甲苯胺 $8\sim10kg$，对甲苯胺 $4\sim6kg$。

【复习思考题】

1. 活性炭为什么有吸附作用？什么物质易被活性炭吸附，什么物质不易被吸附？

2. 活性炭吸附法用于水处理的优点和适用条件，目前存在什么问题？

3. 吸附剂的主要再生方法有哪些？并描述加热再生过程。

4. 试简述影响吸附效果的因素。

5. 吸附的主要类型包括什么，其各自特点是什么？

第三节 离 子 交 换

一、离子交换过程与原理

（一）离子交换原理

离子交换法是一种借助于离子交换剂上的离子和水中的离子进行交换反应而去除水中有害离子的方法。

按照交换离子带电的性质不同，离子交换反应可分为阳离子交换和阴离子交换两种类型。以阳离子交换为例，当离子型阳离子交换剂 A^+ 与含 B^+ 的溶液接触时，在一定条件下发生如下反应：

$$RA+B^+ \Longleftrightarrow RB+A^+ \tag{8.1}$$

阳离子交换树脂原来被 A^+ 所饱和，当它与含有 B^+ 的溶液接触时，就会发生溶液中的 B^+ 对树脂上的 A^+ 的交换反应，该反应是可逆的。

在离子交换反应中，反应进行的方向取决于离子交换树脂对各种离子的相对亲和力，即离子交换势的差别。离子交换反应能否进行，可通过选择性系数 K_s 来判断。

$$K_s = \frac{[RB][A]}{[RA][B]} \tag{8.2}$$

式中 $[RA]$，$[RB]$——树脂中 A^+、B^+ 的浓度；

$[A]$，$[B]$——溶液中 A^+、B^+ 的浓度。

当 $K_s > 1$ 时，B^+ 的交换势大于 A^+ 的，反应向正向进行。K_s 值越大的离子，越易进行交换。利用树脂对各种离子具有不同亲和力和选择性，可以分离和去除溶液中的某些物质。

（二）离子交换过程

离子交换过程包括交换和再生两个步骤。可采取间歇和连续两种运行方式。

（1）间歇式 交换和再生在同一设备中交替进行，当树脂交换饱和后，停止进水，通入再生液进行再生，再生完成后重新进水。

（2）连续式 交换和再生分别在两个设备中连续进行，树脂不断在交换和再生设备中循环。

1. 交换过程

将离子交换树脂装于塔或罐内，交换时树脂层不动，以类似过滤的方式运行。现以树脂（RA）交换水中 B 为例来讨论，如图 8-15 所示。

当含 B 浓度为 c_0 的原水自上而下通过 RA 树脂层时，顶层树脂中 A 首先和 B 交换，达到交换平衡时，这层树脂被 B 饱和而失效，此后 B 在下一层交换区中进行交换，树脂层下部则为未用区 ［图 8-15（a）］；随着交换过程继续，失效区逐渐扩大，交换区向下移动，未用区逐渐缩小；当交换区下缘到达树脂层底部时，出水中开始有 B 漏出，此时称为树

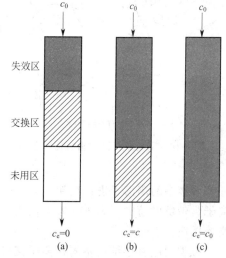

图 8-15 离子交换柱工作过程

脂层穿透［图 8-15(b)］。再继续运行，出水中 B 浓度迅速增加，直至与进水 c_0 相同，此时树脂层全部饱和失效［图 8-15(c)］。

从交换开始到穿透为止，树脂所达到的交换容量称为工作交换容量，其值一般为树脂总交换容量的 $60\%\sim70\%$。

2. 再生过程

在树脂失效后，必须再生才能再使用。通过树脂再生，一方面可恢复树脂的交换能力，另一方面可回收有用物质。化学再生是交换的逆过程，根据离子交换平衡式：$RA+B^+ \Longleftrightarrow RB+A^+$，如果显著增加 A 浓度，在浓差作用下，大量 A 向树脂内扩散，而树脂内的 B 则向溶液扩散。反应向左进行，从而达到树脂再生的目的。

固定床再生操作包括反洗、再生和正洗三个过程。反洗是逆方向通入冲洗水和空气，以松动树脂层，清除杂物和破碎的树脂。经反洗后，将再生剂以一定流速（$4\sim8m/h$）通过树脂层，再生时间一般不小于 30min，当再生液中 B 浓度低于某个规定值后停止再生，并通水正向冲洗，水流方向与交换时相同。有时再生后还需要对树脂做转型处理。

二、离子交换剂及其再生

（一）离子交换剂

离子交换剂是一类能发生离子交换的物质，分为无机离子交换剂（如沸石、硅铝酸盐和杂多酸盐等）和有机离子交换剂。有机离子交换剂又称离子交换树脂，它在污水处理过程中使用最为广泛。无机离子交换剂早在 100 多年前就被发现并应用，但直至 20 世纪 30～40 年代离子交换树脂才诞生，当时美国和英国的一些公司进行了广泛的离子交换树脂研究，陆续成功合成出聚苯乙烯、丙烯酸系的离子交换树脂，并逐渐成为一类新兴高分子材料产业。

1. 离子交换树脂结构及类型

（1）离子交换树脂的结构　离子交换树脂由骨架和活性基团两部分组成。骨架又称为惰性母体（R—），主要是由高分子材料通过交联而形成的三维空间网络骨架，它是形成离子交换树脂的结构主体，但它不参加交换过程，是电中性的。活性基团连接在骨架上，即所谓带电官能团，它由固定离子（带电惰性离子）和活动离子组成。固定离子固定在树脂骨架上，活动离子（可交换离子）则依靠静电引力与固定离子结合在一起，两者电性相反、电荷相等，处于电性中和状态。阳离子交换树脂结构示意图见图 8-16。

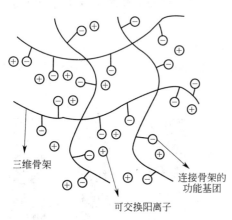

三维骨架

连接骨架的功能基团

可交换阳离子

图 8-16　阳离子交换树脂结构示意图

（2）离子交换树脂的分类　离子交换树脂按照官能团的电荷性质分为阳离子交换树脂和阴离子交换树脂。阳离子交换树脂的固定离子带负电荷，活动离子为带正电荷的氢离子或金属阳离子，可以与外部溶液中的阳离子进行交换反应（图 8-16）；阴离子交换树脂的固定离子带正电荷，活动离子为带负电荷的阴离子（氢氧根离子或其他酸根离子），可以与外部溶液中的阴离子进行交换反应。

根据树脂骨架结构不同，离子交换树脂可分为凝胶型和大孔型两大类。

① 凝胶型树脂　外观透明的均相树脂，树脂合成时不加致孔剂，这类树脂的球粒内没

有毛细孔。

② 大孔离子交换树脂　外观不透明的非均相树脂，一般在树脂合成时添加致孔剂，树脂内部有明显的孔道，孔体积一般在 0.5mL/g（树脂），也可更大，比表面积从几到几百平方米/克，孔径从几到几万埃，由于这样的孔结构，适宜于交换吸附大分子的物质及在非水溶液中使用。

根据树脂的离解程度即交换基团在水中的电离常数，树脂可分为强酸、弱酸、强碱、弱碱性离子交换树脂等。

① 强酸性树脂　以苯乙烯-二乙烯苯共聚为基体，引入磺酸基团而成，是当前用途最广、用量最大的一类交换树脂，如 001×7（732#）等，其酸性相当于无机强酸，在任何的 pH 条件下都可显示交换功能。

② 弱酸性树脂　主要是指含有羧酸基、磷酸基、酚基的交换树脂，在水中离解度较小，只能在中性或碱性条件下使用，其中以羧酸基弱酸树脂用途最广，是由丙烯酸酯类单体和二乙烯苯共聚而成。

③ 强碱性树脂　是以季铵基为交换基团的树脂，其碱性相当于季铵碱，可在较大 pH 值条件下使用，其骨架是苯乙烯-二乙烯苯共聚体，用途广泛，该类树脂在—OH 型时稳定性较差。

④ 弱碱性树脂　指以伯胺、仲胺、叔胺为交换基团的树脂，其在水中离解程度小而呈弱碱性，在中性或酸性介质中使用。目前使用的主要是丙烯酸系结构的树脂。

此外还有一些其他类型的树脂，如热再生树脂、两性树脂、螯合树脂、惰性树脂、氧化还原树脂、均孔树脂等。

2. 离子交换树脂的性质

（1）物理性质

① 外观　离子交换树脂的外观包括颗粒的形状、颜色、完整性以及树脂中的异样颗粒和杂质等。常用凝胶型离子交换树脂为透明或半透明球体，颜色有乳白、淡黄和棕褐色等。

② 含水量　指单位质量树脂所含的非游离水分的多少，一般用百分数表示。离子交换树脂颗粒内的含水量是树脂产品固有的性质之一。离子交换树脂的含水量与树脂的类别、结构、酸碱性、交联度、交换容量、离子型态等因素有关。

③ 密度　离子交换树脂的密度分为湿真密度、湿视密度和装载密度。

湿真密度是指单位真体积湿态离子交换树脂的质量（单位 g/mL）。湿视密度是指单位视体积湿态离子交换树脂的质量（单位 g/mL）。装载密度是指容器中树脂颗粒经水力反洗自然沉降后单位树脂体积湿态离子交换树脂的质量（单位 g/mL）。

所谓湿态离子交换树脂，是指吸收了平衡水量并除去外部游离水分后的树脂。为使各种密度的测定结果有可比性，在测定样品时都应使之处于这种湿状态。真体积是指离子交换树脂颗粒本身的固有体积，它不包括颗粒间的空隙体积。视体积是指离子交换树脂以紧密的无规律排列方式在量器中占有的体积，它包括颗粒间的空隙体积和树脂颗粒本身的固有体积。

④ 粒度　在一般情况下，树脂颗粒的粒径是连续分布的，不能用一个简单的数来描述这种粒径的大小，为了正确说明商品用离子交换树脂的颗粒大小，应该用 4 个指标：范围粒度、有效粒度和均一系数、下限粒度（或上限粒度）。

⑤ 力学性能　离子交换树脂的力学性能（即保持颗粒的完整性），是十分重要的性能。在使用中，如果树脂颗粒不能保持其完整性，发生破裂或破碎，会给使用带来困难。主要表

现为：破碎树脂在反洗时排出、细末漏过通流部分进入后续设备，结果导致树脂层高下降、交换容量降低、水流阻力增加、污染后续设备中的树脂、系统出水水质下降等。

（2）化学性质

① 交换容量　交换容量是离子树脂交换能力大小的度量，可以用重量法和容积法来表示。由于树脂一般在湿态情况下使用，因此常用容量法表示。

② 选择性　在离子交换水处理的实际应用中，哪一种离子易被吸取，哪一种离子较难被吸取的次序，即所谓选择性顺序。

对于阳离子交换来说，此种顺序的规律性比较明显。在稀溶液中，常见阳离子的选择性顺序如下：

$$Fe^{3+} > Al^{3+} > Ca^{2+} > Mg^{2+} > K^+ \approx NH_4^+ > Na^+ > H^+$$

离子所带电荷量愈大，愈易被吸取；当离子所带电荷量相同时，离子水合半径较小的易被吸取。

对于弱酸性阳树脂，H^+ 的位置向前移动，例如羧酸型树脂对 H^+ 的选择性，居于 Fe^{3+} 之前。

阴离子交换的选择性顺序要比阳离子交换复杂。进水是稀溶液时，阴离子的选择性顺序为：

$$SO_4^{2-}(+HSO_4^-) > Cl^- > HCO_3^- > HSiO_3^-$$

（二）离子交换剂的再生

离子交换树脂使用一段时间后，吸附的杂质接近饱和状态，就要进行再生处理，用化学药剂将树脂所吸附的离子和其他杂质洗脱除去，使之恢复原来的组成和性能。实际运用中，为降低再生费用，通常控制性能恢复程度为 $70\% \sim 80\%$。如要达到更高的再生水平，则再生剂量要大量增加，再生剂的利用率下降。

树脂的再生特性与它的类型和结构有密切关系。强酸性和强碱性树脂的再生比较困难，需用再生剂量比理论值高很多；而弱酸性或弱碱性树脂则较易再生，所用再生剂量只需稍多于理论值。此外，大孔型和交联度低的树脂较易再生，而凝胶型和交联度高的树脂则要较长的再生反应时间。

钠型强酸性阳树脂可用 10% NaCl 溶液再生，用药量为其交换容量的 2 倍（用 NaCl 量为 $117g/L$ 树脂）；氢型强酸性树脂用强酸再生，用硫酸时要防止生成硫酸钙沉淀物。为此，宜先通入 $1\% \sim 2\%$ 的稀硫酸再生。

氯型强碱性树脂，主要以 NaCl 溶液来再生，但加入少量碱有助于将树脂吸附的色素和有机物溶解洗出，故通常使用含 10% NaCl$+0.2\%$ NaOH 的碱盐液再生。OH^- 型强碱阴树脂则用 4% NaOH 溶液再生。

再生液浓度、温度以及 pH 等条件都会对再生效率有显著影响。提高再生液浓度可加速再生反应，并达到较高的再生水平；一般为加速再生化学反应，可先将再生液加热至 $70 \sim 80℃$；一些树脂在再生和反洗之后，要进行 pH 调校。

树脂在使用较长时间后，由于它所吸附的一部分杂质，特别是大分子有机胶体物质，不易被常规的再生处理所洗脱，要用特殊的方法处理。例如，阳离子树脂受含氮的两性化合物污染，可用 4% NaOH 溶液处理，将它溶解而排掉；阴离子树脂受有机物污染，可提高碱盐溶液中的 NaOH 浓度至 $0.5\% \sim 1.0\%$，以溶解有机物。

三、离子交换设备

离子交换设备有固定床、移动床和流化床三种，目前国内常用的为固定床。

固定床离子交换器在工作时，床层固定不变，水流由上而下流动。根据料层的组成，又分为单层床、双层床和混合床三种。单层床中只装一种树脂,可以单独使用,也可以串联使用。双层床是在同一个柱中装两种同性不同类型的树脂,由于密度不同而分两层。混合床是把阴阳离子两种树脂混合装成一床使用。固定床交换柱的上部和下部设有配水和集水装置,中部装填有 1.0～1.5m 厚的交换树脂。这种交换器的优点是设备紧凑、操作方便、出水水质好;缺点是再生费用大、生产效率不够高。见图 8-17。

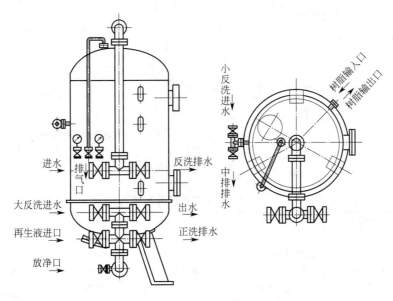

图 8-17 固定床

移动床交换设备包括交换柱和再生柱两个主要部分,工作时,定期从交换柱排出部分失效树脂,送到再生柱再生,同时补充等量的新鲜树脂参与工作。它是一种半连续式的交换设备,整个交换树脂在间断移动中完成交换和再生。该法进行交换所需树脂数量比固定式少,树脂利用率高、连续运行、效率高,但设备较复杂。

流化床交换设备是交换树脂在连续移动中实现交换和再生的设备。

移动床和流化床与固定床相比,具有交换速度快、生产能力大和效率高等优点;但是由于设备复杂、操作麻烦、对水质水量变化的适应性差,以及树脂磨损大等缺点,它们的应用范围受到限制。

四、离子交换法在工业废水处理中的应用

(一) 重金属离子的去除与回收

离子交换法处理工业废水的重要用途是回收有用金属。从电镀清洗水中回收铬是其中一个成功的例子。代表性流程如图 8-18 所示。

每升含铬数十至数百毫克的废水首先经过滤除去悬浮物,再经过阳离子(RSO_3H)交换器,除去金属离子(Cr^{3+}、Fe^{3+}、Cu^{2+} 等),然后进入阴离子(ROH)交换器,除去 $Cr_2O_7^{2-}$ 和 CrO_4^{2-},出水含 $Cr^{6+} < 0.5mg/L$,可再作为清洗水循环使用。阳离子树脂用 1mol/L HCl 再生,阴离子树脂用 12% NaOH 再生。阴离子树脂再生液含铬可达 17g/L,将此再生液再经过一个 H 型阳离子交换器使 Na_2CrO_4 转变成铬酸,再经蒸发浓缩 7～8 倍,即可返回电镀槽使用。

离子交换法处理其他工业废水的例子见表 8-1。

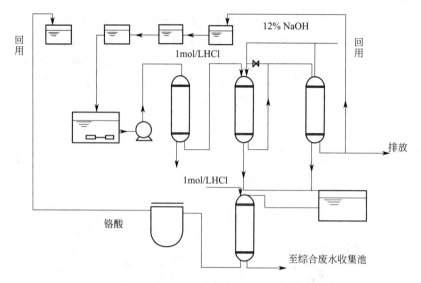

图 8-18　离子交换树脂回收铬酸

表 8-1　离子交换法的应用

废水种类	污染物	树脂类型	废水出路	再生剂	再生液出路
电镀废水	Cr^{3+}、Cu^{2+}	氢型强酸性树脂	循环使用	$18\%\sim20\%$	蒸发浓缩后回用
含汞废水	Hg^{2+}	氯型强碱性大孔树脂	中和后排放	HCl	回收汞
HCl 酸洗废水	Fe^{2+}、Fe^{3+}	氯型强碱性树脂	循环使用	水	中和后回收 $Fe(OH)_3$
铜氨纤维废水	Cu^{2+}	强酸性树脂	排放	H_2SO_4	回用
黏胶纤维废水	Zn^{2+}	强酸性树脂	中和后排放	H_2SO_4	回用
放射性废水	放射性离子	强酸或强碱树脂	排放	H_2SO_4·HCl 和 NaOH	进一步处理
纸浆废水	木质素磺酸钠	强酸性树脂	进一步处理	H_2SO_4	回用
氯苯酚废水	氯苯酚	弱碱大孔树脂	排放	2% NaOH 甲醇	回收

（二）氮的去除

氮通常以铵离子和硝酸盐形式被去除。天然和合成树脂均可用于去除废水中的铵离子，斜发沸石是一种天然离子交换树脂，比合成树脂价格便宜，且对铵离子的选择性高。树脂对硝酸盐的选择性比对氯化物和碳酸氢盐要高，但比硫酸盐要低很多。

（三）除盐

除盐过程，需阳离子和阴离子交换树脂同时使用。废水首先经过阳离子交换器，H^+ 替换阳离子，交换后出水进入阴离子交换器，OH^- 替换阴离子，故溶解性固体被 H^+ 和 OH^- 替换而生成水分子。离子交换柱用于废水除盐时，控制流速 $0.20\sim0.40m^3/(m^2 \cdot min)$，树脂厚度 $0.75\sim2.0m$。

【复习思考题】

1. 离子交换树脂有哪些主要性能，它们各有什么实用意义？
2. 什么是离子树脂交换容量？
3. 离子交换法处理工业废水的特点是什么？
4. 固定床离子交换树脂的再生过程包括哪几部分？试描述。
5. 离子交换设备主要有哪几种类型，各自的特点是什么？

第四节 吹 脱

一、吹脱原理

吹脱法是将空气通入废水中，改变有毒有害气体溶解于水中所建立的气液相平衡关系，使水中溶解气体穿过气液界面，向气相转移，然后予以收集或者扩散到大气中去，从而达到脱除污染物的目的，常用空气作为载气。

吹脱是一个传质过程，其推动力为废水中某挥发组分的浓度与平衡状态下该组分的气相分压对应的液相浓度之差。对于给定废水体系，温度和气液接触面积对传质速率影响较大。可通过提高水温、负压操作、增大气液接触面积和延长接触时间等手段来增大传质速率。

吹脱法既可以脱除溶解于废水中的气体，也可以脱除化学转化而形成的溶解气体。如废水中的硫化钠和氰化钠，在酸性条件下，它们会转化为 H_2S 和 HCN，经过吹脱，便以气体形式从废水中脱除，该过程称为转化吹脱。

在吹脱过程中，若使用空气作为载气，则除吹脱作用外，还具有氧化还原性物质的作用（如 $S^{2-} \to S$），但若使用 N_2、Ar 等惰性气体，则不存在氧化过程。

早期的空气吹脱技术主要用于去除水中 H_2S 等产生臭味的挥发性化合物和 CO_2。从 20 世纪 70 年代末起，空气吹脱技术开始广泛地应用于去除各种挥发性有机物（VOCs）。因其运行费用较低，被美国环保局认定为去除挥发性有机污染物最可行的技术之一。吹脱技术在工业废水处理领域的技术已经比较成熟，已有成熟案例，如处理含乙苯、萘等多种挥发性有机物的焦化废水，处理含四氯化碳的氯化橡胶废水和含氯仿的废水，处理含氨氮的五氧化二钒生产废水、处理四氢呋喃和 N，N-二甲基甲酰胺（DMF）废水等。

二、吹脱工艺影响因素

影响吹脱的因素较多，主要有以下几点。

1. pH 值

pH 值不同，废水中挥发性物质的存在状态可能不同。例如，含 S^{2-} 和 CN^- 的废水在偏酸性的条件下生成游离的 H_2S 和 HCN，才能被吹脱。而含 NH_4^+-N 的废水则在碱性条件下生成 NH_3，方可实现吹脱。

2. 温度

在一定压力下，气体在水中的溶解度随温度升高而降低。因此，温度越高，气体越易逸散至空气中，故适当升温有利于吹脱的进行。

3. 吹脱时间

吹脱时间越长，吹脱效率越高，但当吹脱时间达到一定值时，吹脱效率便不会随吹脱时间的延长而发生变化。

4. 气液比

空气量过小，会使气液两相接触不够；空气量过大，既会造成液泛（即废水被空气带走），破坏操作，又增加动力消耗，不经济。因此最好使气液比接近液泛极限，此时传质效率很高。

5. 油类物质

废水中如含有油类物质，会阻碍挥发性物质向大气中扩散，而且会堵塞填料，影响吹脱，所以应在预处理中除去油类物质。

6. 表面活性剂

当废水中含有表面活性物质时，在吹脱过程中会产生大量泡沫，给操作运转和环境卫生带来不良影响，同时也影响吹脱效率，可以采用高压水喷射或加消泡剂进行除泡。

三、吹脱设备

吹脱装置是指进行吹脱的设备或构筑物，包括吹脱池和吹脱塔，前者占地面积较大，易造成大气污染。后者占地面积小，吹脱效率高，便于回收气体，不污染大气。因此，工程上常采用吹脱塔对废水进行吹脱处理。见图 8-19。

图 8-19 吹脱装置

吹脱塔又分为填料塔与筛板塔两种。

1. 填料塔

填料塔内装设一定高度的填料，废水从塔顶向下喷淋，沿填料表面呈薄膜状向塔底流动。空气则从塔底鼓入，由下而上与废水连续逆流接触。废水经吹脱后，从塔底经水封管排出。气体从塔顶排出，可进行回收或进一步处理，如图 8-20 所示。

填料塔常用的填料有纸质蜂窝、木隔板、拉希环（材质有瓷、硬 PVC、聚丙烯）。另外，还可使用聚丙烯鲍尔环、聚丙烯多面空心球等。

填料塔的优点是结构简单，空气阻力小。缺点是传质效率不够高，设备比较庞大，处理含高浓度悬浮物的废水易发生堵塞现象。

2. 筛板塔

筛板塔通常是由一个呈圆柱形的壳体和按一定间距水平设置的若干块筛孔板所组成的。废水水平流过筛板，经降液管流入下一层。空气以鼓泡或喷射方式穿过筛板上水层，因相互接触传质而达到分离目的。筛板塔的优点是结构简单、制造方便、成本低、传质效率高，塔体比填料塔小，堵塞可能性小。其中穿流式筛板塔在泡沫状态下工作，也称泡沫塔，见图 8-21。

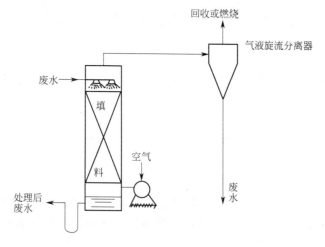

图 8-20 填料塔吹脱塔

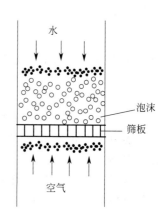

图 8-21 穿流式筛板塔

筛板上筛孔孔径一般为 $6 \sim 8mm$，筛板间距通常为 $200 \sim 300mm$。水从上向下喷淋，穿过筛孔往下流动，空气则穿过筛孔由下向上流动。当气流的空塔速度（指空塔的横断面面积除空气流速）达到 1.5～2.5m/s 时，筛板上面的部分液体就被气流吹成泡沫状态，使气液接触面积显著增加，强化了传质过程。

四、工程实例

湖南某钒业有限公司采用钠盐焙烧-离子交换-NH_4Cl 沉钒生产工艺，年产五氧化二钒（V_2O_5）500～1000t，其生产过程排放的氨氮废水主要来自 NH_4Cl 与焙烧产物 $NaVO_3$ 反应沉钒工艺，其排放量约为 30m³/d。该废水的 pH 值为 6～9，NH_3-N 浓度约为 13000mg/L。

该项目废水处理工艺流程见图 8-22。吹脱液池废水 pH 值控制在 11.0～11.5；吹脱液循环流量控制在 4～6m³/h；风机频率控制在 49.5Hz，系统稳定运行后吹脱出水氨氮浓度稳定在 1500～2000mg/L。

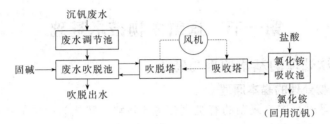

图 8-22　钒冶炼高浓度氨氮废水处理工艺

【复习思考题】

1. 什么叫吹脱法？废水中哪些物质适于用吹脱法去除？
2. 对于含 Na_2S、$NaCN$ 等含盐废水能否使用吹脱法去除？若要用吹脱法去除则需要采取什么措施？
3. 吹脱工艺的主要影响因素包括什么？

第九章 厌氧生物处理技术

污水的厌氧生物处理技术是指在无分子氧条件下，通过厌氧菌或兼性菌的代谢作用降解废水中的有机污染物，分解的最终产物主要是沼气，可作为能源。厌氧生物处理工艺不仅可以处理中、高浓度有机废水，还处理低浓度有机废水，为废水处理提供了一条高效率、低能耗且符合可持续发展原则的有效途径，一直以来都是国内外水污染控制领域研究的热点之一。

第一节 厌氧生物技术基础

一、厌氧生物处理的基本原理与特点

（一）厌氧生物处理的基本原理

在厌氧生物处理过程中，复杂的有机化合物被降解、转化为简单的化合物，同时释放能量。有机物的转化分为三部分：一部分转化为甲烷，这是一种可燃气体，可回收利用；另一部分被分解为二氧化碳、水、氨、硫化氢等无机物，并为细胞合成提供能量；还有少量有机物则被转化、合成为新的细胞物质。

厌氧生物处理过程中有机物的转化如图 9-1 所示。

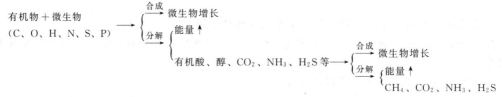

图 9-1 厌氧生物处理过程中有机物转化示意图

（二）厌氧生物处理的特点

与污水好氧生物处理工艺相比，污水厌氧生物处理工艺具有以下主要优缺点。

1. 主要优点

（1）能耗大大降低，且还可以回收生物能（沼气） 厌氧生物处理工艺不需为微生物提供氧气，不需要曝气设备，减少了能耗；而且厌氧生物处理工艺在大量降解污水有机物的同时，还会产生大量沼气（有效成分甲烷），具有很高的利用价值，可直接用于锅炉燃烧或发电。据计算，去除每千克 COD 一般可产生 $0.35m^3$ 的沼气，沼气的发热量为 $21\sim23kJ/m^3$。

（2）污泥产量低 厌氧生物处理过程中被去除的大部分有机污染物都被用来产生沼气，用于细胞合成的有机物相对来说要少得多；同时，厌氧微生物的增殖速率比好氧微生物低得多，例如产酸菌的产率为 $0.15\sim0.34kgVSS/kgCOD$，产甲烷菌的产率为 $0.03kgVSS/kgCOD$ 左右，而好氧微生物的产率约为 $0.25\sim0.6kgVSS/kgCOD$。因此，厌氧生物处理系统的产泥量很低，减少了后续污泥处理费用。

（3）有机物负荷 高厌氧生物处理系统具有很高的有机物负荷，其容积负荷一般可达 $10\sim60kgCOD/(m^3\cdot d)$；而好氧生物处理系统的负荷则相对较低，一般容积负荷约为 $0.7\sim1.2kgCOD/(m^3\cdot d)$。

（4）营养物需要量少 一般地，好氧生物处理对营养物的需要量为 BOD：N：P＝100：

5：1，而厌氧生物处理则为 BOD：N：P＝100：2：0.3，对氮、磷营养物相对需求量少，因而更适于处理有机物浓度高的污水。

（5）对水温的适宜范围较广　好氧生物处理一般认为水温在 20～30℃ 时效果最好，35℃ 以上和 10℃ 以下净化效果降低，因此对高温工业废水需采取降温措施。厌氧生物处理根据产甲烷菌的最宜生存条件可分为 3 类：低温菌最宜 20℃ 左右；中温菌最宜 35～38℃；高温菌最宜 51～53℃。厌氧生物处理应尽量不采取加热的措施，但在常温时处理复杂的非溶解性有机物是困难的，高温更有利于对纤维素的分解和寄生虫卵的杀灭。

（6）应用范围广　好氧法适于处理低浓度有机废水（如 COD＜1000mg/L），对高浓度有机废水需用大量水稀释后才能进行处理，而厌氧法可用来处理高浓度有机废水，也可处理低浓度有机废水。厌氧微生物还可对好氧微生物不能降解的一些有机物进行降解或部分降解；因此，对于某些含有难降解有机物的废水，利用厌氧生物处理作为预处理工艺，可以提高废水的可生化性，提高后续好氧处理工艺的处理效果。

2. 主要缺点

（1）厌氧生物处理过程中所涉及到的生化反应过程较为复杂，因为厌氧过程是由多种不同性质、不同功能的厌氧微生物协同工作的一个连续的生化过程，不同种属间细菌的相互配合或平衡较难控制，因此在运行厌氧反应器的过程中需要很高的技术要求。

（2）厌氧微生物特别是其中的产甲烷细菌对温度、pH 等环境因素非常敏感，也使得厌氧反应器的运行和应用受到很多限制和困难。

（3）虽然厌氧生物处理工艺在处理高浓度的工业废水时常常可以达到很高的处理效率，但其出水水质仍通常较差，往往需进一步处理才能达到排放标准。一般需要在厌氧处理后串联好氧生物处理进一步处理。

（4）厌氧生物处理的气味较大。

（5）对氨氮的去除效果不好，一般认为在厌氧条件下氨氮不会降低，而且还可能由于原废水中含有的有机氮在厌氧条件下的转化导致氨氮浓度上升。

（6）厌氧处理设备启动时间长，因为厌氧微生物增殖缓慢，启动时经接种、培养、驯化达到设计污泥浓度的时间比好氧生物处理长，一般需要 8～12 周。

二、厌氧处理特征菌群

厌氧生物处理主要依靠三大类群的微生物，即水解产酸细菌，产氢产乙酸细菌和产甲烷细菌的联合作用完成。

（一）水解产酸细菌的种类及特征

水解产酸细菌大多数为专性厌氧菌，主要包括梭菌属、拟杆菌属、丁酸弧菌属、真细菌属和双歧杆菌属等。这类细菌对有机物的水解过程相当缓慢，pH 和温度等因素对水解速率影响很大。不同的有机物水解速率也不同，如类脂的水解就很困难；但产酸的反应速率较快，并远高于产甲烷反应。

（二）产氢产乙酸细菌的种类及特征

产氢产乙酸细菌主要包括互营单胞菌属、互营杆菌属、梭菌属和暗杆菌属等。这些细菌虽然大量存在于反应池中，但被处理的有机物不同，优势种群也有所区别。产氢产乙酸细菌在有机物厌氧分解过程中的主要作用是将大分子有机物转变为乙酸、丙酸、丁酸、乳酸、甲醇、乙醇等小分子中间产物以及 CO_2，H_2，H_2S，NH_3 等无机物，它们对 pH、有机酸、温度、氧气等环境条件的适应性相对较强。

（三）产甲烷细菌的种类及特征

与产酸细菌同时存在于反应池内的产甲烷菌对环境条件的要求则很苛刻。产甲烷细菌大致可分为两类，一类主要利用乙酸产生甲烷，另一类利用 H_2 和 CO_2 合成甲烷（数量较少）；也有极少量细菌，既能利用乙酸，又能利用 H_2 产生甲烷。产甲烷细菌在生理上具有非常相似的高专化性，它们的生长都需要严格的厌氧条件。

按照产甲烷细菌的形态和生理生态特征分类，如表 9-1 所示。

表 9-1 产甲烷菌分类表

目	科	属	代表种
产甲烷菌目	产甲烷杆菌科	产甲烷杆菌属 产甲烷杆菌属	产酸产甲烷杆菌 瘤胃产甲烷短杆菌
产甲烷球菌目	产甲烷球菌科	产甲烷球菌属	范氏产甲烷球菌
产甲烷微菌目	产甲烷微菌科	产甲烷微菌属 产甲烷菌属 产甲烷螺菌属	运动产甲烷菌 黑海产甲烷菌 亨氏产甲烷菌
	产甲烷八叠球菌科	产甲烷八叠球菌属 产甲烷丝菌属	巴氏产甲烷八叠球菌 索氏产甲烷丝菌

三、有机污染物的厌氧生物转化过程

有机污染物的厌氧生物转化过程可划分为三个连续阶段，即水解酸化阶段、产氢产乙酸阶段和产甲烷阶段。

1. 第一阶段：水解酸化阶段

复杂的大分子和不溶性有机物首先在厌氧菌细胞外酶的作用下水解为简单的有机物，如纤维素经水解转化成较简单的糖类；蛋白质转化成较简单的氨基酸；脂类转化成脂肪酸和甘油等。参与这个阶段的微生物主要为水解产酸菌。

碳水化合物、脂肪和蛋白质的水解酸化过程分别为：

$$\begin{array}{c} 多糖（如纤维素）\\ 低聚糖 \end{array} \xrightarrow[细胞外酶]{水解} 单糖 \xrightarrow[产酸细菌]{酸化} \begin{array}{c}脂肪酸、醇类\\ CO_2、H_2\end{array}$$

$$脂肪 \xrightarrow[细胞外酶]{水解} 长链脂肪酸、甘油 \xrightarrow[产酸细菌]{酸化} \begin{array}{c}脂肪酸、醇类\\ H_2O、CO_2\end{array}$$

$$蛋白质 \xrightarrow[细胞外酶]{水解} 氨基酸 \xrightarrow[产酸细菌]{酸化} \begin{array}{c}脂肪酸、醇类\\ NH_3、H_2O、CO_2、H_2S\end{array}$$

2. 第二阶段：产氢产乙酸阶段

第一阶段产生的中间产物（如丙酸、丁酸等脂肪酸和醇类等，不包括乙酸、甲烷、甲醇）在第二阶段被产氢产乙酸菌转化成乙酸和氢，并有 CO_2 产生。

$$\underset{（戊酸）}{CH_3CH_2CH_2CH_2COOH} + 2H_2O \longrightarrow \underset{（丙酸）}{CH_3CH_2COOH} + \underset{（乙酸）}{CH_3COOH} + 2H_2$$

$$\underset{（丙酸）}{CH_3CH_2COOH} + 2H_2O \longrightarrow \underset{（乙酸）}{CH_3COOH} + CO_2 + 3H_2$$

3. 第三阶段：产甲烷阶段

产甲烷菌把第一阶段和第二阶段产生的乙酸、H_2 和 CO_2 等转化为甲烷。此过程由两类产甲烷菌完成，一类把 H_2 和 CO_2 转化成甲烷，另一类从乙酸或乙酸盐脱羧产生 CH_4，前者约占总量的 1/3，后者约占 2/3，其反应式为：

$$4H_2 + CO_2 \xrightarrow{产甲烷菌} CH_4 + 2H_2O$$

$$CH_3COOH \xrightarrow{产甲烷菌} CH_4 + CO_2$$

$$CH_3COONH_4 + H_2O \xrightarrow{\text{产甲烷菌}} CH_4 + NH_4HCO_3$$

综上所述，有机物厌氧生物转化过程的三个阶段可如图 9-2 所示。虽然厌氧生物转化过程从理论上可分为以上三个阶段，但是在厌氧反应器中，这三个阶段是同时进行的，并保持某种程度的动态平衡。其中，产甲烷阶段最易受到 pH、温度、有机负荷等因素的破坏，易造成低级脂肪酸的积存和厌氧进程的异常变化。

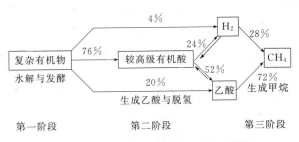

图 9-2 有机污染物的厌氧生物转化过程

【复习思考题】

简答题

1. 试比较厌氧生物法与好氧生物法的优缺点。
2. 简述厌氧生物处理的基本原理。
3. 试描述厌氧生物处理过程中的主要特征菌群及其各自特征。
4. 简述有机污染物的厌氧生物转化过程。

第二节　传统厌氧反应器

厌氧生物处理工艺的发展已有上百年的历史，从发展历程上看，污水的厌氧生物反应器经历了第一代、第二代到第三代的发展演变。

第一代厌氧处理工艺包括普通的厌氧消化工艺和传统的厌氧接触工艺。普通的厌氧消化工艺的早期典型代表就是化粪池，是在一个反应池内同时完成厌氧降解和泥水分离。厌氧消化池的停留时间长，处理负荷低，底物处理不彻底。现在广泛应用消化池来进行污泥的处理，通过增加加热设施，设置搅拌设备，加强污泥与底物的接触。

为了解决传统消化池污泥流失问题，厌氧接触法应运而生，即在化粪池的基础上通过增加后续沉淀池，并将污泥回流到消化池，避免了污泥大量流失。由于池内保留足够的生物量，使得反应效率提高，处理负荷增大，池容减小。

第二代厌氧处理工艺主要是以提高微生物浓度和停留时间、缩短液体停留时间为目的的反应器，主要包括厌氧滤池、厌氧生物转盘、升流式厌氧污泥床反应器（UASB）、厌氧膨胀床、厌氧流化床和两相厌氧法等，其中以 UASB 的发展最引人注目，但是它也存在一些问题，当进水有机物浓度低、产气量小时，有机污染物与厌氧菌之间的传质效果不佳。

第三代厌氧处理工艺主要是为了解决 UASB 的传质问题，拓展处理水质，扩大其水力负荷和有机负荷的适用范围而开发的。目前研究应用比较多的有厌氧颗粒污泥膨胀床（EGSB）、厌氧内循环反应器（IC）、厌氧折流板反应器（ABR）与厌氧膜生物反应器（AMBS）等。

一、厌氧接触法

（一）厌氧接触法的工艺流程和特点

厌氧接触法最早于 1955 年提出，用于处理食品包装废水，取得了良好的效果。此反应器对化粪池进行了改进，在连续搅拌反应器的基础上增设了污泥沉淀池和污泥回流装置，使部分厌氧污泥又回到反应器中，从而增大了反应器中的污泥浓度，实现了污泥在反应器中的停留时间（SRT）大于水力停留时间（HRT），处理效率与负荷显著提高，其流程见图 9-3。污水先进入混合接触池与回流的厌氧污泥相混合，然后经真空脱气器流入沉淀池。混合接触池中的污泥浓度要求很高（12000～15000mg/L），因此污泥回流量很大，一般是污水流量的 2～3 倍。

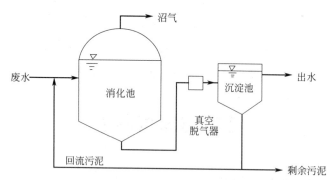

图 9-3 厌氧接触法的流程

厌氧接触法实质上是厌氧活性污泥法，不需要曝气而需要脱气。在混合接触池中，需要进行适当搅拌以使污泥保持悬浮状态，搅拌可以用机械方法，也可以用泵循环池水。

厌氧接触法的特点如下：

（1）由于污泥回流，厌氧反应器内能够维持较高污泥浓度，大大降低了水力停留时间，并使反应器具有一定的耐冲击负荷能力。

（2）该工艺不仅可以处理溶解性有机污水，而且可以用于处理悬浮物较高的高浓度有机污水，但不宜过高，否则污泥分离困难。

（3）混合液经沉淀后，出水水质好，但需增加沉淀池、污泥回流和脱气等设备。

（二）厌氧接触工艺存在问题

由于从厌氧反应器排出的混合液中的污泥附着大量气泡，同时，进入沉淀池的污泥仍有产甲烷菌在活动，易产生沼气，使已沉淀的污泥上翻，因此混合液在沉淀池中进行固液分离有一定的困难，容易造成污泥流失。对此可采取下列技术措施：

（1）在反应器与沉淀池之间设脱气器，尽可能将混合液中的沼气脱除，但这种措施不能抑制产甲烷菌在沉淀池内继续产气。

（2）在反应器与沉淀池之间设冷却器，使混合液的温度由 35℃ 降至 15℃，以抑制产甲烷菌在沉淀池内活动，将冷却器与脱气器联用能够比较有效地防止产生污泥上浮现象。

（3）投加混凝剂，提高沉淀效果。

（4）用膜过滤代替沉淀池。

二、厌氧生物滤池

为进一步提高厌氧反应器内微生物浓度及污泥龄，减少污泥流失，在传统厌氧接触工艺基础上发展起来的厌氧生物滤池工艺采用填料作为微生物载体，即在池内设陶瓷、塑料、炉渣等滤料，改善了微生物的生存环境，减少了后续泥水分离设施，使得反应过程更加充分，效率得以提高，特别适用于含悬浮物量很少的溶解性有机废水处理。

（一）厌氧生物滤池的构造

厌氧生物滤池是密封的水池，一般为圆柱形，池内放置填料，微生物附着在填料上，也有部分悬浮在填料空隙之间，如图 9-4 所示。当污水通过固定填料床，在厌氧微生物的作用下，污水中的有机物被厌氧分解，并产生沼气。沼气自下而上在滤池顶部释放，进入气体收集系统，净化后的水排出滤池外。滤池中的生物膜不断进行新陈代谢，脱落的生物膜随出水流出池外，为分离被出水挟带的生物膜，一般在滤池后需设沉淀池。

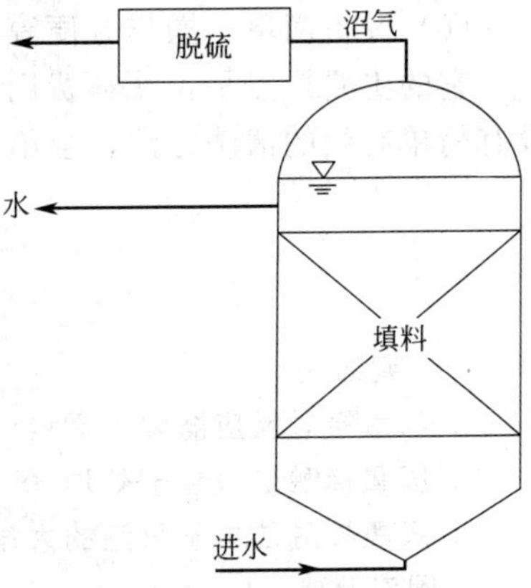

图 9-4 厌氧生物滤池构造图

（二）厌氧生物滤池的类型及特点

1. 厌氧生物滤池的类型

根据废水在厌氧生物滤池中流向的不同，可分为升流式厌氧生物滤池、降流式厌氧生物滤池和升流式混合型厌氧生物滤池三种形式，分别如图 9-5 所示。

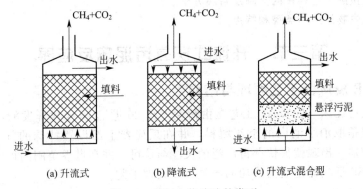

(a) 升流式　　(b) 降流式　　(c) 升流式混合型

图 9-5 厌氧生物滤池的类型

升流式反应器内厌氧生物膜形成较快，容积负荷较高，但是容易堵塞，需要定期反冲洗；而降流式厌氧生物膜的形成比较慢，容积负荷也比较低，实际应用相对较少。

2. 厌氧生物滤池的特点

从工艺运行的角度，厌氧生物滤池具有以下特点：

（1）厌氧生物滤池中的厌氧生物膜的厚度约为 1～4mm。

（2）与好氧生物滤池一样，其生物固体浓度沿滤料层高度而有变化。

（3）厌氧生物滤池适合于处理多种类型、浓度的有机废水，其有机负荷为 0.2～16kg COD/(m³·d)。

（4）当进水 COD 浓度过高（＞8000mg/L 或 12000mg/L）时，应采用出水回流的措施，以降低进水 COD 浓度，同时减小碱度的要求，并通过增加实际进水流量改善进水分布条件。

与传统的厌氧生物处理工艺相比，厌氧生物滤池的突出优点如下。

（1）滤池内可以保持很高的微生物浓度，因此处理能力较强，有机负荷高。

（2）泥龄长，可降低对水力停留时间的要求，耐冲击负荷能力强。

（3）启动时间较短，停止运行后的再启动也较容易。

（4）不需回流污泥，运行管理方便。

（5）运行稳定性较好。

（6）设备简单、操作方便等。

它的主要缺点是：滤料费用较贵；滤料容易堵塞，尤其是下部，生物膜很厚，堵塞后，没有简单有效的清洗方法，会给运行造成困难。因此，悬浮固体高的污水不适用此法。

【复习思考题】

一、判断题

1. 厌氧接触反应器内不需设污泥回流。（　　　）

2. 厌氧接触法适合于处理 SS 浓度和有机物浓度较低的废水。（　　　）

3. 厌氧接触法由于气泡的大量存在并附着于污泥，从反应器内排出的混合液在沉淀池中难以进行固液分离。（　　　）

4. 厌氧生物滤池的构造类似于一般的好氧生物滤池，池内放置填料，而且池顶也不密封。（　　　）

二、简答题

1. 简述厌氧接触法的工艺流程。

2. 简述厌氧接触工艺存在的问题及解决办法。

3. 简述厌氧生物滤池的类型和特点。

第三节　升流式厌氧污泥床反应器

一、UASB 反应器工艺原理与结构

升流式厌氧污泥床（UASB）工艺是由荷兰人在 20 世纪 70 年代开发的，其原型为升流式厌氧滤池，但是取消了池内的全部填料，并在反应器上部设置特殊的气-液-固三相分离器。UASB 反应器一出现就很快获得广泛的关注与认可，并在世界范围内得到广泛应用。到目前为止，UASB 反应器是最为成功的厌氧生物处理工艺。

（一）工艺原理

UASB 反应器的工作原理如图 9-6 所示。污水尽可能均匀地进入反应器的底部，自下而上

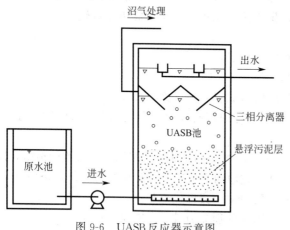

图 9-6　UASB 反应器示意图

通过反应器。在反应器的底部有一个高浓度（可达 60～80g/L）、高活性的污泥层，大部分的有机物在这里被转化为 CH_4 和 CO_2。由于气态产物 CH_4 和 CO_2 的搅动和气泡黏附污泥，在污泥层之上形成一个污泥悬浮层。反应器的上部设有三相分离器，气、液、固三相在此得到分离。被分离的气体从上部导出，污泥则自动滑落到悬浮污泥层，出水从澄清区流出。

（二）UASB 反应器的构造与特性

1. UASB 的构造

UASB 反应器可分为开敞式和封闭式两种。开敞式反应器顶部不加密封，出水水面敞开，主要适用于处理中低浓度的有机污水；封闭式反应器顶部加盖密封，主要适用于处理高浓度有机污水或含较多硫酸盐的有机污水。

UASB 反应器断面一般为圆形或矩形，圆形一般为钢结构，矩形一般为钢筋混凝土结构。主要由下列几部分组成。

(1) 布水器 即进水配水系统，其功能主要是将污水均匀地分配到整个反应器的横截面上，并利用进水进行水力搅拌，这是反应器高效运行的关键之一。

(2) 反应区 包括污泥床区和污泥悬浮层区，有机物主要在这里被厌氧菌所分解，是反应器的主要部位。

(3) 三相分离器 三相分离器是 UASB 反应器最有特点和最重要的装置，由沉淀区、回流缝和气封组成，其功能是把气体（沼气）、固体（污泥）和液体分开，固体经沉淀后由回流缝回流到反应区，气体分离后进入气室。三相分离器的分离效果将直接影响反应器的处理效果。

(4) 出水系统 出水系统的作用是把处理过的水均匀地加以收集，排出反应器。

(5) 气室 也称集气罩，其作用是收集沼气。

(6) 浮渣清除系统 其功能是清除沉淀区液面和气室液面的浮渣，如浮渣不多可省略。

(7) 排泥系统 其功能是均匀地排除反应区的剩余污泥。

2. UASB 的特性

(1) UASB 反应器可以培养出大量厌氧颗粒污泥，污泥的颗粒化可使反应器具有很高的容积负荷，当水温为 30℃ 左右时，负荷可达 $10 \sim 20 \text{kg COD}/(\text{m}^3 \cdot \text{d})$。

(2) 上升水流和沼气产生的气流可满足搅拌需要，不需设搅拌设备。

(3) 对负荷冲击和温度与 pH 的变化具有一定的适应性。

(4) 不仅适于处理高、中等浓度的有机污水，也用于处理如城市污水这样的低浓度有机污水。

(5) 构造简单，便于操作运行。

二、UASB 反应器运行控制

(一) UASB 反应器的启动

在 UASB 反应器内，厌氧污泥可以以絮状污泥存在，也可以以直径约 $0.5 \sim 6.0 \text{mm}$ 的颗粒污泥存在。在厌氧反应器内颗粒污泥形成的过程称为颗粒污泥化，颗粒污泥化是大多数 UASB 反应器启动的目标和启动成功的标志。

颗粒污泥的形成使 UASB 内可以保留高浓度的厌氧污泥。这首先是因为颗粒污泥具有极好的沉降性能。絮状污泥沉降性能较差，当产气量较高、废水上流速度略高时，絮状污泥则容易冲洗出反应器；产气与水流的剪切力也易于使絮状污泥进一步分散，加剧了絮状污泥的洗出。而颗粒污泥有极好的沉降性能，它能在很高的产气量和高上流速度下保留在厌氧反应器内。因此，污泥的颗粒化可以使 UASB 反应器允许有更高的有机物容积负荷和水力负荷。

初次启动通常指对一个新建的 UASB 系统以未经驯化的非颗粒污泥接种，使反应器达到设计负荷和有机物去除效率的过程，通常这一过程伴随着污泥颗粒化的完成，因此也称为污泥的颗粒化。由于厌氧微生物，特别是产甲烷菌增殖缓慢，厌氧反应器的初次启动需要较长的时间；但是一旦初次启动完成，在停止运行后的再次启动可以迅速完成。同时，当使用现有废水处理系统的厌氧颗粒污泥启动时，反应器的启动速度更快。

UASB 反应器初次启动的注意事项如下。

(1) 洗出的污泥不再返回反应器。

(2) 当进水 COD 浓度大于 5000mg/L 时采用出水循环或稀释进水。

(3) 逐步增加有机负荷，有机负荷的增加应当在可降解 COD 能被去除 80% 后再进行。

（4）保持乙酸浓度始终低于 1000mg/L。

（5）启动时，稠型污泥的接种量大约为 $10\sim15$kgVSS/m³，浓度小于 40kgVSS/m³ 的稀释消化污泥接种量可以略小些。

（6）低浓度的废水有利于颗粒化的快速形成，但浓度也应当足够维持良好的细菌生长条件，最小的 COD 浓度应为 1000mg/L。

（7）过量的悬浮物会阻碍颗粒化的形成。

（8）以溶解性碳水化合物为主要底物的废水比以挥发性脂肪酸为主的废水颗粒化过程快，当废水含有蛋白质时，应使蛋白质尽可能降解。

（9）高的离子浓度（例如 Ca^{2+}、Mg^{2+}）能引起化学沉淀，由此导致形成灰分含量高的颗粒污泥。

（10）在中温范围，最佳温度为 $38\sim40℃$，高温适宜范围为 $50\sim60℃$。

（11）在反应器内的 pH 值应始终保持在 6.2 以上。

（12）营养物质和微量元素应当满足微生物生长的需要。

（13）毒性化合物应当低于抑制浓度或给予污泥足够的驯化时间。

（二）UASB 反应器异常现象和对策

1. 活性污泥生长过于缓慢

可能原因：（1）营养与微量元素不足；（2）进液预酸化程度过高；（3）污泥负荷过低；（4）颗粒污泥洗出；（5）颗粒污泥的分裂。

解决方法：（1）增加进液营养与微量元素的浓度；（2）减小预酸化程度；（3）增加反应器负荷。

2. 污泥产甲烷活性不足

可能原因：（1）营养与微量元素不足；（2）产酸菌生长过于旺盛；（3）有机悬浮物在反应器中积累；（4）反应器中温度降低；（5）废水中存在有毒物或形成抑制活性的环境条件；（6）无机物例如 Ca^{2+} 等引起沉淀。

解决方法：（1）添加营养或微量元素；（2）增加废水预酸化程度，降低反应器负荷；（3）降低悬浮物浓度；（4）提高温度；（5）减小进液中 Ca^{2+} 浓度；（6）在 UASB 反应器前采用沉淀池。

3. 颗粒污泥洗出

可能原因：（1）气体聚集于空的颗粒中，在低温、低负荷、低进液浓度下易形成大而空的颗粒污泥；（2）由于颗粒形成分层结构，产酸菌在颗粒污泥外大量覆盖使产气聚集在颗粒内；（3）颗粒污泥因废水中含大量蛋白质和脂肪而有上浮的趋势。

解决方法：（1）增大污泥负荷，采用内部水循环以增大水对颗粒的剪切力；（2）应用更稳定的工艺条件，增加废水预酸化的程度；（3）采用预处理（沉淀或化学絮凝）去除蛋白与脂肪。

4. 絮状的污泥或表面松散"起毛"的颗粒污泥形成并被洗出

可能原因：（1）由于进液中悬浮的产酸细菌的作用，颗粒污泥聚集在一起；（2）在颗粒表面或以悬浮状态生长着大量的产酸菌；（3）表面"起毛"颗粒形成，产酸菌大量附着于颗粒表面。

解决方法：（1）从进液中去除悬浮物；（2）加强废水与污泥混合的强度，增加预酸化程度；（3）降低污泥负荷。

5. 颗粒污泥破裂分散

可能原因：（1）负荷或进液浓度的突然变化；（2）预酸化程度突然增加，使产酸菌呈

"饥饿"状态；（3）有毒物质存在于废水中；（4）过强的机械力；（5）由于选择压过小而形成絮状污泥。

解决方法：（1）应用更稳定的预酸化条件；（2）废水脱毒预处理；（3）延长驯化时间，稀释进液；（4）降低负荷和上流速度，以降低水流的剪切力；（5）采用出水循环以增大选择压力，使絮状污泥洗出。

三、沼气产量与利用

厌氧反应器的一大优点就是可产生大量沼气能源，沼气的热值很高（一般为 21000～25000kJ/m³，即 5000～6000kcal/m³），是一种可利用的生物能源，有一定的经济价值。

（一）厌氧反应过程中沼气产量的估算

污水中含有的糖类、脂类和蛋白质等有机物经过厌氧处理能转化为甲烷和二氧化碳等气体，统称为沼气。沼气成分一般认为包括：CH_4 50%～70%，CO_2 20%～30%，H_2 2%～5%，N_2 10%，微量 H_2S 等。一般 1g BOD 理论上在厌氧条件下完全降解可以生成 0.25g CH_4，相当于在标准状态下沼气体积 0.35L。一般来说，糖类物质厌氧处理的沼气产量较少，沼气中甲烷含量也较低。脂类物质沼气产量较高，甲烷含量也较多。

（二）沼气的收集

对于中、低浓度的有机污水，一般采用敞开式 UASB 反应器，沼气直接排放。处理高浓度的有机污水，收集三相分离器分离处理出来的沼气于集气罩中。UASB 顶部的集气罩应有足够的空间，应设排气管和测压管。沼气出气管径应按日平均产气量选定，并用高峰产气量进行校核。在固定盖式集气罩中，出气管直接与储气柜连通，中间不允许连接燃烧用支管。当采用沼气搅拌时，压缩机的吸气管可单独与集气罩连接，如与出气管共用，则在确定出气管直径时必须同时考虑沼气搅拌循环流量。在沼气管最低点应设置凝结水罐，及时排走凝结水，防止堵塞管道。为了减少凝结水量，沼气管采用保温措施。沼气管应采用镀锌钢管或铸铁管。气柜的进出气管道必须设水封罐（或阻火器），以确保安全。水封罐兼有保安和调整气柜压力的作用。

（三）沼气的储存与利用

沼气的产量和用气量通常都是不匹配的，储气柜的作用即是对产气量和用气量之间的不平衡进行人工调节。储气柜的容积一般按平均产气量的 25%～40%，相当于 6～10h 的平均产气量。

储气柜常用低压浮盖式储气柜，压力不宜太高。由于沼气中含有少量 H_2S，对设备有腐蚀作用，必须采取相应的防腐措施。沼气的处理主要是去除沼气中的 H_2S，以降低其对沼气利用设备的腐蚀。

目前我国沼气利用上主要分为以下几大类：（1）直接作为燃料使用；（2）沼气发电；（3）沼气燃料电池；（4）沼气作为车用燃料。

四、UASB 反应器工业应用

UASB 反应器是目前使用最为广泛的高速厌氧反应器，在发酵工业、淀粉加工、皮革、制糖、罐头、饮料、牛奶与乳制品、蔬菜加工、豆制品、肉类加工、造纸、制药、石油精炼及石油化工等各种有机废水的处理中均有应用。

下面以唐山某啤酒废水处理工程实例为例，介绍 UASB 反应器的实际应用情况。

（一）设计水质水量及处理要求

该啤酒厂废水处理站处理水量为 10000m³/d，废水中 COD_{Cr} 2000mg/L，SS 400mg/L，BOD_5 1000mg/L，pH 值为 7.5～9.4。

按当地废水排放要求，该公司的啤酒废水经处理后应达到 $COD_{Cr} \leqslant 150mg/L$，$BOD_5 \leqslant$

60mg/L，SS≤200mg/L，pH 值为 6～9。

（二）污水处理工艺流程

由于啤酒废水是一种中、高浓度的有机废水，其中所含有机物大多易生物降解（BOD$_5$/COD$_{Cr}$≥0.45），该工程采用 UASB＋生物接触氧化组合工艺，工艺流程如图 9-7 所示。

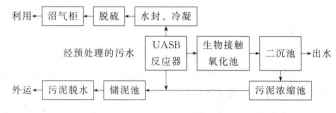

图 9-7　UASB-生物接触氧化工艺流程

经预处理的污水进入 UASB 反应器进行厌氧处理后，进入生物接触氧化池进一步处理，混合液在二沉池进行沉淀分离后，出水排放，污泥经浓缩、脱水处理后外运。反应中产生的沼气经水封、冷凝、脱硫等处理后收集于沼气柜待利用。

（三）工程设计说明

整个系统共设 4 个 UASB 反应器，每个反应器的尺寸为 20m×10m×6m，常温下运行，COD$_{Cr}$ 容积负荷为 4.4kg/(m^3 · d)，去除率达到 80％以上。UASB 反应器由池体、配水系统、三相分离器、出水系统、排泥系统组成。池体采用钢筋混凝土形式，配水系统采用穿孔管，排泥系统与配水系统共用一管，在排水的同时实现了排泥管的反冲，既节省了反冲装置，也有效地解决了管道堵塞问题。出水系统采用三角堰溢流出水，由支渠汇入出水渠，然后通过管道进入接触氧化池。

（四）污染物去除情况

经过本工艺各主要构筑物的处理，原啤酒废水中所含有的主要污染物的去除情况见表 9-2。

表 9-2　啤酒废水处理效果

项　目	COD$_{Cr}$/(mg/L)		BOD$_5$/(mg/L)	
	进水	出水	进水	出水
UASB	2000	400	1000	150
接触氧化池	400	100	150	30
最终出水		100		30

【复习思考题】

一、判断题

1. UASB 是应用最广泛的厌氧处理方法。（　　　）

2. 三相分离器是 UASB 反应器中最重要的设备。（　　　）

3. UASB 反应器中废水的流动方向是自上而下。（　　　）

4. UASB 反应器负荷高、体积小、占地面积少。（　　　）

5. UASB 反应器可处理几乎所有以有机污染物为主的废水。（　　　）

二、简答题

1. 试述 UASB 反应器的构造。

2. UASB 反应器中出现颗粒污泥洗出异常现象的原因是什么？采取什么对策？

3. 简述三相分离器的特点和功能。

4. UASB 反应器的特色主要体现在哪里？

5. 试述 UASB 反应器高效运行的特点。

第四节　新型厌氧生物反应器

一、厌氧颗粒污泥膨胀床

厌氧颗粒污泥膨胀床反应器（expanded granular sludge bed，EGSB）是 20 世纪 90 年代初荷兰 Wageningen 农业大学的 Lettinga 教授等人在上流式厌氧污泥床反应器（UASB）的研究基础上开发的第三代高效厌氧反应器。与 UASB 反应器相比，EGSB 反应器增加了出水回流，提高了液体表面上升流速（>4m/h），使得颗粒污泥床层处于膨胀状态，提高了颗粒污泥的传质效果。

（一）EGSB 反应器工作原理

EGSB 反应器工作原理与 UASB 类似，即在 EGSB 反应器运行过程中，待处理废水与被回流的出水混合经反应器底部的布水系统均匀进入反应器的反应区；反应区内的泥水混合液及厌氧反应产生的沼气向上流动，部分沉降性能较好的污泥经过膨胀区后自然回落到污泥床上；沼气及其余的泥水混合液继续向上流动，经三相分离器后，沼气进入集气室，部分污泥经沉淀后返回反应区，液相挟带部分沉降性极差的污泥排出反应器。

图 9-8 为 EGSB 反应器结构原理图。

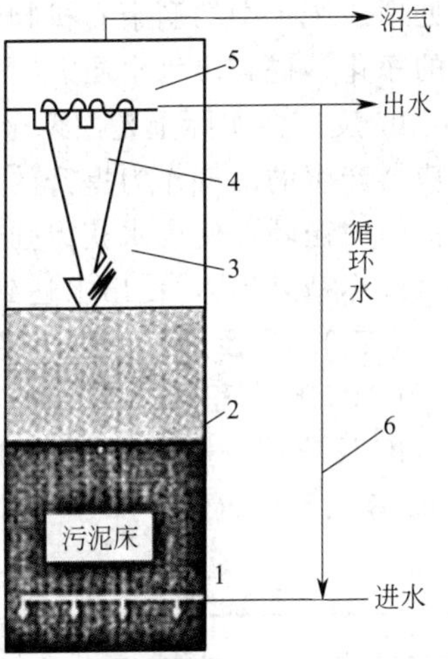

（二）EGSB 反应器特征

EGSB 反应器属于 UASB 反应器的变型。它的基本构造与流化床类似，其特点是具有较大的高径比，一般可达 3～5，生产性装置反应器高可达 15～20m。EGSB 反应器一般截面为圆形，顶部可以是敞开的，也可是封闭的，封闭的优点是可防止臭味外逸，如在压力下工作，甚至可替代气柜作用。

图 9-8　EGSB 反应器系统示意图
1—配水系统；2—反应区；
3—三相分离器；4—沉淀区；
5—出水系统；6—出水循环部分

为了达到颗粒污泥的膨胀，必须提高液体升流速度。一般要求达到液体表面速度为 5～10m/h。EGSB 反应器通过采用出水循环回流获得较高的表面液体升流速度。由于颗粒污泥的沉降速度大，并有专门设计的三相分离器，所以颗粒污泥不会流失，使反应器内仍可维持很高的生物量。

在 EGSB 中颗粒污泥床处于部分或全部"膨胀化"的状态，而且在高的上流速度和产气的搅拌作用下，废水与颗粒污泥间的接触更充分，水力停留时间更短，从而可处理较低浓度的有机废水。

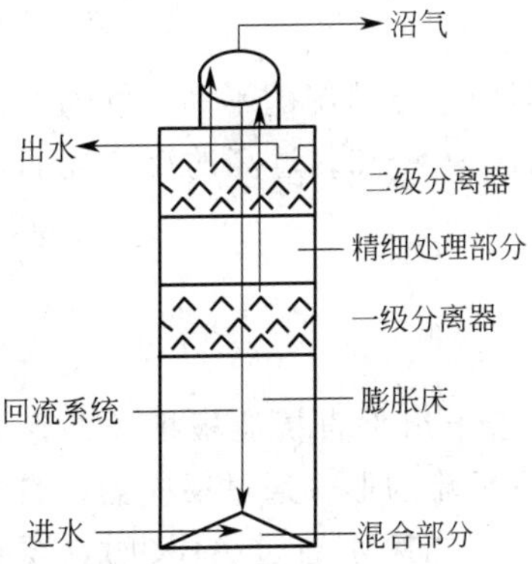

二、厌氧内循环反应器

（一）IC 反应器工作原理

厌氧内循环反应器（internal cironlation，IC）构造特点是具有很大的高径比，一般可达 4～8，反应器的高度可达 16～25m。所以在外形上看，IC 反应器实际上是个厌氧生化反应塔。见图 9-9。

图 9-9　IC 反应器构造原理

IC 反应器内分为上下两个反应室。进水从反应器底部进入第一反应室，与该室内的厌氧颗粒污泥均匀混合。废水中所含的大部分有机物在这里被转化成沼气，所产生的沼气被第一反应室的集气罩收集，沼气将沿着提升管上升。沼气上升的同时，把第一反应室的混合液提升至设在反应器顶部的气液分离器，被分离出的沼气由气液分离器顶部的沼气排出管排走。分离出的泥水混合液将沿着回流管回到第一反应室的底部，并与底部的颗粒污泥和进水充分混合，实现第一反应室混合液的内部循环。厌氧内循环反应器的命名即由此得来。

内循环使得第一反应室不仅有很高的生物量、很长的污泥龄，并具有很大的升流速度，使该室内的颗粒污泥完全达到流化状态，有很高的传质速率，使生化反应速率提高，从而大大提高第一反应室去除有机物能力。经过第一反应室处理过的废水，向上进入第二反应室继续处理。废水中的剩余有机物可被第二反应室内的厌氧颗粒污泥进一步降解，使废水得到更好的净化，提高出水水质。

IC 反应器实际上是由两个上下重叠的 UASB 反应器串联组成的。由下面第一个 UASB 反应器产生的沼气作为提升的内动力，使升流管与回流管的混合液产生密度差，实现下部混合液的内循环，使废水获得强化预处理。上面的第二个 UASB 反应器对废水继续进行后处理（或称精处理），使出水达到预期的处理要求。

（二）IC 反应器的工艺特征

1. COD 容积负荷

IC 反应器一般具有较高的处理负荷，表 9-3 归纳了国外生产装置和中试装置所推荐的 COD 容积负荷。

表 9-3　IC 反应器的设计 COD 容积负荷

温度/℃	设计负荷/[kg COD/(m³·d)]	温度/℃	设计负荷/[kg COD/(m³·d)]
40	30～40	15	10～15
30	20～30	10	5～10
20	15～20		

2. 循环系统

IC 反应器中的三相分离器、气液分离器和沼气提升管、泥水下降管构成了反应器的"心脏"和循环系统，使得该反应器在处理有机工业废水方面比其他反应器更有优势。沼气提升管的设计要考虑能够使所收集的沼气顺利导出，还要考虑由气体上升产生的汽提作用能够带动泥水上升至顶部的气液分离器。泥水下降管必须保证不被下降的污泥堵塞，其管径可比沼气提升管管径粗一些，以利于泥水在重力作用下自然下降至反应器底部和进水混合。此外，顶部气液分离器要大小适当，以维持一定的液位从而保证稳定的内循环量。

3. 高径比

在一定的处理容量条件下高径比的不同将直接导致反应器内水流状况的不同，并通过传质速率最终影响生物降解速率。一般 IC 反应器生产装置高径比为 4～8。过高的反应器高度必使水泵动力消耗增加。

三、厌氧折流板反应器

（一）ABR 反应器工作原理

厌氧折流板反应器（anaerobic baffed reactor，ABR）由若干组垂直折流板把长条形整个反应器分隔成若干个组串联的反应室，迫使废水水流以上下折流的形式通过反应器，其结构如图 9-10 所示。ABR 内反应器内各室积累着较多厌氧污泥，当废水通过 ABR 时，要自下而上流动与大量的活性生物量发生多次接触，大大提高了反应器的容积利用率。ABR 反应器具有很高的处理稳定性和容积利用率，不会发生堵塞和污泥床膨胀而引起的污泥（微生物）流失，可省去三相分离器。

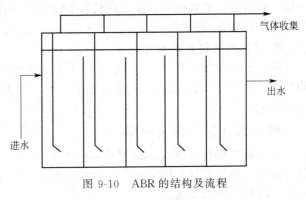

图 9-10　ABR 的结构及流程

ABR 中的每个反应室都有一个厌氧污泥层，其功能与 UASB 反应区是相似的，所不同的是上部没有专设的三相分离器。沼气上升至液面进入反应器上部的集气室，并一起由导管排出反应器外。ABR 的升流条件使厌氧污泥可形成颗粒污泥。

由于有机物厌氧生化反应过程存在产酸和产甲烷两个阶段，所以在 ABR 的第一室往往是厌氧过程的产酸阶段，pH 值易于下降。采用出水回流，可缓解 pH 值的下降程度。

（二）ABR 反应器特性

1. ABR 反应器的水力特性

ABR 反应器内由于折流板的阻挡作用，阻止了各室间的混合作用，就一个反应室而言，因沼气的搅拌作用，水流流态基本上是完全混合的，但各个反应室之间是串联的，具有活塞流流态。整个 ABR 是由若干个完全混合反应器串联在一起的反应器，因此 ABR 反应器具有较强的处理能力，其容积利用率要高于其他形式的反应器。

2. 良好的微生物种群分布

ABR 反应器中不同隔室内的厌氧微生物易呈现出良好的种群分布和处理功能的配合，不同隔室中生长适应流入该隔室废水水质的优势微生物种群，从而有利于形成良好的微生态系统。例如，在位于反应器前端的隔室中，主要以水解和产酸菌为主，而在较后的隔室中则以甲烷菌为主。随着隔室的推移，由甲烷八叠球菌为优势种群逐渐向甲烷丝菌属、异养甲烷菌和脱硫弧菌属等转变。这种微生物种群的逐室变化，使优势种群得以良好的生长，并使废水中污染物得到逐级转化并在各司其职的微生物种群作用下得到稳定的降解。

3. 工艺简单、投资少、运行费用较低

ABR 法设计简单，没有活动部件，同传统的厌氧消化池相比，不需机械搅拌装置，也不需额外的澄清沉淀池。同 UASB 和 IC 相比，ABR 法不需要昂贵的进水系统，也不需要设计复杂的三相分离器。因此，ABR 法的投资少，运行费用较低。

4. 耐冲击负荷、适应性强

由于折流板良好的滞留微生物的能力和污泥良好的沉降性能，且 ABR 反应器具有良好的生物级配，因此对冲击负荷的适应性很强。

5. 固液分离效果好、出水水质好

ABR 的分格构造和水流的推流状态，使得污泥负荷随水流逐渐降低，在最后一隔室内污泥负荷最低，且产气量最小，最有利于固液分离，所以能够保证良好的出水水质。

6. 运行稳定、操作灵活

ABR 反应器的挡板构造大大减小了堵塞和污泥床膨胀等现象发生的可能性；可根据水质、水量的不同，通过改变挡板间距，调节 HRT，甚至还可以进行间歇操作。ABR 法还可在适当的隔室进行好氧操作，以达到在同一反应器内除氮的目的。

7. 对有毒物质适应性强

由于隔板将反应器各格分隔开，所以有毒物质对反应器的影响主要集中在 ABR 反应器前部，对后部的危害较小。这使得只有少数微生物暴露在有毒物质的影响下，有利于整个反应器系统的驯化并能在较短时间恢复到正常的水平。

8. 良好的生物固体截留能力

由于折流板的阻挡作用及通过对折流板间距的合理设置（水流在上向流室上升流速相对较小）为污泥的沉降和截留创造了一个良好的条件，因而 ABR 反应器内能截留大量的微生物。

四、厌氧膜生物反应器

厌氧膜生物反应器（anaerobic membrance biological reactor，AnMBR）是将厌氧生物处理单元与膜分离技术相结合的污水处理技术，膜分离过程可非常高效地持留厌氧微生物，提高了反应器处理效能。

各类厌氧反应器包括厌氧流动床、厌氧生物滤池、UASB、EGSB、ABR 等都可应用于厌氧膜生物反应器中。AnMBR 的膜组件主要是超滤和微滤膜，在膜组件的配置上主要有两种形式，即外置式和内置式，如图 9-11 所示。外置式是将膜组件和生物反应器分开放置 [图 9-11(a)]，需要通过水泵进行液体循环以形成膜表面的切向流来改善膜污染状况，是目前 AnMBR 中最普遍的配置。内置式是将膜组件浸入到液体水槽中 [图 9-11(b)]，需要将厌氧反应产生的沼气用于对膜表面进行冲刷，来防止膜表面污泥沉积层的形成。图 9-12 为复合式 AnMBR。

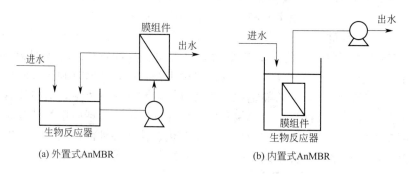

图 9-11　AnMBR 配置示意图

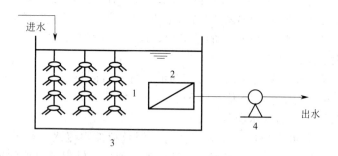

图 9-12　复合式 AnMBR

1—填料；2—膜组件；3—生物反应器；4—抽吸泵

AnMBR 技术在保留厌氧生物处理技术投资省、能耗低、可回收利用沼气能源、负荷高、产泥少、耐冲击负荷等诸多优点的基础上，由于引入膜组件，还带来了一系列优点：如膜组件的高效分离截留作用使生物量不会从反应器中流失，实现了 SRT 和 HRT 的有效分离，因而 AnMBR 可以有更高的有机负荷和容积负荷。同时，膜的截留作用使得浊度、细菌和病毒等物质得到大幅度去除，提高了出水水质。除此之外，膜分离作用还体现在对厌氧反应器的构造和处理效果有特殊的强化作用。如以 UASB 与膜组合为例，将不再需要设计严格的三相分离器来实现气固液的分离。

AnMBR 技术的大范围推广应用仍存在许多难题有待研究，主要有如下方面。

（1）膜污染　膜污染问题很大程度上决定了 AnMBR 系统的经济性和实用性。

（2）能耗　因为 AnMBR 目前大多数采用外置式，需要通过水泵来进行液体循环以改善污染状况，造成耗能相对较高。

（3）缺乏工程应用经验　由于 AnMBR 在国内的研究及工程化应用还不充分，对各种不同行业的污水处理缺乏足够的工程经验，需要进一步的研究积累。

【复习思考题】

1. 简述厌氧颗粒污泥膨胀床的构造。
2. 试述厌氧内循环反应器的特点。
3. 试述厌氧折流板反应器的工艺特点。
4. 简述厌氧膜生物反应器的工作原理。

附　　录

附录1　地表水环境质量标准（GB 3838—2002）节选

单位：mg/L

序号	项目　标准值　分类		Ⅰ类	Ⅱ类	Ⅲ类	Ⅳ类	Ⅴ类
1	水温/℃		\[人为造成的环境水温变化应限制在：周平均最大温升≤1　周平均最大温降≤2\]				
2	pH(无量纲)		6～9				
3	溶解氧	≥	饱和率90%（或7.5）	6	5	3	2
4	高锰酸盐指数	≤	2	4	6	10	15
5	化学需氧量(COD)	≤	15	15	20	30	40
6	五日生化需氧量(BOD_5)	≤	3	3	4	6	10
7	氨氮(NH_3-N)	≤	0.15	0.5	1.0	1.5	2.0
8	总磷(以P计)	≤	0.02(湖、库0.01)	0.1(湖、库0.025)	0.2(湖、库0.05)	0.3(湖、库0.1)	0.4(湖、库0.2)
9	总氮(湖、库,以N计)	≤	0.2	0.5	1.0	1.5	2.0
10	铜	≤	0.01	1.0	1.0	1.0	1.0
11	锌	≤	0.05	1.0	1.0	2.0	2.0
12	氟化物(以F^-计)	≤	1.0	1.0	1.0	1.5	1.5
13	硒	≤	0.01	0.01	0.01	0.02	0.02
14	砷	≤	0.05	0.05	0.05	0.1	0.1
15	汞	≤	0.00005	0.00005	0.0001	0.001	0.001
16	镉	≤	0.001	0.005	0.005	0.005	0.01
17	铬(六价)	≤	0.01	0.05	0.05	0.05	0.1
18	铅	≤	0.01	0.01	0.05	0.05	0.1
19	氰化物	≤	0.005	0.05	0.2	0.2	0.2
20	挥发酚	≤	0.002	0.002	0.005	0.01	0.1
21	石油类	≤	0.05	0.05	0.05	0.5	1.0
22	阴离子表面活性剂	≤	0.2	0.2	0.2	0.3	0.3
23	硫化物	≤	0.05	0.1	0.2	0.5	1.0
24	粪大肠菌群/(个/L)	≤	200	2000	10000	20000	40000

附录 2 海水水质标准（GB 3097—1997）节选

单位：mg/L

序号	项目	第一类	第二类	第三类	第四类
1	漂浮物质	海面不得出现油膜、浮沫和其他漂浮物质			海面无明显油膜、浮沫和其他漂浮物质
2	色、臭、味	海水不得有异色、异臭、异味			海水不得有令人厌恶和感到不快的色、臭、味
3	漂浮物质	人为增加的量≤10		人为增加的量≤100	人为增加的量≤150
4	大肠菌群≤/(个/L)	10000 供人生食的贝类养殖水质≤700			—
5	粪大肠菌群≤/(个/L)	2000 供人生食的贝类养殖水质≤140			—
6	病原体	供人生食的贝类养殖水质不得含有病原体			
7	水温/℃	人为造成的海水温升夏季不超过当时当地1℃，其他季节不超过2℃		人为造成的海水温升不超过当时当地4℃	
8	pH	7.8～8.5 同时不超过该海域正常变动范围的0.2pH单位		6.8～8.8 同时不超过该海域正常变动范围的0.5pH单位	
9	溶解氧＞	6	5	4	3
10	化学需氧量≤(COD)	2	3	4	5
11	生化需氧量≤(BOD$_5$)	1	3	4	5
12	无机氮≤(以N计)	0.20	0.30	0.40	0.50
13	非离子氨≤(以N计)	0.020			
14	活性磷酸盐≤(以P计)	0.015	0.030		0.045
15	汞≤	0.00005	0.0002		0.0005
16	镉≤	0.001	0.005		0.010
17	铅≤	0.001	0.005	0.010	0.050
18	六价铬≤	0.005	0.010	0.020	0.050
19	总铬≤	0.05	0.10	0.20	0.50
20	砷≤	0.020	0.030	0.050	
21	铜≤	0.005	0.010	0.050	
22	锌≤	0.020	0.050	0.10	0.50
23	硒≤	0.010	0.020		0.050
24	镍≤	0.005	0.010	0.020	0.050
25	氰化物≤	0.005		0.10	0.20
26	硫化物≤(以S计)	0.02	0.05	0.10	0.25
27	挥发性酚≤	0.005		0.010	0.050
28	石油类≤	0.05		0.30	0.50
29	六六六≤	0.001	0.002	0.003	0.005
30	滴滴涕≤	0.00005	0.0001		
31	马拉硫磷≤	0.0005	0.001		
32	甲基对硫磷≤	0.0005	0.001		
33	苯并(a)芘≤/(μg/L)	0.0025			
34	阴离子表明活性剂(以LAS计)	0.03	0.10		
35	放射性核素/(Bq/L) ^{60}Co	0.03			
	^{90}Sr	4			
	^{106}Rn	0.2			
	^{134}Cs	0.6			
	^{137}Cs	0.7			

附录3 污水综合排放标准 (GB 8978—1996) 节选

表1 第一类污染物最高允许排放浓度

单位：mg/L

序号	污染物	最高允许浓度	序号	污染物	最高允许浓度
1	总汞	0.05	8	总镍	1.0
2	烷基汞	不得检出	9	苯并(a)芘	0.00003
3	总镉	0.1	10	总铍	0.005
4	总铬	1.5	11	总银	0.5
5	六价铬	0.5	12	总 α 放射性	1Bq/L
6	总砷	0.5	13	总 β 放射性	10Bq/L
7	总铅	1.0			

表2 第二类污染物最高允许排放浓度

(1997年12月31日之前建设的单位)

单位：mg/L

序号	污染物	适用范围	一级标准	二级标准	三级标准
1	pH	一切排污单位	6~9	6~9	6~9
2	色度 (稀释倍数)	染料工业	50	180	—
		其他排污单位	50	80	—
3	悬浮物 (SS)	采矿、选矿、选煤工业	100	300	—
		脉金选矿	100	500	—
		边远地区砂金选矿	100	800	—
		城镇二级污水处理厂	20	30	—
		其他排污单位	70	200	400
4	五日生化需氧量 (BOD₅)	甘蔗制糖、苎麻脱胶、湿法纤维板工业	30	100	600
		甜菜制糖、酒精、味精、皮革、化纤浆粕工业	30	150	600
		城镇二级污水处理厂	20	30	—
		其他排污单位	30	60	300
5	化学需氧量 (COD)	甜菜制糖、焦化、合成脂肪酸、湿法纤维板、染料、洗毛、有机磷农药工业	100	200	1000
		味精、酒精、医药原料药、生物制药、苎麻脱胶、皮革、化纤浆粕工业	100	300	1000
		石油化工工业(包括石油炼制)	100	150	500
		城镇二级污水处理厂	60	120	—
		其他排污单位	100	150	500
6	石油类	一切排污单位	10	10	30
7	动植物油	一切排污单位	20	20	100
8	挥发酚	一切排污单位	0.5	0.5	2.0
9	总氰化合物	电影洗片(铁氰化合物)	0.5	5.0	5.0
		其他排污单位	0.5	0.5	1.0
10	硫化物	一切排污单位	1.0	1.0	2.0
11	氨氮	医药原料药、染料、石油化工工业	15	50	—
		其他排污单位	15	25	—
12	氟化物	黄磷工业	10	20	20
		低氟地区(水体含氟量<0.5mg/L)	10	20	30
		其他排污单位	10	10	20
13	磷酸盐(以P计)	一切排污单位	0.5	1.0	—
14	甲醛	一切排污单位	1.0	2.0	5.0
15	苯胺类	一切排污单位	1.0	2.0	5.0

续表

序号	污染物	适用范围	一级标准	二级标准	三级标准
16	硝基苯类	一切排污单位	2.0	3.0	5.0
17	阴离子表面活性剂(LAS)	合成洗涤剂工业	5.0	15	20
		其他排污单位	5.0	10	20
18	总铜	一切排污单位	0.5	1.0	2.0
19	总锌	一切排污单位	2.0	5.0	5.0
20	总锰	合成脂肪酸工业	2.0	5.0	5.0
		其他排污单位	2.0	2.0	5.0
21	彩色显影剂	电影洗片	2.0	3.0	5.0
22	显影剂及氧化物总量	电影洗片	3.0	6.0	6.0
23	元素磷	一切排污单位	0.1	0.3	0.3
24	有机磷农药(以 P 计)	一切排污单位	不得检出	0.5	0.5
25	粪大肠菌群数	医院[①]、兽医院及医疗机构含病原体污水	500 个/L	1000 个/L	5000 个/L
		传染病、结核病医院污水	100 个/L	500 个/L	1000 个/L
26	总余氯(采用氯化消毒的医院污水)	医院[①]、兽医院及医疗机构含病原体污水	<0.5[②]	>3(接触时间≥1h)	>2(接触时间≥1h)
		传染病、结核病医院污水	<0.5[②]	>6.5(接触时间≥1.5h)	>5(接触时间≥1.5h)

① 指 50 个床位以上的医院。

② 加氯消毒后须进行脱氯处理,达到本标准。

附录 4 城镇污水处理厂污染物排放标准(GB 18918—2002)节选

表 1 基本控制项目最高允许排放浓度(日均值) 单位:mg/L

序号	基本控制项目		一级标准		二级标准	三级标准
			A 标准	B 标准		
1	化学需氧量(COD)		50	60	100	120[①]
2	生化需氧量(BOD$_5$)		10	20	30	60[①]
3	悬浮物(SS)		10	20	30	50
4	动植物油		1	3	5	20
5	石油类		1	3	5	15
6	阴离子表面活性剂		0.5	1	2	5
7	总氮(以 N 计)		15	20	—	—
8	氨氮(以 N 计)[②]		5(8)	8(15)	25(30)	—
9	总磷(以 P 计)	2005 年 12 月 31 日前建设的	1	1.5	3	5
		2006 年 1 月 1 日起建设的	0.5	1	3	5
10	色度(稀释倍数)		30	30	40	50
11	pH				6~9	
12	粪大肠菌群/(个/L)		10^3	10^3	10^4	—

① 下列情况按去除率指标执行:当进水 COD 大于 350mg/L 时,去除率应大于 60%;BOD$_5$ 大于 160mg/L 时,去除率应大于 50%。

② 括号外数值为温度>12℃时的控制指标,括号内数值为温度≤12℃时的控制指标。

表2 部分一类污染物最高允许排放浓度（日均值）　单位：mg/L

序号	项目	标准值	序号	项目	标准值
1	总汞	0.001	5	六价铬	0.05
2	烷基汞	不得检出	6	总砷	0.1
3	总镉	0.01	7	总铅	0.1
4	总铬	0.1			

表3 选择性控制项目最高允许排放浓度（日均值）　单位：mg/L

序号	选择控制项目	标准值	序号	选择控制项目	标准值
1	总镍	0.05	23	三氯乙烯	0.3
2	总铍	0.002	24	四氯乙烯	0.1
3	总银	0.1	25	苯	0.1
4	总铜	0.5	26	甲苯	0.1
5	总锌	1.0	27	邻二甲苯	0.4
6	总锰	2.0	28	对二甲苯	0.4
7	总硒	0.1	29	间二甲苯	0.4
8	苯并(a)芘	0.00003	30	乙苯	0.4
9	挥发酚	0.5	31	氯苯	0.3
10	总氰化物	0.5	32	1,4-二氯苯	0.4
11	硫化物	1.0	33	1,2-二氯苯	1.0
12	甲醛	1.0	34	对硝基氯苯	0.5
13	苯胺类	0.5	35	2,4-二硝基氯苯	0.5
14	总硝基化合物	2.0	36	苯酚	0.3
15	有机磷农药(以P计)	0.5	37	间甲酚	0.1
16	马拉硫磷	1.0	38	2,4-二氯酚	0.6
17	乐果	0.5	39	2,4,6-三氯酚	0.6
18	对硫磷	0.05	40	邻苯二甲酸二丁酯	0.1
19	甲基对硫磷	0.2	41	邻苯二甲酸二辛酯	0.1
20	五氯酚	0.5	42	丙烯腈	2.0
21	三氯甲烷	0.3	43	可吸附有机卤化物(AOX以Cl计)	1.0
22	四氯化碳	0.03			

参 考 文 献

[1] 李亚峰，晋文学．城市污水处理厂运行管理 [M]．第2版．北京：化学工业出版社，2010．
[2] 张自杰．排水工程（下册）[M]．第4版．北京：中国建筑工业出版社，2000．
[3] 李宏罡，周岩枫，朱明华．水污染控制技术 [M]．上海：华东理工大学出版社，2011．
[4] 吕宏德．水处理工程技术 [M]．北京：中国建筑工业出版社，2005．
[5] 湛永红．给水排水工程 [M]．北京：中国环境科学出版社，2008．
[6] 李兴旺，张思梅．水处理工程技术 [M]．北京：中国水利水电出版社，2007．
[7] 王金梅，薛叙明．水污染控制技术 [M]．第2版．北京：化学工业出版社，2011．
[8] 任友昌．给水排水管网工程——工学结合教材 [M]．北京：中国环境科学出版社，2011．
[9] 黄兆奎，刘家春，李黎武．水泵 风机与站房 [M]．北京：中国建筑工业出版社，2008．
[10] 汪翔，何成达．给水排水管网工程 [M]．北京：化学工业出版社，2006．
[11] 严煦世，刘遂庆．给水排水管网系统 [M]．北京：中国建筑工业出版社，2002．
[12] 张奎．给水排水管道工程技术 [M]．北京：中国建筑工业出版社，2005．
[13] 李圭白，张杰．水质工程学 [M]．北京：中国建筑工业出版社，2005．
[14] 成官文．水污染控制工程 [M]．北京：化学工业出版社，2009．
[15] 周正立等．污水生物处理应用技术及工程实例 [M]．北京：化学工业出版社，2006．
[16] 田禹等．水污染控制工程 [M]．北京：化学工业出版社，2011．
[17] 胡亨魁．水污染治理技术 [M]．第2版．武汉：武汉理工大学出版社，2009．
[18] 吕炳南，陈志强．污水生物处理新技术 [M]．哈尔滨：哈尔滨工业大学出版社，2005．
[19] 高廷耀，顾国维，周琪．水污染控制工程（下册）[M]．北京：高等教育出版社，2007．
[20] C. P. Leslie Grady 等著．废水生物处理 [M]．第2版．张锡辉，刘勇弟译．北京：化学工业出版社，2003．
[21] 周群英，王士芬．环境工程微生物学 [M]．第3版．北京：高等教育出版社，2008．
[22] 王燕飞．水污染控制技术 [M]．第2版．北京：化学工业出版社，2008．
[23] 马勇，彭永臻．城市污水处理系统运行及过程控制 [M]．北京：科学出版社，2007．
[24] 叶建锋．废水生物脱氮处理新技术 [M]．北京：化学工业出版社，2006．
[25] P. M. J. Janssen 等著．生物除磷设计与运行手册 [M]．祝贵兵，彭永秦译．北京：中国建筑工业出版社，2005．
[26] 李安峰，潘涛，骆坚平．膜生物反应器技术与应用 [M]．北京：化学工业出版社，2013．
[27] 胡洪营，吴乾元，黄晶晶，赵欣等著．再生水水质安全评价与保障原理 [M]．北京：科学出版社，2011．
[28] 赵庆良，任南琪．水污染控制工程 [M]．北京：化学工业出版社，2005．
[29] 周柏青．全膜水处理技术 [M]．北京：中国电力出版社，2006．
[30] 郑书忠，陈爱民，滕厚开，聂明等．双膜法水处理运行故障及诊断 [M]．北京：化学工业出版社，2011．
[31] 李洪远．生态学基础 [M]．北京：化学工业出版社，2006．
[32] 曹伟华，孙晓杰，赵由才．污泥处理与资源化应用实例 [M]．北京：冶金工业出版社，2010．
[33] 林荣忱，乔寿锁，王家廉．污废水处理设施运行管理 [M]．北京：北京出版社，2006．
[34] 张辰，王国华，孙晓．污泥处理处置技术与工程实例 [M]．北京：化学工业出版社，2006．
[35] 王星，赵天涛，赵由才．污泥生物处理技术 [M]．北京：冶金工业出版社，2010．
[36] 张光明，张信芳，张盼月．城市污泥资源化技术进展 [M]．北京：化学工业出版社，2006．
[37] 赵庆祥．污泥资源化技术 [M]．北京：化学工业出版社，2002．
[38] 周少奇．城市污泥处理处置与资源化 [M]．广州：华南理工大学出版社，2002．
[39] 何品晶，顾国维，李笃中．城市污泥处理与利用 [M]．北京：科学出版社，2003．
[40] 李鸿江，顾莹莹，赵由才．污泥资源化利用技术 [M]．北京：冶金工业出版社，2010．
[41] 蒋克彬．污水处理工艺与应用 [M]．北京：中国石化出版社，2014．
[42] 钟琼．废水处理技术及设施运行 [M]．北京：中国环境科学出版社，2008．
[43] 唐受印，戴友芝，水处理工程师手册 [M]．北京：化学工业出版社，2000．
[44] 张宝军．水污染控制技术 [M]．北京：中国环境科学出版社，2007．
[45] 王有志．水污染控制技术 [M]．北京：中国劳动社会保障出版社，2010．
[46] 王宝贞，王琳．城市固体废物渗滤液处理与处置 [M]．北京：化学工业出版社，2005．
[47] 郑平，冯孝善．废物生物处理 [M]．北京：高等教育出版社，2006．
[48] R. E. 斯皮思．工业废水的厌氧生物技术 [M]．李亚新译．北京：中国建筑工业出版社，2001．
[49] 李东伟，尹光志．废水厌氧生物处理技术原理及应用 [M]．重庆：重庆大学出版社，2006．
[50] 马溪平．厌氧微生物学与污水处理 [M]．北京：化学工业出版社，2005．
[51] 中国水资源公报 2011，2012，2013．
[52] 中国环境状况公报 2010，2011，2012，2013．